MÜNCHENER GEOGRAPHISCHE ABHANDLUNGEN
REIHE A

in
MÜNCHENER UNIVERSITÄTSSCHRIFTEN
FAKULTÄT FÜR GEOWISSENSCHAFTEN

Münchener Universitätsschriften
Fakultät für Geowissenschaften

MÜNCHENER GEOGRAPHISCHE ABHANDLUNGEN
REIHE A

Herausgeber
O. Baume, H.-G. Gierloff-Emden,
W. Mauser, K. Rögner, U. Rust

Schriftleitung: Th. Meyer

Band A 58

SIXTEN BUSSEMER

Braunerden in subborealen und borealen Waldlandschaften
(Fallstudien aus den Jungmoränengebieten Eurasiens)

Mit 150 Abbildungen, 86 Tabellen und 21 Farbtafeln

2007

Department für Geographie der Universität München

Textverarbeitung und Layout erfolgt am
Department für Geographie der Universität München

Rechte vorbehalten

Ohne ausdrückliche Genehmigung der Herausgeber ist es nicht gestattet,
das Werk oder Teile daraus nachzudrucken
oder auf photomechanischem Wege zu vervielfältigen.

Die Ausführungen geben Meinungen und Korrekturstand des Autors wieder.

Anfragen bezüglich Drucklegung von wissenschaftlichen Arbeiten und Tauschverkehr sind zu richten
an die Herausgeber im Department für Geographie der Universität München,
Luisenstraße 37, 80333 München

Druck: UNI-DRUCK, Maisinger Weg 19, 82319 Starnberg

Zu beziehen durch den Buchhandel

ISBN 3-87821-332-8

Inhaltsverzeichnis

Inhaltsverzeichnis	I
Abbildungsverzeichnis	VI
Tabellenverzeichnis	X
Anhangverzeichnis	XIII
Vorwort	XV

1.	Einführung	1
1.1	Einleitung	1
1.2	Stand der Braunerdeforschung	1
1.2.1	Historische Entwicklung des Braunerdebegriffs	1
1.2.2	Braunerde in modernen Bodenklassifikationen	3
1.2.3	Die Braunerdeproblematik in der russischen Bodenkunde	4
1.2.3.1	Spezifik der russischen Forschungstradition	4
1.2.3.2	Verwitterungsböden subborealer und borealer Landschaften in der aktuellen russischen Nomenklatur	4
1.2.4	Paläopedologische und quartärstratigraphische Aspekte der Braunerdeforschung	7
1.3	Bodenkundliche und periglazialmorphologische Zielstellung	8
1.3.1	Bodengenetisches Grundproblem und seine Folgen	8
1.3.2	Untersuchungskonzeption	8
1.3.3	Vergleichende Charakteristik der Untersuchungsgebiete	10
1.3.3.1	Allgemeiner Überblick	10
1.3.3.2	Landschaftliche Besonderheiten der Untersuchungsgebiete	12
2.	Untersuchungsmethoden	13
2.1	Feldmethoden, Probenentnahme und -vorbereitung	13
2.2	Physikalische und Mineralogische Labormethoden	14
2.2.1	Korngrößenanalyse und Korngrößenparameter	14
2.2.1.1	Standardanalyse	14
2.2.1.2	Subfraktionierung des Sandes	14
2.2.2	Schwermineralgehalte und -spektren	14
2.2.3	Mineralbestand inklusive Tonminerale (Röntgenphasenanalyse)	15
2.2.4	Gesamtelementgehalte und Profilhomoginität	15
2.2.4.1	Titangehalte	15
2.2.4.2	SiO_2/R_2O_3- und SiO_2/Al_2O_3-Verhältnis des Feinbodens	15
2.3	Bodenchemische Untersuchungen	16
2.3.1	Hauptelementgehalte und abgeleitete Parameter	16
2.3.1.1	Röntgenfluoreszenz-Analyse	16
2.3.1.2	Kronberg-Nesbitt-Koeffizient	16
2.3.1.3	Kieselsäure/Sesquioxidverhältnis (SiO_2/R_2O_3; SiO_2/Al_2O_3) der Tonfraktion	17
2.3.2	Pedogene Oxide	17
2.3.3	Organische Substanz	17
2.3.4	Azidität und Sorption	18
2.4	Datierungen	18
2.4.1	Lumineszenzdatierung	18
2.4.2	Pollenanalyse	18
2.4.3	Radiokohlenstoffdatierungen	18

3.	Paläoböden auf Sandstandorten im brandenburgischen Jungmoränenland	20
3.1	Spezifika des regionalen Forschungsstandes	20
3.2	Nomenklatorische Grundlagen	22
3.3	Generationen der Paläoböden im Jungmoränenland Brandenburgs	23
3.3.1	Begrabene permafrostbeeinflußte Verwitterungszone (Paläobodengeneration 1)	23
3.3.1.1	Profil Werneuchen 1	23
3.3.1.2	Diskussion der Paläobodengeneration 1	28
3.3.2	Begrabene Regosol-Braunerden (Paläobodengeneration 2)	28
3.3.2.1	Archäologische Funde in Aufschlüssen der Profilgruppe 2	28
3.3.2.2	Profil Golßen	28
3.3.2.3	Profil Burow	34
3.3.2.4	Diskussion der Paläobodengeneration 2	37
3.3.3	Finowboden als begrabene Braunerde (Paläobodengeneration 3)	38
3.3.3.1	Stratigraphische Besonderheiten und Verbreitung des Finowbodens	38
3.3.3.2	Profilkomplex Schiffmühle	40
3.3.3.3	Profil Melchow	45
3.3.4	Diskussion der Paläobodengeneration 3	48
4.	Braunerden als Oberflächenböden in ihrer nordbrandenburgischen Typusregion	49
4.1	Prinzipielle Koinzidenzen im Relief- und Bodenmosaik	49
4.2	Periglaziale Deckserien als unmittelbares Ausgangsgestein der Bodenbildung	49
4.2.1	Periglazialmorphologische Grundlagen	49
4.2.2	Deckserien und Bodenmosaike des Hochflächenperiglazials (Fallstudie Sternebeck)	50
4.3	Prototypen der Braunerde im sandigen Hochflächenperiglazial (Generation 4)	57
4.3.1	Periglaziale Deckserie als Ausgangsmaterial der Bodenentwicklung (Profil Prötzel)	57
4.3.1.1	Makroskopische Profilbeschreibung	58
4.3.1.2	Analytik	60
4.3.2	Bodenchemische Parameter	61
4.3.3	Hauptverwitterungzone und Oberboden in Profil Hirschfelder Heide	61
4.4	Vergesellschaftung von Braunerden im Periglazial der Zwischenebenen und Senken	66
4.4.1	Vertikale Vergesellschaftung (Profil Werneuchen 3)	67
4.4.2	Laterale Vergesellschaftung am Beispiel einer glazialen Rinne (Catena Beiersdorf)	70
4.4.2.1	Braunerde-Fahlerden im Oberhangbereich	71
4.4.2.2	Braunerdeprofile am SE-exponierten Hang	72
4.4.2.3	Bodenmosaik im Zentralbereich und am NW-exponierten Hang	74
4.5	Terrestrische Bodenbildung in sandigen Holozänsedimenten (Generation 5)	75
4.5.1	Holozäne Entwicklung der Bodenausgangssubstrate	75
4.5.2	Ältere Kolluvialbraunerde in Profil Schiffmühle 3 (Generation 5a)	75
4.5.3	Parautochthone Braunerdederivate in Profil Dahnsdorf-Mörz (Generation 5 b)	77
4.5.4	Bodenbildung auf allochthonen jungholozänen Flugsanden (Generation 5c)	79
4.5.4.1	Dünenprofil Schöbendorf	80
4.5.4.2	Dünenprofil Melchow	82
4.5.4.3	Dünenprofil Woltersdorf	82
4.6	Diskussion der Oberflächenböden und ihrer Derivate	83

5.	Braunerden im nördlichen Alpenvorland und in den Alpen	85
5.1	Lage der Testgebiete im oberbayerisch-tirolischen Jungmoränengebiet	85
5.2	Periglazialmorphologischer und bodengeographischer Hintergrund	86
5.3	Äußerer Jungmoränengürtel im Laubmischwaldgebiet (Testareal 1)	87
5.3.1	Profil Rachertsfelden 1 (Braunerde auf vorgelagerter Schmelzwasserebene)	89
5.3.2	Profil Rachertsfelden 2 (Braunerde)	93
5.3.3	Profil Rachertsfelden 18 (Braunerde)	93
5.3.4	Profil Rachertsfelden 13 (Braunerde-Parabraunerde)	94
5.3.5	Profil Rachertsfelden 16 (Parabraunerde-Braunerde)	96
5.3.6	Profil Rachertsfelden 17 (Braunerde)	97
5.3.7	Profil Rachertsfelden 15 (Pararendzina-Braunerde)	98
5.4	Mittlerer Jungmoränengürtel im Laubmischwaldgebiet (Testareal 2)	98
5.4.1	Typusprofil Seeshaupter Terrasse (Parabraunerde Seeshaupt 1)	99
5.4.2	Profil Toteiskessel Seeshaupt 2 (Pseudogley-Braunerde)	100
5.4.3	Profil Toteiskessel Seeshaupt 3 (Regosol-Braunerde)	101
5.5	Innerer Jungmoränengürtel in der oberen montanen bis alpinen Stufe (Testareal 3)	102
5.5.1	Profil Fotschertal 1 (podsolige Braunerde)	103
5.5.2	Profil Fotschertal 2 (podsolige Braunerde)	104
5.5.3	Profil Fotschertal 3 (Podsol-Braunerde)	106
5.5.4	Profil Vernagthütte (Syrosem)	106
5.6	Diskussion	108
6.	Braunerdevorkommen im klassischen Transsekt Kaukasus-Osteuropäische Tiefebene	110
6.1	Forschungsstand	110
6.1.1	Allgemeine Aspekte	110
6.1.2	Bodenmosaik in Zentralrußland	110
6.1.3	Bodenverbreitung im Zentralen Kaukasus	112
6.2	Testareal Seliger auf den Waldaihöhen	113
6.2.1	Naturräumliche Beschreibung und Profilauswahl	113
6.2.2	Profilbeschreibungen	115
6.2.2.1	Profil Seliger 1	115
6.2.2.2	Profil Seliger 2	118
6.2.2.3	Profil Seliger 4	119
6.2.3	Zusammenfassung Waldaihöhen	121
6.3	Testareal Asau im Zentralen Kaukasus	121
6.3.1	Naturräumliche Beschreibung und Profilauswahl	121
6.3.2	Braunerden auf dem älteren Moränenfeld bei Terskol	123
6.3.2.1	Profil Asau 13	123
6.3.2.2	Profil Asau 13a	125
6.3.3	Profile auf den älteren Baksanterrassen	127
6.3.3.1	Profil Asau 6 (Braunerde)	127
6.3.3.2	Profil Asau 10 (Braunerde)	130
6.3.3.3	Profil Asau 3 in der spätglazialen Terrasse (Braunerde)	130
6.3.3.4	Profil Asau 8 (Regosol-Braunerde)	132
6.3.4	Profile auf Hangschutt, Murgängen und Lawinen	133
6.3.4.1	Profil Asau 4 im Hangschutt eines Moränenwalles (Braunerde-Regosol)	133

6.3.4.2	Profil Asau 5 im Hangschutt eines Moränenwalles (Braunerde-Regosol)	135
6.3.4.3	Profil Asau 7 in einem Murgang des Garabashitals (Braunerde-Regosol)	135
6.3.5	Profile auf den jüngsten Moränen des oberen Baksantals	136
6.3.5.1	Profil Asau 15 auf der Moräne des 19. Jahrhunderts (Regosol)	135
6.3.5.2	Profil 16 auf dem Moränenwall von 1932 (Syrosem-Regosol)	137
6.3.6	Zusammenfassung der Ergebnisse im Baksantal	138
7.	Böden der waldbedeckten Jungmoränenlandschaften am Nordwestrand Hochasiens	140
7.1	Forschungsstand	140
7.1.1	Allgemeine Aspekte	140
7.1.2	Bodenverbreitung im Russischen Altai	140
7.1.2.1	Bodengeographische Aspekte	140
7.1.2.2	Standardprofil für braune Waldböden auf kristallinem Grundgestein nach Kovaljov	141
7.1.3	Bodenmosaik des Transili-Alatau (Nördlicher Tienshan)	143
7.2	Untersuchungen im Russischen Altai	144
7.2.1	Testareal 1 in der unteren montanen Stufe (Telezker See)	144
7.2.1.1	Naturräumliche Beschreibung und Profilauswahl	144
7.2.1.2	Profil Telezker See 1 (Braunerde)	145
7.2.2	Testareal 2 in der oberen montanen Stufe (Plateau nördlich von Aktash)	147
7.2.2.1	Naturräumliche Beschreibung und Profilauswahl	147
7.2.2.2	Profil Aktash 7 (Braunerde)	148
7.2.2.3	Profil Aktash 4 (Braunerde)	150
7.2.2.4	Profil Aktash 1 (Humose Braunerde)	151
7.2.3	Testareal 3 an der oberen Waldgrenze (Bugusungebiet)	153
7.2.3.1	Naturräumliche Beschreibung und Profilauswahl	153
7.2.3.2	Profil Bugusun 1 (Braunerde)	154
7.2.4	Testareal 4 auf dem Dschulukulplateau mit (ehemaligen) Waldlandschaften	156
7.2.4.1	Naturräumliche Beschreibung und Profilauswahl	156
7.2.4.2	Profil Mogen-Buren 3 (Braunerde)	156
7.2.5	Diskussion der Ergebnisse im östlichen Gebirgsaltai	157
7.3	Untersuchungen im kasachischen Tien Shan (Transili-Alatau)	158
7.3.1	Physisch-geographische Einführung und Profilauswahl	158
7.3.2	Offenland- und Laubwaldstandorte im Tal der Kleinen Almatinka	159
7.3.3	Nadelwaldstandorte am Großen Almatinkasee	161
7.3.4	Diskussion der Ergebnisse im kasachischen Tien Shan	165
7.4	Zusammenfassung der Kartierung in Altai und Tien Shan	165
8.	Böden der Permafrost-Taiga am Unteren Jenissej (Nordsibirien)	166
8.1	Problemstellung	166
8.1.1	Einführung	166
8.1.2	Allgemeine naturräumliche Charakteristik des weiteren Untersuchungsgebietes	166
8.1.3	Bodengeographischer Kenntnisstand zur Permafrost - Taiga	166
8.1.4	Spezifik der Untersuchungskonstellation im Jenissejtal	169
8.2	Referenzprofile in der Waldtundra (Potapowo)	170
8.3	Tundrennahe Wälder (Testareal Igarka)	172
8.3.1	Spezifik des Testareals	172

8.3.2	Repräsentative Waldböden im Testareal Igarka	173
8.4	Böden der Nördlichen Taiga (Testareal Turuchansk)	178
8.4.1	Charakteristik des Testgebietes in der nördlichen Taiga	178
8.4.2	Braunerde als Normboden der nördlichen Taiga bei Turuchansk	178
8.4.2.1	Profil Turu 1 (Braunerde)	178
8.4.2.2	Profil Turu 2 (schwach podsolierte Braunerde)	180
8.4.2.3	Profil Turu 5 (Braunerde)	180
8.5	Böden der Mittleren Taiga (Profilkomplex Tatarsk)	182
8.5.1	Naturräumliche Einführung und Bodenmosaik	182
8.5.2	Typusprofil einer Braunerde der Mittleren Taiga (Tatarsk 4)	182
8.6	Diskussion der nordsibirischen Kartierungen	184
9.	Diskussion der eigenen Untersuchungsergebnisse	186
9.1	Auswertung des quartärstratigraphisch-paläopedologischen Ansatzes in der nordbrandenburgischen Braunerde-Typusregion	186
9.2	Diskussion des bodengeographisch- aktualistischen Untersuchungsansatzes	190
9.2.1	Lithofazielle Aspekte	190
9.2.2	Allgemeine bodengeographische Aspekte	190
9.2.3	Regionale bodengeographische Aspekte der borealen Untersuchungsgebiete im mittleren und östlichen Eurasien	191
9.2.3.1	Waldaihöhen	191
9.2.3.2	Zentraler Kaukasus	191
9.2.3.3	Nördlicher Tien Shan	191
9.2.3.4	Gebirgsaltai	191
9.2.3.5	Unterer Jenissej	192
9.2.4	Bodensystematische Aspekte	192
9.2.4.1	Differenzierung der Braunerden in den eigenen Untersuchungsgebieten	192
9.2.4.2	Rostbraunerde und Typische Braunerde	193
9.2.5	Einordnung in nationale und internationale Bodenklassifikationen	194
10.	Zusammenfassung	196
11.	Literatur	197
12.	Anhang - Farbtafeln	223

Abbildungsverzeichnis

Abb.	1:	Diagnostische Kriterien für *cambic horizons* in der internationalen Klassifikation der FAO-UNESCO (1997) sowie der US-amerikanischen Klassifikation	3
Abb.	2:	Traditionelle Bodengliederung des nördlichen Eurasien	5
Abb.	3:	Kennzeichnung des Normalprofils der braunen Waldböden	6
Abb.	4:	Schematische Darstellung der Untersuchungskonzeption	9
Abb.	5:	Lage der eigenen Untersuchungsgebiete in den Jungmoränengebieten des nördlichen Eurasiens	9
Abb.	6:	Charakteristik der Untersuchungsgebiete nach allgemeinen Landschaftsparametern	11
Abb.	7:	Klimadiagramme für repräsentative Stationen in den Untersuchungsgebieten	11
Abb.	8:	Allgemeine Legende für die Profilzeichnungen sowie die Korngrößendarstellungen und vereinfachte Legende für die oberflächennahen Gesteine in den Ausschnitten aus der Geologischen Spezialkartierung von Preußen 1:25.000	13
Abb.	9:	Verwitterungskoeffizient	16
Abb.	10:	Milieuentwicklung im nördlichen Mitteleuropa seit dem Maximum der Weichseleiszeit	20
Abb.	11:	Lage der Untersuchungsstandorte im nordostdeutschen Jungmoränengebiet	21
Abb.	12:	Lage der untersuchten Profile und Profilkomplexe auf dem Barnim und in seiner näheren Umgebung	22
Abb.	13:	Lage von Profilkomplex Werneuchen auf der Moränenplatte des Barnim	24
Abb.	14:	Profil Werneuchen 1 mit Syrosem (fAi) über dem Paläoboden (fBv-Cv)	25
Abb.	15:	Detaillierte Korngrößenanalyse des Sandes in Profil Werneuchen 1	25
Abb.	16:	Ergebnisse der Schwermineraluntersuchungen in Profil Werneuchen 1	26
Abb.	17:	Röntgendiffraktogramm der Tonfraktion des Paläobodens von Profil Werneuchen 1	27
Abb.	18:	Lage und geologisch-morphologische Situation von Profil Golßen	29
Abb.	19:	Profil Golßen - Regosol über begrabener Regosol-Braunerde	30
Abb.	20:	Pollenanalysen der limnischen Schicht von Profil Golßen	31
Abb.	21:	Detaillierte Korngrößenanalyse der Sandfraktionen in Profil Golßen	32
Abb.	22:	Schwermineraluntersuchungen in Profil Golßen	32
Abb.	23:	Lage und geologisch-morphologische Situation von Profil Burow	34
Abb.	24:	Profil Burow - Regosol über begrabener Regosol-Braunerde	35
Abb.	25:	Detaillierte Korngrößenanalyse der Sandfraktionen in Profil Burow	36
Abb.	26:	Röntgendiffraktogramm der Tonfraktion des Paläobodens von Profil Burow	37
Abb.	27:	Lage und geologisch-morphologische Situation des Transsektes Schiffmühle	39
Abb.	28:	Profil Schiffmühle 2 - Braunerde-Regosol über begrabener Braunerde (Finowboden)	40
Abb.	29:	Detaillierte Korngrößenanalyse der Sandfraktionen in Profil Schiffmühle 2	41
Abb.	30:	Bohrung Schiffmühle 1 - Schichtenverzeichnis und detaillierte Texturanalyse	42
Abb.	31:	Bohrung Schiffmühle 20 - Schichtenverzeichnis und detaillierte Texturanalyse	42
Abb.	32:	Schwermineraluntersuchungen in Profil Schiffmühle 2	43
Abb.	33:	Röntgendiffraktogramm der Tonfraktionen von Proben aus Profil Schiffmühle 2	44
Abb.	34:	Lage von Profil Melchow in einem Dünenfeld am Übergang vom Nordrand der Barnimplatte zur 49m-Terrasse der Eberswalder Urstromtales	45
Abb.	35:	Profil Melchow - Regosol über einem begrabenen Podsol und einer begrabenen Braunerde	46

Abb. 36:	Prinzipielle Gliederungsvorschläge für Periglazialabfolgen sowie deren Bodenhorizonte in der Moränenlandschaft	50
Abb. 37:	Profilkomplex im Bereich der Tertiärscholle von Sternebeck nach Neuvermessung 1996	51
Abb. 38:	Profil Sternebeck 2 - Podsol in periglazialer Deckserie über Tertiärsand	53
Abb. 39:	Profil Sternebeck 5 - Parabraunerde in periglazialer Deckserie über mächtigem Geschiebemergel	54
Abb. 40:	Profil Sternebeck 6 - Braunerde in periglazialer Deckserie über Tertiärsand mit Röntgendiffraktogrammen der Tonfraktionen	56
Abb. 41:	Profil Sternebeck 3 - Braunerde- Fahlerde mit Röntgendiffraktogrammen der Tonfraktionen	57
Abb. 42:	Röntgendiffraktogramme der Subfraktionierung des Tons im Bv-Horizont von Profil Sternebeck 6	58
Abb. 43:	Röntgendiffraktogramme der Subfraktionierung des Tons im Bh-Horizont von Profil Sternebeck 2	58
Abb. 44:	Röntgendiffraktogramme der Subfraktionierung des Tons im Bv-Horizont von Profil Sternebeck 3	44
Abb. 45:	Röntgendiffraktogramme der Subfraktionierung des Tons im Bt-Horizont von Profil Sternebeck 3	60
Abb. 46:	Lage von Profil Prötzel in der Moränenlandschaft auf dem östlichen Barnim	60
Abb. 47:	Profil Prötzel - Braunerde	63
Abb. 48:	Kornverteilungen im Bv-Horizont von Profil Prötzel nach Detailbeprobung im 5cm-Abstand	63
Abb. 49:	Detaillierte Korngrößenanalyse der Subfraktionen des Sandes in Profil Prötzel	64
Abb. 50:	Kornverteilung des Grobbodens in Profil Prötzel	65
Abb. 51:	Petrographische Zusammensetzung der 4-10mm-Fraktion in Profil Prötzel	65
Abb. 52:	Schwermineraluntersuchungen in Profil Prötzel	65
Abb. 53:	Röntgendiffraktogramme der Tonfraktion von Profil Prötzel	65
Abb. 54:	Makroskopische Beschreibung und Analytik von Profil Hirschfelder Heide	66
Abb. 55:	Profil Werneuchen 3 - Braunerde-Fahlerde	67
Abb. 56:	Detaillierte Korngrößenanalyse der Subfraktionen des Sandes in Profil Werneuchen 3	68
Abb. 57:	Lage der Profile Beiersdorf 1-4 in der glazialen Rinne Teufelsgründe auf dem Barnim	70
Abb. 58:	Profil Beiersdorf 4 - Braunerde - Fahlerde	71
Abb. 59:	Profil Beiersdorf 1 - Braunerde auf mächtigen Periglazialablagerungen	72
Abb. 60:	Ergebnisse der Schwermineraluntersuchung in Profil Beiersdorf 1	73
Abb. 61:	Profil Beiersdorf 2 - Braunerde	73
Abb. 62:	Detaillierte Korngrößenanalyse der Subfraktionen des Sandes in Profil Beiersdorf 2	74
Abb. 63:	Profil Schiffmühle 3 - podsoliger Braunerde-Kolluvisol über Braunerde	76
Abb. 64:	Detaillierte Korngrößenanalyse der Sandfraktionen von Profil Schiffmühle 3	76
Abb. 65:	Lage von Profil Dahnsdorf-Mörz im Planetal	78
Abb. 66:	Profil Dahnsdorf-Mörz - podsoliger Braunerde-Kolluvisol	79
Abb. 67:	Profil Schöbendorf - Bodenkomplex mit begrabenen Podsolen und Regosolen	89
Abb. 68:	Profil Woltersdorf - Bodenkomplex mit zwei begrabenen Regosolen	82
Abb. 69:	Lage der Testareale in der oberbayerisch-tirolischen Jungmoränenlandschaft	85
Abb. 70:	Leitprofil für Deckschichten über Geschiebemergel im Rheingletschergebiet	86
Abb. 71:	Leitprofil für Deckschichten über Schotter im Rheingletschergebiet	87

Abb. 72:	Anteil der verschiedenen Böden an der Gesamtfläche von Meßtischblatt Königsdorf		87
Abb. 73:	Lage der Catena Rachertsfelden (A-C) im geomorphologisch kleingekammerten Eggstätter Toteisgebiet		88
Abb. 74:	Vermessung und Lage der wichtigsten Bodenprofile sowie Bohrpunkte in der Catena Rachertsfelden		88
Abb. 75:	Vergleich von Mittelwerten und Standardabweichungen der Kornverteilungen in verschiedenen Fazies des Moränenwalles Rachertsfelden		89
Abb. 76:	Profil Rachertsfelden 1 - Braunerde		90
Abb. 77:	Schwermineralogische Untersuchungen in Profil Rachertsfelden 1		90
Abb. 78:	Röntgendiffraktogramme der Tonfraktion in Profil Rachertsfelden 1		92
Abb. 79:	Profil Rachertsfelden 2 - Braunerde		93
Abb. 80:	Profil Rachertsfelden 18 - Braunerde		94
Abb. 81:	Profil Rachertsfelden 13 - Braunerde-Parabraunerde		95
Abb. 82:	Profil Rachertsfelden 16 - Parabraunerde-Braunerde		96
Abb. 83:	Profil Rachertsfelden 17 - Braunerde		97
Abb. 84:	Profil Rachertsfelden 15 - Pararendzina-Braunerde		98
Abb. 85:	Lage der Profile Seeshaupt 1, 2 und 3 auf der von Toteiskesseln durchsetzten Seeshaupter Terrasse		99
Abb. 86:	Profil Seeshaupt 1 - Parabraunerde		99
Abb. 87:	Profil Seeshaupt 2 - Pseudogley-Braunerde		100
Abb. 88:	Profil Seeshaupt 3 - Regosol-Braunerde		101
Abb. 89:	Übersichtskarte Fotschertal in den Stubaier Alpen		102
Abb. 90:	Profil Fotschertal 1 (podsolige Braunerde)		103
Abb. 91:	Profil Fotschertal 2 (podsolige Braunerde)		105
Abb. 92:	Profil Fotschertal 3 (Podsol-Braunerde)		106
Abb. 93:	Profil Vernagthütte (Syrosem)		107
Abb. 94:	Böden Zentralrusslands		111
Abb. 95:	Schematische Höhenstufung der Böden im Kaukasus		112
Abb. 96:	Böden und Relief des Zentralen Kaukasus und seines nördlichen Vorlandes		113
Abb. 97:	Geomorphologische Skizze Zentralrusslands		114
Abb. 98:	Toteisgeprägte Jungmoränenlandschaft um den Seligersee auf den Waldaihöhen		115
Abb. 99:	Profil Seliger 1 - Braunerde		116
Abb. 100:	Detaillierte Korngrößenanalyse der Subfraktionen des Sandes in Profil Seliger 1		116
Abb. 101:	Schwermineralogische Untersuchungen in Profil Seliger 1		117
Abb. 102:	Profil Seliger 2 - Braunerde		118
Abb. 103:	Profil Seliger 4 - Braunerde		120
Abb. 104:	Detaillierte Korngrößenanalyse der Subfraktionen des Sandes von Profil Seliger 4		120
Abb. 105:	Geomorphologische Gliederung und Profilanordnung im oberen Baksantal		122
Abb. 106:	Profil Asau 13 - Braunerde		124
Abb. 107:	Profil Asau 13a - Braunerde		126
Abb. 108:	Profil Asau 6 - Braunerde - Profilbeschreibung und Tonmineralanalysen		128
Abb. 109:	Schwermineraluntersuchungen in Profil Asau 6		129
Abb. 110:	Profil Asau 10 - Braunerde		130
Abb. 111:	Profil Asau 3 - Braunerde		131
Abb. 112:	Profil Asau 8 - Regosol-Braunerde		132

Abb. 113:	Profil Asau 4 - Braunerde-Regosol	134
Abb. 114:	Profil Asau 5 - Braunerde-Regosol	135
Abb. 115:	Profil Asau 7 - Braunerde-Regosol	136
Abb. 116:	Profil Asau 15 - Regosol	137
Abb. 117:	Profil Asau 16 - Syrosem-Regosol	138
Abb. 118:	Naturräumliche und administrative Gliederung des Altaigebietes mit Lage der eigenen Testareale	142
Abb. 119:	Standardprofil des braunen Waldbodens im Altai	143
Abb. 120:	Profil Telezker See 1 (Braunerde) mit Vegetationsaufnahme	144
Abb. 121:	Röntgendiffraktogramme der Tonfraktion in Profil Telezker See 1	146
Abb. 122:	Lage der Untersuchungsstandorte auf den Plateaus zwischen Aktash und Ust-Ulagan	147
Abb. 123:	Profil Aktash 7 (Braunerde) mit Vegetationsaufnahme	148
Abb. 124:	Schwermineraluntersuchungen von Profil Aktash 7	149
Abb. 125:	Röntgendiffaktogramme der Tonfraktion in Profil Aktash 7	150
Abb. 126:	Profil Aktash 4 - Braunerde	151
Abb. 127:	Profil Aktash 1 (Humose Braunerde) mit Vegetationsaufnahme	152
Abb. 128:	Profil Bugusun 1 (Braunerde) mit Vegetationsaufnahme	153
Abb. 129:	Röntgendiffraktogramme der Tonfraktion in Profil Bugusun 1	155
Abb. 130:	Profil Mogen Buren 3 - Braunerde	156
Abb. 131:	Waldflächen und Lage der Profile Almatinka 7-14 um den Großen Almatinkasee	158
Abb. 132:	Profil Almatinka 7 (Braunerde)	162
Abb. 133:	Profil Almatinka 8 (Braunerde)	163
Abb. 134:	Profil Almatinka 10 (Braunerde)	164
Abb. 135:	Lage der nordsibirischen Untersuchungsgebiete in den Landschaftszonen am Unteren Jenissej	167
Abb. 136:	Bodenverteilung am Unteren Jenissej	168
Abb. 137:	Quartäre Lagerungsverhältnisse am Ostufer des Jenissej bei Igarka	169
Abb. 138:	Profil Potapowo 1 - Gley	170
Abb. 139:	Profil Potapowo 2 - Regosol-Gley	172
Abb. 140:	Wechselwirkung von Permafrost und Bodenbildung in den tundrennahen Wäldern bei Igarka	173
Abb. 141:	Reliefgliederung und Lage der repräsentativen Profile im Testareal Igarka	173
Abb. 142:	Profil Igarka 2 (Braunerde)	174
Abb. 143:	Profil Igarka 7 (Braunerde	176
Abb. 144:	Profil Igarka 14 (pseudovergleyte Braunerde)	177
Abb. 145:	Profil Turu 1 (Braunerde)	178
Abb. 146:	Profil Turu 2 (schwach podsolierte Braunerde)	180
Abb. 147:	Profil Turu 5 (Braunerde)	182
Abb. 148:	Profil Tatarsk 4 (pseudovergleyte Braunerde)	184
Abb. 149:	Bodengenerationen auf nordbrandenburgischen Sandstandorten	186
Abb. 150:	Kronberg-Nesbittkoeffizienten in ausgewählten Verwitterungshorizonten der Braunerden verschiedener Untersuchungsgebiete	194

Tabellenverzeichnis

Tab.	1:	Kieselsäure/Sesquioxidverhältnis und Kronberg-Nesbitt-Index im Paläoboden und seinem Liegenden von Profil Werneuchen 1	26
Tab.	2:	Bodenchemische Parameter in Profil Werneuchen 1	27
Tab.	3:	Parameter der Hauptelementgehalte in Profil Golßen	33
Tab.	4:	Bodenchemische Parameter in Profil Golßen	33
Tab.	5:	Parameter der Hauptelementgehalte in Profil Burow	36
Tab.	6:	Bodenchemische Parameter von Profil Burow	37
Tab.	7:	Parameter der Hauptelementgehalte von Profil Schiffmühle 2	43
Tab.	8:	Bodenchemische Parameter von Profil Schiffmühle 2	44
Tab.	9:	Parameter der Hauptelementgehalte in Profil Melchow	46
Tab.	10:	Bodenchemische Parameter in Profil Melchow	47
Tab.	11:	Anteile der verschiedenen Bodentypen an den Reliefelementen von Meßtischblatt Strausberg	52
Tab.	12:	Titan-Totalgehalte (ppm) in verschiedenen Deckserientypen entlang eines Transektes von der Tertiärscholle Sternebeck in ihre pleistozäne Umgebung	54
Tab.	13:	Relative Titangehalte in ausgewählten Fraktionen der Profile 1, 2 und 6 von der Tertiärscholle Sternebeck, bezogen auf den jeweiligen Untergrundwert	55
Tab.	14:	Parameter der Hauptelementgehalte in den Profilen der Tertiärscholle von Sternebeck	59
Tab.	15:	Bodenchemische Parameter in den Profile der Tertiärscholle von Sternebeck	62
Tab.	16:	Parameter der Hauptelementgehalte in Profil Prötzel	64
Tab.	17:	Bodenchemische Parameter in Profil Prötzel	64
Tab.	18:	Mineralbestand des Feinbodens von Profil Hirschfelder Heide (< 2mm)	65
Tab.	19:	Mineralbestand der Tonfraktion von Profil Hirschfelder Heide (< 0,002mm)	66
Tab.	20:	Parameter der Hauptelementgehalte in Profil Werneuchen 3	69
Tab.	21:	Bodenchemische Parameter in Profil Werneuchen 3	69
Tab.	22:	Bodenchemische Parameter von Profil Beiersdorf 4	72
Tab.	23:	Bodenchemische Parameter von Profil Schiffmühle 3	77
Tab.	24:	Bodenchemische Parameter von Profil Dahnsdorf-Mörz	79
Tab.	25:	Parameter der Hauptelementgehalte von Profil Schöbendorf	81
Tab.	26:	Bodenchemische Parameter von Profil Schöbendorf	81
Tab.	27:	Parameter der Hauptelementgehalte von Profil Rachertsfelden 1	91
Tab.	28:	Bodenchemische Parameter von Profil Rachertsfelden 1	91
Tab.	29:	Bodenchemische Parameter von Profil Rachertsfelden 18	94
Tab.	30:	Bodenchemische Parameter von Profil Rachertsfelden 13	95
Tab.	31:	Bodenchemische Parameter von Profil Rachertsfelden 16	97
Tab.	32:	Bodenchemische Parameter von Profil Seeshaupt 1	100
Tab.	33:	Bodenchemische Parameter von Profil Seeshaupt 2	101
Tab.	34:	Bodenchemische Parameter von Profil Fotschertal 1	104
Tab.	35:	Bodenchemische Parameter von Profil Fotschertal 2	105
Tab.	36:	Bodenchemische Parameter von Profil Fotschertal 3	107
Tab.	37:	Bodenchemische Parameter von Profil Vernagthütte	108
Tab.	38:	Parameter der Hauptelementgehalte von Profil Seliger 1	117
Tab.	39:	Bodenchemische Parameter von Profil Seliger 1	118

Tab. 40:	Parameter der Hauptelementgehalte von Profil Seliger 2		119
Tab. 41:	Bodenchemische Parameter von Profil Seliger 2		119
Tab. 42:	Bodenchemische Parameter von Profil Seliger 4		121
Tab. 43:	Vergleich meteorologischer Parameter der Station Terskol (Untersuchungsgebiet Zentraler Kaukasus) mit dem Großglockner (östliche Zentralalpen)		123
Tab. 44:	Parameter der Hauptelementgehalte von Profil Asau 13		124
Tab. 45:	Bodenchemische Parameter von Profil Asau 13		125
Tab. 46:	Parameter der Hauptelementgehalte in Profil Asau 13a		126
Tab. 47:	Bodenchemische Parameter in Profil Asau 13a		127
Tab. 48:	Parameter der Hauptelementgehalte in Profil Asau 6		129
Tab. 49:	Bodenchemische Parameter von Profil Asau 6		130
Tab. 50:	Parameter der Hauptelementgehalte in Profil Asau 3		131
Tab. 51:	Bodenchemische Parameter von Profil Asau 3		132
Tab. 52:	Parameter der Hauptelementgehalte in Profil Asau 8		133
Tab. 53:	Bodenchemische Parameter in Profil Asau 8		133
Tab. 54:	Parameter der Hauptelementgehalte in Profil Asau 4		134
Tab. 55:	Bodenchemische Parameter in Profil Asau 4		135
Tab. 56:	Parameter der Hauptelementgehalte in Profil Asau 15		137
Tab. 57:	Bodenchemische Parameter in Profil Asau 15		137
Tab. 58:	Bodenchemische Parameter von Profil Asau 16		138
Tab. 59:	Analytische Parameter im Standardprofil der Altaibraunerde		142
Tab. 60:	Parameter der Hauptelementgehalte in Profil Telezker See 1		145
Tab. 61:	Bodenchemische Parameter von Profil Telezker See 1		145
Tab. 62:	Parameter der Hauptelementgehalte in Profil Aktash 7		149
Tab. 63:	Bodenchemische Parameter von Profil Aktash 7		150
Tab. 64:	Parameter der Hauptelementgehalte in Profil Aktash 4		151
Tab. 65:	Bodenchemische Parameter von Profil Aktash 4		151
Tab. 66:	Parameter der Hauptelementgehalte in Profil Aktash 1		152
Tab. 67:	Bodenchemische Parameter von Profil Aktash 1		153
Tab. 68:	Parameter der Hauptelementgehalte in Profil Bugusun 1		154
Tab. 69:	Bodenchemische Parameter von Profil Bugusun 1		154
Tab. 70:	Bodenchemische Parameter von Profil Mogen Buren 3		157
Tab. 71:	Bodenansprache und Analytik der Profile Almatinka 1-6		160
Tab. 72:	Analytik von Profil Almatinka 7		162
Tab. 73:	Analytik von Profil Almatinka 8		163
Tab. 74:	Analytik von Profil Almatinka 9		164
Tab. 75:	Analytik von Profil Almatinka 10		165
Tab. 76:	Parameter der Hauptelementgehalte in Profil Potapowo 1		171
Tab. 77:	Bodenchemische Parameter von Profil Potapowo 1		171
Tab. 78:	Bodenchemische Parameter von Profil Potapowo 2		172
Tab. 79:	Analytik von Profil Igarka 2		175
Tab. 80:	Analytik von Profil Turu 1		179
Tab. 81:	Analytik von Profil Turu 2		181
Tab. 82:	Analytik von Profil Turu 5		181
Tab. 83:	Analytik von Profil Tatarsk 4		183

Tab. 84:	Mittelwerte bodenchemischer Parameter in hochmontanen Braunerden der südlichen Gebirgs-Testareale	192
Tab. 85:	Mittelwerte bodenchemischer Parameter in Braunerden der untersuchten nördlichen Tieflandsareale	193
Tab. 86:	Quantitative Röntgenphasenanalyse von ausgewählten Bv- Horizonten aus den Braunerden der verschiedenen Untersuchungsgebiete in Masse-%	195

Verzeichnis der Farbtafeln

Farbtafel	1 :	Verbreitung von Cambisols im nördlichen Eurasien	223
Farbtafel	2 :	Verbreitung von Braunerden, Podsolen und Podburen im nördlichen Eurasien	224
Farbtafel	3-1:	Profil Werneuchen 1 mit dem Paläoboden in der Profilmitte sowie der Sandkeilpseudomorphose rechts neben dem Geometerstab	225
Farbtafel	3-2:	Begrabener Verwitterungsboden von Profil Golßen mit den liegenden Periglazialsedimenten	225
Farbtafel	3-3:	Profil Burow	225
Farbtafel	4 :	Glazialmorphologisches Profil durch den Endmoränenwall des Pommerschen Stadiums bei Schiffmühle	226
Farbtafel	5-1:	Profil Schiffmühle 2 - typisches Vorkommen des Finowbodens mit Flugsanden im Liegenden und im Hangenden	227
Farbtafel	5-2:	Profil Melchow - junger Podsol über Finowboden	227
Farbtafel	6 :	Geomorphologie (oben) und Böden (unten) des Meßtischblattes Strausberg	228
Farbtafel	7-1:	Profil Sternebeck 2 - Podsol in periglaziärer Deckserie über Tertiärsand	229
Farbtafel	7-2:	Periglaziäre Deckserie von Profil Prötzel mit Steinanreicherung (oben) und Übergangszone	229
Farbtafel	7-3:	Profil Hirschfelder Heide - Prototyp einer Braunerde	229
Farbtafel	8-1:	Frostbodenphänomäne im Profilkomplex Werneuchen	230
Farbtafel	8-2:	Profil Werneuchen 3 - begrabene Braunerde-Fahlerde	230
Farbtafel	8-3:	Profil Beiersdorf 4 - Braunerde-Fahlerde	230
Farbtafel	9 :	Catena Beiersdorf - Geomorphologisch-bodenkundliches Profil durch die glaziale Rinne der Teufelsgründe	231
Farbtafel	10-1:	Profil Beiersdorf 1 - Braunerde in mächtiger Deckserie	232
Farbtafel	10-2:	Profil Beiersdorf 2 mit Frostspalte im Bv-Horizont	232
Farbtafel	10-3:	Profil Dahnsdorf - parautochthones Bodensediment	232
Farbtafel	10-4:	Profil Schöbendorf - junge Podsole und Regosole in holozänen Flugsanden	232
Farbtafel	11 :	Böden von Meßtischblatt Königsdorf 8134	233
Farbtafel	12 :	Catena Rachertsfelden - Deckserien und Böden	234
Farbtafel	13-1:	Profil Rachertsfelden 1 mit Eiskeilpseudomorphose	235
Farbtafel	13-2:	Profil Fotschertal 1 - podsolige Braunerde	235
Farbtafel	14 :	Bodenmosaik in einem repräsentativen Ausschnitt der Tiroler Zentralalpen	236
Farbtafel	15 :	Vegetation der Osteuropäischen Tiefebene	237
Farbtafel	16-1:	Unterer Ausschnitt der Deckserie von Profil Seliger 1	238
Farbtafel	16-2:	Profil Seliger 2 - Braunerde	238
Farbtafel	16-3:	Profil Asau 13a - Braunerde	238
Farbtafel	17-1:	Profil Asau 6 - Braunerde	239
Farbtafel	17-2:	Profil Asau 3- Braunerde	239
Farbtafel	17-3:	Profil Aktash 7 - Braunerde	239
Farbtafel	17-4:	Permafrost in Profil Mogen-Buren	239
Farbtafel	18 :	Bodenverbreitung im Gebirgsaltai nach KOVALJOV (1973)	240
Farbtafel	19 :	Bodenverbreitung im Altaibezirk nach ANONYMUS (1991)	241

Farbtafel 20 :	Bodenverbreitung im Altaibezirk nach BODENKARTE RUSSLANDS (1995)	242
Farbtafel 21-1:	Lage der Untersuchungsgebiete in den Höhenstufen des Nördlichen Tien Shan	243
Farbtafel 21-2:	Profil Almatinka 8 - Braunerde	243
Farbtafel 21-3:	Profil Almatinka 10 - Braunerde	243

Vorwort

Die nachfolgend diskutierte Braunerde-Hypothese hätte nicht ohne die Hilfe vieler Freunde und Kollegen aufgestellt werden können. Ich danke ihnen sehr herzlich, auch wenn sie nicht alle namentlich erwähnt werden. Als akademischer Lehrer ermöglichte mir Joachim Marcinek in Berlin den Start einer wissenschaftlichen Laufbahn. Später unterstützten Konrad Rögner und Otfried Baume in München die Fortsetzung dieser Arbeiten unermüdlich und unbürokratisch.

Über alle Umzüge und Jobwechsel hinweg begleiteten Peter Gärtner (Wandlitz), Norbert Schlaak, Hans Ulrich Thieke (beide Kleinmachnow), Thomas Mayer (München) und Jürgen Michel (Greifswald) die Untersuchungen sehr aktiv. In Labor und Gelände assistierten Renate Czepluch, Klaus Hartmann (beide Berlin); Günther Wagner, Anne Ambrosch, Winfried Pons und Karin Meisburger (alle München) sowie Jürgen Eidam und Giesela Liebenow (beide Greifswald). Kirsten Ehrhardt (Berlin) beschaffte spezielle russische Literatur. Letztendlich fertigte Vera Erfurth (München) das abschließende Layout an.

Die Vordenker der polygenetischen Braunerdeforschung im nördlichen Mitteleuropa, Alojzy Kowalkowski, Klaus-Dieter Jäger, Dietrich Kopp und Bernhard Gramsch standen besonders in der Anfangsphase mit Ratschlägen zur Seite.

Die eigenen Profilaufnahmen erfolgten über einen Zeitraum von etwa 15 Jahren nach den Vorgaben mehrerer Generationen von Kartieranleitungen (AG BODEN 1982, 1994, 2005). In den Profildiskussionen wird jeweils auf die zum Aufnahmedatum relevante Auflage zurückgegriffen, zumal sich die Braunerdekriterien in diesem Zeitraum nicht prinzipiell änderten. Ähnliches gilt für Bezüge auf die internationale Bodenklassifikation (WRB 1998, 2006) sowie die US-amerikanische Soil Taxonomy.

1. Einführung

1.1 Einleitung

Seit den „Gründerjahren" der wissenschaftlichen Bodenkunde stellen zonale Bodenbildungen mit ihrer Betonung bioklimatischer Faktoren die bevorzugte Grundlage großräumiger Gliederungsansätze dar (DOKUTSCHAJEV 1881; GLINKA 1914; HAASE 1978). Daraus ließen sich zumindest die Grundzüge der Bodenverbreitung im Waldgürtel der eurasischen Landmasse hinreichend ableiten (vgl. GANSSEN und HÄDRICH 1965; GANSSEN 1972). Flächenhaft dominant sind im nördlichen Eurasien die borealen Nadelwälder mit ihrem kalt-gemäßigten Klima im Sinne von TROLL und PAFFEN (1964) sowie die südlich anschließenden subborealen Landschaften mit ihrem kühl-gemäßigten Klima. Sie werden vor allem in Osteuropa und Westsibirien von einem relativ gleichförmigen Untergrund und Relief bestimmt, wodurch dem klimatischen Faktor ein bodenprägender Einfluß zukommt.

Im geologisch kleingekammerten Mitteleuropa konzentrierten sich bodengenetische Betrachtungen stärker auf lithologische Besonderheiten des Untergrundes. Auf dieser Grundlage wurde früh die Bedeutung reliktischer Periglazialprozesse des Pleistozäns für die Differenzierung des rezenten Bodenmosaikes erkannt (vgl. SEMMEL 1993). Auf sandig-schluffigen Varianten dieser Deckschichten treten bevorzugt Braunerden auf. Diese stellen offenbar einen Klimaxboden im Laub- und Mischwaldgürtel dar. Gleichzeitig spielt die Braunerde in den Diskussionen um die Entwicklung der mitteleuropäischen Landschaft eine zentrale Rolle (KOPP et al. 1969; ROHDENBURG 1978; KOWALKOWSKI 1990; BORK et al. 1998).

Ein überregionaler Vergleich zur Ausbildung und Verbreitung der Braunerden liegt im Gegensatz zu den Podsolen (MOKMA und BUURMAN 1982) oder Schwarzerden (KOVDA und SAMOJLOVA 1983) bisher noch nicht vor. Derartige Untersuchungen wurden sicher auch durch die relative Unzugänglichkeit eines großen Teils der borealen Landschaften Eurasiens behindert, welche sich im Übersichtscharakter von modernen Bodenkarten dieser Gebiete äußert.

Die nachfolgende Studie versucht deshalb einerseits, in der mitteleuropäischen Braunerde-Typusregion stratigraphisch-paläopedologische Forschungsansätze zu vertiefen. Andererseits soll das Betrachtungsgebiet auf die gesamte eurasische Landmasse erweitert werden, um die Verbreitung und eventuelle Differenzierung dieses Bodentyps bei wechselnden bioklimatischen Bedingungen nach Osten zu prüfen (Vegetation, Kontinentalität, Permafrost usw.). Beide Ansätze sollen bei gleicher makroskopischer und laboranalytischer Methodik miteinander verbunden werden. Daraus resultiert letztendlich eine repräsentative Fallstudie zur Genese, Verbreitung sowie Systematik der Braunerde und verwandter Waldböden am Beispiel der Jungmoränenlandschaften.

1.2 Stand der Braunerdeforschung

1.2.1 Historische Entwicklung des Braunerdebegriffs

Seit ihrer ursprünglichen Beschreibung durch Emil RAMANN (1905, S. 404/405) stellt die Braunerde einen eigenständigen Bodentyp dar:

„Braunerden ... Die Böden dieser Gruppe zeichnen sich durch wechselnden Gehalt an Ton, braunem Eisenoxidhydrat und Eisenoxidsilikaten aus. Es sind mäßig ausgelaugte Bodenarten, in denen Chloride und Sulfate, sowie der größte Teil der Karbonate weggeführt wurden sind. Die Braunerden sind Bodenarten gemäßigter Klimate mit mittelstarker Verwitterung und mittlerer Auswaschung. ... so macht sich doch das Grundgestein in hervorragender Weise geltend ... Herrschende Vegetation ist der gemischte immergrüne Laubwald, ..."

Somit wird die Braunerde ursprünglich über eine Beschreibung der bodenbildenden Faktoren (Vegetation, Gestein) sowie der Bodenprozesse (Verwitterung, Auswaschung) definiert, die sich in der bodengenetischen Tradition von DOKUTSCHAJEV (1881) befindet. Als Typusregion kann das nordbrandenburgische Arbeitsgebiet Ramanns mit seinen ersten Beispielprofilen gelten. Von dort ausgehend wurde in der Verbreitung der Braunerden eine deutliche Koinzidenz mit den Laub- und Mischwäldern Mittel- und Westeuropas festgestellt. Insofern wurde diese mitteleuropäische Braunerde als zonaler Boden der Laub- und Mischwaldgebiete eingeführt. Sie stellte somit neben dem vorher in Russland definierten Podsol der Taiga (DOKUTSCHAJEV 1881) den zweiten wichtigen terrestrischen Waldboden der Mittelbreiten dar. Um Verwechslungen mit den braunen Halbwüstenböden zu vermeiden, wurde von einigen Bearbeitern (z.B. STREMME 1930) der Begriff „brauner Waldboden" verwendet.

Mehrere Jahrzehnte genügte diese allgemeine, auf Typusprofile und bodeneigene Merkmale verzichtende Braunerdebeschreibung Ramanns weitgehend den Ansprüchen der Bodenklassifikation. Erst Beobachtungen über Auswaschungstendenzen in den Verwitterungsböden, welche nicht vom klassischen Podsol abgedeckt wurden, erforderten eine sowohl makroskopisch als auch laboranalytisch fundierte Diskussion. STREMME (1930) führte im Rahmen einer genaueren Untergliederung der Übergangsbereiche zwischen Braunerden/braune Waldböden und Podsolen den Terminus der rostfarbenen Waldböden ein. Sie sollten vor allem die spezifischen Verwitterungsböden auf den sandigen quarzreichen Schmelzwasserebenen des norddeutschen Tieflandes kennzeichnen (auch Rostbraunerde nach KUBIENA 1953, S. 282). Diese tonarmen Profile lassen häufig keine Auswaschungshorizonte erkennen, auch wenn sie mikromorphologisch nach KUBIENA (1953) initiale Podsolierungsmerkmale besitzen.

MÜCKENHAUSEN (1955), AUBERT und DUCHAUFOUR (1956) sowie KUBIENA (1956) sprachen Verwitterungszonen mit Tonverlagerung in Lößprofilen als eigenständigen Bodentyp an (Parabraunerde). Ihr markanter Tonhäutchenhorizont (*Bt*) unterscheidet sie eindeutig von der Braunerde im engeren Sinne.

Die mitteleuropäische Braunerde sensu stricto wurde von MÜCKENHAUSEN (1959) und DUCHAUFOUR (1977) anhand ihrer spezifischen Bildungsprozesse wie folgt skizziert:

- Mäßige chemische Mineralverwitterung mit Bildung von Dreischicht-Tonmineralen (Verlehmung),
- Akkumulation von Eisenverbindungen (Verbraunung),
- Mullbildung (Humusakkumulation im Mineralboden),
- biogene Gefügebildung und Bioturbation (Polyeder- und Bröckelgefüge)

Die dadurch entwickelte moderate Hauptverwitterungszone wurde als *Bv*-Horizont angesprochen, womit sich eine Horizontabfolge von *Ah-Bv-C* als Grundschema für den Bodentyp Braunerde ergibt.

Dieses prozessorientierte Braunerdekonzept ist zumindest in Mittel- und Westeuropa als Kernraum der Laub- und Mischwaldzone bis heute prinzipiell gültig geblieben (*sols bruns* in Frankreich, *Brown Earths* in Großbritannien). In den nordamerikanischen Laub- und Mischwäldern wurde der genetische Ansatz über die *Acid Brown Earths* bzw. *Acid Brown Forest soils* anfangs ebenfalls umgesetzt (vgl. TAVERNIER und SMITH 1957).

Bei einer weiteren Präzisierung wurden zur Braunerdekennzeichnung vor allem die Tiefenfunktionen verschiedener im Labor nachzuweisender Parameter herangezogen. KUBIENA (1953) und LAATSCH (1954) verweisen dabei auf das Kieselsäure/Sesquioxidverhältnis der Tonfraktion, welches im Vertikalprofil gleichmäßig bleibt (sog. Profilcharakterzahl). Tongehalte und lösliche Eisenfraktionen sollten im Bv-Horizont deutliche Maxima aufweisen (KUNDLER 1965; KOPP et al. 1969). Die chemische Verwitterung verursacht auch unter anthropogen unbeeinflußten Bedingungen einen Anstieg der pH-Werte und Basensättigungen vom Ober- zum Unterboden hin. Da sich die mitteleuropäischen Braunerden jedoch auf einem breiten Substratspektrum entwickelt haben (vgl. RAMANN 1905), lassen sich diese Vertikaltendenzen nur schwer in allgemeingültige quantitative Parameter überführen.

1.2.2 Braunerde in modernen Bodenklassifikationen

Die bodensystematische Weiterentwicklung erfolgte in Deutschland wie in den meisten europäischen Ländern auf genetischer Grundlage unter Berücksichtigung von diagnostischen Merkmalen als Grenzdefinitionen für Horizonte (AG BODEN 1982). Die Braunerde wird dabei über ihre Hauptverwitterungszone (*Bv*-Horizont) angesprochen, die einen umfangreichen Anforderungskatalog erfüllen muß (siehe unten). Neben seiner Freiheit von lithogenem Carbonat in der Feinerde besitzt der *Bv*-Horizont folgende Besonderheiten gegenüber dem darunter folgenden Horizont (zusammengefaßt nach AG BODEN 2005, S. 95):

- um 1 pH-Wert-Stufe saurer
- Munsell-Farbton stärker rot
- ton- und schluffreicher (um eine Bodenartenuntergruppe)
- Skelettgehalt geringer
- pedogene Gefügebildung
- *KAK_{ton} > 16 $cmol_c$/kg* oder Anteil verwitterbarer Minerale > 3%

Einige dieser Parameter lassen sich nicht ohne weiteres aus der oben referierten genetischen Braunerdebeschreibung ableiten (*KAK_{ton}*, verwitterbare Minerale). Sie wurden aus Definition von *cambic horizons* als diagnostischer Horizont von *Cambisols* bzw. *Inceptisols* in der internationalen bzw. amerikanischen Klassifikation übernommen (FAO-UNESCO 1997; SOIL SURVEY STAFF 1998). Beide Klassifikationen weisen die Braunerde als Bodentyp damit nicht mehr auf, auch wenn die Ähnlichkeit der Anforderungen an Bv-Horizont und *Cambic horizon* eine gewisse Beziehung zwischen diesen bodensystematischen Einheiten herstellt.

Insgesamt ist das Merkmalsspektrum der *cambic horizons* (vgl. Abb. 1) jedoch deutlich weiter gefasst als dasjenige für mitteleuropäische Braunhorizonte, so dass zum Beispiel auch deutliche Gefügebildungen oder Redoxeinflüsse für die Bildung von *Cambisols/Inceptisols* hinreichend sein können.

Merkmale eines *cambic horizon* (Bw) nach FAO-UNESCO (1997):

- Mächtigkeit > 15cm, Untergrenze mindestens 25cm tief
- Körnungsart sandiger Lehm oder feinere Textur
- Mäßig gut ausgeprägte Struktur, Gesteinsstruktur weitgehend aufgelöst
- KAKTon > 16 cmolc/kg oder Anteil verwitterbarer Minerale in der Fraktion 0,05-0,2mm > 10%
- Umwandlungsmerkmale gegenüber dem Ausgangssubstrat in einer oder mehreren Erscheinungsformen (stärkere Farbintensität, Hinweise auf Carbonatauswaschung)

Merkmale eines *cambic horizon* (Bw) nach SOIL SURVEY STAFF (1998):

- 15 cm oder mehr mächtig
- lehmiger Sand oder feiner
- rötlichere Färbung oder höherer Tongehalt im Vergleich zu darunter oder darüber liegenden Horizonten
- Anzeichen von Karbonat- bzw. Gipsauswaschung

Abb. 1: Diagnostische Kriterien für *cambic horizons* in der internationalen Klassifikation der FAO-UNESCO (1997) sowie der US-amerikanischen Klassifikation (SOIL SURVEY STAFF 1998)

Auf niedrigerer taxonomischer Ebene werden Braunerden gewöhnlich nach ihrer Basensättigung gegliedert (vgl. MÜCKENHAUSEN 1993; AG BODEN 1994; FAO-UNESCO 1997). So schlägt die AG BODEN (1994, S. 191) auf der taxonomischen Ebene von Varietäten eine Einteilung in Dys-,

Meso- und Eubraunerden vor, wobei die ersten beiden zusammen den Dystric Cambisols und die letzteren den Eutric Cambisols der FAO-UNESCO (1997) entsprechen.

Die internationale FAO-Bodenkarte mit Anspruch auf Synthese verschiedener Schulen weist Cambisols in Eurasien weitflächig aus. Eine selektive Darstellung ihrer Verbreitung zeigt neben den klassischen Verbreitungsgebieten von Dystric und Eutric Cambisols in Mitteleuropa, im Karpatenbogen und im Kaukasus vor allem große Areale mit den permafrostgeprägten Gelic Cambisols in Mittel- und Ostsibirien (*Farbtafel 1*).

1.2.3 Die Braunerdeproblematik in der russischen Bodenkunde

1.2.3.1 Spezifik der russischen Forschungstradition

Die russische Bodenkunde folgte in ihrer systematischen Einordnung terrestrischer Waldböden schon frühzeitig einer Konzeption, welche sich von den europäischen und nordamerikanischen Ansätzen durch besondere Betonung des Podsolierungsprozesses unterschied (vgl. *Abb. 2*). Von GLINKA (1914) wurden nach einer gemeinsamen Feldbefahrung mit Ramann die „... sogenannten Braunerden in die Podsolbodengruppe eingereiht ..." (GLINKA 1914, S. 96 oben), da deren Oberböden regelhaft podsolige Merkmale aufwiesen, auch wenn diese makroskopisch nicht immer erkennbar seien. Erst nach der Kartierung von PRASOLOV (1929) im Kaukasus und Krimgebirge wurde die Bildung von braunen Waldböden für die Eichen- und Buchenwälder der südlichen Gebirge anerkannt. Die in den fünfziger Jahren von MÜCKENHAUSEN (1955) u.a. initiierte Unterteilung der braunen Waldböden in Lessivés und Braunerden sensu stricto fand jedoch keinen direkten Eingang in die russische Bodensystematik. Eine weitere Differenzierung wurde hingegen im Bereich der podsoligen Böden vollzogen, deren südliche Varianten aufgrund ihrer gut entwickelten Humushorizonte die Bezeichnung Rasenpodsole erhielten. Eine Subzonierung in Podsole (russ. *podsoly*) der nördlichen und mittleren Taiga sowie in Derno- oder Rasenpodsole (russ. *dernovo-podsolistye pocvy*) der südlichen Taiga bzw. Laubwälder fand somit Eingang in international publizierte Übersichtskarten (vgl. GANSSEN und HÄDRICH 1965: FAO-UNESCO 1981; GERASIMOVA et al. 1996).

Daraus ergibt sich im Vergleich zu europäischen und nordamerikanischen Schulen eine unterschiedliche Diagnostik bodenbildender Prozesse in der russischen Pedologie. Nachfolgend sollen deshalb die resultierenden Besonderheiten in der Horizont- und Bodenansprache mit besonderer Konzentration auf sandig-schluffige Substrate ausführlich diskutiert werden.

1.2.3.2 Verwitterungsböden subborealer und borealer Landschaften in der aktuellen russischen Nomenklatur

Podsole sensu stricto werden von allen russischen Bearbeitern über einen makroskopisch sichtbaren eluvial-illuvialen Profilaufbau mit Anreicherung von pedogenen Oxiden und/oder Humus in den unteren Abschnitten identifiziert („sandige Podsole des Nordens" nach PONOMAREVA 1969). Diese Beschreibung stimmt sowohl mit den europäischen Podsoldefinitionen als auch mit den diagnostischen *albic/spodic horizons* der internationalen Klassifikation (FAO-UNESCO 1997) und der Soil Taxonomy (SOIL SURVEY STAFF 1998) überein.

Frühzeitig wurden von terrestrischen Sandstandorten der Taiga jedoch auch Verwitterungsböden ohne markanten Auswaschungshorizont beschrieben sowie vorerst genetisch und systematisch in die Podsolreihe eingeordnet (*sandy cryptopodzolic soils oder sandy superficially podzolic soils* nach PONOMAREVA 1969; S. 211).

Angesichts der großflächigen Kartierung terrestrischer Taiga- und Tundrenböden mit Verwitterungsbereich ohne sichtbaren Auswaschungshorizont wurden diese von TARGULJAN (1971) ausgegliedert und als Podbure (russ.: *Podbury*) bezeichnet. Sie werden aufgrund der analytischen Charakteristik ihrer Verwitterungszone (hohe Fulvosäurengehalte) aus pedochemischer und mikromorphologischer Sicht den Böden mit Podsolierungstendenz zugeordnet (GLASOVSKAJA und

GENNADIJEV 1995, S. 251; GERASIMOVA et al. 1996, S. 83/84). Demnach wird dieser taigatypische bodenbildende Prozeß jedoch aufgrund hoher Silikatgehalte im Ausgangsgestein der Podbure makroskopisch nicht sichtbar. Auf dieser Basis parallelisiert sie STOLBOVOI (2000, S. 107) mit den Cambic Podzols der internationalen Klassifikation.

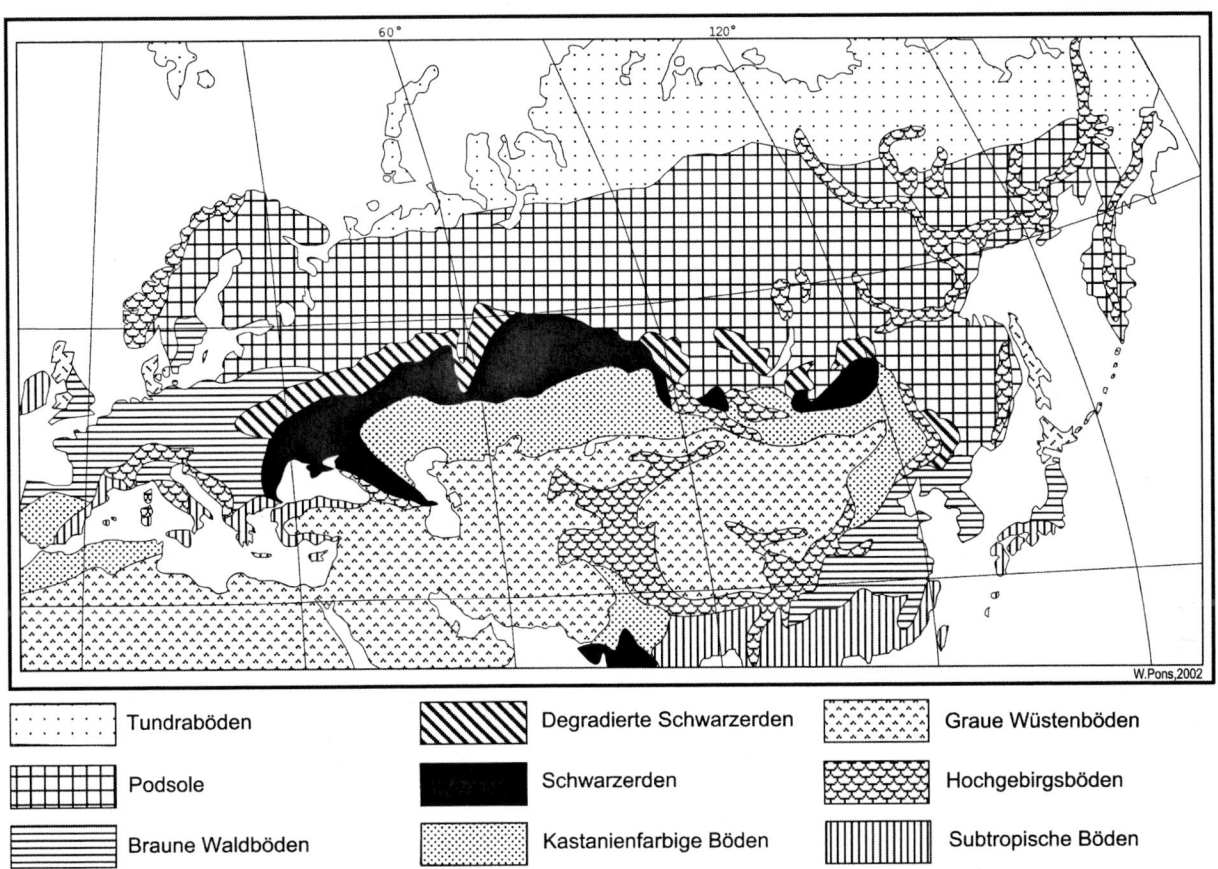

Abb. 2: Traditionelle Bodengliederung des nördlichen Eurasiens (nach DOKUTSCHAJEW 1883; SIBIRZEW 1898) und GLINKA 1914; zusammengefasst in VILENSKI 1967)

Podsole und Podbure gelten demnach gemeinsam als zonale Böden der mittleren und nördlichen Taiga, welche sich im Habitus ihres Anreicherungshorizontes von den mitteleuropäischen Braunerden unterscheiden.

Die Rasenpodsole der südlichen Taiga mit ihren ebenfalls deutlichen Vertikalverlagerungen werden bis heute bodendynamisch kontrovers diskutiert. KAURITSCHEV et al. (1989, S. 342) und GLASOVSKAJA und GENNADIJEV (1995) sehen die Podsolierung als wichtigeren Verlagerungsprozeß an (sog. B_{tFe}-Horizonte). Hingegen wird von GERASIMOVA et al. (1996, S. 95) die Dominanz der Lessivierung mit Tonhäutchenbildung in einem Bt-Horizont betont. Als unstrittig gilt eine mächtige Humusentwicklung mit guter Gefügeausbildung im Oberboden, welche auf die krautreiche Vegetation der südlichen Taiga zurückzuführen ist. Ebenfalls übereinstimmend wird für die Rasenpodsolzone mit dem Lößlehm ein relativ feines Ausgangsgestein der Bodenbildung beschrieben, welches im äolisch geprägten Vorfeld der letzten großen Vergletscherung entstand.

Im Falle einer mäßigen Verwitterung und Braunfärbung des Waldbodens ohne deutliche Podsolierungsanzeichen verwendet die russische Bodenkunde die Begriffe *buraja lesnaja pocva* (brauner Waldboden) bzw. *Burozem* (Braunerde). Beide können als Synonyme gebraucht werden (vgl. GLASOVSKAJA und GENNADIJEV 1995, S. 262), jedoch ist der erstgenannte als Traditionsbegriff von PRASOLOV (1929) weiter verbreitet. Als profilprägende Prozesse werden Humusakkumulation, Tonbildung und Lessivierung mit Tonhäutchenentwicklung angegeben (KAURITSCHEV et al. 1989, S. 394; ZONN 1974, S. 21). Zu den resultierenden Eigenschaften zählen eine günstige Humusform (Mull bis Moder), gut entwickeltes Gefüge und eine relativ feine Körnung. Über die Horizontansprache dieser Hauptverwitterungszone besteht noch keine Einigkeit. KAURITSCHEV et al. (1989, S. 394) und ZONN (1974, S. 27) bevorzugen die Bezeichnung eines *Bt*-Horizontes. GLASOVSKAJA und GENNADIJEV (1995, S. 264) sowie GERASIMOVA et al. (1996) verweisen hingegen auf einen *Bm*-Horizont (m für metamorphisiert, vgl. *Abb. 3*) in Kombination mit einem darüber liegenden Auswaschungshorizont (*Al*).

Merkmale des Bm-Horizontes:

- 5-7% mehr Ton als im Ausgangssubstrat
- schwache Fe- und Al-Anreicherung gegenüber dem Ausgangssubstrat
- SiO_2 / R_2O_3 -Verhältnis im Vertikalprofil konstant
- Basensättigung 20-30%, darunter

Ausgangsgestein mit siallitischem Charakter (C_{sial}), zudem eisenreicher Mineralbestand, basenreich und häufig karbonathaltig

---

Abb. 3: Kennzeichnung des Normalprofils der braunen Waldböden (nach GLASOVSKAJA und GENNADIJEV 1995)

Neben den Podburen wurden aus der nordasiatischen Taiga mehrere Varianten makroskopisch braunerdeähnlicher Böden beschrieben, welche jedoch keinen Eingang in überregionale Kartierungen bzw. Klassifikationen fanden. Im Verlauf erster intensiver Bodenkartierungen in Sibirien dokumentierten NOGINA und UFIMZEVA (1964) eisenangereicherte Verwitterungshorizonte über Permafrost (russ: *merslotno- tajoschnoye pocvy* oder nach SOKOLOV 1973 *kryozem*). Sie wurden von HAASE (1983, S. 269) unter der Bezeichnung Kryotaigaboden auch aus den nordmongolischen Gebirgen beschrieben. Diesen Bodentyp kennzeichnet ein humusreicher Oberboden über einem sandig-lehmigen braunen Unterboden, welcher schon vom liegenden Gefrornishorizont beeinflußt wird. Nach GLASOVSKAJA und GENNADIJEV (1995) sind Kryotaigaböden in ihrer Auftauzone grundsätzlich frostmechanisch stark durchmischt. Braune Taigaböden (russ.: *burotajoschnye pocvy*) wurden von LIVEROVSKIJ (1959) eingeführt und haben nach KAURITSCHEV (1989, S. 356) und FRIDLAND (1986a, S. 18) ein durchgehend basenarmes *A-B-BC-C*-Profil ohne makroskopische Podsolierungsmerkmale.

Durch die lithologischen Besonderheiten der basenreichen mittelsibirischen Trapplateaus wird der Bodentyp des Granusems (russ.: *granuzem*) geprägt. Er weist einen morphologisch sehr markanten *B*-Horizont mit *Fe*-stabilisierten und gut strukturierten Aggregaten auf (GERASSIMOVA 1987, S. 68).

Die genannten Böden einschließlich des Podburs lassen sich auf dieser Grundlage weder untereinander noch mit der internationalen Systematik vergleichen. Die vorliegende russische Literatur zeigt somit eine nomenklatorische Unschärfe im Übergangsbereich zwischen ihren klassischen Bodentypen Podsol und brauner Waldboden/Braunerde an. In Vorbereitung eigener Geländeuntersuchungen erschien eine kartographische Auswertung vorliegender Übersichts- und Detailkarten sinnvoll.

Die Verbreitung der Bodentypen Podsol, brauner Waldboden/Braunerde und Podbur wurde zur Übersichtsdarstellung aus BODENKARTE RUSSLANDS (1995) im Maßstab 1:4 000 000 entnommen. Die BODENKARTE RUSSLANDS (1995) weist als hauptsächliche Areale der Braunerden die südliche Gebirgsumrahmung Russlands aus (Karpaten, Kaukasus, Südural, Nordaltai, fernöstliche Gebirge, *Farbtafel 2*). Für den Podbur werden Verbreitungsgebiete angegeben, welche fast vollständig im Bereich des diskontinuierlichen oder kontinuierlichen Permafrostes liegen. Erkennbar wird dabei die Übernahme von Podburen der russischen Originalkarten in Gelic Cambisols der internationalen Bodenkarte, was in deren Erläuterungsheft bestätigt wird (FAO-UNESCO 1978, S. 100). Die Podsolareale liegen dagegen in den weitgehend permafrostfreien Gebieten Osteuropas und Westsibiriens.

Als problematisch muß natürlich der hohe Generalisierungsgrad dieser kleinmaßstäbigen Karten gelten, welcher häufig zur Darstellung von Bodengesellschaften in einer Legendeneinheit zwingt (Beispiel FAO-Karte). Die BODENKARTE RUSSLANDS (1995) versucht diesem Problem durch Ausweisung sehr kleiner Karteneinheiten zu begegnen. Jedoch sind im Ergebnis hydromorphe Böden offensichtlich überrepräsentiert, so dass die dargestellte Gesamtfläche terrestrischer Böden stark zurücktritt. Deshalb wurde den Beschreibungen der eigenen Untersuchungsgebiete jeweils eine einführende Analyse der vorliegenden Detailkarten und Regionalliteratur vorangestellt.

1.2.4 Paläopedologische und quartärstratigraphische Aspekte der Braunerdeforschung

Vergleiche mit Paläoböden gehören zu den traditionellen Verfahren bei der genetischen Interpretation von Oberflächenböden (vgl. SEMMEL 1996). Durch zwischengelagerte Sedimente wird beim Vergleich von begrabenen und Oberflächenböden eine saubere räumliche Trennung der jeweiligen Untersuchungsobjekte erlaubt. Im Mittelpunkt vergleichender Untersuchungen von Paläo- und Oberflächenböden standen bisher vor allem Parabraunerden und Schwarzerden (LIEBEROTH 1963; BRONGER 1976).

Fossile braunerdeähnliche Bildungen aus dem Pleistozän diskutierte ursprünglich vor allem BRUNNACKER (1959), jedoch erfolgte bisher keine systematische überregionale Aufarbeitung ihres Stoffbestandes und Entstehungsmilieus. Eine Ausnahme bildet hierbei das nordbrandenburgisch-vorpommersche Jungmoränengebiet, wo eine Vielzahl von Hinweisen auf spätglaziale braunerdeähnliche Ver- witterungszonen gesammelt wurde (GRAMSCH 1957, 1969, 1973; JÄGER und KOPP 1969; SCHLAAK 1993, 1997; KAISER 2003). Allerdings unterblieb auch dort ein unter dem Aspekt reliktischer Merkmale durch geführter systematischer Vergleich mit den Oberflächenböden.

Die genannten Beobachtungen an Paläoboden lassen jedoch das Vorkommen reliktischer präholozäner Merkmale auch in Oberflächenböden zumindest möglich erscheinen (polygenetischer Charakter nach EHWALD 1970, S. 21). Eine zentrale Rolle spielt dabei der flächenhafte Nachweis kaltzeitlicher Ausgangsgesteine der Bodenbildung (SCHILLING und WIEFEL 1962; SEMMEL 1964; KOPP 1965). Besonders bei den terrestrischen Oberflächenböden ist eine räumliche Überlagerung von periglazialer Substratgenese und später erfolgter Bodenbildung als Normalfall anzusehen (ROESCHMANN 1994). Dieser lithologische Hintergrund der Bodenentwicklung wurde als periglaziale Deckschichten bzw. Deckserie bezeichnet und in der bodenkundlichen Kartieranleitung wie folgt zusammengefasst:

„Während der pleistozänen Kaltzeiten führten im europäischen Periglazialraum hauptsächlich Prozesse der Solifluktion, Kryoturbation und äolischen Sedimentation zur Ausbildung einer meist mehrteiligen Sedimentdecke, den periglaziären Deckschichten. ...Die durch charakteristische Substrate und Texturen gekennzeichneten Einzelglieder der im periglazialen Milieu umgebildeten Bodenausgangsmaterialien werden als Lagen bezeichnet. Ihre Zusammensetzung und Vertikalabfolge beeinflussen wesentlich Aufbau, Verbreitung und Eigenschaften der rezenten Böden." (AG BODEN 2005, S. 173 unten).

In Oberflächenprofilen werden somit genetische Untersuchungen durch die gegenseitige Überlagerung von „rezenten" Böden und periglaziären Deckserien erschwert, so daß ältere bodeneigene Merkmale nicht in jedem Fall eindeutig identifiziert werden können (EHWALD 1987). Angesichts dieser Problematik stellt die genaue Analyse von Periglazialsedimenten einen methodischen Schwerpunkt der nachfolgenden Studie dar.

1.3 Bodenkundliche und periglazialmorphologische Zielstellung

1.3.1 Bodengenetisches Grundproblem und seine Folgen

Die internationale Lehrmeinung ordnet der Taiga die Podsolierung als zonalen bodenbildenden Prozess zu, während der Laub- und Mischwaldgürtel vor allem von Verbraunung und Tonverlagerung geprägt wird (vgl. OLLIER 1976, 144 f.; GANSSEN 1972, 55ff.; SEMMEL 1993). Die Braunerde entsteht nach Mückenhausen (1993: 437) im gemäßigt warmen humiden Klima bei durchschnittlichen Jahresniederschlägen von 500-800 mm und mittleren Jahrestemperaturen von 7-10° C. Diese Betrachtung von Braunerden als zonaler Boden der Laub- und Mischwaldzone wird seit den folgenden Beobachtungen kontrovers diskutiert:

1) Intensive Verwitterungshorizonte mit Verdacht auf Verbraunung kommen als begrabene Böden in letztkaltzeitlichen Sedimentfolgen vor (JÄGER und KOPP 1969).
2) Als Oberflächenboden weisen mitteleuropäische Braunerden eine erstaunliche räumliche Übereinstimmung ihrer Hauptverwitterungszone mit der als Ausgangsgestein fungierenden periglazialen Deckserie auf (KOPP 1965).
3) Detailuntersuchungen dokumentierten Braunerden oder zumindest verwandte Böden auch in einzelnen borealen Taigalandschaften (VENZKE 1994), in borealen Gebirgswäldern kontinentaler Gebiete (KOWALKOWSKI 1989) und subpolaren Tundrenlandschaften (TEDROW und HILL 1955; UGOLINI und SLETTEN 1988).

Hinsichtlich der Braunerdegenese gibt es somit offene Fragen, welche sich über die Bodensystematik bis in die Bodengeographie hinein fortsetzen. Der Versuch von BARGON et al. (1971), die vermuteten reliktischen Merkmale mitteleuropäischer Braunerden auf Horizont- und Typenniveau zu verankern („Phänobraunerde"), konnte sich nicht durchsetzen. In der russischen Taiga korreliert STOLBOVOI (2000) bei der Anpassung russischer Bodenklassifikationen an die Legende der Weltbodenkarte (WRB 1998) die Podbure mit Subtypen der Podsole. Andererseits werden im Kartenblatt Nordasien (FAO-UNESCO 1981) große Podburflächen als Cambisole ausgewiesen (vgl. *Farbtafel 1 und 2*).

Die genannten genetischen, systematischen und geographischen Probleme erfordern eine umfassende Untersuchung des Bodentyps Braunerde. Hierbei kristallisieren sich folgende zentrale Fragenkomplexe heraus:

1. Ergeben sich aus der jungquartären Pedostratigraphie Mitteleuropas und der rezenten Verbreitung von Braunerden im nördlichen Eurasien Hinweise auf das Entstehungsmilieu, auf eventuelle reliktische Eigenschaften und auf den zonalen Charakter der mitteleuropäischen Braunerden?
2. Welche Verbreitung und Fazies besitzen periglaziäre Decksedimente als Ausgangsgestein der Bodenbildung für Oberflächen-Braunerden im Waldgürtel des nördlichen Eurasiens und welchen Einfluß haben sie auf die Pedogenese?
3. Wie ist das Verhältnis der oben diskutierten Waldbodentypen zur Braunerde sensu stricto und welche bodensystematischen bzw. bodengeographischen Konsequenzen ergeben sich daraus?

1.3.2 Untersuchungskonzeption

Die genannte Zielstellung lässt eine Verbindung von bodengeographisch-aktualistischem und paläopedologisch-stratigraphischem Untersuchungsansatz sinnvoll erscheinen (vgl. *Abb. 4*). Sie sollen am Beispiel eines im gesamten nördlichen Eurasien auftretenden Naturraumtyps mit jeweils einheitlichem Relief, oberflächennahem Substrat und Landschaftsalter diskutiert werden. Vor dem Hintergrund eines gleichartigen Verhaltens dieser tellurischen Faktoren lässt sich die Einwirkung des bioklimatischen Faktors auf die Bodenbildung besser beurteilen.

Insofern bieten sich die Jungmoränengebiete an, welche im gesamten nördlichen Eurasien auftreten (vgl. *Abb. 5*) und für Braunerdeuntersuchungen mehrere Vorteile aufweisen:

- das einheitliche Alter der Würm-, Weichsel-, Waldaivergletscherung als wichtigster reliefformender Faktor dieser Gebiete wird allgemein anerkannt (vgl. EHLERS 1994). Da ältere Bodenbildungen durch die Vergletscherung zerstört oder überdeckt wurden, kann großflächig ein völliger Neubeginn der Bodenbildung vor frühestens 20.000 Jahren angenommen werden.
- die homogenisierende Wirkung der (mehrfachen) Gletschertätigkeit verursacht ein relativ einheitliches und tiefgründiges Ausgangsmaterial der Bodenbildung.

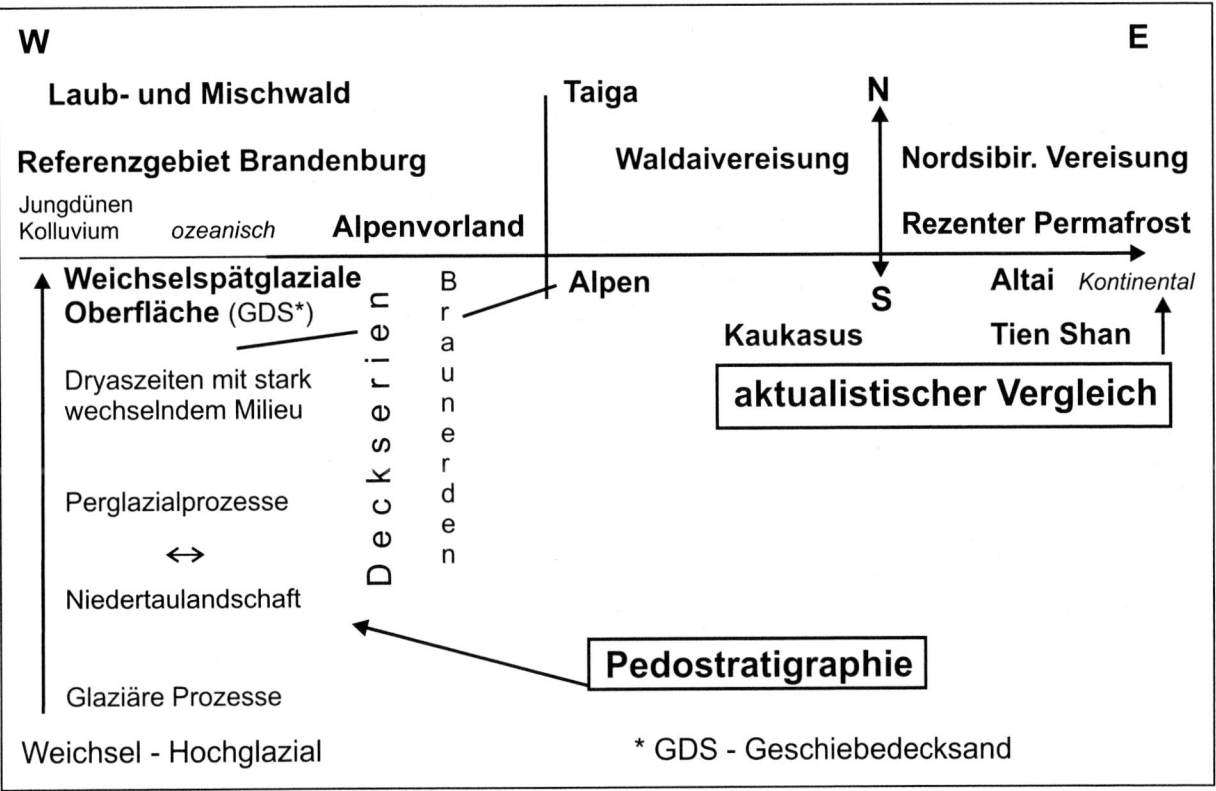

Abb. 4: Schematische Darstellung der Untersuchungskonzeption

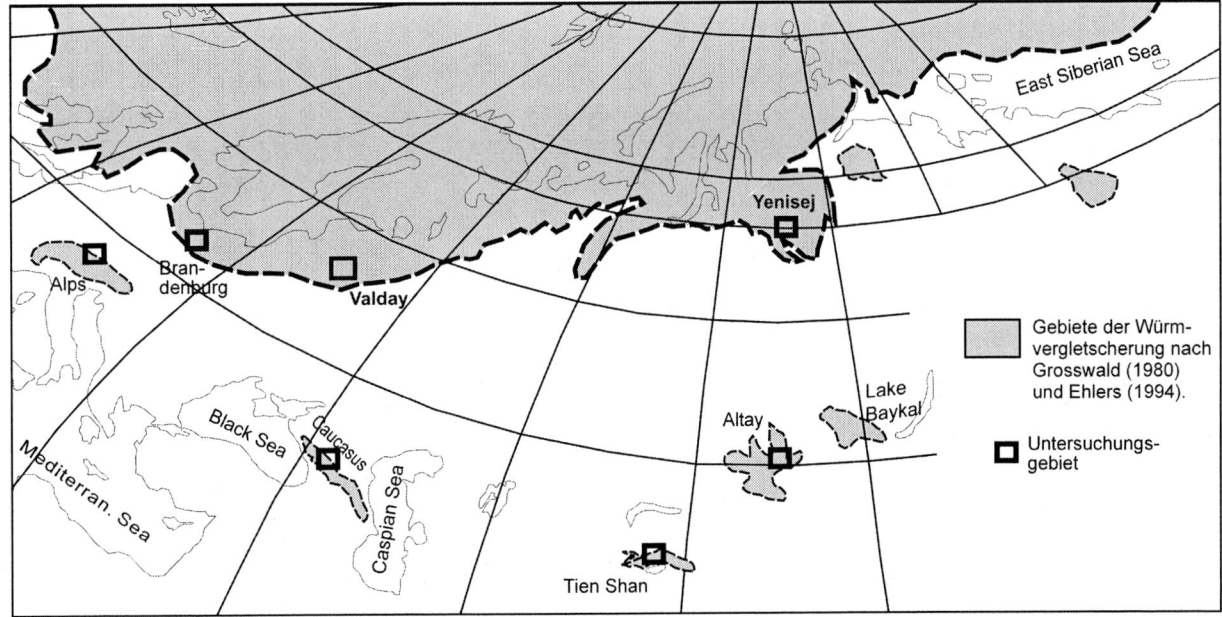

Abb. 5: Lage der eigenen Untersuchungsgebiete in den Jungmoränengebieten des nördlichen Eurasiens

- mit dem nordbrandenburgischen Jungmoränenland liegt das Referenzgebiet RAMANNS (1905) vor, welches als typisches Braunerdeareal der subborealen Waldlandschaften betrachtet werden kann. Durch die oben zitierten Hinweise auf braunerdeähnliche Paläoböden weist dieses Gebiet auch gute Voraussetzungen für den Aufbau einer spätglazial-frühholozänen Pedostratigraphie auf.

Die Jungmoränengebiete lassen sich über die jeweilige Maximalvergletscherung in der letzten Kaltzeit (Würm/Weichsel) nach außen relativ einfach abgrenzen. In den nördlichen Tiefländern Mitteleuropas bildet die Küstenlinie eine natürliche innere Begrenzung. Diese Innengrenze wird in den Alpen und den weiteren Hochgebirgen mit dem Gletscherstand von 1850 angenommen. Die außerhalb dieses Standes liegenden, ehemals vergletscherten Bereiche sind mit großer Wahrscheinlichkeit im Holozän eisfrei geblieben und damit nach ihrem Landschaftsalter mit den nördlichen Jungmoränengebieten vergleichbar.

Innerhalb der Jungmoränenlandschaften wurden bervorzugt Standorte unter Normalbedingungen für zonale Böden herangezogen, d.h. solche auf ebenen Reliefbereichen mit tiefgründigen Verwitterungsstandorten und einem Sickerwasserregime (sog. Plateauareale mit „Eluvialstandorten" im Sinne POLYNOVS 1934). Da die Textur der Braunerden in Mitteleuropa gewöhnlich ein sandiges bis sandig-lehmiges Spektrum erfasst (SIMON 1960; MÜCKENHAUSEN 1993), wurden im Verlauf der Untersuchungen sandige Standorte bevorzugt.

1.3.3 Vergleichende Charakteristik der Untersuchungsgebiete

1.3.3.1 Allgemeiner Überblick

Die beiden mitteleuropäischen Untersuchungsgebiete in Brandenburg und im Alpenvorland gehören zum subborealen Laub- und Mischwaldgebiet. Gerade die brandenburgische Jungmoränenlandschaft eignet sich mit der großflächigen Verbreitung von Braunerden auf sandig-schluffigen Sedimenten (SCHMIDT 1996) vor dem Hintergrund ihrer langjährigen Forschungstradition auch als Typusregion für Braunerdeerkundungen (RAMANN 1905; KUNDLER 1965; KOPP et al. 1969). Unter den eurasischen Jungmoränengebieten bietet sie die besten Voraussetzungen für den Aufbau einer Pedostratigraphie (SCHLAAK 1993, 1997).

Mit Hilfe der weiteren Untersuchungsgebiete sollen die Böden von Nadelwaldlandschaften im nördlichen Eurasien charakterisiert werden. Das Verteilungsmuster der Jungmoränengebiete erlaubt Untersuchungen entlang eines nördlichen Tieflandsgürtels und eines südlichen Hochgebirgsgürtels (vgl. *Abb. 5*).

Zwei Untersuchungsgebiete befinden sich in der zonalen Tieflandstaiga, welche nach Osten bis zum Jenissej noch recht großflächig auf Jungmoräne stockt. Mit den Waldaihöhen in der Russischen Tiefebene wurde ein zur südlichen Taiga gehöriges Untersuchungsgebiet bearbeitet. Das nordsibirische Testareal liegt hingegen im östlichsten großen Vergletscherungsgebiet der Würmeiszeit. Es umfaßt Bereiche der mittleren und nördlichen Taiga am unteren Jenissej sowie deren Übergänge zur Tundra.

Die Gebirgstraverse umfaßt repräsentative Ausschnitte der Hochgebirge, welche die großen Tief- und Hügelländer des nördlichen Eurasiens nach Süden abschließen.

Die pleistozänen Vergletscherungsgebiete in den Hochgebirgen Alpen, Kaukasus, Tien Shan und Altai nehmen vor allem auf deren Nordabdachung große Flächen ein. Eigene Untersuchungen wurden in den östlichen Zentralalpen, im Zentralen Kaukasus, im nördlichen Tien Shan und im östlichen Altai durchgeführt, welche würmzeitlich von einer intensiven Talvergletscherung (Kaukasus, Tien Shan) bzw. von einem bis in das Vorland reichenden Eisstromnetz (Altai) geprägt wurden. Während im östlichen Altai und im nördlichen Tien Shan der gesamte Waldgürtel erfaßt wurde, konnte im Kaukasus nur die obere montane Stufe untersucht werden.

	Klima nach TROLL und PAFFEN (1964)	Klima nach WALTER (1973)	Ökozonen nach SCHULTZ (1988)	Periglazial nach KARTE (1979, 1981)	Rezenter Verwitterungstyp nach KUNTZE et al. (1994)
Brandenburg	Subozeanisches Waldklima	Typisches gemäßigtes Klima	Feuchte Mittelbreiten	Paläoperiglaziär	Mäßige bis starke chemische u. biologische Verw. und mäßige bis geringe Frostverwitterung
Alpenvorland	Subozeanisches Waldklima	Typisches gemäßigtes Klima	Feuchte Mittelbreiten	Paläoperiglaziär	
Waldaihöhen	Subkontinentales Waldklima	Kalt gemäßigtes Klima	Boreale Zone	Paläoperiglaziär	Geringe bis mäßige Frostsprengung und chemische Verwitterung
Zentraler Kaukasus (hochmontane Stufe)	Kontinental-boreales Klima	Kalt gemäßigtes Klima	Boreale Zone	Paläoperiglaziär	
Unterer Jenissej	Hochkontinental-boreales Klima	Kalt gemäßigtes Klima	Boreale Zone	Boreal-Periglaziär	
Gebirgsaltai (hochmontane Stufe)	Hochkontinental-boreales Klima	Kalt gemäßigtes Klima	Boreale Zone	Paläoperiglaziär und Mediolatudinal-periglaziäre Höhenstufe	

Abb. 6: Charakteristik der Untersuchungsgebiete nach allgemeinen Landschaftsparametern

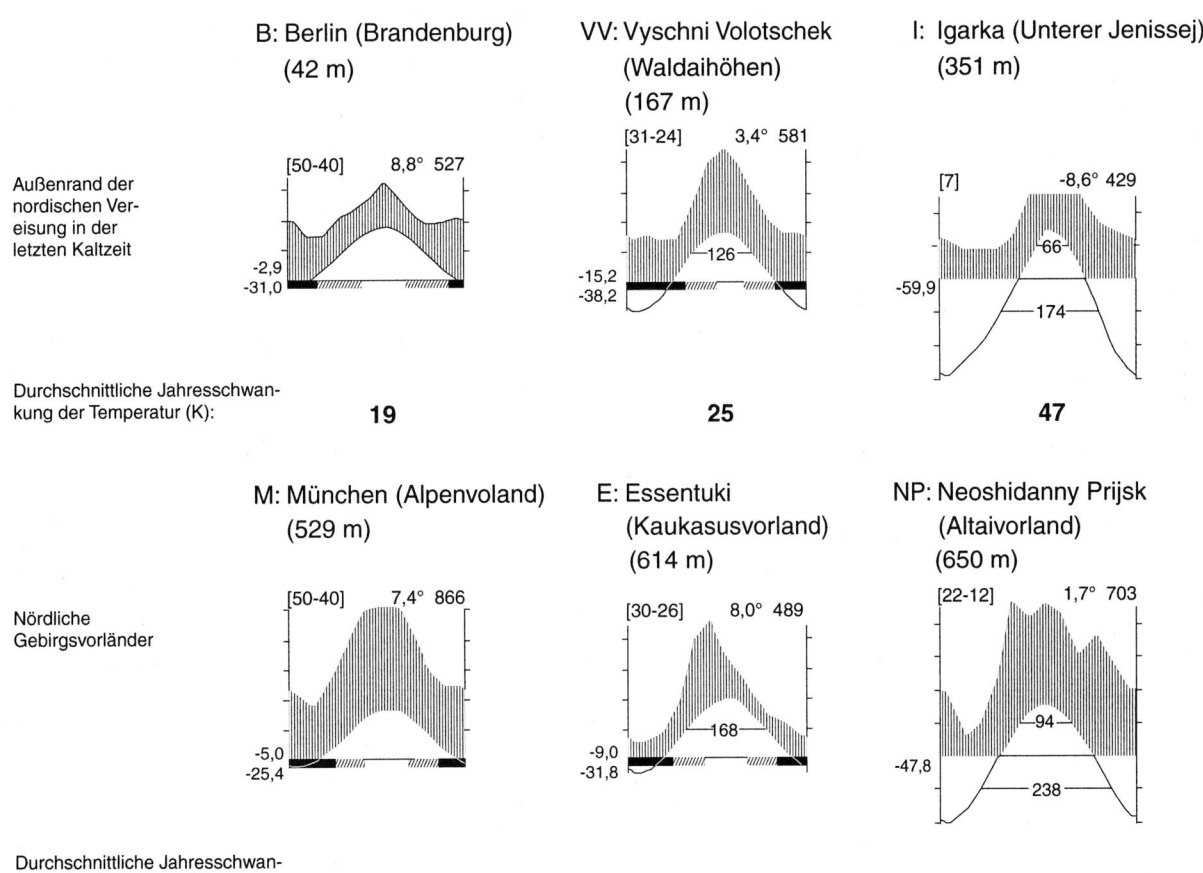

Abb. 7: Klimadiagramme nach WALTER und LIETH (1967) für repräsentative Stationen in den Untersuchungsgebieten

1.3.3.2 Landschaftliche Besonderheiten der Untersuchungsgebiete

Der maritim-kontinentale Wandel innerhalb der eigenen Untersuchungsgebiete läßt sich am besten mit dem Schema von TROLL und PAFFEN (1964) kennzeichnen (vgl. *Abb. 6*). Im Westen mit einem subozeanischen Waldklima beginnend, gehen sie im mittleren Abschnitt in ein subkontinentales bis kontinentales boreales Klima über, um im Osten mit einem hochkontinental-borealen Klima zu enden.

Den wichtigsten klimatischen Gradienten in dieser West-Ostabfolge von Untersuchungsgebieten bildet der Kontinentalitätsgrad. Ein Vergleich der Amplitude der Monatsmittelwerte der Temperatur weist auf einen deutlichen Anstieg von West nach Ost hin, welcher im hochkontinentalen nordsibirischen Untersuchungsgebiet mit 47 K sein Maximum erreicht (vgl. *Abb. 7*). Eine prinzipielle Abnahme der Jahresmitteltemperaturen läßt sich in West-Ostrichtung ebenfalls feststellen.

Den rezenten Verwitterungstyp der westlichen Untersuchungsgebiete geben KUNTZE et al. (1994) mit mäßig bis starker Verwitterung an, während die borealen Taigalandschaften als prinzipiell gering bis mäßig verwittert eingeschätzt wurden (*Abb. 6*). Nach der Periglazialgliederung von KARTE (1979) sind die mitteleuropäischen und westrussischen Untersuchungsgebiete dem Paläoperiglaziär zuzuordnen. Sie befanden sich im Pleistozän ausnahmslos unter dem Einfluß von kontinuierlichem Permafrost (KARTE 1981; VELICHKO 1975, 1995).

Das nordsibirische Untersuchungsgebiet gehört dagegen mit seinem rezenten Permafrost unter dichter Taiga zur boreal-periglaziären Provinz KARTES (1979), welche großflächig nur in Sibirien auftritt (*Abb. 6*). Die oberen Bereiche des Waldgürtels im Altai gehören der rezenten periglaziären Höhenstufe der Mittelbreitengebirge im Sinne von KARTE (1979, S. 156) an, während die hypsometrisch niedrigeren Bereiche ebenfalls zum Paläoperiglazial zählen.

2. Untersuchungsmethoden

2.1 Feldmethoden, Probenentnahme und -vorbereitung

Bei der Profilansprache (vgl. *Abb. 8*) kamen folgende Methoden zum Einsatz:

- Geomorphologische Einordnung nach Geologischer Spezialkartierung von Preußen (Darstellung von Ausschnitten nach vereinfachter Legende in *Abb. 8*) und Präzisierung der oberflächennahen Gesteine mit Hilfe von Rammkernsondierungen in der Umgebung von Bodenprofilen.

- Bodenansprache - nach AG BODEN (1994) und Munsell Soil Color Charts (1994). Die inzwischen erschienene 5. Auflage der bodenkundlichen Kartieranleitung (AG BODEN 2005) weist im Rahmen der eigenen Profilaufnahmen keine wesentlichen Veränderungen gegenüber der vierten Auflage (AG BODEN 1994) auf.

- Ansprache der Deckschichten - nach LEMBKE et al. (1970), LEMBKE (1972), LIEBEROTH (1982, S. 67-73), PECSI und RICHTER (1996, S. 132-139). In den Profilen der nordischen Vereisungen (Waldaihöhen und Brandenburg) wurde zusätzlich versucht, die verschiedenen Lagen deskriptiv dem System von KOPP et al (1969) zuzuordnen (Perstruktionszonen als griechische Buchstaben rechts neben dem Horizont- und Substratprofil).

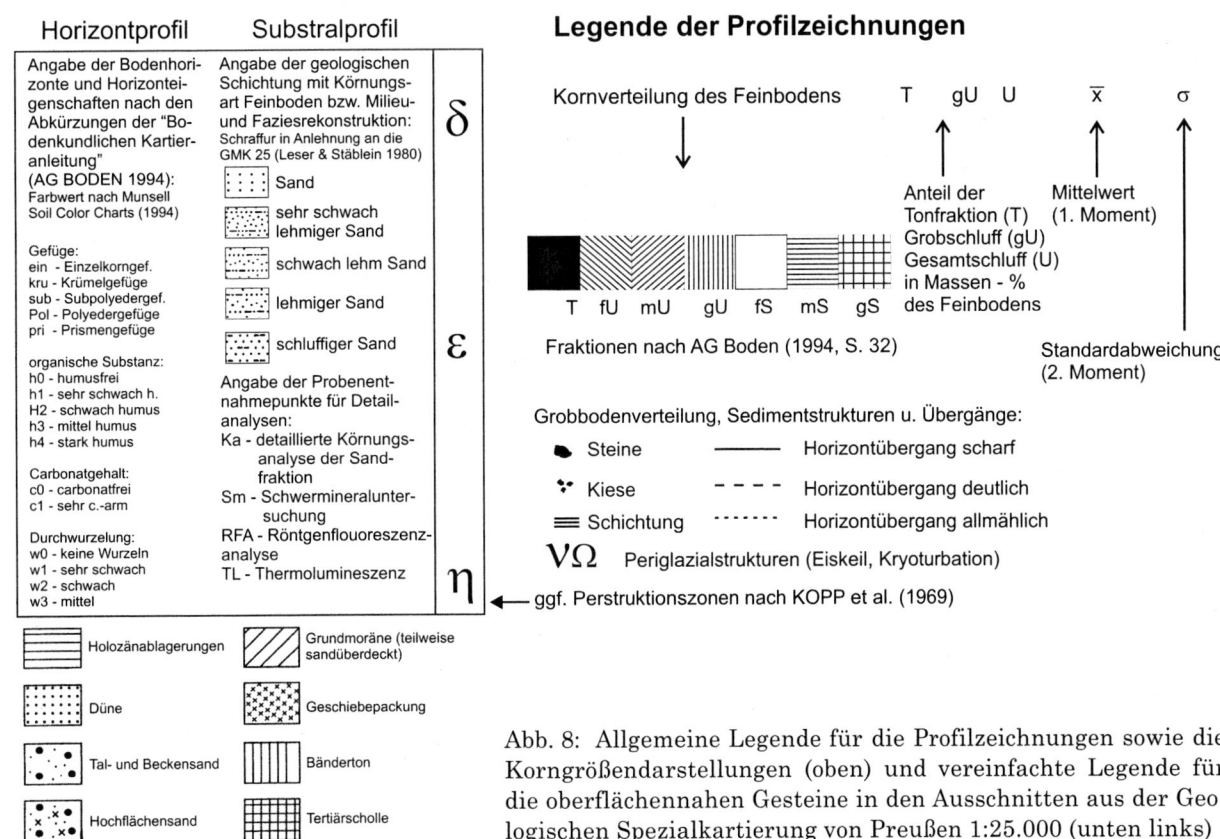

Abb. 8: Allgemeine Legende für die Profilzeichnungen sowie die Korngrößendarstellungen (oben) und vereinfachte Legende für die oberflächennahen Gesteine in den Ausschnitten aus der Geologischen Spezialkartierung von Preußen 1:25.000 (unten links)

- Tachymetrische Gelände- und Aufschlußvermessung von ausgewählten Profilkomplexen mit großer Aufschlußdichte (Schiffmühle, Sternebeck, Werneuchen, Rachertsfelden).

- Probenentnahme: Für die chemischen Analysen erfolgte sie gewöhnlich horizontweise als Mischprobe. Für spezielle Fragestellungen (interne Homogenität von Horizonten) oder an wichtigen Profilen wurden teilweise Horizonte nochmals getrennt beprobt. In diesen Fällen wurden die horizontinternen Proben in den Analysentabellen von oben nach unten durchnumeriert (Bv1, Bv2 usw.).

- Probenaufbereitung: Alle Proben wurden luftgetrocknet und anschließend mit dem 2mm-Sieb in Fein- und Grobboden geteilt. Die Korngrößenanalyse des Grobbodens (Siebung von 25-35kg-Proben) wurde nur in den brandenburgischen Sandprofilen eingesetzt. In den russischen Profilen wurde die Skelettverteilung vor allem wegen fehlender Transport- und Analysemöglichkeiten vor Ort geschätzt. Alle nachfolgend beschriebenen Untersuchungen wurden am Feinboden durchgeführt.

2.2 Physikalische und Mineralogische Labormethoden

2.2.1 Korngrößenanalyse und Korngrößenparameter

2.2.1.1 Standardanalyse

Zur Ermittlung der allgemeinen Körnungseigenschaften wurde das kombinierte Sieb- und Sedimentationsverfahren eingesetzt (nach BARSCH et al. 1984). Als Dispergierungsmittel diente Ammoniak. Der Grobschluff wurde sowohl im Schlämmverfahren als auch per Siebung bestimmt, um eventuelle Fehler in diesem Übergangsbereich zwischen beiden Methoden zu erkennen.

Die Korngrößenverteilungen wurden als wichtigster Laborparameter neben den Profilzeichnungen in Balkendiagrammen mit den Fraktionen Ton (T), Feinschluff (fU), Mittelschluff (mU), Grobschluff (gU), Feinsand (fS), Mittelsand (mS) und Grobsand (gS) dargestellt.

Rechts neben den Balkendiagrammen sind die bodengenetisch wichtigen Gehalte an Ton (T), Grobschluff (gU) und Gesamtschluff (U) als Zahlenwerte eingetragen, um bei den häufig sehr niedrigen Anteilen dieser Fraktionen einen genauen Vertikalvergleich zu ermöglichen.

Zur genaueren Berechnung der Korngrößenparameter wurden nach der Schlämmung sechs Sandfraktionen abgesiebt (0,06-0,1; 0,1-0,2; 0,2-0,315; 0,315-0,63; 0,63-1,0; 1,0-2,0). Die Korngrößenparameter wurden auf Grundlage der international üblichen Phi-Grade nach der Momentmethode bestimmt (TUCKER 1996, S. 73). Für die Auswertung wurden nur das erste Moment (Mittelwert $\bar{x}$) und das zweite Moment (Standardabweichung σ) als Maße für die mittlere Korngröße bzw. die Sortierung herangezogen.

Zu beachten ist dabei, daß aufgrund der Umrechnung in Phi-Grade eine Erhöhung der Mittelwerte eine feiner werdende Körnung anzeigt, während eine Erhöhung der Standardabweichungen auf eine Verschlechterung der Sortierung hinweist. Die Tonfraktion wurde aufgrund ihrer Wanderungsfähigkeit bei der Berechnung ausgeklammert.

2.2.1.2 Subfraktionierung des Sandes

Die spezielle Faziesanalyse sandiger Periglazialablagerungen in den nordischen Vergletscherungsgebieten erforderte eine genauere Auflösung der Kornverteilungskurve, als es die oben beschriebene Standardmethode ermöglicht.

Deshalb wurde eine zusätzliche Subfraktionierung der Sandfraktion mit folgenden 14 Siebdurchgängen eingesetzt: 0,063; 0,08; 0,1; 0,125; 0,15; 0,2; 0,25; 0,315; 0,4; 0,5; 0,63; 0,8; 1,0; 1,6mm. Die Verteilungskurven sind als Liniendiagramme mit prozentualer Angabe des Siebdurchganges dargestellt.

2.2.2 Schwermineralgehalte und -spektren

Die Schwermineralanalyse ermöglicht normalerweise den prinzipiellen Nachweis von Schicht- und Materialwechseln in Periglazialserien (zul. VÖLKEL 1995), wobei in vielen Fällen sogar fazielle Aussagen über äolische Komponenten gemacht wurden (FRÜHAUF 1990; KLEBER 1991).

Die Schwerminerale der Fraktionen 0,063-0,1 und 0,1-0,2mm wurden über Schweretrennung in Scheidetrichtern mit Tetrabromethan gewonnen. Die Schwermineralspektren wurden polarisationsmikroskopisch an etwa 350 transparenten Körnern gezählt (Dr. H.U. Thieke, LBGR Kleinmachnow). Aufgrund weitgehend korngrößenabhängiger Unterschiede beider Subfraktionen erfolgt die Darstellung als gemittelte Gehalte der Fraktion 0,06-0,2mm. Dabei werden die Schwermineralspektren als Summe der transparenten Schwerminerale = 100% in Balkendiagrammen angegeben, der Anteil opaker Körner ist auf die gesamten Schwerminerale bezogen.

Die Schwerminerale werden in den Abbildungen folgendermaßen abgekürzt:

Sm-gehalt (Schwermineralgehalt)
Py (Pyroxen), Am (Amphibol), Gr (Granat), Ep (Epidot), Zi (Zirkon)
M (Metamorphe Gruppe aus Andalusit, Topas, Apatit, Turmalin, Rutil, Disthen, Sillimanit)

2.2.3 Mineralbestand inklusive Tonminerale (Röntgenphasenanalyse)

Röntgenphasenanalysen wurden an verschiedenen Fraktionen durchgeführt (Feinboden, Tonfraktion, Grob-, Mittel- und Feinton). Die Gewinnung der Tonfraktion (<0,002mm) erfolgte mit Hilfe des Atterberg-Verfahrens in Sedimentationszylindern. Deren Subfraktionen (Feinton <0,2 µm; Mittelton 0,2-0,6 µm; Grobton 0,6-2 µm) wurden in der Zentrifuge getrennt. Für die Bestimmung der Tonminerale wurden Texturpräparate hergestellt. Diese wurden im lufttrockenen Zustand, nach Behandlung mit Ethylenglykol und nach Temperung bei 400 sowie 550° geröntgt.

Die Messungen wurden im Landesamt für Geowissenschaften und Rohstoffe Brandenburg (J. Luckert), am FB Geowissenschaften der TU Berlin (Prof. H. Kallenbach), am Bayerischen Geologischen Landesamt (Dr. U. Rast) und in der Sektion Geologie der Universität München (Dr. F. Söllner) durchgeführt.

2.2.4 Gesamtelementgehalte und Profilhomoginität

2.2.4.1 Titangehalte

Die Titangehalte gehören aufgrund der Verwitterungsresistenz und Immobilität von Titanverbindungen im Boden zu den unstrittigen bodengeologischen Homogenitätsparametern (ALAILY 1984, S. 42). Dabei wurde trotzdem eine gewisse Anreicherungs- und Verlagerungstendenz in der Tonfraktion beobachtet, wobei dieses Problem durch die Messung an Einzelfraktionen umgangen werden kann. Ihr Einsatz eignet sich offenbar gut zur Unterscheidung von tertiärem und pleistozänem Untergrund, wie die Auswertung von Altdaten aus KOPP und KOWALKOWSKI (1972, S. 44) ergab (vgl. *Tab. 14* unten in Kap. 4). Auf dieser Grundlage ist eine Tracerfunktion des Titans in Böden aus tertiär-pleistozänen Mischsubstraten zu erwarten. Für detaillierte Homogenitätstests im Profilkomplex Sternebeck wurden die Gesamtgehalte des verwitterungsstabilen Titans in den Sandfraktionen herangezogen (0,06-0,1; 0,1-0,2; 0,2-0,315; 0,315-0,63; 0,63-1,0mm).

2.2.4.2 SiO_2/R_2O_3- und SiO_2/Al_2O_3-Verhältnis des Feinbodens

Das Kieselsäure/Sesquioxidverhältnis des Feinbodens gibt einen Hinweis auf den Quarzanteil des Ausgangsgesteins und charakterisiert in seiner Tiefenfunktion weitgehend Deckschichtenwechsel in Mehrschichtprofilen (vgl. VÖLKEL 1995). Einen rezenten Verwitterungs- und Prozeßindikator wie in den Tropen (KUBIENA 1953) stellt es jedoch in Böden der Mittelbreiten nicht dar.

2.3 Bodenchemische Untersuchungen

2.3.1 Hauptelementgehalte und abgeleitete Parameter

2.3.1.1 Röntgenfluoreszenz-Analyse

Zur Bestimmung der Gesamtelementgehalte wurden RFA-Messungen am Feinboden sowie an der Tonfraktion durchgeführt und mit Hilfe diverser Koeffizienten (Kronberg-Nesbitt, Kieselsäure/Sesquioxide) bezüglich der Hauptelemente ausgewertet.

Die Feinbodenproben wurden staubfein gemahlen, während die Tonfraktionen im Atterbergzylinder gewonnen wurden. Anschließend wurden im Schmelzaufschlußverfahren mit Lithiummetaborat/Lithiumtetraborat Tabletten gepreßt und am RFA-Spektrometer Philipps PW 2400/PW2404 gemessen (Dipl.-Geol. Holger Müller, Kleinmachnow bzw. Dr. J. Eidam, Greifswald).

2.3.1.2 Kronberg-Nesbitt-Koeffizient

Einen Parameter, welcher die Verwitterung von Gesteinen unter Beachtung seiner Hauptelemente einschätzt, schlugen KRONBERG und NESBITT (1981) vor. Er beruht darauf, daß im Laufe der Verwitterung eine Auswaschung von Alkali- und Erdalkaliionen erfolgt und gleichzeitig Si- und Al-Oxide relativ dazu angereichert werden. Der Index wird über zwei Quotienten dargestellt, welche mit zunehmendem Grad der chemischen Verwitterung abnehmen. Sein Ordinatenwert kennzeichnet dabei stärker den Feldspatzerfall und die Tendenz zur Anreicherung von kaolinitischem Material, der Abszissenwert markiert stärker die Si-/Al-Oxidanreicherung.

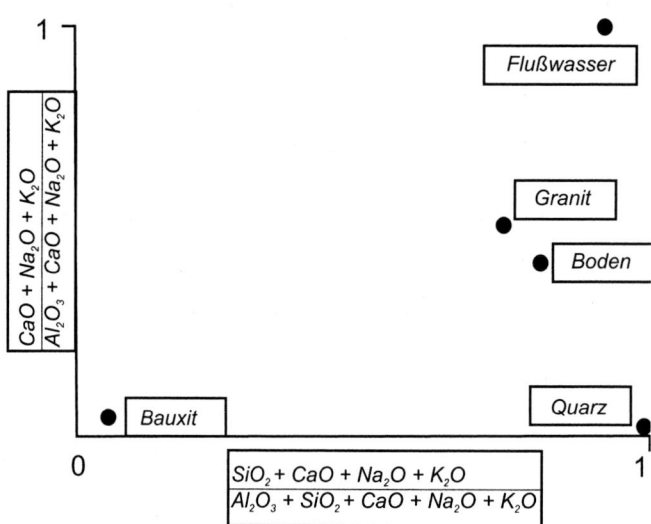

Abb. 9: Verwitterungskoeffizient (nach KRONBERG-NESBITT 1981)

Beide Quotienten, im Text kurz als Kronberg-Nesbitt-Koeffizient bezeichnet, werden in den Tabellen zur Profildokumentation als Zahlenwerte für Abszisse und Ordinate einzeln angegeben, um ihren Vertikalverlauf besser verfolgen zu können. Je stärker der numerische Wert absinkt, desto höher ist der Verwitterungsgrad. Erst für zusammenfassende Betrachtungen wurde die von KRONBERG und NESBITT (1981) praktizierte Darstellung im Koordinatensystem gewählt (vgl. *Abb. 9*). Für den Vergleich verschiedener Profile nach ihrer Verwitterungsintensität wird gewöhnlich die Hauptverwitterungszone herangezogen (BÄUMLER, KEMP-OBERHETTINGER und ZECH 1996).

2.3.1.3 Kieselsäure/Sesquioxidverhältnis (SiO_2/R_2O_3, SiO_2/Al_2O_3) der Tonfraktion

Das Kieselsäure/Sesquioxidverhältnis der Tonfraktion (Ton-RFA) wurde von KUBIENA (1953) und LAATSCH (1954, S. 230) als traditioneller bodenkundlicher Indikator für die Charakterisierung von Braunerden und ihre Abgrenzung von den Podsolen genutzt (sog. Profilcharakterzahl). Die Kieselsäure/ Sesquioxidverhältnisse der Tonfraktionen von A- und B-Horizont werden dabei ins Verhältnis gesetzt, wobei beide Bodentypen unterschiedliche Koeffizienten bzw. Profilcharakterzahlen erhalten (Braunerden etwa 1, Podsole 2,5-5).

2.3.2 Pedogene Oxide

- Dithionitlösliches (freies) Eisen (*Fed*), Aluminium (*Ald*), Mangan (*Mnd*) - Extraktion mit Na-Citrat-Hydrogencarbonat und Natriumdithionit (SCHLICHTING, BLUME und STAHR 1995). Messung am AAS bzw. Spektralphotometer.
- Oxalatlösliches Eisen (*Feo*), Aluminium (*Alo*), Mangan (*Mno*) - Extraktion mit NH_4-Oxalatlösung (SCHLICHTING, BLUME und STAHR 1995). Messung am AAS bzw. Spektralphotometer.
- NaOH-lösliches (laugelösliches) Aluminium (*All*) - photometrische Bestimmung nach SCHLICHTING und BLUME (1965).
- Optische Dichte (ODOE) - die Farbtiefe des Oxalatextraktes wird in einer 1cm Küvette bei 430nm fotometriert.

Aus diesen Gehalten wurden folgende Koeffizienten zur Beurteilung der Verwitterungsintensität gebildet:

Fed/Fet	- Anteil des freien am silikatischen Eisen.
Feo/Fed	- Aktivitätsgrad des Eisens nach SCHWERTMANN (1959).
All/Fed	- Verwitterungsparameter zur Darstellung des Podsolierungsgrades (BLASER 1973; VEIT 1988).
FQ=*Fed* (%) * 10 / T (%)	- vereinfachter Franzmeier-Quotient (FQ) nach LIEBEROTH (1982, S. 179) bzw. FRANZMEIER et al. (1965).

2.3.3 Organische Substanz

Mit Ausnahme des Untersuchungsgebietes Nordsibirien wurden die organische Substanz wie folgt analysiert:

- Organischer Kohlenstoff (*C*) - „nasse Veraschung" mit Kaliumdichromat nach SCHLICHTING, BLUME und STAHR (1995, S. 159).
- Gesamtstickstoff (*N*) - Kjeldahlmethode nach SCHLICHTING, BLUME und STAHR (1995, S. 165).

Die C- und N-Werte der Proben des nordsibirischen Untersuchungsgebietes wurden im C/N-analyzer CNS-2000 der Fa. LECO bestimmt (Verbrennung im Sauerstoffstrom).

Als einer der wichtigsten bodenökologischen Parameter wurde das resultierende C/N-Verhältnis bestimmt.

2.3.4 Azidität und Sorption

- pH-Wert - elektrometrisch nach SCHLICHTING, BLUME und STAHR (1995, S. 165). Als Standarduntersuchung wurden die pH-Werte entsprechend dem angegebenen Verfahren in einer Kalziumchloridlösung bestimmt (*pH CaCl₂*). In einigen brandenburgischen Profilen wurden Parallelmessungen mit destilliertem Wasser durchgeführt (*pH H₂O*).

- Ermittlung des Kalkgehaltes durch gasvolumetrische Bestimmung mit dem Scheibler-Gerät (nach BARSCH et al. 1984, S. 74).
- Kationenaustauschkapazität (KAK) - bestimmt als Summe von S-Wert und H-Wert über die Schnellmethode nach Kappen (SCHLICHTING, BLUME und STAHR 1995, S. 122 bzw. BARSCH et al. 1984). Berechnung der Basensättigung (BS) als Quotient von S-Wert und KAK (in %).
- Kationenaustauschkapazität der Tonfraktion (KAK$_{Ton}$) - berechnet nach van REEUWIJK et al. (1992).

Die Interpretation der Werte erfolgte mit Hilfe der Einstufung der Bodenreaktion sowie der Basensättigung der Verwitterungshorizonte nach AG BODEN (1994). Die Einteilung in Dys-, Meso- und Eubraunerden nach der bodenkundlichen Kartieranleitung (AG BODEN 1994) erwies sich für die eigenen Böden als günstigste Variante, da sie im Gegensatz zur Weltbodenkarte (FAO-UNESCO 1997) auch die Braunerden mit einer Basensättigung unter 50% noch differenzieren.

2.4 Datierungen

2.4.1 Lumineszenzdatierung

Begleitend zu den geomorphologischen Untersuchungen wurden im TL-Labor des Max-Planck-Institutes für Kernphysik Heidelberg Lumineszenzdatierungen durchgeführt (KUHN 1997). Die Thermolumineszenzdatierung (TL) von Flugsand und Löß kann als quartärstratigraphische Routinemethode angesehen werden (WAGNER und ZÖLLER 1989; WINTLE 1993). Die eigenen Probenentnahmen für TL-Datierungen in Brandenburg wurden deshalb auf Flugsand oder (vermuteter) Mischfazies mit äolischem Anteil konzentriert. Die Untersuchungstechnik mußte dem Vorliegen relativ grober und quarzdominierter Flugsande angepaßt werden. Die Messungen wurden deshalb an der Grobkornfraktion (100-200µm) von Quarzen durchgeführt.

Die TL-Datierungen wurden durch Korngrößenfraktionierung, Reinigung der Fraktion, Mineralseparation und Herstellung von mindestens 50 Teilproben vorbereitet (KUHN 1995, 1997). Für die Ermittlung der Additivdosis wurden die Teilproben mit unterschiedlichen Dosen additiv bestrahlt (zur Methode s. WAGNER 1995). Die TL-Messungen erfolgten mit dem Meßgerät Riso-TL-DA 12. Die TL-Signale von Quarz wurden mit einem MUG-2 Glasfilter im Spektralbereich 350-400nm aufgenommen.

2.4.2 Pollenanalyse

Die Pollenanalyse wurde angesichts des fast flächendeckenden Fehlens begrabener humoser Horizonte in den terrestrischen Periglazialablagerungen nur für die limnischen Schichten der Profile Golßen und Beiersdorf eingesetzt. Nach einem Flußsäureaufschluß erfolgte die Zählung der pollenangereicherten Endstufe in Glycerol (Zählprotokolle von KLOSS 1997 bzw. ERD 1997).

2.4.3 Radiokohlenstoffdatierungen

Alle Radiokarbondatierungen erfolgten im Labor der Universität Hamburg (Dr. P. Becker-Heidmann). Konventionelle Radiokarbondatierungen wurden vor allem in den holozänen Flugsanden Brandenburgs mit begrabenen Podsolen eingesetzt. An den Verwitterungshorizonten mehrerer Paläo- und Oberflächenböden wurden Huminsäuredatierungen durchgeführt. Die Radiokarbondatierungen an Huminsäuren müssen aufgrund ihrer Störanfälligkeit im oberflächennahen Bereich durch verschiedenste Verschmutzungen (Wurzeln, absteigende Wässer u.a.) und angesichts der geringen Humusgehalte der interessierenden Verwitterungshorizonte sehr vorsichtig interpretiert werden. Schon an begrabenen Torflagen und Humuszonen durchgeführte Versuche von LITT et al. (1987) und NOWACZYK und PAZDUR (1990) deuten auf beträchtliche methodische Schwierigkeiten hin. Die Aussagen können somit nur als Ergänzung der übrigen Datierungsansätze betrachtet werden, da 14C-Altersangaben auch unter optimalen Datierungsbedingungen wegen der komplexen pedochemischen Genese nicht gleichzeitig das mittlere Alter der Bodenbildung repräsentieren (WAGNER 1995, S. 97).

3. Paläoböden auf Sandstandorten im brandenburgischen Jungmoränenland

3.1 Spezifika des regionalen Forschungsstandes

Für die teilweise sehr kleingekammerten nordostdeutschen Moränenlandschaften gelang KOPP et al. (1969), HEINRICH (1975) und JÄGER (1979) eine prinzipielle Rekonstruktion von Paläomilieus in der ausgehenden Weichseleiszeit und im frühen Holozän anhand geologisch-morphologischer, archäologischer, pedologischer und paläontologischer Phänomene (vgl. *Abb. 10*). Sie liefert auch für die biostratigraphisch nur schwer gliederbaren sandigen Hochflächen mit ihren weit verbreiteten Braunerdearealen einen praktikablen Untersuchungsansatz, weshalb nachfolgend bevorzugt auf ihren Begriffsapparat zurückgegriffen wird.

Milieu	Vegetationszonen	Gletscher	Permafrost			Kongelifraktion	Äolische Prozesse
			Solifluktion	Kryoturb.	Perstruktion		
Glaziär	Inlandeis	++					
Euperiglaziär (Pleniperiglaziär)	Tundra		++	++	+	+	+
Boreoperiglaziär	Wald, Kältesteppe		+	+	++	+	+
Xeroperiglaziär	Kältesteppe und -wüste			+	+	++	++
Paraperiglaziär	⇑ Übergänge ⇓					++	++
Temperate Zone	Laubwald, Mischwald						

++ - Bestimmende Prozesse der Oberflächenformung und Profildifferenzierung, + - Zusätzlich wirksame Prozesse

Abb. 10: Milieuentwicklung im nördlichen Mitteleuropa seit dem Maximum der Weichseleiszeit (zusammengestellt nach KOPP et al. 1969; HEINRICH 1975 und HARTWICH 1981)

An diesen terrestrischen Standorten stellen neben geologisch-morphologischen Phänomenen vor allem Artefakte der jungpaläolithischen Swidrykultur (GRAMSCH 1957, 1969, 1973) eine wichtige Markierung für spätglaziale Profilabschnitte dar. Nach JÄGER und KOPP (1969) kommen sie auch mehrfach in begrabenen braunerdeähnlichen Böden vor und bieten damit eine Möglichkeit für Datierungen von Bodenbildungsprozessen. Überregionale Bedeutung erlangte ein spätglazialer Boden, welcher vor allem in den Dünenkomplexen der sandigen märkischen Schmelzwasserebenen verbreitet ist (erstmals SCHLAAK 1993). Er wurde nach seinem *locus typicus* im Finowtal nahe Eberswalde als *Finowboden* bezeichnet und kann als echter Leithorizont für die ausgehende Weichselkaltzeit gelten (vgl. SCHLAAK 1993, 1997, 1998). Äquivalente des Finowbodens wurden später auch in benachbarten Regionen gefunden, wobei sich seine stratigraphische Einordnung bestätigen ließ (BUSSEMER, GÄRTNER und SCHLAAK 1998; KAISER und KÜHN 1999; KAISER et al. 2001). Neben eigenen Beobachtungen (Profil Werneuchen in BUSSEMER 1995c) steht mit den genannten Phänomenen ein für Jungmoränengebiete unikales paläopedologisches Arsenal für eine stratigraphische Neubearbeitung und bodensystematische Präzisierung zur Verfügung.

Auf terrestrischen Sandstandorten des brandenburgischen Jungmoränenlandes konnten die Bodenbildungen anhand makroskopischer Beschreibungen ihrer Verwitterungshorizonte in fünf Entwicklungsstadien eingeteilt werden (vgl. BUSSEMER 1998), welche durch die anschließenden analytischen Untersuchungen präzisiert wurden (Lageskizzen vgl. *Abb. 11* und *12*):

Generation 1: Begrabene Verwitterungszone mit Permafrostmerkmalen (initiale Braunerde)
Generation 2: Begrabener Boden mit paläolithischen Artefakten (Regosol-Braunerde)
Generation 3: Begrabener Finowboden (Braunerde)
Generation 4: Oberflächenboden (Braunerde)
Generation 5: Parautochthone Böden (verlagerte Braunerden mit Podsolierung)

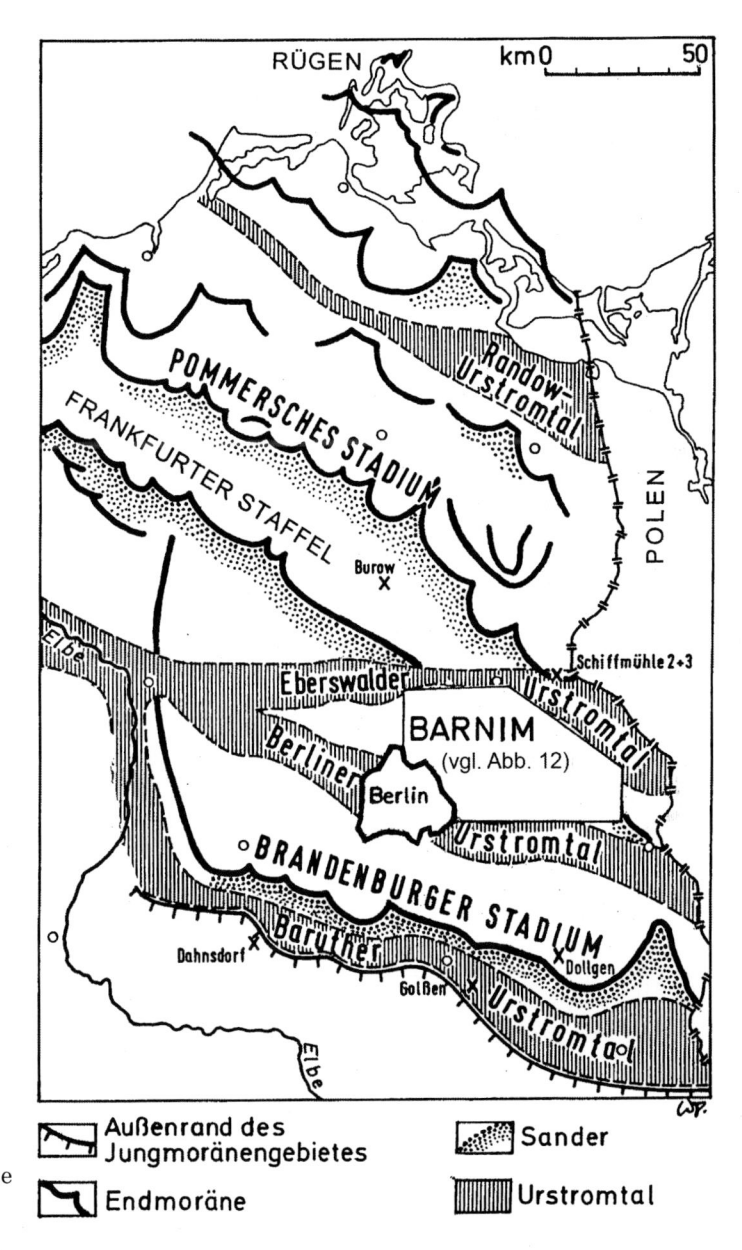

Abb. 11: Lage der Untersuchungsstandorte im nordostdeutschen Jungmoränengebiet

Als bodensystematisches Hauptproblem bei der Interpretation der brandenburgischen Paläoböden kann ihre bisher unzureichende chemische und mineralogische Charakteristik gelten, welche eine Einordnung in die allgemeine Bodensystematik sowie ihren Vergleich mit den Oberflächenböden erschwert.

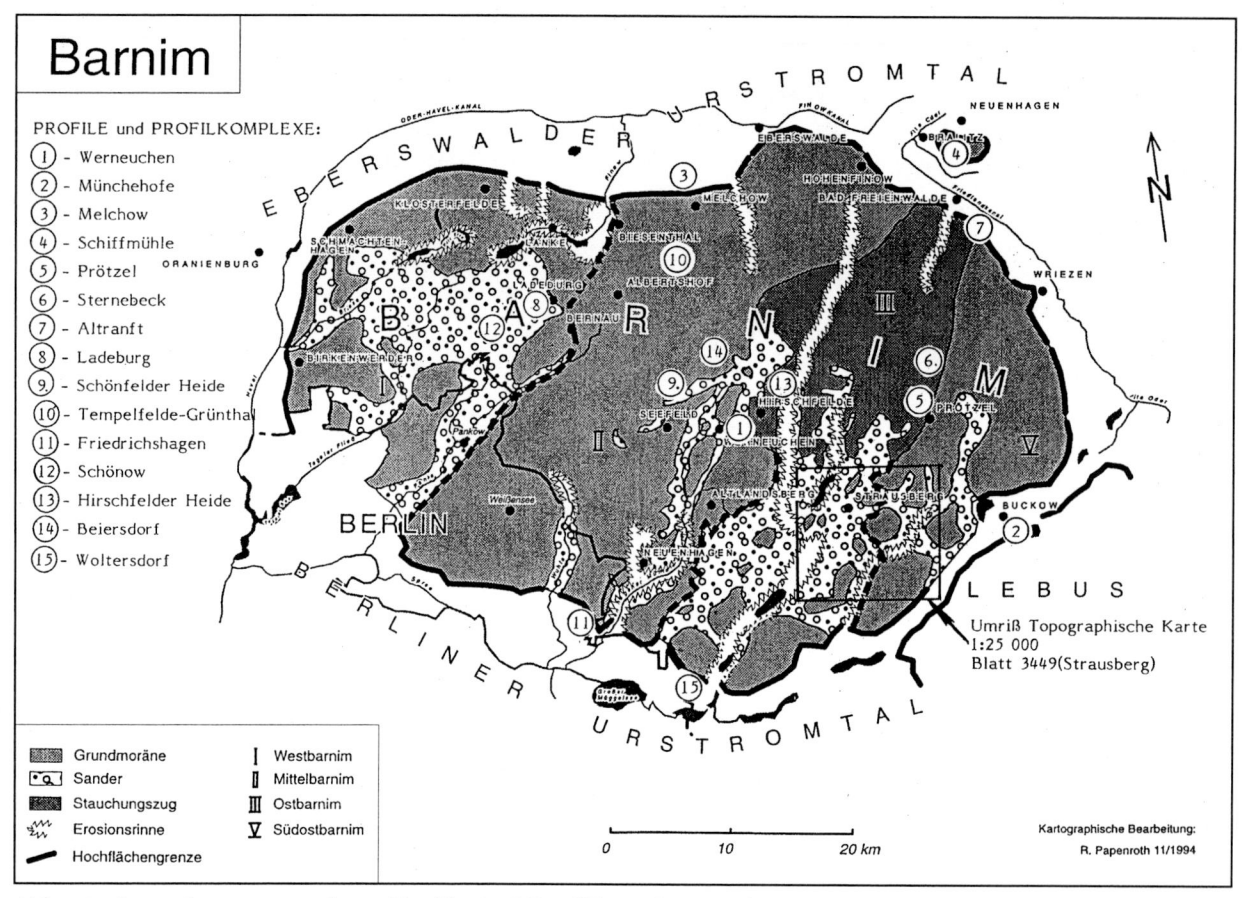

Abb. 12: Lage der untersuchten Profile und Profilkomplexe auf dem Barnim und in seiner näheren Umgebung

3.2 Nomenklatorische Grundlagen

Unterschiedliche Terminologien zur Beschreibung von begrabenen Böden erfordern zunächst eine Diskussion des Begriffsapparates, der über die allgemein anerkannte Kartieranleitung hinausgeht (AG BODEN 1994, S. 104; AG BODEN 2005, S. 108) und deshalb dort nicht dargelegt ist. Besonders der Begriff „Paläoboden" als bodenkundliches und quartärmorphologisches Forschungsobjekt sowie die Bodeneigenschaften „relikt" und „fossil" wurden bisher noch nicht einheitlich definiert (MÜCKENHAUSEN 1982; CATT 1990; AG BODEN 2005, S. 404). Ein praktikables nomenklatorisches Gerüst für die Bearbeitung oberflächennaher Bodenbildungen ergibt sich durch die Synthese der Vorschläge von JÄGER (1970, 1979) bzw. FELIX-HENNINGSEN und BLEICH (1996):

fossil (f)	Bedeckung von Böden und Bodenresten durch Deckschichten > 7 dm, Veränderung nur durch Diagenese
relikt (r)	Morphologische, chemische, physikalische und mineralogische Eigenschaften, die in Horizonten oberhalb 7dm auftreten, sich im Verlauf der aktuellen Bodendynamik jedoch nicht mehr nachbilden
Paläoboden (fossil / relikt)	stratigraphische Festlegung für Bodenbildungen des Präholozän
Holozänboden (rezent, relikt, fossil)	stratigraphische Festlegung für Bodenbildungen des Holozän
begrabener Boden	Alle Böden unter einer Überdeckung durch überlagerndes Sediment, unabhängig von deren Entwicklungsgang bis zur Überdeckung
parautochthone Böden und Bodenreste	Geringfügig lateral verlagerte Horizonte bei grundsätzlicher makroskopischer Erhaltung des Profilcharakters

Desweiteren werden nachfolgend alle nicht von Sedimenten überdeckten Bodenbildungen rein deskriptiv als Oberflächenböden bezeichnet, ohne damit automatisch ihren rezenten Charakter zu implizieren. Bei der Horizontansprache von Oberflächenböden mit reliktischen Profilmerkmalen gibt es wie für die Paläoböden keine Standardnomenklatur. Als wichtigste Horizontbezeichnungen und -folgen wurden dabei von verschiedenen Bearbeitern folgende Symbole vorgeschlagen, welche sich jedoch in der allgemeinen Bodensystematik (AG BODEN 1982, 1994, 2005) nicht durchgesetzt haben (*reliktische Verwitterungshorizonte kursiv*):

braunerdeähnliche Böden	parabraunerde bzw. fahlerdeähnliche Böden
PLASS (1966): A- *(Bv)* - II C	KOPP (1970): Ah-Bv-*X*-Bt
BARGON ET AL. (1971): A - *Bu* - C	BARGON ET AL. (1971): A-*Bu-Btx;* A-*Bu-IIfBtx*

Problematisch erscheint hierbei, dass die genannten Horizonte nicht über bodeneigene Parameter definiert wurden. Für die eigene genetische Interpretation von Paläo- und Oberflächenböden erschien es deshalb folgerichtiger, die begrabenen Horizonte in die allgemeine Systematik der AG BODEN (1994) einzuordnen und auch auf deren Begriffsapparat zurückzugreifen.

3.3 Generationen der Paläoböden im Jungmoränenland Brandenburgs

3.3.1 Begrabene permafrostbeeinflußte Verwitterungszone (Paläobodengeneration 1)

3.3.1.1 Profil Werneuchen 1

Der Profilkomplex Werneuchen befindet sich auf der flachwelligen, von schmalen Schmelzwasserbahnen durchzogenen Grundmoränenplatte des Mittleren Barnim (vgl. *Abb. 12*). Seine höhergelegenen Bereiche werden von Grund- und Ablationsmoränen eingenommen. Dazwischen zeichnen unregelmäßig verlaufende Senken ehemalige Schmelzwasserbahnen nach, welche zwischen dem zerfallenden Eis des Brandenburger Stadiums verliefen. In einer derartigen flachen Senke befindet sich Profil Werneuchen 1 (*Abb. 13*).

Die unverwitterte Grundmoräne des Barnims konnte in dieser Senke nur mit Bohrungen erfaßt werden. Die darüber folgenden Sedimente der Eiszerfallslandschaft bestehen aus einer Wechsellagerung von anlehmigen Ablationsmoränen und reinen Schmelzwassersanden (vgl. *Abb. 14*). Diese glazigen-glazifluviatile Wechselfolge des unteren Profilteils wurde intensiv kryoturbat überformt. An ihrer Obergrenze läßt sich eine Erosionsdiskordanz mit Feinkiesanreicherung beobachten. Darüber setzen mit einer Flugsanddecke die periglaziären Sedimente ein, in deren oberem Teil sich ein deutlich erkennbarer brauner Verwitterungshorizont entwickelt hat. An der Obergrenze dieses begrabenen Bodens setzt eine Sandkeilpseudomorphose an, welche sich dann durch den gesamten unteren Profilteil bis in die liegende Grundmoräne hineinzieht (*Farbtafel 3-1*). Derartige Sandkeile sind nach übereinstimmenden Angaben von JAHN (1968), ROMANOVSKIJ (1973) und KARTE (1979) Indikatoren für kontinuierlichen Permafrost.

Im Hangenden schließen sich an die von der Pseudomorphose durchzogene glaziär-periglaziäre Folge ungeschichtete gleichkörnige Flugsande an. Diese werden von einer schwachen Humuszone (begrabener Syrosem mit fAi-Horizont) durchzogen und durch einen Regosol als Oberflächenboden abgeschlossen.

Drei Proben aus den äolisch geprägten Profilabschnitten konnten mit Thermolumineszenz datiert werden. Danach besitzt die ältere Flugsanddecke im Liegenden des begrabenen Verwitterungshorizontes (TL We2) ein Thermolumineszenzalter von 9,6 ± 1,3 ka. Die Datierung der Sandkeilfüllung, welche jünger als die Bodenbildung ist, ergab 11,3 ± 2,1 ka (TL We3). Im Rahmen der Fehlergrenze sind beide Proben gleich alt. Die Basis der oberen Flugsandfolge konnte auf 2,6 ± 0,2 ka (TL We1) datiert werden. Die Obergrenze des Verwitterungshorizontes dokumentiert somit eine deutliche Schichtlücke.

Die Aufwehung des älteren Flugsandes als Ausgangssubstrat für den begrabenen Boden muß demnach am Ende des Weichselspätglazials stattgefunden haben, wobei sich Flugsandablagerung, Bodenbildung und erneute äolische Überlagerung mit Sandkeilbildung in einem sehr kurzen Zeitraum abgewechselt haben müssen. Im anschließenden Altholozän waren die ebenen Moränenplatten geomorphologisch stabil (vgl. auch BORK et al. 1998) und wurden erst im Jungholozän durch neue Überlagerungen beeinflußt (eventuell im Zusammenhang mit der bronzezeitlichen Besiedlung).

Weder der rotbraun leuchtende Verwitterungshorizont noch seine weiße Sandkeilfüllung weisen gegenüber den liegenden äolischen und glazifluviatilen Sanden eine Tonanreicherung auf (vgl. *Abb. 14*). Dem Verwitterungshorizont fehlen neben der Verlehmung auch deutliche Geschiebedecksandmerkmale wie eine Schluffanreicherung oder eine schlechtere Sortierung gegenüber dem Ausgangsgestein. Über die einfache Korngrößenanalyse ließen sich keine Schichtgrenzen im Bereich des begrabenen Bodens feststellen, so daß zur Absicherung dieses Befundes eine Subfraktionierung der Sandfraktion sinnvoll erschien.

In der Subfraktionierung heben sich beide Proben aus der liegenden Ablationsmoräne (Probe Ka9+10) trotz unterschiedlicher Kurvenmaxima durch ihre Vielgipfligkeit deutlich von allen anderen Proben ab (*Abb. 15*). Die Schmelzwassersande (Ka8) sind noch mehrgipflig, die älteren Flugsande (Ka6+7) dagegen wie die gesamte Hangendfolge schon eingipflig und besser sortiert. Die spätglazialen und holozänen Flugsande mit der Sandkeilfüllung (Ka1-7) besitzen bis auf Probe Ka 3 ihr Körnungsmaximum in der Fraktion 0,125-0,16mm. Die Probe des begrabenen Verwitterungshorizontes (Ka4) läßt als einzige Kurve dieser äolischen Abfolge eine Tendenz zur feinsten Mittelsandfraktion (0,2-0,25mm) erkennen.

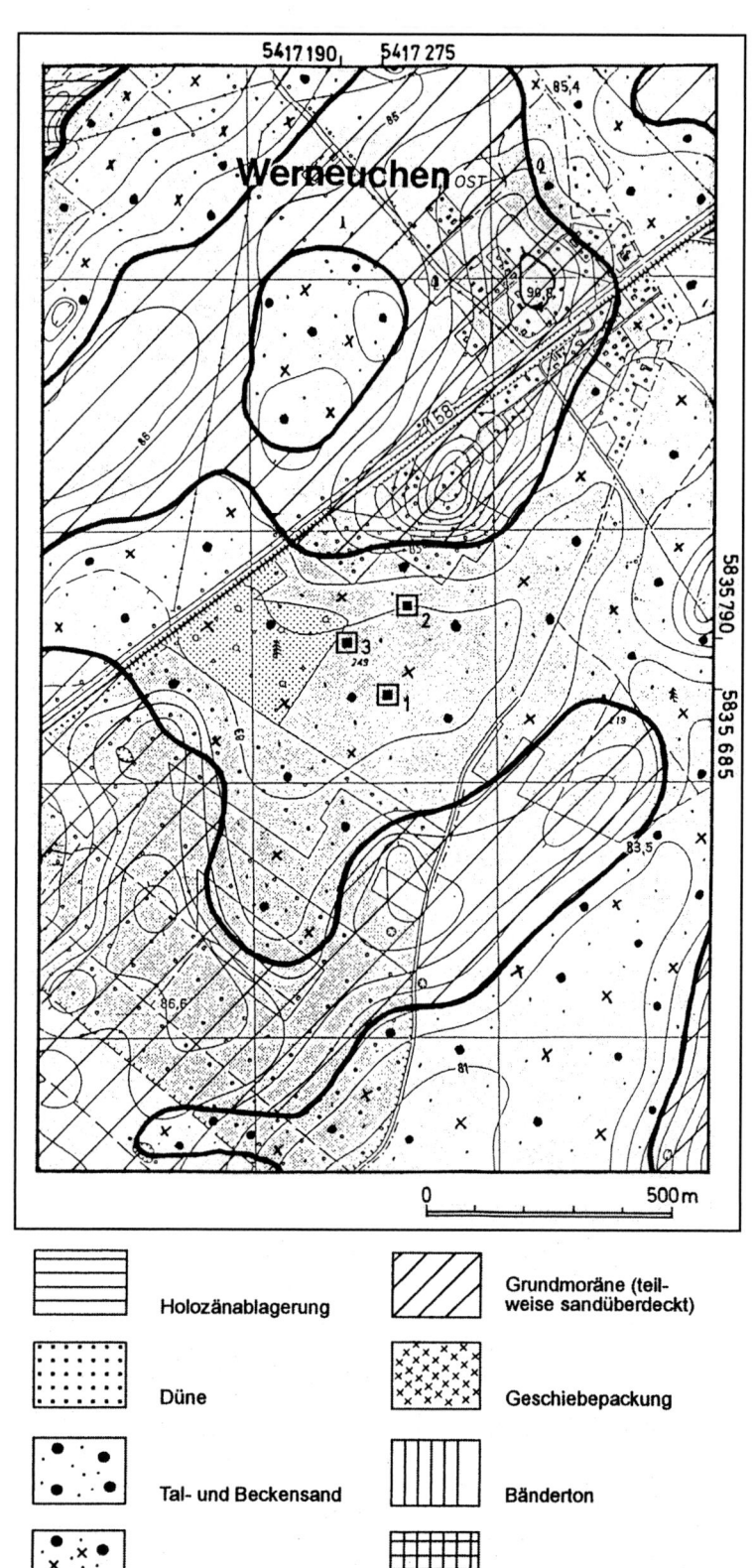

Abb. 13: Lage von Profilkomplex Werneuchen auf der Moränenplatte des Barnim (geologisch-morphologische Situation generalisiert nach WAHNSCHAFFE 1882)

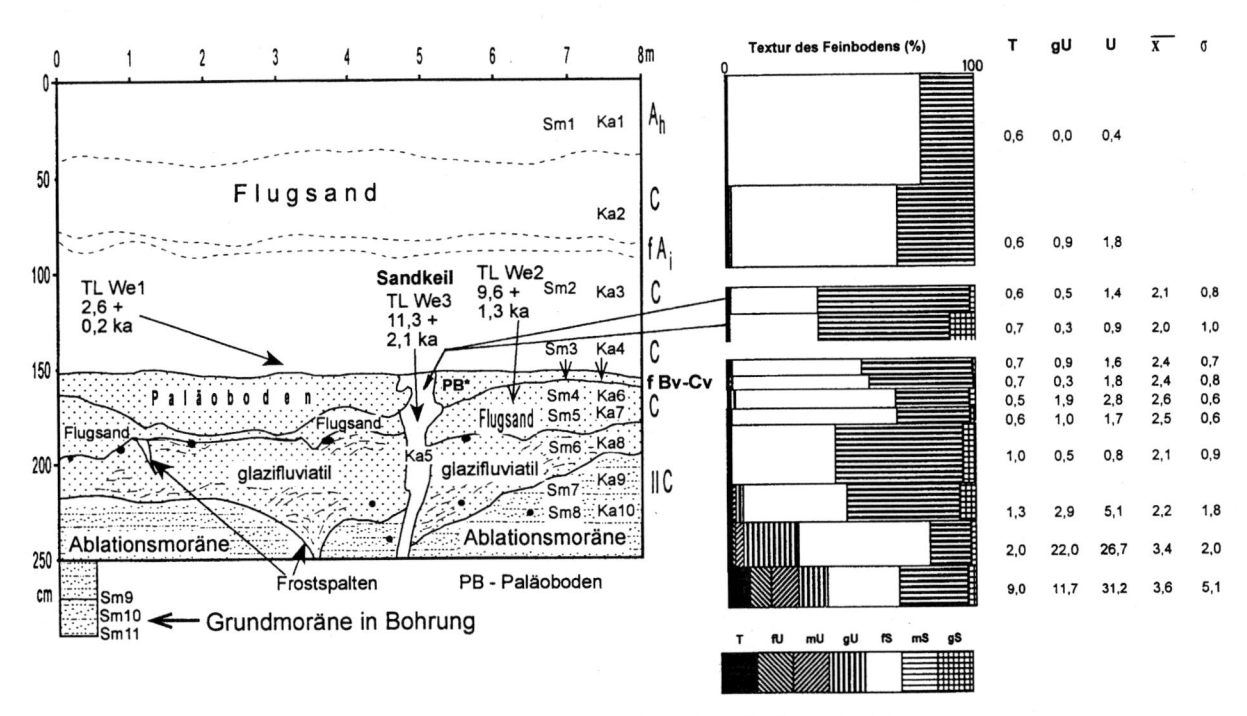

Abb. 14: Profil Werneuchen 1 mit Syrosem (fAi) über dem Paläoboden (fBv-Cv)

Die Kornverteilung gestattet insofern eine Zweiteilung des Profils Werneuchen in die kryogen gestörten glaziären Ablagerungen (mehrgipflige Kurven, wechselnde Hauptkornfraktionen) sowie die spätglazial/holozänen äolischen Ablagerungen (Maximum in der 0,125-0,16mm-Fraktion, Trend zu eingipfligen Kurven).

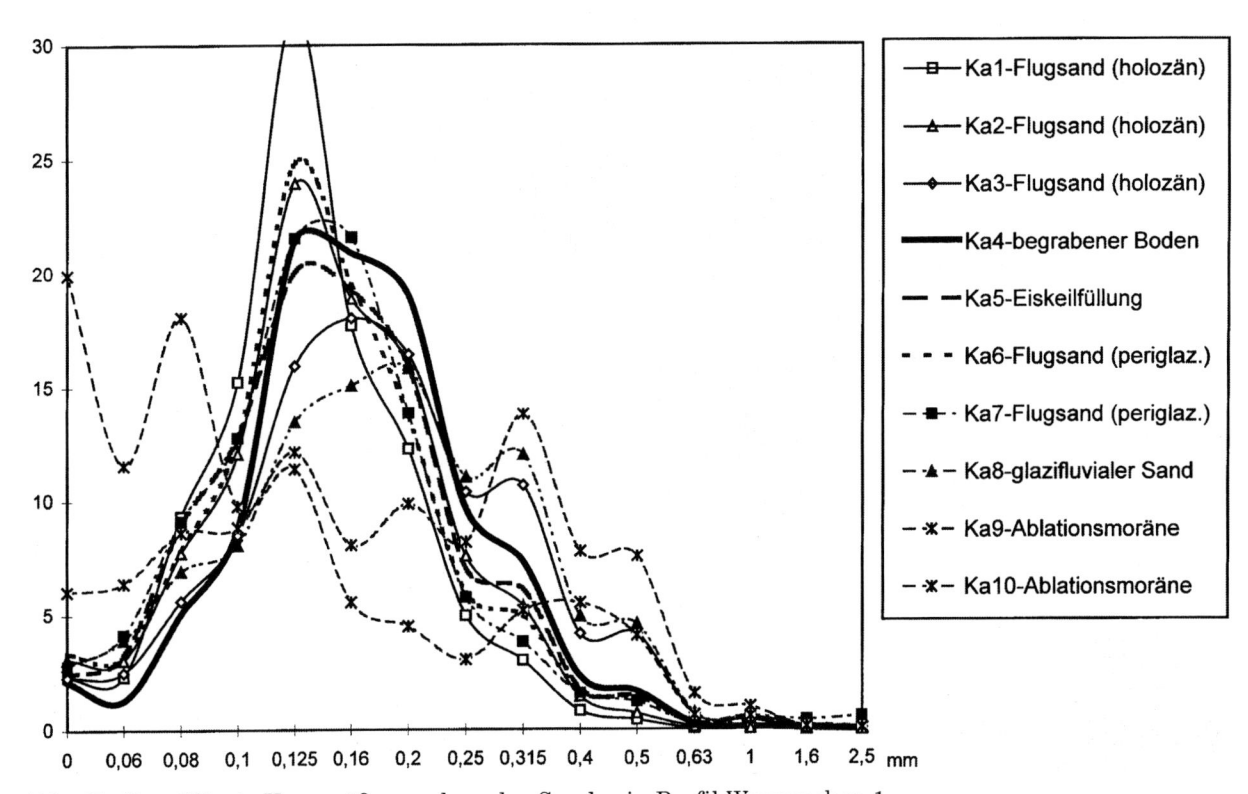

Abb. 15: Detaillierte Korngrößenanalyse des Sandes in Profil Werneuchen 1

Die Schwermineralspektren (*Abb. 16*) weisen im Vergleich zur Textur eine wesentlich konstantere Tiefenfunktion auf. Es wird eine schwache Anreicherung der instabilen Komponenten (Pyroxen + Amphibol) in Richtung des Ausgangsgesteins der Bodenbildung erkennbar. Im gleichen Maß nehmen jedoch die metastabilen Schwerminerale ab, so daß es bei den stabilen Schwermineralen kaum Schwankungen gibt. Die warmzeitlichen und periglaziären Sedimente einerseits sowie die glaziären Ablagerungen andererseits bilden nach ihrem (Px+Am/Gr)-Verhältnis zwei Probenkomplexe.

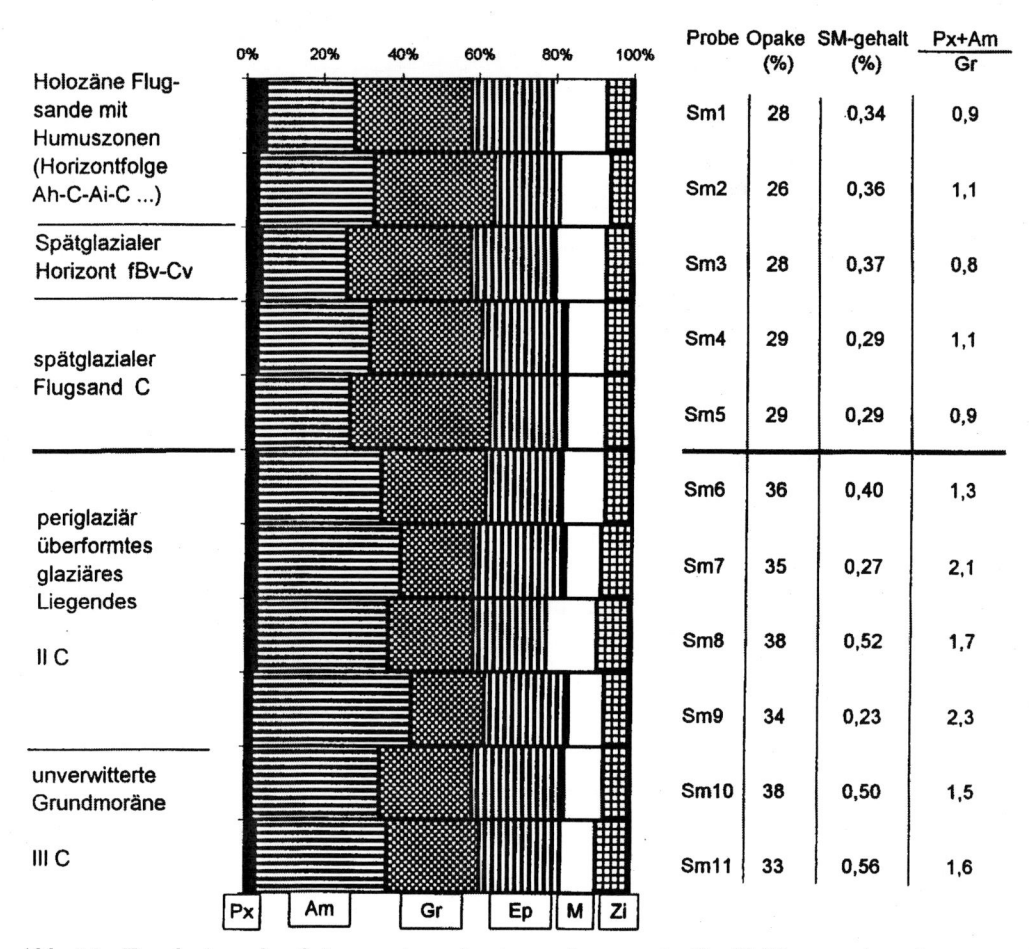

Horizont	Probe	Opake (%)	SM-gehalt (%)	Px+Am/Gr
Holozäne Flugsande mit Humuszonen (Horizontfolge Ah-C-Ai-C ...)	Sm1	28	0,34	0,9
	Sm2	26	0,36	1,1
Spätglazialer Horizont fBv-Cv	Sm3	28	0,37	0,8
spätglazialer Flugsand C	Sm4	29	0,29	1,1
	Sm5	29	0,29	0,9
periglaziär überformtes glaziäres Liegendes II C	Sm6	36	0,40	1,3
	Sm7	35	0,27	2,1
	Sm8	38	0,52	1,7
	Sm9	34	0,23	2,3
unverwitterte Grundmoräne III C	Sm10	38	0,50	1,5
	Sm11	33	0,56	1,6

Abb. 16: Ergebnisse der Schwermineraluntersuchungen in Profil Werneuchen 1

Die Kronberg-Nesbittkoeffizienten zeigen schwache Verwitterungstendenzen im begrabenen Boden an (*Tab. 1*). Auch sind dessen Gehalte an pedogenen Oxiden gegenüber dem Ausgangsgestein sichtbar angereichert und deuten zumindest auf eine Verwitterungszone hin (vgl. *Tab. 2* oben).

Tab. 1: Kieselsäure/Sesquioxidverhältnis und Kronberg-Nesbitt-Index im Paläoboden und seinem Liegenden von Profil Werneuchen 1

Horizont	SiO_2/R_2O_3 (Molverh.)	SiO_2/Al_2O_3 (Molverh.)	Index Kronberg-Nesbitt	
			Abszisse	Ordinate
fBv-Cv	58,8	64,7	0,98	0,46
C	52,5	58,6	0,98	0,48

Die Gehalte an organischer Substanz sind sowohl im Oberflächenboden als auch im begrabenen Boden minimal (*Tab. 2* unten). Die pH-Werte des mittleren und oberen Profilbereichs liegen im Austauscher-Pufferbereich und steigen unterhalb des begrabenen Bodens in den Silikat-Pufferbereich an. Dabei läßt sich weder an der Oberkante noch an der Basis des begrabenen Bodens ein Sprung im pH-Wert erkennen. Allerdings weisen die relativ niedrigen Basensättigungswerte hier auf eine schwache Basenauswaschung hin.

Tab. 2: Bodenchemische Parameter in Profil Werneuchen 1

Horiz.	Fed	Feo	Feo/Fed	Fed/Fet	Alo	AlI	Mno	AlI/Fed
	mg/g	mg/g			mg/g	mg/g	mg/g	
fBv-Cv	1,53	1,11	0,73	0,55	1,10	2,25	0,04	1,47
C	0,55	0,36	0,65	0,16	0,68	2,28	0,03	4,15

Horiz.	pH	H-Wert	S-Wert	KAK	BS	C	N	C/N
	CaCl2	mmol/kg			(%)	mg/g	mg/g	
Ah	4,5					2,6	0,2	14
C	4,4					0,2	0,0	
fAi	4,4	20,0	44,0	64,0	68,8	0,7	0,1	10
C	4,4	15,0	32,0	47,0	68,1	0,0	0,0	
fBv-Cv	4,5	18,0	32,0	50,0	64,0	0,2	0,0	
C	4,5	15,0	34,0	49,0	69,0	0,0	0,0	
II C1	5,2	14,0	46,0	60,0	72,2			
C2	5,3	11,0	28,0	39,0	76,7			

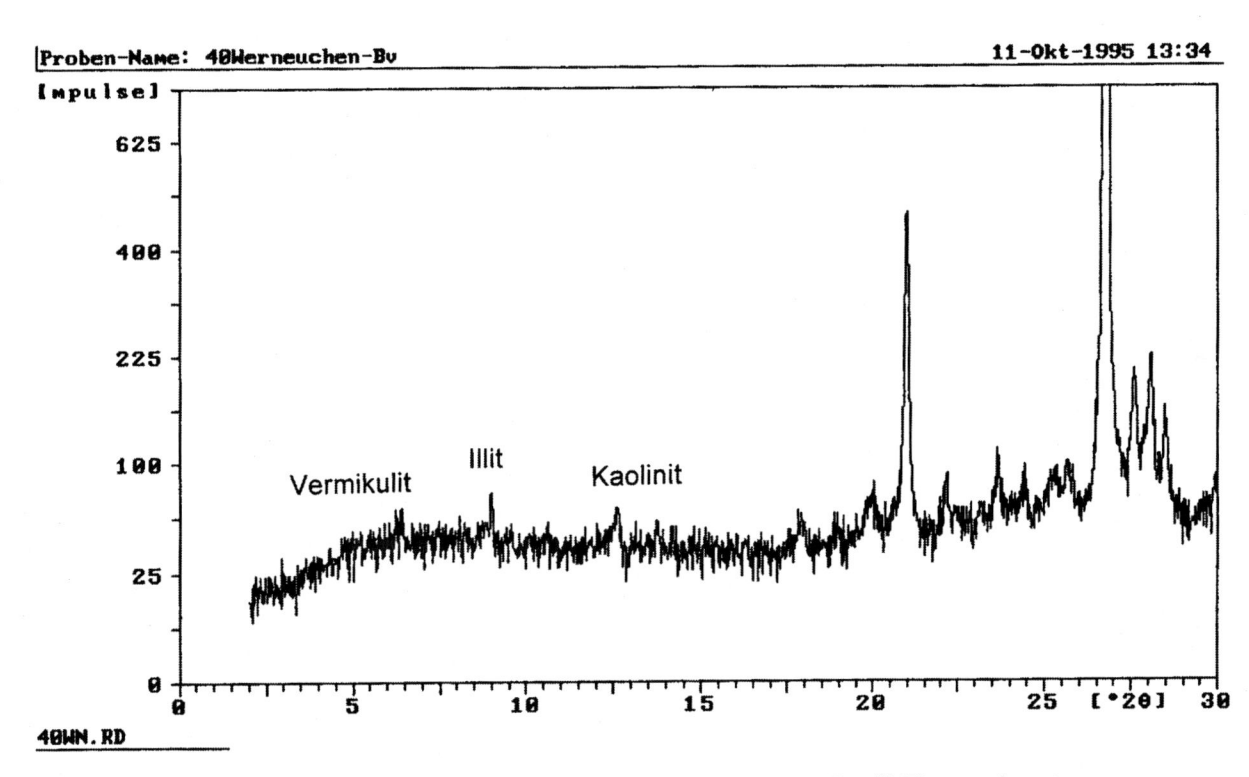

Abb. 17: Röntgendiffraktogramm der Tonfraktion des Paläobodens von Profil Werneuchen 1

Eine röntgendiffraktometrische Untersuchung an der Tonfraktion des begrabenen Bodens ergab nur äußerst schwache Impulse von Vermikulit, Illit und Kaolinit (Abb. 17). Pedogene Mineralneubildungen sind auch angesichts der vorher diskutierten Parameter praktisch auszuschließen.

3.3.1.2 Diskussion der Paläobodengeneration 1

Die dargestellte Befundlage im Profil Werneuchen 1 weist somit auf einen noch relativ schwach verwitterten Paläoboden hin, welcher weder intern noch an der Basis geschichtet ist. Er wurde weder von Verlehmung noch von Humusakkumulation und Basenauswaschung deutlich beeinflußt. Anreicherungen pedogener Oxide sowie frostmechanische Prozesse (Sandkeilpseudomorphose) lassen sich hier jedoch sicher nachweisen. Da trotz initialer Verwitterung die meisten Kriterien für einen Bv-Horizont wie Verlehmung, Basenauswaschung oder pedogene Gefügebildung nicht erfüllt werden, ist er deshalb bodensystematisch als ein begrabener fBv-Cv-Horizont einzuordnen.

Werneuchen 1 nimmt damit eine paläopedologische Sonderstellung ein, da in verbraunten Horizonten bisher keine Permafrostdeformationen nachgewiesen werden konnten. Eiskeil- und Sandkeilpseudomorphosen sind zwar seit LIEDTKE (1957/58) im Jungmoränenland öfter beschrieben und paläoklimatisch interpretiert worden, treten aber gewöhnlich nur im unterlagernden Geschiebelehm der Moränenplatten auf (BLUME, HOFFMANN und PACHUR 1979; BÖSE 1992). Mit einem breiten Sandkeil in Profil Werneuchen 1 ließ sich die Störung eines verwitterten Paläobodens durch einen jüngeren Permafrostindikator nachweisen (vgl. BUSSEMER 1995c, S. 224).

3.3.2 Begrabene Regosol-Braunerden (Paläobodengeneration 2)

3.3.2.1 Archäologische Funde in Aufschlüssen der Profilgruppe 2

Paläolithische Funde stellen im Brandenburger Gürtel der Weichselvergletscherung zwischen Oder und Elbe keine Seltenheit dar (Übersichtskarte in TOEPFER 1970, Tafel 5). Dabei gehören die Fundplätze Golßen (Federmessergruppe), Burow (Ahrensburger Kultur) und Münchehofe (Swidrykultur) jedoch zu den wenigen Stellen, welche Artefakte in ungestörter Lagerung aufweisen (GRAMSCH 1957, 1969, 1973). Chronostratigraphisch lassen sie sich in das ausgehende Alleröd bis Jüngere Dryas einordnen (TOEPFER 1970, S. 407). Aus paläopedologischer Sicht ist diesen Typusprofilen die Artefaktkonzentration im Verwitterungshorizont gemeinsam. JÄGER (1970, S. 117 f) zählt sie deshalb zu den wichtigsten Schlüsselprofilen für die Theorie einer kaltzeitlichen Braunerdegenese.

3.3.2.2 Profil Golßen

Das Profil befindet sich nördlich der Ortschaft Golßen auf der ebenen 55m- Hauptterrasse des Glogau-Baruther Urstromtals (vgl. *Abb. 11*). Die relativen Höhen der Kämme im Dünenfeld „Gehmlitz" erreichen 1,5-2m gegenüber dem Niveau der Urstromtalterrasse (*Abb. 18*). Im Verlauf der Arbeiten konnte eine für terrestrische Jungmoränenstandorte ungewöhnlich hohe stratigraphische Auflösung des spätglazial-frühholozänen Sedimentpaketes beobachtet werden.

Ein unvermischter Fundkomplex der spätglazialen Federmessergruppe bezeugt eine einmalige und kurzfristige Besiedlung dieses Urstromtalstandortes, dessen Oberfläche später wieder von Flugsanden überweht wurde (GRAMSCH 1969, 122 ff). Aus bodenkundlicher Sicht fiel auf, daß die Federmesserartefakte an einen begrabenen und offensichtlich deutlich verwitterten Bodenhorizont gebunden sind. Die nachfolgend dargelegten geomorphologischen und bodenkundlichen Neubearbeitungen der Jahre 1994-97 ergänzen diesen bisherigen Kenntnisstand zu einem detaillierten Bild der Profilentwicklung (vgl. *Abb. 19*).

Die mächtigen Talsande des Brandenburger Stadiums der Weichselvergletscherung werden in 140-150cm unter Flur durch ein feineres limnisches Sediment mit Rippelschichtung und erhöhtem Humusgehalt abgeschlossen. Es handelt sich dabei aus genetischer Sicht um eine Sandmudde i.S. von SUCCOW (1982, S. 167). Sie weist noch gut erhaltene Pollen auf, was sicherlich auf den erst kürzlich durch Melioration abgesenkten hohen Grundwasserspiegel im Urstromtal zurückzuführen ist. Eine palynologische Bearbeitung der humosen Schicht durch ERD (1997) und KLOSS

(1997) ergab ein arktisches bis subarktisches Pollenspektrum (*Abb. 20*). Es weist eine baum- und artenarme Vegetation mit Dominanz von Riedgräsern auf, wie sie im Norddeutschen Tiefland nur vor dem Alleröd-Interstadial vorkam. Deshalb muß das Böllinginterstadial als wahrscheinlichster Bildungszeitraum gelten. Möglicherweise ist dieser humose Leithorizont mit der von ROCHOW (1960, S. 131) im Baruther Urstromtal mehrfach kartierten „Schlickschicht" identisch.

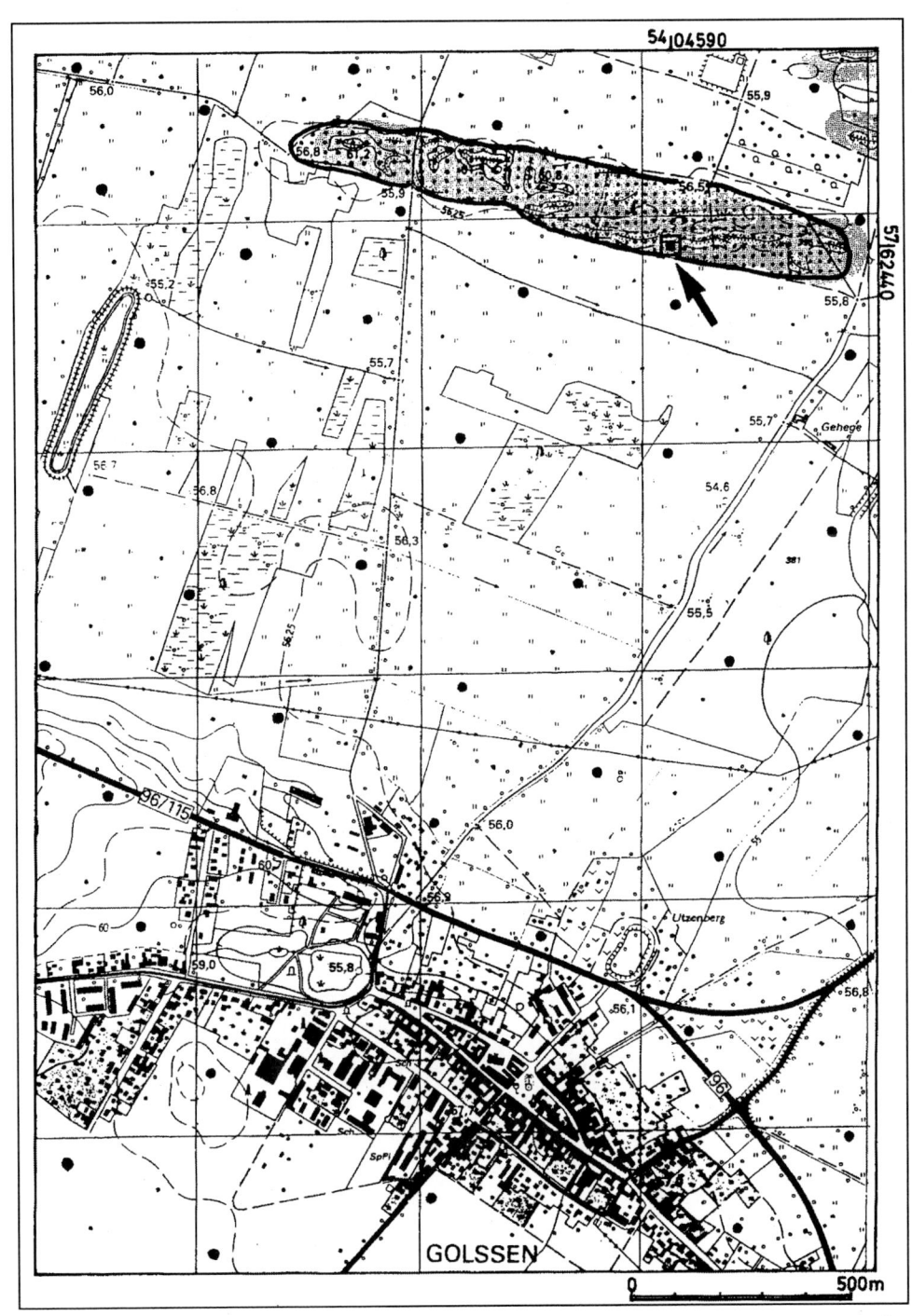

Abb. 18: Lage und geologisch-morphologische Situation von Profil Golßen (geologisch-morphologische Situation generalisiert nach CEPEK et al. 1973)

Die geologischen und paläobotanischen Anhaltspunkte im unteren Abschnitt des Profils sprechen damit für ein Entstehungsmilieu mit flachen und wassergefüllten Senken in den Verästelungen des ehemaligen Urstromtals, welches noch von Permafrost im Untergrund beherrscht wurde („braided river system"). Die Rippelschichtung des limnischen Abschnitts wird an dessen Obergrenze gut sichtbar von der Horizontalschichtung der hangenden Flugsande abgelöst. Diese Flugsanddecken gehen stellenweise in sandlößbeeinflußte Flugsande mit erhöhten Schluffgehalten über. Ihre Schichtung löst sich unterhalb der Bodenbildung auf. Die makroskopische Profilansprache des begrabenen Bodens bestätigte die Beschreibung von GRAMSCH (1969). Es handelt sich um einen Verwitterungsboden mit markantem Humushorizont über einem mächtigen Verwitterungshorizont (*Farbtafel 3-2*). Der auf den jüngeren Flugsanden entwickelte Oberflächenboden ist als Regosol ausgebildet.

Die einfache Körnungsanalyse weist im Bereich des begrabenen Bodens und seiner Liegendsedimente Feinsanddominanz aus, während die hangenden Flugsande gröber ausgebildet sind (*Abb. 19*). Verlehmung wird weder im begrabenen noch im rezenten Boden erkennbar, gleichzeitig fehlt die für Braunerden auf Sand typische Grobschluffanreicherung im Verwitterungshorizont. In einer Ecke des Profils fiel unterhalb des begrabenen Bodens eine Linse mit Grobschluffanreicherung auf.

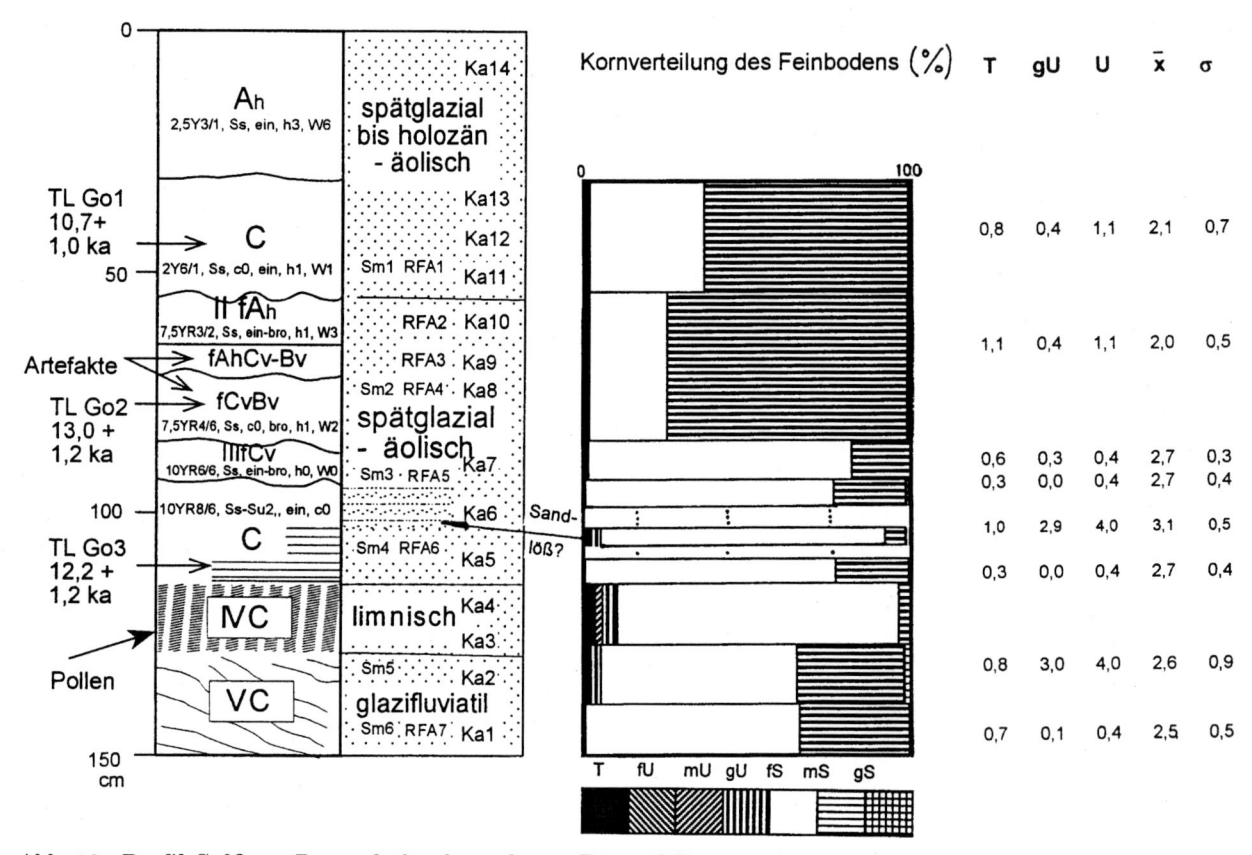

Abb. 19: Profil Golßen - Regosol über begrabener Regosol-Braunerde

Eine weitere Profildifferenzierung wurde durch die Subfraktionierung des Sandes möglich (*Abb. 21*). Die Sandfraktionen der Urstromtalsedimente (Probe Ka 1+2) weisen ihr Maximum bei 0,125-0,16mm auf und besitzen eine schwach zweigipflige Verteilungskurve. Die untere Partie der Sandmudde (Ka 3) mit hohen Schluffgehalten weicht davon deutlich ab. Der obere Bereich der Sandmudde (Ka 4) wurde offenbar schon stark von Flugsandeinwehungen beeinflußt, seine Verteilungskurve ähnelt den im Hangenden anschließenden Flugsanden. Diese älteren Flugsande mit eingipfliger Verteilungskurve (Maximum 0,125-0,16mm) sind sehr gut sortiert (Proben Ka 5+6). Sie setzen sich bis in den schwach verbraunten fCv-Horizont fort (Probe Ka 7). Der Übergang zum fBv-Horizont (Probe Ka 8) zeigt einen Körnungssprung im begrabenen Boden an. Alle weiteren nach oben anschließenden Lagen weisen Maxima in einer der Mittelsandsubfraktionen auf. Die den begrabenen Boden abschließenden jüngeren Flugsande sind verhältnismäßig schlecht sortiert.

Pollenanalyse einer Gesamtprobe des humosen Sandes (ERD 1997):

Salix polaris 9,5%	Carex 66,5%
Salix 4,0%	Gramineae 9,5%
Betula 3,5%	Rumex acetosa 1,5%
Juniperus 1,5%	Artemisia 1,0%
Pinus 0,5%	Pteridium 1,0%
	Helianthemum 1,0%
	Potontilla-Typ 0,5%
Gehölze 19,0 %	**Kräuter 81,0**
Arktische (bis subarktische Vegetation) mit typischen Kältesteppen- und Tundrenelementen - Zwergsträucher, Sträucher, Gramineen und Seggen (K.ERD 1997).	

Getrennte pollenanalytische Bearbeitung von Basislage (Probe 1), Mittellage (Probe 2) und Toplage (Probe 3) des humosen Sandes (KLOSS 1997):

Auszug aus dem Auswertungsprotokoll (K. KLOSS vom 3.5.1997):

„Probe 1 muß aus einer sehr baumarmen und artenarmen Tundrenvegetation stammen, in der hauptsächlich Riedgräser (Cyperaceen) vertreten waren. Der verhältnismäßig sehr geringe Kiefernpollenanteil kann auf Transport aus erheblicher Entfernung zurückgeführt werden. Die Baumpollenarmut stellt dieses Pollenspektrum in eine relativ frühe spätglaziale Phase (vor Alleröd), z.B. wäre die Ältere Tundrenzeit (12.000-13.000 vor heute) eine passende Zeitstellung. Eine Zeiteinschätzung mit Hilfe der Diagrammlage (z.B. Lage zu Bölling) ist bei einer Einzelprobe leider nicht möglich. Probe 2 enthielt in zwei Präparaten leider nur 24 Pollen, von denen knapp 50% zu Pinus gehören, während Betula unter 10% bleibt. Unter einigen charakteristischen NBP sind 8% Lythrum und 8% Helianthemum Zeiger für Waldfreiheit, besonders Helianthemum ist eine häufige Tundrenart. So weit man Probe 2 auswerten kann, erscheint sie baumreicher als 1, könnte also bereits dem Alleröd angehören. Probe 3 ist weitgehend pollenfrei, deshalb überhaupt nicht zu beurteilen."

Probe 1 aus dem unmittelbaren Basisbereich des humosen Sandes (KLOSS 1997):

Pinus	21%	Cyperacea	66%	indeterm. Krautige (fossil?)	3%
Betula	2%	Poaceae	5%	Corylus (fossil?)	0,5%
		Salix	0,5%		
		Juniperus	0,5%		
		Helianthemum	0,5%		
		Potamogetum	0,5%		

Abb. 20: Pollenanalysen der limnischen Schicht von Profil Golßen

Schwermineralogische Untersuchungen an sechs Proben aus Profil Golßen (*Abb. 22*) zeigten im begrabenen Boden (Probe Sm2-4) gleiche Schwermineralgehalte wie im hangenden Flugsand (Probe Sm1), aber etwas höhere Gehalte als in den liegenden Talsanden (Sm5-6) an. Die Schwermineralverteilung läßt demgegenüber vor allem Unterschiede zwischen den hangenden Flugsanden (Probe Sm1) und dem begrabenen Boden (Proben Sm 2-4) erkennen, welche durch die deutlich erhöhten Anteile stabiler und metastabiler Komponenten in der obersten Probe sichtbar werden. Die Proben Sm2-4 aus den periglaziär-äolischen Sedimenten mit dem begrabenen Boden sind untereinander nahezu identisch und können zu einer Einheit zusammengefaßt werden. In den liegenden Talsanden (Proben Sm 5+6) sind wieder stärker stabile und metastabile Komponenten vertreten.

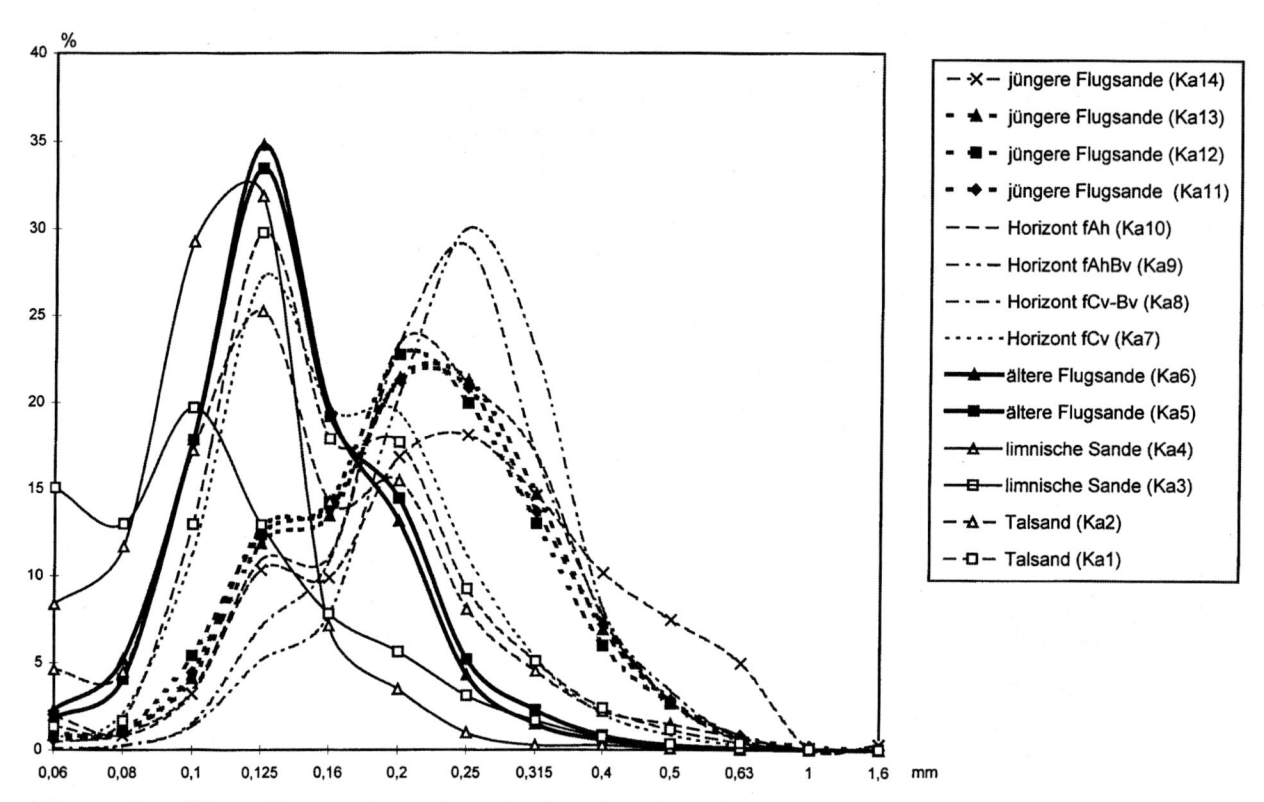

Abb. 21: Detaillierte Korngrößenanalyse der Sandfraktionen in Profil Golßen

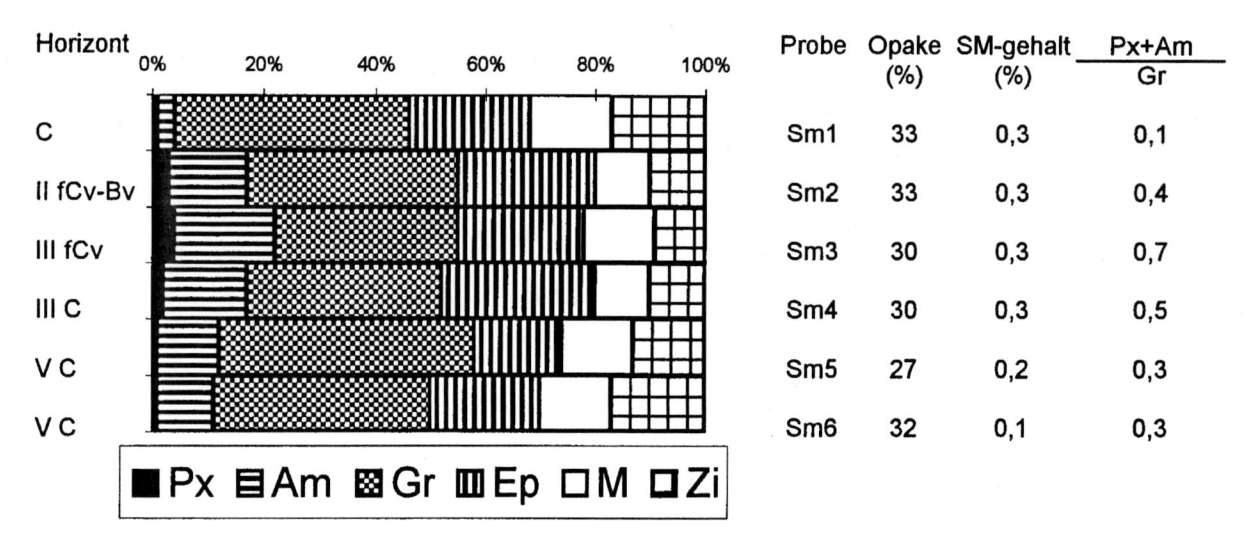

Probe	Opake (%)	SM-gehalt (%)	Px+Am / Gr
Sm1	33	0,3	0,1
Sm2	33	0,3	0,4
Sm3	30	0,3	0,7
Sm4	30	0,3	0,5
Sm5	27	0,2	0,3
Sm6	32	0,1	0,3

Abb. 22: Schwermineraluntersuchungen in Profil Golßen

Die Ablagerung der älteren Flugsande (III C-Horizont) über den Talsanden ist aufgrund des Sprungs in den Schwermineralgehalten vermutlich auf Ferntransport zurückzuführen, während die anschließende Konstanz bis zur Oberfläche für weitere lokale Umlagerungen spricht.

Alle drei lumineszenzdatierten Proben aus dem Profil erbrachten weichselspätglaziale TL-Alter (TL Go1-3 in *Abb. 19*). Sie ergeben bei gemeinsamer Auswertung mit den archäologischen, paläobotanischen und mineralogischen Befunden ein schlüssiges Bild der Boden- und Landschaftsentwicklung. Der größte Hiatus im Profil befindet sich offenbar zwischen den Talsanden, welche von Schmelzwässern des Gletschers in seiner Maximalausdehnung (ca. 20.000 BP) abgelagert wurden und der im Hangenden anschließenden limnischen Schicht. Diese zeigt mit ihrem Pollenspektrum aus dem Bölling offenbar schon den Beginn des Weichselspätglazials an. Die in den darüber anschließenden älteren Flugsanden vorgenommenen zwei Datierungen sind im Rahmen der Fehler gleich alt und mit 12,2 bzw. 13,0 ka ebenfalls in das Weichselspätglazial einzuordnen. Die folgende Ablagerung swidryzeitlicher Artefakte und die Anreicherung von braunen Pyroxenen im begrabenen Boden gehören dann schon in das ausgehende Spätglazial. In dieser Phase erfolgte auch die Bodenbildung. Der weichselspätglaziale Profilabschnitt mit dem begrabenen Boden wird durch eine erneute Flugsandüberwehung abgedeckt, deren TL-Alter mit 10,7 ka in der Jüngeren Dryas liegt. Die in der Umgebung des Profils dokumentierten bronzezeitlichen Befunde in den obersten Flugsanden (GRAMSCH 1969) weisen auf weitere holozäne Flugsandgenerationen hin.

Tab. 3: Parameter der Hauptelementgehalte in Profil Golßen

Horizont	Probe	SiO_2/R_2O_3 (Molverh.)	SiO_2/Al_2O_3 (Molverh.)	Index Kronberg-Nesbitt	
				Abszisse	Ordinate
C	RFA1	140,8	179,9	0,99	0,44
IIfAh	RFA2	97,6	103,1	0,99	0,41
IIfAhCv-Bv	RFA3	90,8	97,5	0,99	0,39
IIfCv-Bv	RFA4	73,9	83,1	0,99	0,41
IIIfCv	RFA5	106,3	11,9	0,99	0,44
III C	RFA6	96,5	102,3	0,99	0,44
V C	RFA7	86,6	97,8	0,99	0,43

Tab. 4: Bodenchemische Parameter in Profil Golßen

Probe	Horizont	pH-Wert		Organische Substanz			KAK				Pedogene Oxide		
		pH $CaCl_2$	pH H_2O	Org. C mg/g	N mg/g	C/N	H-Wert mol/kg	S-Wert mmol/kg	KAK mmol/kg	BS (%)	Fed mg/g	Feo mg/g	Feo/Fed
Ka 14	Ah	2,88	3,63	53,4	2,34	22,8	118	8	126	6	0,77	0,42	0,54
Ka 13	C	3,52	4,28				8	1	9	11	0,06	0,00	0,00
Ka 12	C	3,46	4,14	8,4	0,1		8	0	8	0	0,06		
Ka 11	C	3,32	3,95								0,13		
Ka 10	II fAh	3,29	3,83	10,3	0,3	34,3	70	0	70	0	0,27	0,16	0,57
Ka 9	fAhCv-Bv	3,56	4,02	10,7	0,3	35,6	86	4	90	4	0,13	0,05	0,40
Ka 8	fCv-Bv	3,90	4,43	5,3	0,2	26,5	74	0	74	0	0,08	0,04	0,52
Ka 7	III fCv	4,01	4,53	4,5	0,2	22,5	48	4	52	8	0,06	0,03	0,60
Ka 6	C	4,08	4,56				36	8	44	18	0,04	0,02	0,50
Ka 5	C	4,13	4,51								0,03	0,00	
Ka 4	IV C	4,07	4,37	8,4	0,3	28,0					0,07		
Ka 3	C	4,03	4,39	9,9	0,3	33,0					0,05		
Ka 2	V C	4,08	4,31								0,04		
Ka 1	C	4,06	4,16				52	16	68	24	0,03		

Die Kieselsäure/Sequioxidverhältnisse am Feinboden weisen selbst für die silikatarmen brandenburgischen Standorte extrem weite Spannen auf (*Tab. 3*). Die Kronberg-Nesbittkoeffizienten zeigen sowohl im begrabenen Humushorizont (fAh) als auch in der darunter liegenden verbraunten Zone (fAhCv-Bv, fCv-Bv) Verwitterungsintensitäten an, welche dem Bv-Horizont von Oberflächenbraunerden entsprechen. Auch die freien Eisengehalte liegen selbst für Böden auf silikatarmen Schmelzwassersedimenten sehr niedrig (*Tab. 4*). Allerdings zeichnet das freie Eisen (Fed) in seiner Vertikalfunktion deutlich das Maximum im rezenten Boden und ein schwächeres Maximum im begrabenen Boden nach, welches dann kontinuierlich wieder abfällt, um im limnischen Sand (IV C-Horizont) vermutlich sedimentationsbedingt ein drittes Maximum zu bilden. Der innerhalb des begrabenen Bodens kontinuierlich nach unten abnehmende Gehalt pedogener Oxide wird auch durch die Vertikalfunktion des röntgenamorphen Eisens (Feo) bestätigt.

Sowohl der Oberflächenboden als auch der begrabene Boden besitzen außergewöhnlich weite C/N-Verhältnisse (*Tab. 4*). Bemerkenswert sind die extrem niedrigen pH-Werte, welche im Oberboden bei einem Wert von 3 liegen. Neben dem Minimum im rezenten Humushorizont besitzen die pH-Werte erwartungsgemäß ein weiteres im begrabenen Humushorizont. Der sprunghafte Anstieg der pH-Werte zum Liegenden erfolgt am Übergang zum fCv-Bv-Horizont und nicht an der Basis der Verwitterungszone, wie es für Braunerden typisch ist. Die Basensättigung stimmt mit der Vertikalfunktion der pH-Werte überein. Die Kationenaustauschkapazität liegt sowohl in den humosen Horizonten als auch den Verwitterungshorizonten des Profils mit niedrigen Werten unter 100 mmol/kg im Bereich typischer brandenburgischer Braunerden.

3.3.2.3 Profil Burow

Profil Burow liegt im Rückland eines Moränenzuges, welcher von FRANZ und WEISSE (1965) zur Frankfurter Staffel gerechnet wird und gehört damit ebenfalls zum Brandenburger Gürtel der Weichselvergletscherung. Die nähere Umgebung des 1km westlich von Burow am Oberhang einer vermoorten glazialen Rinne befindlichen Profils wird von einem Mosaik aus Hochflächensanden und Grundmoräneninseln geprägt (vgl. *Abb. 23*). Außerdem weist die geologische Karte hier fleckenhafte Flugsandfelder über weichselzeitlichen Schmelzwassersanden aus. Die archäologische Grabung von GRAMSCH (1973) ergab auf diesen Schmelzwassersanden einen braunen Bodenhorizont, welcher mit einem unvermischten Artefaktbestand der jungpaläolithischen Ahrensburger Kultur durchsetzt ist.

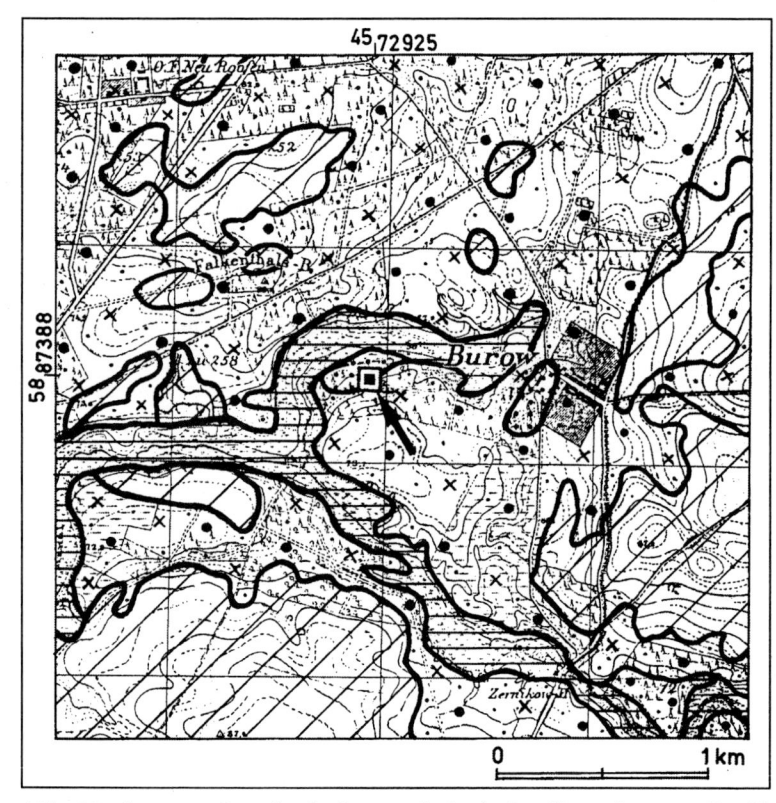

Abb. 23: Lage und geologisch-morphologische Situation von Profil Burow (geologisch-morphologische Situation generalisiert nach SCHULTE 1899)

Die aus den Jahren 1994 und 1996 stammende geomorphologische und bodenkundliche Neuaufnahme ergab ähnliche Resultate wie die Bearbeitung des Profils Golßen (*Abb. 24*). An der neuen Grabungsstelle ist der Boden im Gegensatz zu den Beschreibungen von GRAMSCH (1973) unter einem dünnen Flugsandhorizont begraben (*Farbtafel 3-3*), welcher die schon von SCHULTE (1899) kartierte allgemeine äolische Beeinflussung des Geländes unterstreicht. Der artefaktführende Horizont wurde als homogene braune

Lage angetroffen, deren Übergang zum Ausgangsgestein von einem relativ mächtigen Horizont (fCv) markiert wird.

Der Verwitterungsbereich von Profil Burow läßt wie in Golßen keine deutliche Verlehmung erkennen (*Abb. 24*). Der begrabene Boden weist zwar eine prinzipielle Grobschluff- bzw. Gesamtschluffanreicherung auf, jedoch hat diese ihr Maximum an der Basis des Übergangshorizontes und nimmt dann nach oben zum fCv-Bv-Horizont hin ab. Diese Vertikalentwicklung verläuft entgegengesetzt zum typischen Verhalten von Braunerden in Geschiebedecksanden.

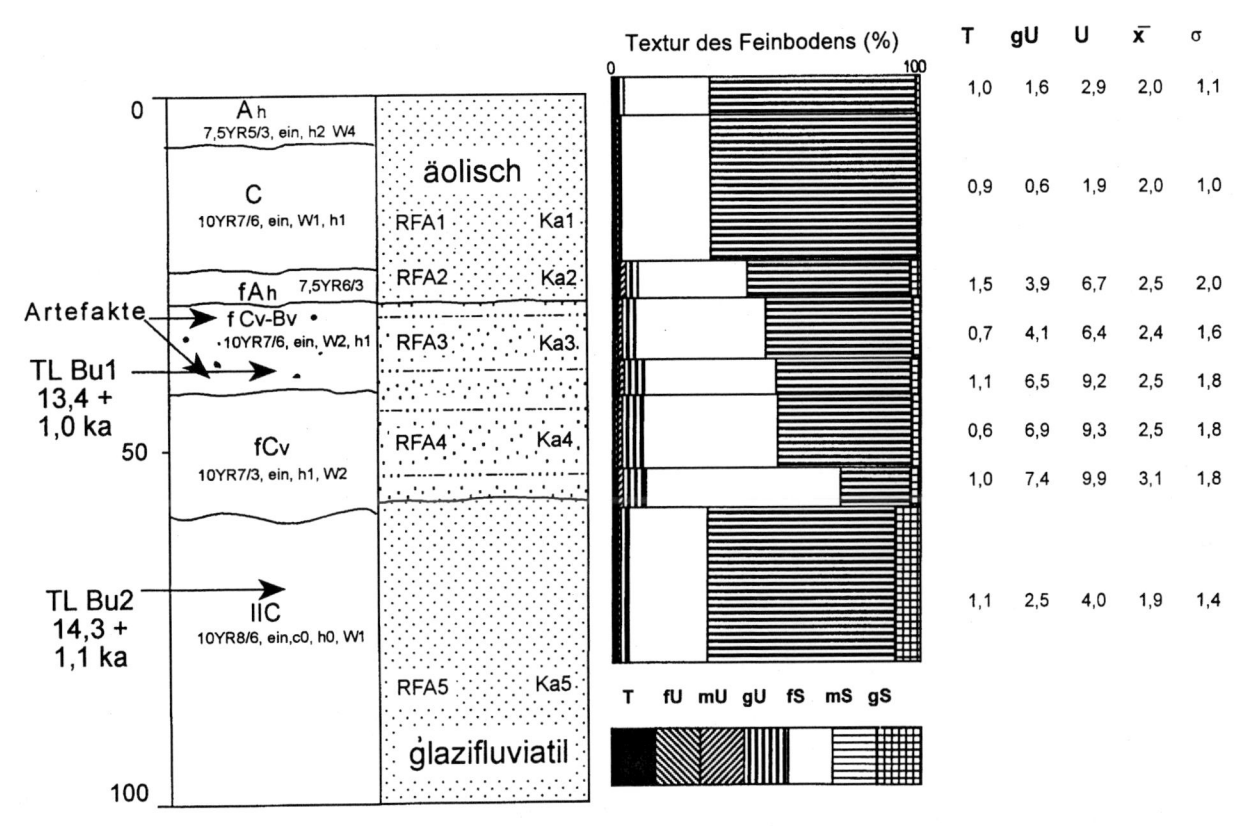

Abb. 24: Profil Burow - Regosol über begrabener Regosol-Braunerde

Die allgemeine Kornverteilung des Profils Burow wird von hohen Fein- und Mittelsandgehalten bestimmt, welche eine eindeutige Schichtgrenze nur an der Basis des begrabenen Bodens erkennen lassen. Die ansonsten eher kontinuierliche Verschiebung des Feinsand/ Mittelsandgehaltes im begrabenen Boden veranlaßte wiederum eine Subfraktionierung des Sandes (*Abb. 25*). Diese ergab im Gegensatz zu Profil Golßen einen generellen Trend zur Mehrgipfligkeit der Kornverteilungskurven, welcher in den Horizonten des begrabenen Bodens besonders deutlich wird. In allen Proben tritt jeweils ein Maximum im Feinsandbereich (äolischer Ursprung?) und im Mittelsandbereich (glazifluviatil?) auf, wobei das Feinsandmaximum oberhalb und unterhalb des begrabenen Bodens jeweils nur schwach ausgebildet ist. Dagegen verstärkt es sich innerhalb des begrabenen Bodens vom Ah- zum Cv-Horizont kontinuierlich und läßt an der Basis des Cv-Horizonts den schon angesprochenen Fazieswechsel deutlich erkennen. Die gleichzeitigen Feinsand- und Grobschluffmaxima im Basisbereich des begrabenen Bodens (fCv) deuten auf eine maximale äolische Beeinflussung in diesem Profilbereich hin.

Am artefaktführenden fCv-Bv-Horizont wie am darunter folgenden fCv-Horizont wurden TL-Datierungen durchgeführt. Das Sediment des fCv-Horizontes wurde demnach vor 14,2 ± 1,1 ka abgelagert (TL Bu2 in *Abb. 24*), das Sediment des fCv-Bv-Horizonts etwa tausend Jahre später (13,1 ± 1,0 ka - TL Bu1). Für eine spätglaziale Bodenbildung könnte damit in Burow ein etwas größerer Zeitraum als in Golßen zur Verfügung gestanden haben. Darauf deuten auch die Kronberg-Nesbittkoeffizienten hin (*Tab. 5*). Sie weisen den begrabenen fCv-Bv-Horizont als eine intensivere Hauptverwitterungszone aus, als diese im Profil Golßen ausgebildet ist.

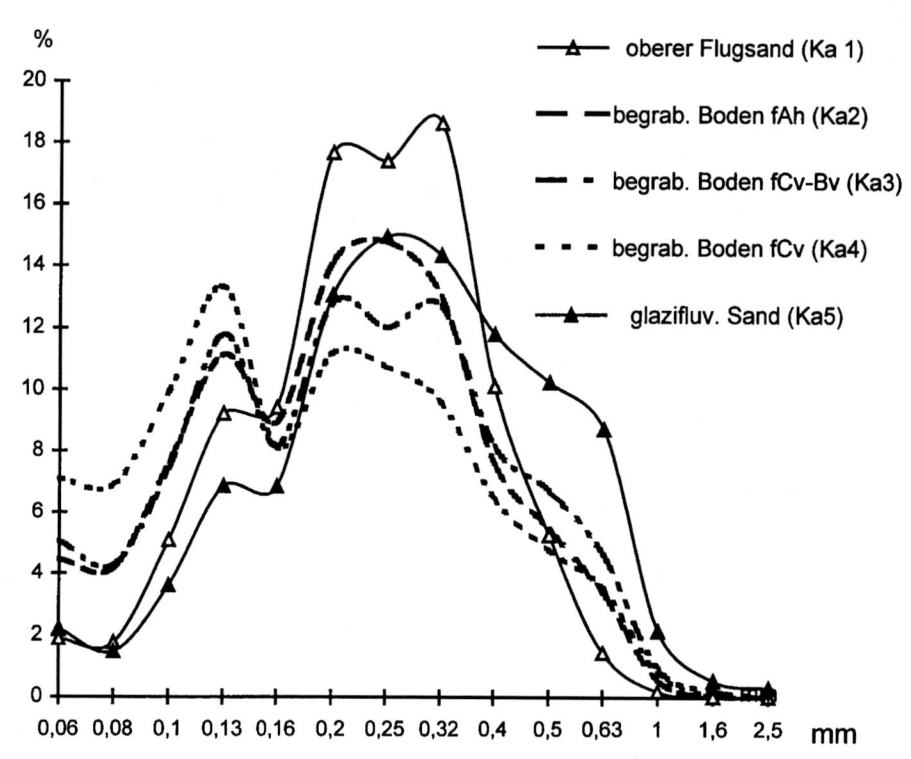

Abb. 25: Detaillierte Korngrößenanalyse der Sandfraktionen in Profil Burow

Tab. 5: Parameter der Hauptelementgehalte in Profil Burow

Horizont	Probe	SiO_2/R_2O_3	SiO_2/Al_2O_3	Index Kronberg-Nesbitt	
		(Molverh.)	(Molverh.)	Abszisse	Ordinate
C	RFA1	60,7	66,5	0,99	0,43
fAh	RFA2	42,1	46,5	0,98	0,38
fCv-Bv	RFA3	37,6	41,7	0,98	0,37
fCv-Bv	RFA4	38,8	42,4	0,98	0,43
II C	RFA5	51,5	56,1	0,98	0,45

Die freien Fe- und Al-oxide besitzen im begrabenen Boden ebenfalls eine braunerdetypische Vertikalfunktion. Während die Fed/Fet-Verhältnisse denen von Sandbraunerden ähneln, liegt der Aktivitätsgrad des Eisens ungewöhnlich hoch (*Tab. 6*).

Die Standardmessungen der pH-Werte in Salzlösung ergaben eine zum Ausgangsgestein kontinuierlich ansteigende Tendenz. In zusätzlichen Messungen mit destilliertem Wasser weisen die pH-Werte dagegen am Übergang zum begrabenen Boden einen schwachen Abfall auf, welcher vermutlich den Beginn des Verwitterungsbereichs anzeigt. Auch die Basensättigung besitzt eine eher untypische Vertikalfunktion mit zwei Maxima, welche sich im Oberflächenboden (Regosol) sowie im unteren Teil des begrabenen Verwitterungshorizontes befinden. Die Anteile organischer Substanz sind gering und lassen im begrabenen Boden deutlich engere C/N-Verhältnisse als im Oberflächenboden erkennen (*Tab. 6*). Eine Mineralanalyse an der Tonfraktion des begrabenen Verwitterungshorizontes ergab nur schwache Peaks von Vermikulit, Illit und Kaolinit (*Abb. 26*).

Tab. 6: Bodenchemische Parameter von Profil Burow

Horiz.	Fed	Feo	Feo/Fed	Fed/Fet	Alo	All	Mno	All/Fed
	mg/g	mg/g			mg/g	mg/g	mg/g	
Ah	0,91	0,68	0,75		0,75	2,20	0,01	2,41
C	0,89	0,68	0,76	0,35	1,34	2,57	0,04	2,88
fAh	1,41	1,02	0,72	0,37	1,55	3,96	0,15	2,80
fCv-Bv	1,28	0,99	0,78	0,29	1,78	4,39	0,03	3,43
fcv	1,00	0,58	0,58	0,26	1,56	3,55	0,02	3,55
II C	0,51	0,22	0,42	0,18	0,25	1,44	0,01	2,82

Horiz.	pH	pH	H-Wert	S-Wert	KAK	BS	C	N	C/N
	CaCl2	H2O		mmol/kg		(%)	mg/g	mg/g	
Ah	3,8	4,4	42	36	78	46	7,3	0,3	23
C	4,3	4,9	28	4	32	13	3,9	0,2	22
fAh	4,3	4,7	28	0	28	0	3,9	0,8	5
fCv-Bv	4,4	4,6	28	0	28	0	3,4	0,4	14
fcv	4,4	4,7	28	14	42	33	1,6	0,1	11
II C	4,8	5,6	12	0	12	0			

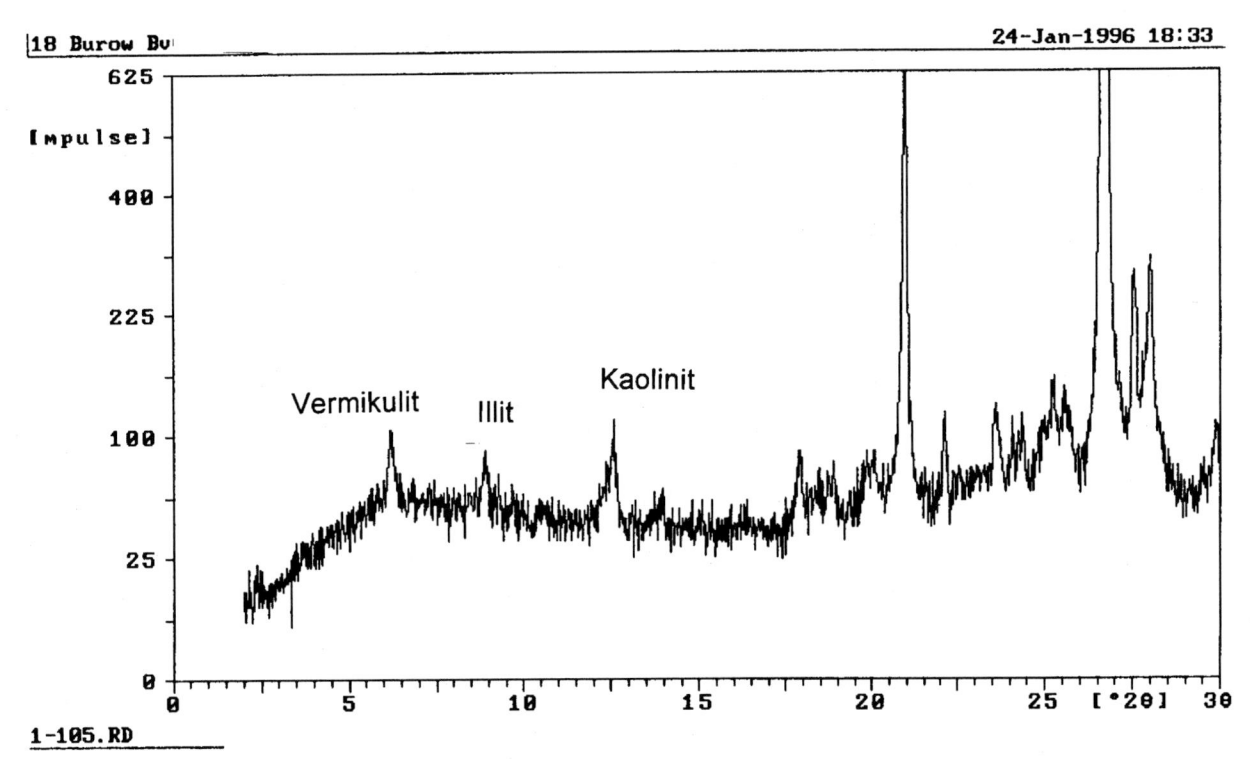

Abb. 26: Röntgendiffraktogramm der Tonfraktion des Paläobodens von Profil Burow

3.3.2.4 Diskussion der Paläobodengeneration 2

Die bodengenetisch und geomorphologisch orientierten Neuaufnahmen der Profilkomplexe Golßen und Burow ergänzten den aus archäologischen Grabungen resultierenden bisherigen Kenntnisstand besonders bezüglich ihrer Paläobodenausbildung. Als gemeinsames Merkmal der begrabenen Böden der zweiten Generation kann ihre deutlichere stratigraphische Differenzierung im Sinne einer Deckschichtenentwicklung gelten. Darin unterscheiden sie sich vom Paläoboden der ersten Generation, dessen Periglazialsedimente an seiner Basis keine scharfe Schichtgrenze aufweisen.

Sedimentologisch werden die Profile jeweils durch einen Übergang von der liegenden (glazi)fluviatilen Fazies zur hangenden äolischen Fazies geprägt. Die dünnen Flugsandschleier konnten chronostratigraphisch in das Weichselspätglazial gestellt werden. Die begrabenen Böden befinden sich jeweils schon im äolisch beeinflußten Profilteil. Sie weisen jedoch noch keine reife Geschiebedecksandentwicklung mit deutlichen Grobschluffanreicherungen oder Verschlechterungen der Sortierung auf.

Möglicherweise handelt es sich bei ihrem Ausgangssubstrat um eine Vorstufe der Geschiebedecksandentwicklung, welche durch weitere Überwehungsphasen am Ende des Weichselspätglazials vorzeitig abgebrochen und konserviert wurde. Darauf weist auch die jungtundrenzeitliche Datierung des jüngeren Flugsandes von Profil Golßen hin.

Offenbar besteht ein Zusammenhang zwischen dem initialen Entwicklungsstadium von Geschiebedecksanden dieser Profilgruppe und den darin entwickelten begrabenen Böden. Ihr unvollkommen ausgebildeter Verwitterungshorizont bleibt vor allem aufgrund der fehlenden Verlehmung unterhalb der Definitionskriterien eines Braunhorizontes und wurde deshalb als fCv-Bv angesprochen. Weiterhin erscheint bemerkenswert, daß die darüber entwickelten Oberflächenböden (Regosole) trotz der im Holozän weitgehend stabilen Oberflächen keine Verwitterungsanzeichen aufweisen.

Die bodenchemischen Parameter der begrabenen Böden der 2. Generation ähneln in einigen Parametern schon gewöhnlichen Oberflächenbraunerden (deutliche Eisenoxid- und Humusanreicherung). Allerdings verlaufen die Tiefenfunktionen der Basensättigung und der pH-Werte teilweise für Braunerden ungewöhnlich, wie der noch innerhalb des Paläobodens von Profil Golßen erfolgende Anstieg des pH-Wertes belegte. Entbasung und Versauerung der begrabenen Böden erreichen offenbar noch nicht die Tiefe und Intensität vergleichbarer Oberflächenböden.

3.3.3 Finowboden als begrabene Braunerde (Paläobodengeneration 3)

3.3.3.1 Stratigraphische Besonderheiten und Verbreitung des Finowbodens

An seiner Typuslokalität Postluch im Eberswalder Urstromtal tritt der Finowboden sensu SCHLAAK (1993) in einer Düne auf. Im Kontaktbereich dieses Dünenkomplexes mit einem benachbarten Moor (Postluch) lässt er sich jedoch mit dessen spätglazialen Torfpaketen bzw. der enthaltenen Laacher Seetephra verknüpfen (SCHLAAK 1993). Als Ablagerungszeit seines Ausgangsmaterials kann somit das Allerödinterstadial gelten. Im Hangenden des Finowbodens folgen Flugsande, welche wiederum von präborealen Torfen bedeckt werden. Die unmittelbare Überdeckung des Finowbodens mit Flugsand ist somit in die Jüngere Tundrenzeit zu stellen. In den holozänen Hangendserien treten stellenweise weitere begrabene Böden auf. Ebenso wie der Oberflächenboden besitzen sie bei Vorhandensein von Verwitterungshorizonten einen makroskopisch eindeutigen Podsolcharakter. Die nachfolgend beschriebenen laboranalytischen Untersuchungen sollen die Grundlage für einen bodensystematischen Vergleich des stratigraphisch und makroskopisch gut beschriebenen Finowbodens mit den Oberflächenböden bieten.

Zur Detailbearbeitung dieses markanten begrabenen Verwitterungshorizontes wurden das Profil Melchow aus der Typusregion im Eberswalder Urstromtal (SCHLAAK 1993) sowie die Catena Schiffmühle von der Hauptendmoräne des Pommerschen Stadiums ausgewählt (BUSSEMER, GÄRTNER und SCHLAAK 1993). In beiden Profilkomplexen ist die weitflächige Verbreitung der begrabenen Böden durch Kartierungen gesichert und stellt somit ein regelhaftes Phänomen dar.

Die Profile und Bohrungen der Catena Schiffmühle wurden im Verlauf eines kombinierten Grabungs- und Bohrprofils durch die Neuenhagener Oderinsel aufgenommen (vgl. BUSSEMER, GÄRTNER und

SCHLAAK 1993, S. 229). In diesem Abschnitt ist die Hauptendmoräne des Pommerschen Stadiums der Weichselvereisung modellhaft ausgebildet (vgl. *Abb. 27*). Auf dem Moränenwall konnten sehr mächtige und vielfältige periglaziäre Sedimente kartiert werden. Der ursprünglich auf dem Rücken des Moränenwalls entdeckte begrabene Boden (vgl. BUSSEMER, GÄRTNER und SCHLAAK 1994, S. 89) konnte sowohl über Vor- und Rückhang als auch längs des Moränenwalls verfolgt und als Leithorizont ausgewiesen werden.

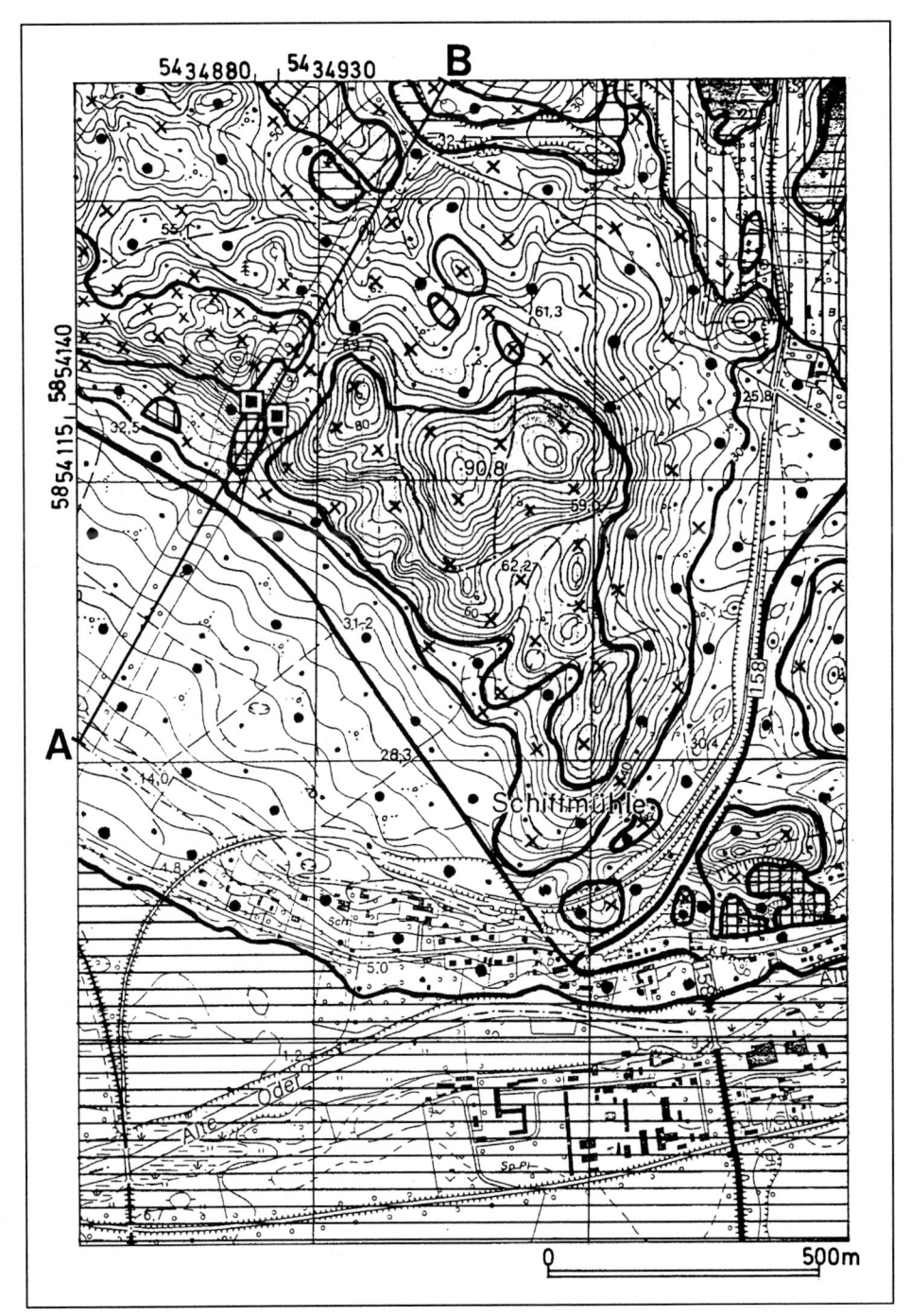

Abb. 27: Lage und geologisch-morphologische Situation des Transsektes Schiffmühle (A-B in *Farbtafel 4*; geologisch-morphologische Situation generalisiert nach BERENDT und SCHRÖDER 1899)

Im Vorhangbereich wird der begrabene Boden von einer mächtigen Flugsandüberdeckung begraben, welche bis zu sechs Meter Mächtigkeit erreicht. Da die Konservierungsverhältnisse für den Paläoboden unter der mächtigen Sedimentbedeckung sicher optimal waren, wurden hier weitere Detailuntersuchungen zur Absicherung der Feldbefunde durchgeführt. Neben den oberflächennahen Fundpunkten der Profile Schiffmühle 1+2 wurden auch zwei Bohrungen (Schiffmühle 1+20) zur analytischen Beurteilung herangezogen (*Farbtafel 4*).

Der zweite detailliert untersuchte Profilkomplex liegt bei Melchow am Südrand des Eberswalder Urstromtals im mehrere Quadratkilometer großen ursprünglichen Fundgebiet des Finowbodens (vgl. SCHLAAK 1993, S. 9). Diesem Profil kommt besonderes Interesse zu, da es sich um einen Paläobodenkomplex handelt, welcher im Hangenden mit einem Podsol noch einen weiteren datierten begrabenen Boden aufweist (SCHLAAK 1993, S. 82/83). Er läßt sich aufgrund von ^{14}C-Datierungen an Holzkohlen aus dem Boden (1.180 ±80 BP) als relativ junge Bildung einschätzen.

3.3.3.2 Profilkomplex Schiffmühle

Stratigraphische Aspekte des Profilkomplexes Schiffmühle

Der begrabene Boden befindet sich in einem mächtigen periglaziären Sedimentpaket, welches in seinem Hangenden ausschließlich Flugsande, in seinem Liegenden dagegen unter einem dünnen Flugsandschleier wechselnde Faziesverhältnisse aufweist. Die hangenden Flugsande sind im Bereich der Profile Schiffmühle 1 und 2 etwa 1m mächtig und werden an der Oberfläche von einem schwach verwitterten Horizont (Cv) abgeschlossen. 30cm über der Obergrenze des begrabenen Bodens wurden diese Flugsande auf ein frühholozänes TL-Alter von 8,3 ± 0,9 ka (TL SMÜ1 in *Abb. 28*) datiert.

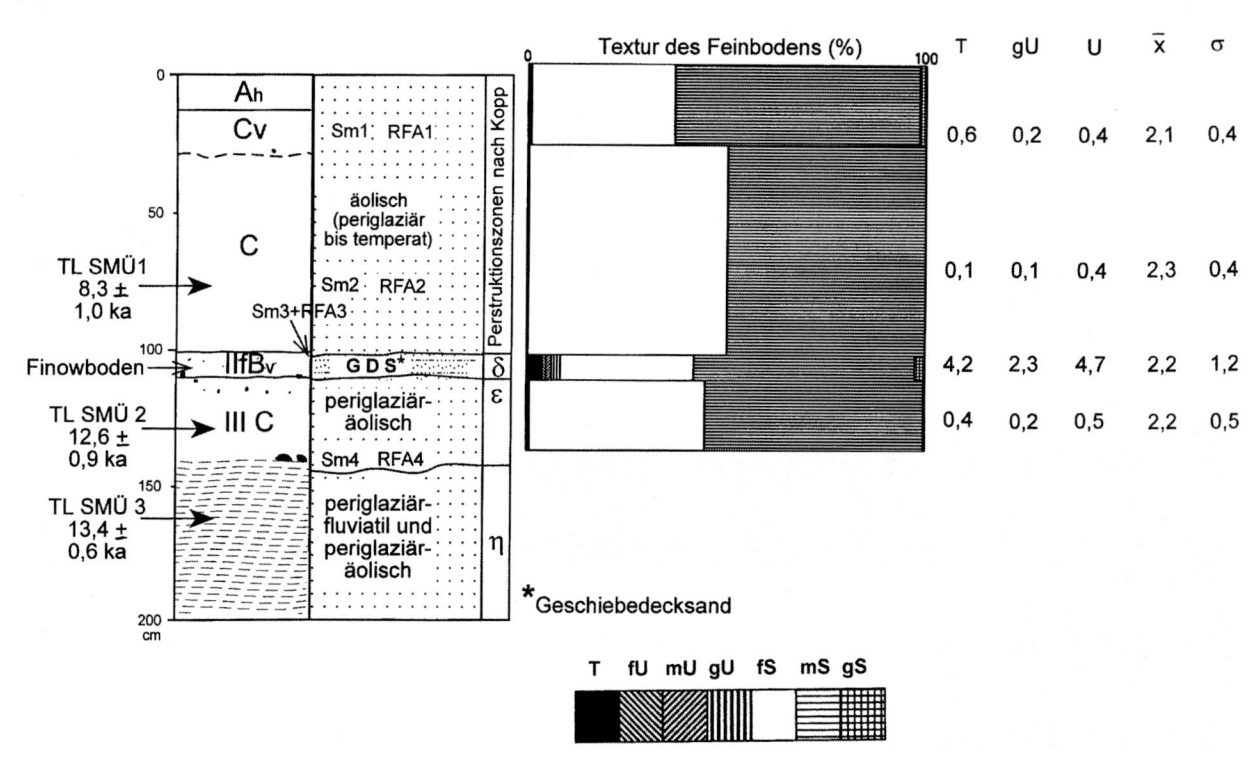

Abb. 28: Profil Schiffmühle 2 - Braunerde-Regosol über begrabener Braunerde (Finowboden)

Der darunter folgende begrabene Boden wird sowohl an der Basis als auch an der Oberkante scharf, aber in wellen- bis zungenartiger Form von den umgebenden Flugsanden abgegrenzt (*Farbtafel 5-1*). Mit seiner Homogenität und dem Fehlen eines Humushorizontes ist die beschriebene Situation typisch für den locus typicus des Finowbodens nach SCHLAAK (1993). In seinem Liegenden schließt sich eine über den gesamten Vorder- und Rückhang gleichbleibend dünne Flugsanddecke (30-40cm) an. Dieser ältere Flugsandschleier wurde in Profil Schiffmühle 2 auf 12,6 ± 0,9 ka (TL SMÜ2) datiert. Der begrabene Boden trennt somit zwei im Endmoränenbereich flächenhaft wirksame Flugsandphasen, deren jüngere jedoch eine wesentlich stärkere Sedimentakkumulation verursachte. Die beiden beschriebenen Flugsandphasen bilden zusammen mit dem zwischengeschalteten Boden den oberen Teil des Periglazialkomplexes von Schiffmühle, welcher von besonderer bodengenetischer Relevanz ist.

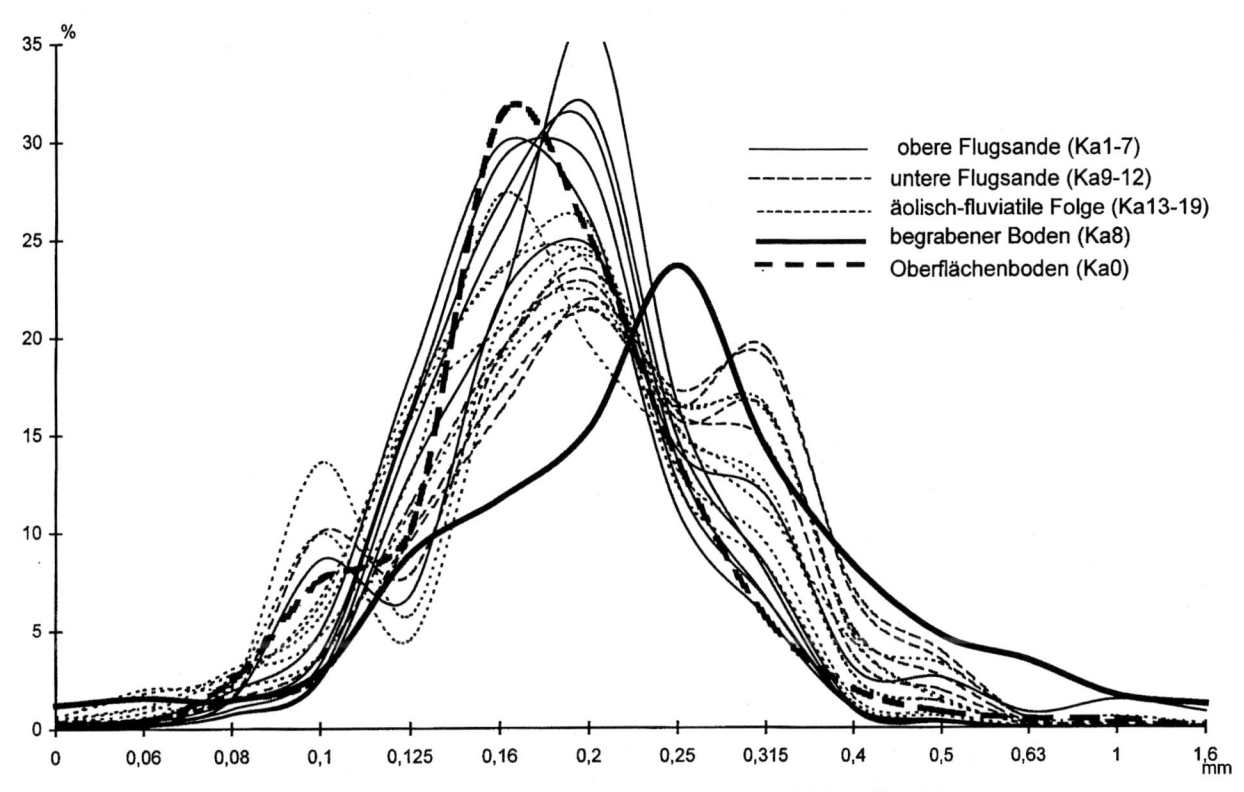

Abb. 29: Detaillierte Korngrößenanalyse der Sandfraktionen in Profil Schiffmühle 2

Die Oberkante der darunter anschließenden Wechselfolge periglaziär-äolischer und periglaziär-fluviatiler Sande wurde auf 13,4 ± 0,6 ka (TL SMÜ3) datiert. Dieser untere Teil des Periglazialkomplexes ist vertikal und horizontal sehr vielfältig aufgebaut und besteht aus äolischen, fluviatilen, ablualen sowie solifluidalen Sedimenten (BUSSEMER, GÄRTNER und SCHLAAK 1993, S. 235).

Zusammen mit der relativ sicheren Radiokarbondatierung des Pommerschen Stadiums von 16.200 BP (KOZARSKI 1996) und der Einordnung des Finowbodens mit etwa 11.400 BP am *locus typicus* (SCHLAAK 1993) ergibt sich damit in Profil Schiffmühle 2 eine plausible und stratigraphisch konsistente Abfolge der TL-Alter.

Der begrabene Boden weist sowohl in den zwei Profilen als auch in den zwei Bohrungen der Catena Schiffmühle eine deutliche Verlehmung auf (vgl. auch *Abb. 28*). Diese wird von einer gegenüber den liegenden Sedimenten deutlichen Grobschluffanreicherung und einer Verschlechterung des Sortierungsgrades begleitet. Beide Besonderheiten gelten auf sandigem Ausgangssubstrat als typische Geschiebedecksandmerkmale (BUSSEMER 1994, S. 130).

Subfraktionierungen des Sandes erlaubten in allen Profilen eine weitere stratigraphische Untergliederung. Im dicht beprobten Profil Schiffmühle 2 dominieren bis auf den begrabenen Boden in allen Proben die Fraktionen von 0,16-0,2 bzw. 0,2-0,25mm (vgl. *Abb. 29*). Nur der begrabene Boden weist eine gröbere Hauptkornfraktion im Vergleich zu allen anderen Proben auf. Gemeinsam mit den oben diskutierten Besonderheiten seiner Grobschluffgehalte und Sortierungsgrade läßt sich damit sein eigenständiger Sedimentcharakter als Geschiebedecksand nachweisen.

Die Subfraktionierung der Proben aus Bohrung Schiffmühle 1 bestätigt ebenfalls den allochthonen Charakter des begrabenen Bodens über eine Verschiebung der Hauptkornfraktion (*Abb. 30*), während er sich in Bohrung Schiffmühle 20 nur schwach vom liegenden Periglazialsediment unterscheidet. In Bohrung Schiffmühle 20 weist jedoch auch der schwach erkennbare Oberflächenboden (Cv-Horizont) bei gleichbleibender Hauptkornfraktion mit einem zweiten Körnungsmaximum Unterschiede gegenüber seinem Ausgangsgestein auf (*Abb. 31*).

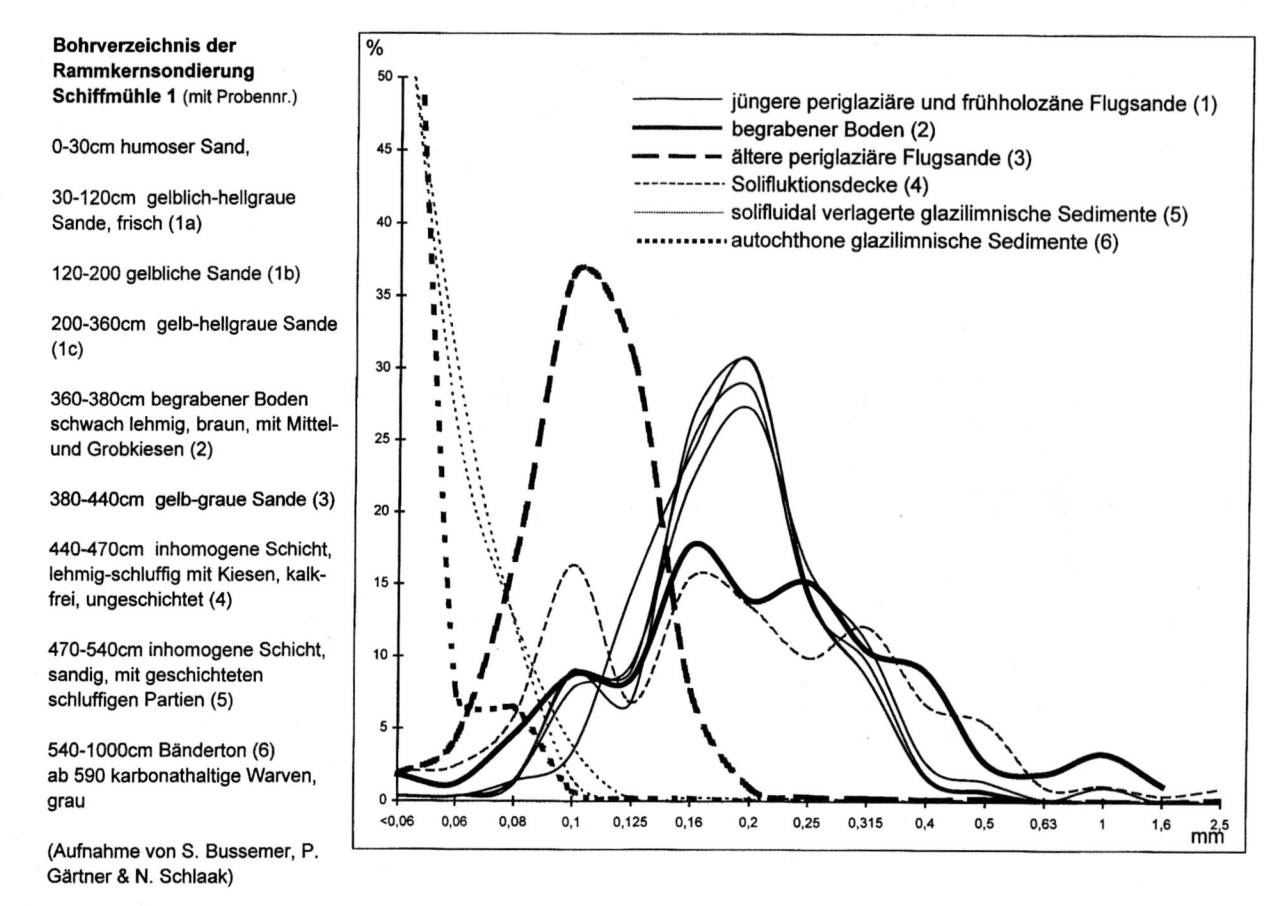

Bohrverzeichnis der Rammkernsondierung Schiffmühle 1 (mit Probennr.)

0-30cm humoser Sand,

30-120cm gelblich-hellgraue Sande, frisch (1a)

120-200 gelbliche Sande (1b)

200-360cm gelb-hellgraue Sande (1c)

360-380cm begrabener Boden schwach lehmig, braun, mit Mittel- und Grobkiesen (2)

380-440cm gelb-graue Sande (3)

440-470cm inhomogene Schicht, lehmig-schluffig mit Kiesen, kalkfrei, ungeschichtet (4)

470-540cm inhomogene Schicht, sandig, mit geschichteten schluffigen Partien (5)

540-1000cm Bänderton (6) ab 590 karbonathaltige Warven, grau

(Aufnahme von S. Bussemer, P. Gärtner & N. Schlaak)

Legende:
— jüngere periglaziäre und frühholozäne Flugsande (1)
— begrabener Boden (2)
– – ältere periglaziäre Flugsande (3)
----- Solifluktionsdecke (4)
······ solifluidal verlagerte glazilimnische Sedimente (5)
·········· autochthone glazilimnische Sedimente (6)

Abb. 30: Bohrung Schiffmühle 1 - Schichtenverzeichnis und detaillierte Texturanalyse

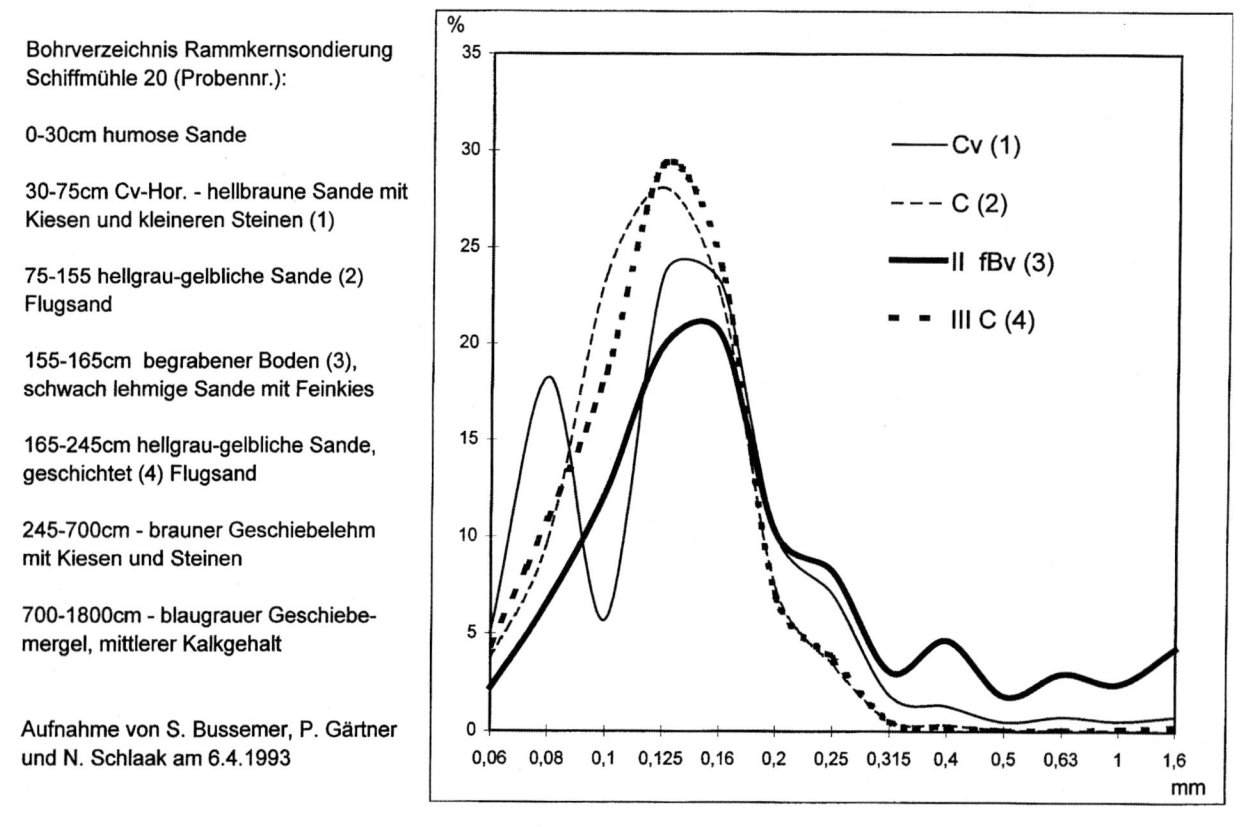

Bohrverzeichnis Rammkernsondierung Schiffmühle 20 (Probennr.):

0-30cm humose Sande

30-75cm Cv-Hor. - hellbraune Sande mit Kiesen und kleineren Steinen (1)

75-155 hellgrau-gelbliche Sande (2) Flugsand

155-165cm begrabener Boden (3), schwach lehmige Sande mit Feinkies

165-245cm hellgrau-gelbliche Sande, geschichtet (4) Flugsand

245-700cm - brauner Geschiebelehm mit Kiesen und Steinen

700-1800cm - blaugrauer Geschiebemergel, mittlerer Kalkgehalt

Aufnahme von S. Bussemer, P. Gärtner und N. Schlaak am 6.4.1993

Legende:
— Cv (1)
– – C (2)
— II fBv (3)
· · · III C (4)

Abb. 31: Bohrung Schiffmühle 20 - Schichtenverzeichnis und detaillierte Texturanalyse

Im Sedimentcharakter der äolischen Sande konnten ebenfalls allgemeingültige Merkmale nachgewiesen werden. Die oberen Flugsande von Schiffmühle sind bei größtenteils eingipfligen Kurven überwiegend sehr gut sortiert. Dagegen besitzen die Flugsande unter dem begrabenen Boden trotz ihrer guten Sortierung eine schwache Tendenz zur Mehrgipfligkeit (Abb. 29).

Regelhafte Körnungsunterschiede ließen sich jedoch nicht nur im äolisch geprägten oberen Periglazialkomplex von Schiffmühle feststellen. Sie treten in noch viel stärkerem Maß innerhalb des unteren Periglazialkomplexes auf. Hier setzt neben der vertikalen auch eine horizontale Differenzierung der mächtigen Periglazialablagerungen ein, welche durch Vergesellschaftungen der Flugsande mit solifluidalen, fluviatilen und abualen Sedimenten charakterisiert wird (ausführlich in BUSSEMER, GÄRTNER und SCHLAAK 1993). Ein repräsentatives Beispiel für die Dominanz solifluidaler Prozesse stellt Bohrung Schiffmühle 1 (Abb. 30) dar. Diese treten jedoch nicht mehr als Bodenausgangsgestein in Erscheinung.

Mineralogische und bodenchemische Charakteristik von Typusprofil Schiffmühle 2

Im Gegensatz zu den aussagekräftigen Korngrößenanalysen ließ eine schwermineralogische Untersuchung von Profil Schiffmühle 2 hingegen keine Differenzierung zu (Abb. 32). Weder die Schwermineralgehalte noch die typisch pleistozänen Schwermineralspektren weisen in ihrer Tiefenfunktion signifikante Unterschiede auf.

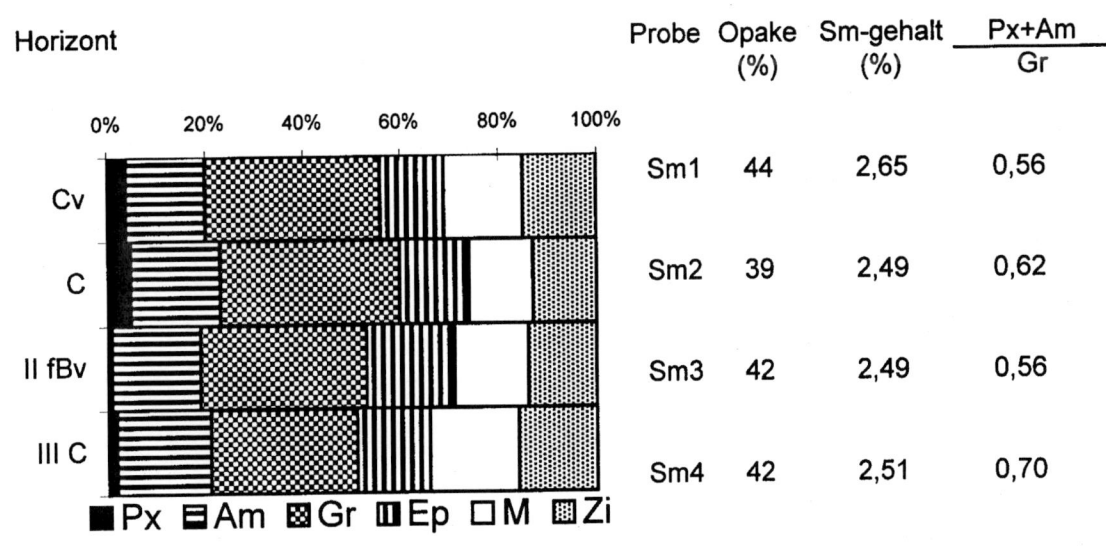

Horizont	Probe	Opake (%)	Sm-gehalt (%)	$\frac{Px+Am}{Gr}$
Cv	Sm1	44	2,65	0,56
C	Sm2	39	2,49	0,62
II fBv	Sm3	42	2,49	0,56
III C	Sm4	42	2,51	0,70

Abb. 32: Schwermineraluntersuchungen in Profil Schiffmühle 2

Tab. 7: Parameter der Hauptelementgehalte von Profil Schiffmühle 2

Horizont	SiO_2/R_2O_3 (Molverh.)	SiO_2/Al_2O_3 (Molverh.)	Index Kronberg-Nesbitt	
			Abszisse	Ordinat
Cv	61,1	69,1	0,99	0,43
C	57,3	64,0	0,98	0,43
II fBv	36,3	43,5	0,98	0,35
IIIC	59,0	68,9	0,99	0,44

Die engen Kieselsäure/Sequioxidverhältnisse im begrabenen Boden bestätigen aus geochemischer Sicht den vorhergehend sedimentologisch nachgewiesenen Schichtcharakter (Tab. 7). Über den Kronberg-Nesbittkoeffizienten läßt sich im begrabenen Boden eine deutliche Verwitterungszunahme gegenüber dem Ausgangsgestein nachweisen, welche dem Oberflächenboden vollkommen fehlt. Diese Beobachtung wird durch die Tiefenfunktionen der pedogenen Oxide bestätigt (vgl.

Tab. 8). Der Oberflächenboden weist bei den oxalatlöslichen Fraktionen noch eine Anreicherung gegenüber dem Ausgangssubstrat auf, während diese beim dithionitlöslichen Eisen und beim laugelöslichen Aluminium kaum noch sichtbar ist. Die Maxima aller pedogenen Oxide im begrabenen Boden sind markant ausgebildet.

Tab. 8: Bodenchemische Parameter von Profil Schiffmühle 2

Horiz.	Fed	Feo	Feo/Fed	Fed/Fet	Alo	All	ODOE	All/Fed
	mg/g	mg/g			mg/g	mg/g		
Cv	0,9	0,6	0,63	0,27	0,59	1,37	0,07	1,52
C	0,7	0,3	0,43	0,22	0,27	1,32	0,06	1,89
II fBv	3,3	1,8	0,60	0,42	4,58	6,29	0,06	1,91
III C	0,9	0,3	0,31	0,20	0,14	1,51	0,06	1,68

Horiz.	pH	H-Wert	S-Wert	KAK	BS	C	N	C/N
	CaCl2	mmol/kg			(%)	mg/g	mg/g	
Cv	4,6					1,4	0,2	9
C	4,5	16	4	20	20	1,5	0,1	12
II fBv	4,3	40	4	44	9	3,6	0,4	10
III C	4,4	7	8	15	53	0,9	0,0	

Die Fed/Fet-Werte zeigen im oberen Cv-Horizont kaum eine Freisetzung silikatischen Eisens an, wohl aber im II fBv-Horizont. Der Aktivitätsgrad des Eisens (Feo/Fed) im Oberflächenboden ist dagegen mit dem begrabenen Boden vergleichbar.

Auch die bodenökologischen Parameter weisen auf intensive Pedogenese im begrabenen Boden hin (*Tab. 8*). Seine Kohlenstoff- und Stickstoffgehalte sind nicht nur gegenüber dem Ausgangsgestein, sondern auch gegenüber dem Oberflächenboden deutlich erhöht. Das C/N-Verhältnis ist relativ eng.

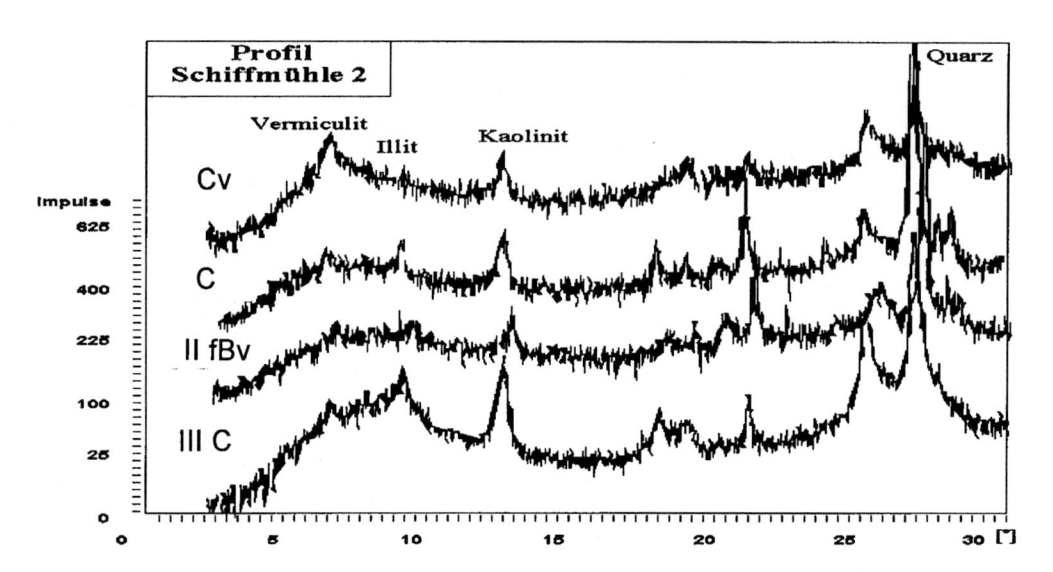

Abb. 33: Röntgendiffraktogramm der Tonfraktionen von Proben aus Profil Schiffmühle 2

Kationenaustauschkapazität und pH-Werte zeigen im begrabenen Boden eine deutliche Versauerung und Entbasung dieses Profilbereichs an. Der reliktische Charakter dieser Prozesse wird durch die Tiefenfunktionen der pH-Werte und Basensättigungen offenbar, welche im Flugsand über dem begrabenen Boden deutlich höhere Werte aufweisen und so den begrabenen Boden als fossilen Entbasungsbereich anzeigen.

Tonmineralogische Untersuchungen ergaben jedoch weder im begrabenen noch im Oberflächenboden Hinweise auf pedogene Neubildungen. Das Spektrum aller vier Proben aus Profil Schiffmühle 2 setzt sich aus Vertretern der Kaolinit-, Illit-, und Vermikulitgruppe zusammen (vgl. *Abb. 33*). Röntgendiffraktometrisch unterscheidet sich der begrabene Finowboden damit nicht von den über- und unterlagernden Sedimenten.

3.3.4 Profil Melchow

Nördlich von Melchow verläuft der Übergang von der Moränenplatte des Barnim zum Eberswalder Urstromtal, welcher morphologisch von langgestreckten Dünenzügen verdeckt wird (vgl. LIEDTKE 1956/57). Das aus glazifluviatilen und äolischen Sanden aufgebaute Profil Melchow liegt in einer dieser Dünen auf der oberen Terrasse des Eberswalder Urstromtals (*Abb. 34*). An der Oberkante der Urstromtalsande wurde von SCHLAAK (1993, S. 82/83) ein begrabener Boden beschrieben und gleichzeitig als südlichstes Vorkommen des „Finowbodens" im Eberswalder Tal kartiert. Dieser Boden wird von Dünensanden überlagert, welche noch einen weiteren begrabenen Boden (Podsol) sowie einen Regosol als Oberflächenboden aufweisen (*Abb. 35*).

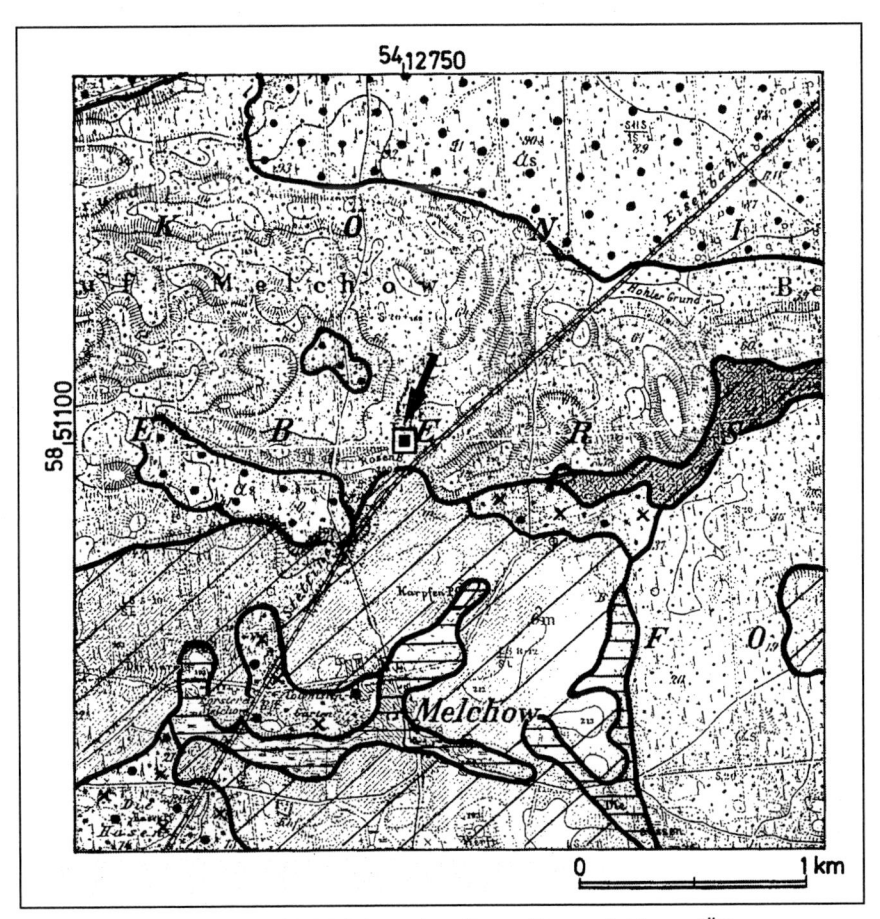

Abb. 34: Lage von Profil Melchow in einem Dünenfeld am Übergang vom Nordrand der Barnimplatte zur 49m-Terrasse der Eberswalder Urstromtales (geologisch-morphologische Situation generalisiert nach LAUFER 1882)

In der feinsanddominierten Vertikalabfolge tritt der zwischen Dünen- und Talsande eingeschaltete grobschluffangereicherte Finowboden makroskopisch deutlich hervor (*Farbtafel 5-2*). Mit seiner im Vergleich zum liegenden Talsand sehr schlechten Sortierung ist er sedimentologisch als Geschiebedecksand anzusprechen. Das stark verengte Kieselsäure/Sesquioxidverhältnis des Feinbodens im Bereich des begrabenen Bodens bestätigt dessen gleichzeitigen Sedimentcharakter (*Tab. 9*).

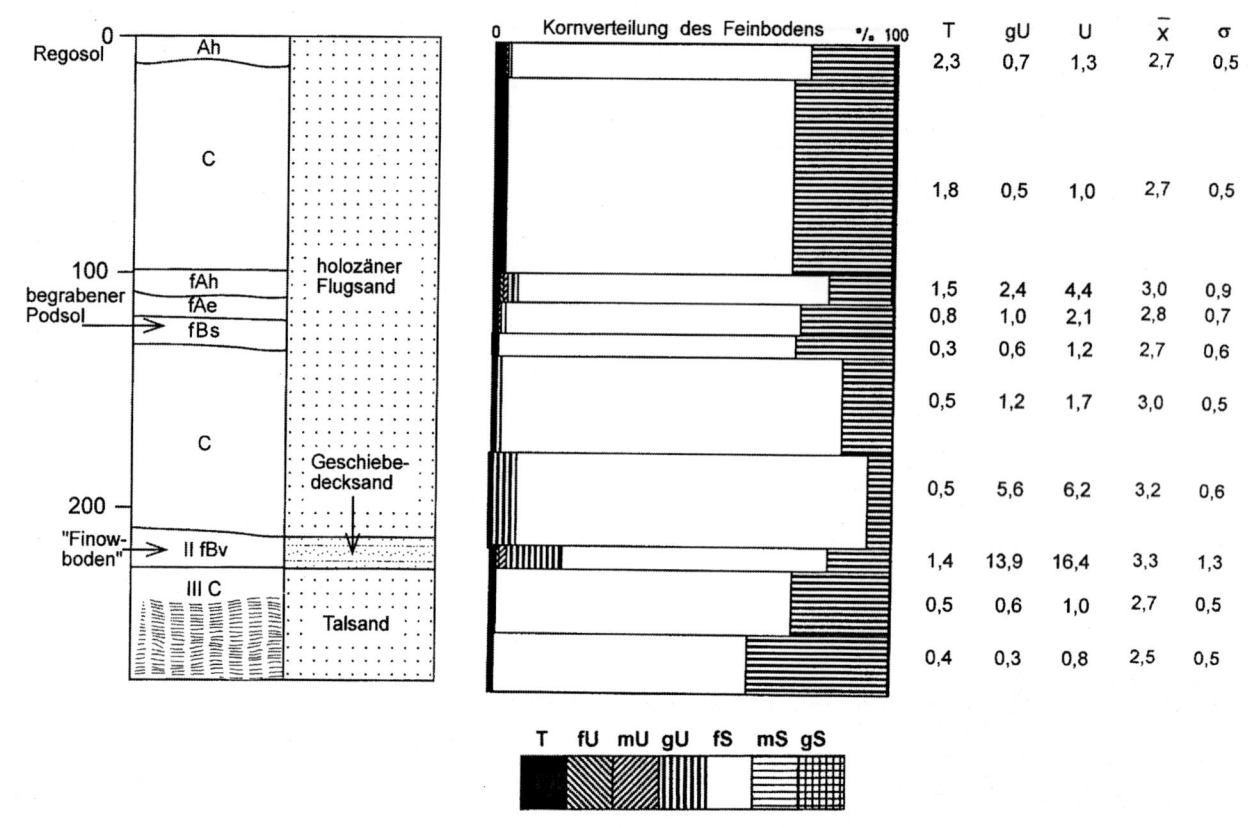

Abb. 35: Profil Melchow - Regosol über einem begrabenen Podsol und einer begrabenen Braunerde

Tab. 9: Parameter der Hauptelementgehalte in Profil Melchow

Horizont	SiO$_2$/R$_2$O$_3$ (Molverh.)	SiO$_2$/Al$_2$O$_3$ (Molverh.)	Kronberg-Nesbitt Abszisse	Kronberg-Nesbitt Ordinate	SiO$_2$/R$_2$O$_3$ Ton-RFA	SiO$_2$/Al$_2$O$_3$ Ton-RFA	ODOE
Ah	-	-	-	-	9,88	11,19	0,26
C	48,9	54,7	0,98	0,43	3,07	4,54	0,10
fAh	51,4	57,0	0,98	0,44	5,40	6,22	0,10
Ae	63,2	68,4	0,99	0,46	7,57	8,01	0,08
Bs	50,2	56,0	0,98	0,45	3,50	3,98	0,09
C	67,5	74,9	0,99	0,38	-	-	0,06
II fBv	31,8	36,9	0,97	0,39	5,08	6,06	0,09
III C	55,1	61,1	0,98	0,45	6,83	8,83	0,03
III C	59,5	65,4	0,99	0,45	-	-	-

Der Finowboden von Profil Melchow läßt gleichzeitig eine Verlehmungstendenz erkennen, welche jedoch schwächer als in der Catena Schiffmühle ausgeprägt ist. Der Kronberg-Nesbittindex unterstreicht mit seinen niedrigeren Werten im Finowboden die makroskopisch beobachtete deutliche Verwitterung. Die Werte der Ton-RFA deuten im spätglazialen Boden auf Verwitterung in situ hin. Die Werte der optischen Dichte liegen sowohl im Finowboden von Melchow als auch in seinen benachbarten Bereichen extrem niedrig und steigen erst zum Oberflächenboden hin an.

In der allgemeinen Freisetzung von Fe aus silikatischer Bindung (Fed/Fet) unterscheiden sich Podsol und Finowboden nur schwach (Tab. 10). Im Finowboden liegen die Gehalte pedogener Oxide im Bereich von sandigen Braunerden und weisen auch eine dafür typische, kontinuierlich abnehmende Tiefenfunktion auf. Im fBs-Horizont des begrabenen Podsols zeigen die oxalatlöslichen

Aluminium- und Eisenfraktionen deutlich höhere Werte als im Finowboden an, während es sich bei den dithionit- bzw. laugelöslichen Anteilen umgekehrt verhält. Diese Tendenz zur Anreicherung leichter löslicher Fraktionen im Podsol spiegelt sich letztlich auch in seinem extrem hohen Fe-Aktivitätsgrad wider.

Tab. 10: Bodenchemische Parameter in Profil Melchow

Horiz.	Fed	Feo	Feo/Fed	Fed/Fet	Alo	All	Mno	All/Fed
	mg/g	mg/g			mg/g	mg/g	mg/g	
Ah	1,23	0,69	0,56		0,52	0,75	0,00	0,61
C	0,73	0,41	0,55	0,19	0,44	1,76	0,01	2,41
fAh	0,86	0,61	0,71	0,26	0,86	2,05	0,24	2,40
Ae	0,36	0,19	0,54	0,17	0,24	3,94	0,02	10,94
Bs	1,36	1,34	0,99	0,38	2,38	3,02	0,02	2,22
C	0,67	0,31	0,46	0,26	1,05	1,68	0,02	2,50
C	0,46	0,28	0,62		0,36	1,76	0,06	3,86
II fBv	2,04	1,10	0,54	0,29	1,91	4,59	0,01	2,25
III C	0,51	0,22	0,43	0,16	0,32	1,74	0,02	3,43
C	0,28	0,11	0,40	0,10	0,20	1,56	0,02	5,67

Horiz.	pH	H-Wert	S-Wert	KAK	BS	C	N	C/N
	$CaCl_2$	mmol/kg			(%)	mg/g	mg/g	
Ah	3,1					29,3	0,9	32
C	4,0					2,9	0,3	10
fAh	4,1					6,2	0,3	22
Ae	4,4	2	0	2	0	1,6	0,1	12
Bs	4,4	19	0	19	0	1,9	0,2	10
C	4,6	3	0	3	0	0,0		
C	4,2	1	0	1	0	0,0		
II fBv	4,0	32	0	32	0	3,1	0,2	15
III C	4,2	16	0	16	0	0,0		
C I	4,4	11	4	15	26	0,0		

Die pH-Werte steigen anfangs vom Regosol über den begrabenen Podsol zum Liegenden hin kontinuierlich an, um im Bereich des begrabenen Finowbodens ein zweites deutliches Minimum zu bilden (Tab. 10). Zum Ausgangsgestein hin steigen die pH-Werte dann wieder an. Auch hier wird eine Versauerung im Verlauf der Bildung des Finowbodens, konserviert durch die spätere Flugsandüberwehung, offensichtlich. Die Kationenaustauschkapazität besitzt vergleichbar mit Schiffmühle ihr Maximum im begrabenen Finowboden. Die organische Substanz weist im oberflächigen Regosol erwartungsgemäß ein sehr weites C/N-Verhältnis auf. Die C- und N-Gehalte im begrabenen Boden sind in Melchow wie auch in Schiffmühle gering.

3.3.4.1 Diskussion der Paläobodengeneration 3

Mit ihren Prototypen Schiffmühle 2 und Melchow ließ sich die dritte Generation im Vergleich zu ihren beiden Vorgängern noch markanter als Verwitterungsboden herausarbeiten. Die analytischen Parameter weisen dabei eine gute Übereinstimmung bezüglich ihrer bodengenetischen Aussage auf.

Aufgrund seiner intensiven Verbraunung und Verlehmung, kann der Finowboden in beiden Profilkomplexen als (begrabener) Braunhorizont (fBv) eingestuft werden. Er entwickelt sich in einem eigenständigen periglaziären Sediment, welches mit dem Braunhorizont koinzident ist. Gleichzeitig ist diese dem Finowboden entsprechende stratigraphische Einheit aufgrund ihrer Grobschluffanreicherung und schlechten Sortierung als Geschiebedecksand anzusprechen. Die stratigraphisch konsistenten Datierungen weisen im Profilkomplex Schiffmühle auf eine Bildung des Finowbodens im ausgehenden Spätglazial hin und ordnen sich damit in das Schema von SCHLAAK (1993, 1997) ein.

4. Braunerden als Oberflächenböden in ihrer nordbrandenburgischen Typusregion

4.1 Prinzipielle Koinzidenzen im Relief- und Bodenmosaik

Ihre größte Verbreitung erreicht die Braunerde auf den sandigen Schmelzwasserebenen (KOPP, JÄGER und SUCCOW 1982, S. 103). Eine flächenhafte Verschneidung des Relief- und Bodenmosaiks wurde exemplarisch für das Messtischblatt Strausberg durchgeführt (Ausschnitt vgl. *Abb. 12*), welches mit seinen weiten Grundmoränen- und Sanderflächen als repräsentativ für das norddeutsche Jungmoränenland gelten kann. Als Grundlage wurden hinreichend genaue Unterlagen der forstlichen Standortserkundung im Maßstab 1:10.000 (LANDESFORSTANSTALT EBERSWALDE 1981) und Mittelmaßstäbiger landwirtschaftlicher Standortkartierung 1:25.000 (RAPPE 1976; LGRB 1998) sowie der geologisch-morphologischen Detailkartierung (WAHNSCHAFFE 1895, ergänzt durch LEMBKE 1940) herangezogen. Nach einer Generalisierung lassen sich auf dem Blatt zu ungefähr gleichen Teilen Sander und (teilweise sandbedeckte) Grundmoränen ausweisen (*Farbtafel 6*). Die Bodentypen der Landwirtschaftlichen und Forstwirtschaftlichen Kartierung wurden nach einem Vorschlag von ALTERMANN und KÜHN (1994) weitgehend an die AG BODEN (1994) angepasst. Nur die ehemaligen Bänderbraunerden wurden aufgrund bodengenetischer Erwägungen (vgl. KOPP et al. 1969) nicht in die Gruppe der Lessives überführt, sondern separat behandelt. Im Ergebnis verbleiben als Gruppen mit den größten Flächenanteilen die Braunerden (mit diversen Subtypen) und die Fahlerden. Eine kartographische Aufarbeitung weist auf die deutliche Koinzidenz der geomorphologischen und bodengeographischen Grenzen hin (*Farbtafel 6*). Eine kartographische Auswertung der Arealverschneidungen, durchgeführt von SIDDIQUI (1999), zeigt Braunerden als dominanten Boden der Sander an (*Tab. 11*). Die Fahlerden sind auf die Grundmoränenbereiche beschränkt und treten schon bei deren sandüberdeckten Varianten nur noch untergeordnet auf.

4.2 Periglaziale Deckserien als unmittelbares Ausgangsgestein der Bodenbildung

4.2.1 Periglazialmorphologische Grundlagen

Der periglaziale Formenschatz wurde in keiner der Jungmoränenlandschaften Eurasiens so intensiv wie in Brandenburg untersucht. Hier beschrieb BERENDT (1863) mit dem Geschiebedecksand erstmals eines der vielfältigen Phänomene des reliktischen Periglazials in Mitteleuropa. Dieser Leithorizont setzt sich aus einer 30-60cm mächtigen sandigen Decke mit Kiesen und einer liegenden Steinanreicherung zusammen (MARCINEK und NITZ 1973, S. 85). Die Gesamtheit periglazialer Ablagerungen und periglazial überprägter Glazialsedimente wird seit LEMBKE (1965, S. 722) traditionell als „periglaziale Deckserie" bezeichnet.

Die Prototypen für vollständige periglaziale Deckserien der Moränenlandschaften definierten KOPP (1965) und LEMBKE (1965) in Nordbrandenburg (*Abb. 36*). Allerdings wird ihre genetische Interpretation auch in dieser Typusregion bis heute kontrovers diskutiert (vgl. BUSSEMER 1994). SCHULZ (1956), NITZ (1965) sowie LEMBKE (1972) betrachten den Geschiebedecksand als ein eigenständiges Sediment im Ergebnis horizontaler Verlagerungsprozesse wie Solifluktion oder Windtransport. Demgegenüber betont KOPP (1970) die Bedeutung vertikaler Verlagerungen im Profil, hervorgerufen durch kryogene Perstruktion. Die resultierend von KOPP und JÄGER (1972) postulierten Perstruktionszonen sind jedoch „...keine stratigraphischen Einheiten, aber sie können mit diesen koinzident sein.". Beim Geschiebedecksand im Sinne von LEMBKE (1965) und der Deckzone (δ) nach KOPP (1965) handelt es sich somit um koinzidente Profilabschnitte. Diese vor allem auf Feldbefunde gestützte Forschung konzentrierte sich auf das Hochflächenperiglazial mit seinen deutlichen Skelettanreicherungen. Die dabei eingesetzte Standardmethodik genügte jedoch für einen Nachweis des Geschiebedecksandes auf den weiten Sander- und Urstromtalflächen nicht (Zwischenebenenperiglazial nach KOPP und JÄGER 1972). Die nachfolgende Diskussion konzentriert sich deshalb am Beispiel von Fallstudien auf eine Erweiterung der analytischen Basis zur genetischen Interpretation der periglazialen Deckschichten als Ausgangsgestein der Bodenbildung.

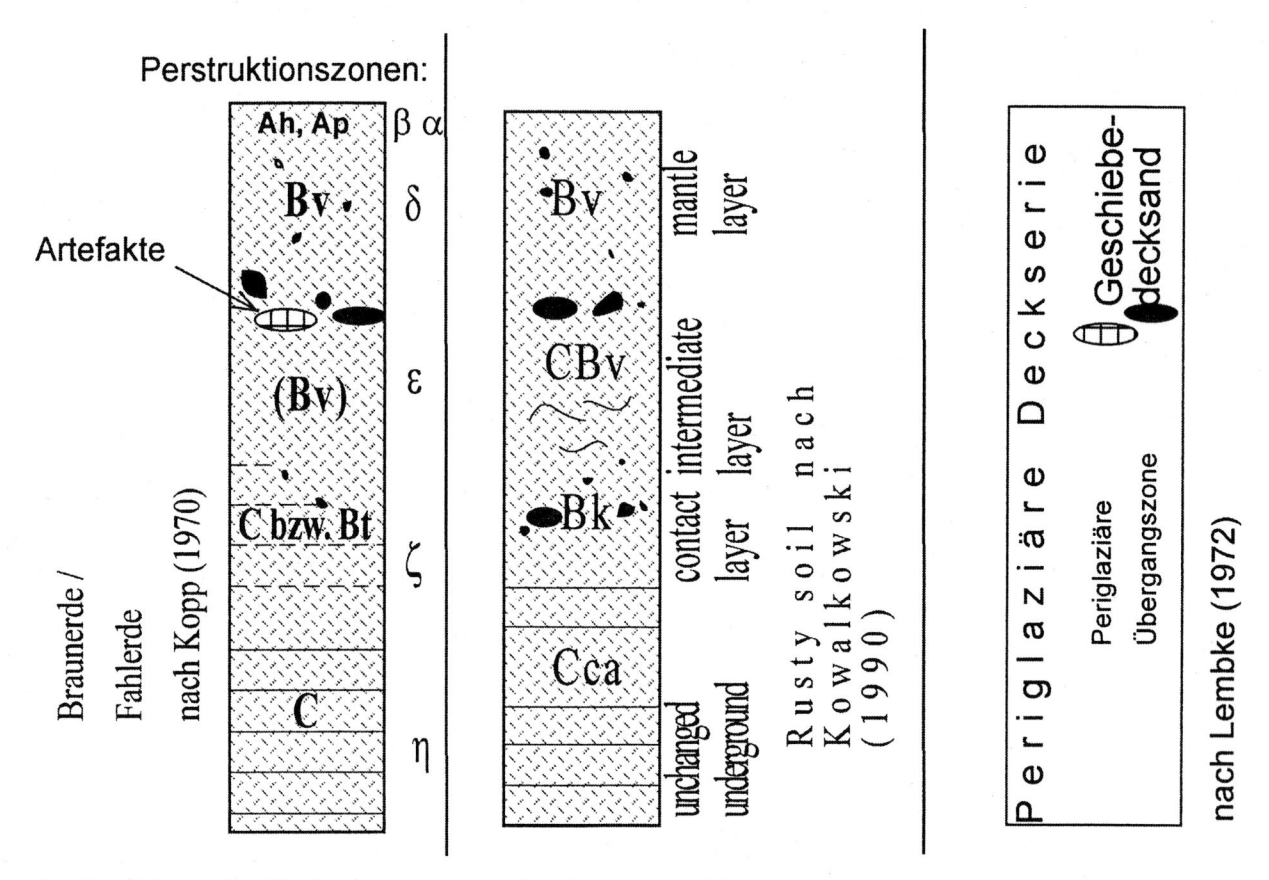

Abb. 36: Prinzipielle Gliederungsvorschläge für Periglazialabfolgen sowie deren Bodenhorizonte in der Moränenlandschaft nach KOPP (links), KOWALKOWSKI (Mitte) und LEMBKE (rechts)

4.2.2 Deckserien und Bodenmosaike des Hochflächenperiglazials (Fallstudie Sternebeck)

Trotz der markanten Skelettdifferenzierungen im Hochflächenperiglazial weisen dessen Deckserien in ihrem Feinboden häufig einen sehr gleichförmigen Stoffbestand auf. Insofern läßt sich die Grundmasse der Profile mit den bodenkundlich relevanten Korngrößen nur schwer für eine genetische Interpretation heranziehen. Für eine Entscheidung zwischen periglazialer Sedimentation und kryogener Perstruktion als Hauptprozeß der Deckseriengenese sind sehr verschiedene Untergrundmaterialien notwendig, die gleichzeitig eng miteinander verzahnt sind. Dafür bieten sich nach Überlegungen von KOPP (1965) die teilweise oberflächennah vorkommenden Tertiärschollen aus Quarzsanden oder auch Braunkohleschluffen an. Der Profilkomplex von Sternebeck mit einer aufgestauchten Quarzsandscholle (vgl. *Abb. 37*) gehört unter ihnen zu den geologisch-morphologisch am gründlichsten untersuchten Fallbeispielen (vgl. KOPP und KOWALKOWSKI 1972, 1990; BUSSEMER et al. 1997). In diesem Zusammenhang wurden die Titangehalte (zur Indikatorfunktion vgl. Kap. 2) verschiedener Standorte des Profilkomplexes sowohl im Feinboden als auch in den Einzelfraktionen dokumentiert (Profilbeschreibungen und Analysen vgl. BUSSEMER et al. 1997; MÜLLER 1997). Da sich die reinen Tertiärsande der Scholle (Profil 2 in *Abb. 38*) schon in den Feinboden-Titangehalten signifikant von den Untergrundsanden in den pleistozänen Vergleichsprofilen der Umgebung (Profile 1,5) unterscheiden, lassen sie sich in den hangenden Deckserienfolgen als Tracer für jeweilige Pleistozän- bzw. Tertiäranteile einsetzen (*Tab. 12*). Die auf reinem Pleistozän entwickelte sandige Deckserie von Profil 1 weist dabei einen relativ homogenen Vertikalverlauf auf. Profil 5 (vgl. *Abb. 39*) besitzt im Geschiebemergel unter der sandigen Deckserie aufgrund der höheren Tongehalte auch höhere Titangehalte. Der Sprung in der Tiefenfunktion innerhalb der periglaziären Übergangszone (Al-Bt-Horizont) ist vermutlich auf pedogene Tonverlagerungen zurückzuführen. Profil 3 mit reinem Tertiäruntergrund in Bohrungen zeigt über seinem dünnen Geschiebemergel eine ähnliche Situation an, wobei der Titangehalt des Geschiebedecksandes schon unter denen der Referenzprofile liegt.

Die dem Tertiär direkt aufliegenden sandigen Deckserien der Profile 2 und 6 weisen die größten Vertikalgradienten auf. Die Titangehalte ihrer Geschiebedecksande liegen relativ hoch und deuten einen starken Pleistozäneinfluß an, auch wenn sie nicht ganz das Niveau der reinen Pleistozänprofile erreichen. Diese im Geschiebedecksand stark abgeschwächte Differenz zwischen den Titangehalten ist damit offenbar auf laterale Stofftransporte zurückzuführen, welche eine Vermischung von Tertiärschollenmaterial mit umgebendem Pleistozän bewirkten. Die zum reinen Tertiärstandort Profil 2 hin trotzdem abnehmenden Titangehalte weisen auf Nahtransporte hin, welche die Unterschiede im Ausgangsgestein jedoch nicht vollständig nivellieren konnten.

Die Interpretation der Feinboden-Titangehalte in der periglaziären Übergangszone gestaltet sich aufgrund der Tonverlagerungen im Al-Bt-Bereich komplizierter und muß deshalb an Einzelfraktionen durchgeführt werden. Dadurch wird auch die Ansprache fazieller Besonderheiten wie des Flugsandtransportes mit Schwerpunkt in der Feinsandfraktion erleichtert. Ihre Darstellung erfolgt exemplarisch mit Hilfe der drei sandigen Deckserien aus *Tabelle 12*, wobei die Deckserienproben zur besseren Vergleichbarkeit in ihrem Verhältnis zum jeweiligen Untergrund abgetragen wurden (*Tab. 13*).

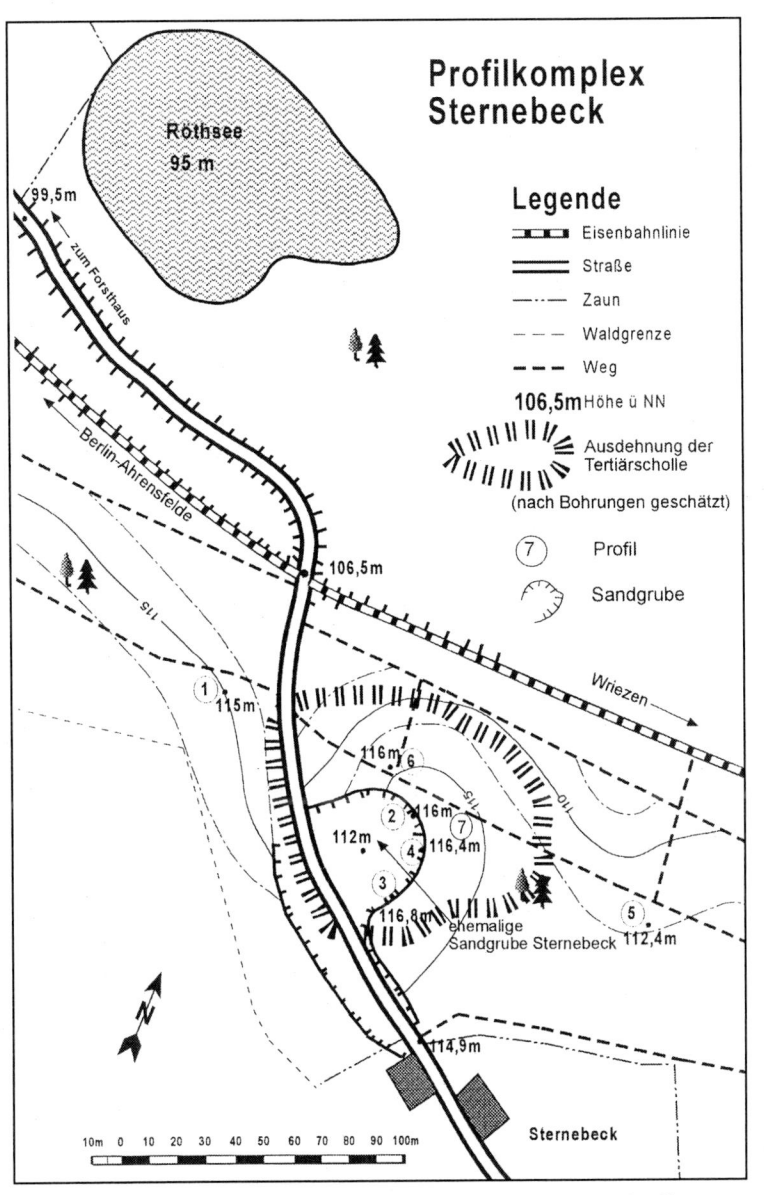

Abb. 37: Profilkomplex im Bereich der Tertiärscholle von Sternebeck nach Neuvermessung 1996

Die vertikale Homogenität bleibt dabei im reinen Pleistozänprofil (Nr. 1) über alle Fraktionen hinweg erhalten. Die Tiefenprofile weisen ihre höchsten relativen Titananreicherungen in den Feinsandfraktionen der Übergangszone von Deckserien über Tertärsand auf (Nr. 2+6). Diese höchste relative Anreicherung im Zentrum der Tertiärscholle deutet gleichzeitig auf äolische Ferntransporte bei der Entstehung der Übergangszone hin.

Sternebeck kann als Beispiel für die Verteilung der wichtigsten terrestrischen Bodentypen des kleingekammerten Hochflächenperiglazials in Abhängigkeit vom oberflächennahen Substrat gelten (vgl. auch KOPP und KOWALKOWSKI 1990). Während Parabraunerden (Profil 5 in *Abb. 37*) und Fahlerden (Profil 3) an Standorte mit lehmigem Moränenuntergrund gekoppelt sind, treten Braunerden (Profil 6) und Podsole (Profil 2) in sandigen Substraten auf. Deren interne Differenzierung hängt offenbar vom Anteil des Tertiärmaterials ab, welcher sich neben den oben diskutierten Titangehalten auch in den Quarzgehalten äußert. Das deutliche Tertiärprofil Nr. 2 besitzt so im Feinboden über seine gesamte Tiefe ein extrem weites SiO2/R2O3-Verhältnis (vgl. *Tab. 14*). Ein saures Bodenmilieu mit niedrigen pH-Werten und Basensättigungen (Tab. 15) schlägt sich in einer schon makroskopisch markanten Podsolierung nieder (*Farbtafel 7-1*). Die Tiefenfunktionen der Eisenfraktionen (Feo, Fed) weisen somit auch deutliche Maxima im B-Horizont auf. Die Aktivitätsgrade des freien Eisens erreichen im B-Horizont Maximalwerte von 1. Schon dieser hohe Anteil mobiler Sesquioxidfraktionen zeigt die Podsolierung als dominanten bodenbildenden Prozeß an, was durch die fehlende Verlehmung in der Verwitterungszone bestätigt wird.

Tab. 11: Anteile der verschiedenen Bodentypen an den Reliefelementen von Meßtischblatt Strausberg (nach SIDDIQUI 1999)

Reliefelement	Bodentyp	Fläche (ha)	Flaächenanteil (%)
Grundmoräne	Braunerde	1104,65	38,3
	Fahlerde	1454,96	50,4
	semiterrestr. Böden	50,99	1,8
	humose Braunerde	119,91	4,2
	Gley-Braunerde	25,58	0,9
	Sonstige	128,39	4,5
	Gesamtfläche	2884,48	100,0
sandüberdeckte Grundmoräne	Braunerde	395,76	35,6
	Fahlerde	259,84	23,4
	semiterrestr. Böden	41,92	3,8
	humose Braunerde	291,06	26,2
	podsolige Braunerde	17,66	1,6
	Gley-Braunerde	16,67	1,5
	Sonstige	88,15	7,9
	Gesamtfläche	1111,07	100,0
sandunterlagertze Grundmoräne	Braunerde	84,34	36,4
	Fahlerde	97,79	42,3
	semiterrestr. Böden	17,21	7,4
	humose Braunerde	3,73	1,6
	Gley-Braunerde	5,82	2,5
	Sonstige	22,52	9,7
	Gesamtfläche	231,41	100,0
Stauchmoräne	Braunerde	119,85	41,0
	Fahlerde	33,74	11,5
	semiterrestr. Böden	34,38	11,8
	humose Braunerde	97,51	33,3
	Sonstige	6,91	2,4
	Gesamtfläche	292,39	100,0
Sander	Braunerde	2993,49	65,8
	Fahlerde	240,58	5,3
	semiterrestr. Böden	400,58	8,8
	humose Braunerde	156,23	3,4
	podsolige Braunerde	494,42	10,9
	Gley-Braunerde	74,21	1,6
	Sonstige	188,24	4,1
	Gesamtfläche	4547,75	100,0
Holzäne Ablagerungen außer Kolluvium	Braunerde	24,73	3,2
	Fahlerde	1,55	0,2
	semiterrestr. Böden	675,26	88,1
	humose Braunerde	30,71	4,0
	podsolige Braunerde	5,05	0,7
	Gley-Braunerde	21,87	2,9
	Sonstige	7,22	0,9
	Gesamtfläche	766,39	100,,0
Kolluvium	Braunerde	19,30	28,3
	Fahlerde	23,31	34,2
	semiterrestr. Böden	8,17	12,0
	humose Braunerde	6,67	9,8
	Gley-Braunerde	1,79	2,6
	Sonstige	8,94	13,1
	Gesamtfläche	68,18	100,0

Der extreme Gradient der an der Tonfraktion gemessenen Kieselsäure/Sesquioxidverhältnisse weist ebenfalls auf Tonmineralzerstörung im obersten Profilabschnitt und intensive vertikale Verlagerungsprozesse hin (Abb. 38). Im kompakten oberen Abschnitt des B-Horizontes wird mit 0,26 eine optische Dichte erreicht, welche einem diagnostischen spodic horizon nach WRB (2006, S. 35) bzw. SOIL SURVEY STAFf (1998, S. 27) entspricht (Abb. 38)[1].

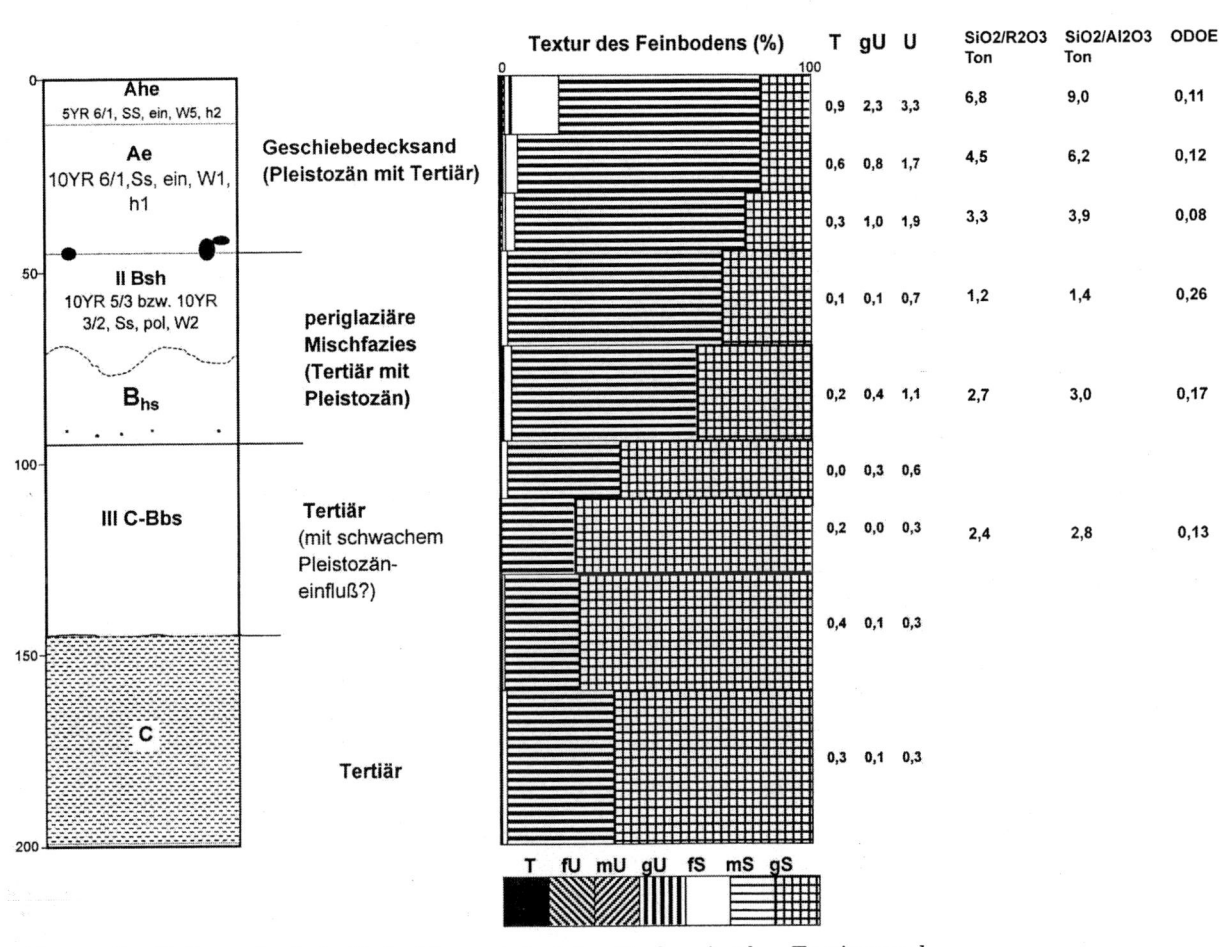

Abb. 38: Profil Sternebeck 2 - Podsol in periglazialer Deckserie über Tertiärsand

Das stärker pleistozänbeeinflußte Profil 6 (vgl. Abb. 40) entwickelte sich demgegenüber zu einer Braunerde mit deren charakteristischen Eisengehalten. Ihre Tiefenfunktionen steigen vom Ah- zum Bv-Horizont schwach an und fallen dann zum Ausgangsgestein hin ab (Tab. 15). Besonders die oxalatlöslichen Eisenfraktionen weisen gegenüber dem Podsol niedrigere Gehalte im B-Horizont und deutlich geringere Gradienten auf. Die Aktivitätsgrade liegen in den Verwitterungshorizonten um den für brandenburgische Braunerden charakteristischen Wert von 0,3 herum.

Die Verwitterungsindizes nach KRONBERG und NESBITT (1981), welche die Hauptverwitterungszonen von Bodenprofilen gewöhnlich mit Minima in der Tiefenfunktion anzeigen (Kap. 2.3.1.2), können aufgrund der intensiven tertiären Vorverwitterung nicht für eine Beschreibung der Sternebecker Oberflächenböden herangezogen werden. Durch die intensive tertiäre Basenauswaschung und Kaolinitbildung ergibt sich ein Minimum des Ordinatenwertes (<0,25) im heutigen Ausgangsgestein der Bodenbildung. Diese tertiären Ausgangsgesteine der Schollenprofile weisen an 1 heranreichende Abszissenwerte auf, welche dem theoretischen Quarzsand entsprechen. Im weiteren Vertikalverlauf belegen die Abszissenwerte mit geringfügigen Minima um den B-Horizont herum hingegen die aktuelle Hauptverwitterungszone, welche die Bildung pedogener Oxide anzeigen.

---

[1] Die Proben für die Bestimmung der Ton-RFA- und ODOE-Werte wurden nachträglich 2m neben dem ursprünglichen Profil Sternebeck 2 entnommen.

Diese ist in der Parabraunerde des pleistozänen Referenzprofils Nr. 5 am stärksten ausgebildet (vgl. *Tab. 13*).

Tab. 12: Titan-Totalgehalte (ppm) in verschiedenen Deckserientypen entlang eines Transektes von der Tertiärscholle Sternebeck (rechts) in ihre pleistozäne Umgebung (links)

Profilnr. nach BUSSEMER et al (1997)	1 P	5 P	3 T	6 T	2 T
Geschiebedecksand	3.049	2.847 2.768	2.639 2.654	2.283 2.230	1.734 1.504
Periglaziäre Übergangszone	3.295	2.616 3.920	1.964 3.772	1.053	2.386 432
Untergrund mit Sedimenttyp	3.145	3.617	3.437	447	175
	Schmelzwassersand (Pleistozän)	Geschiebemergel (Pleistozän)	Geschiebemergel über Tertiärsand	Tertiärsand mit Pleistozänanteil	reiner Tertiärsand

T - Periglaziäre Deckserie auf oder nahe der Scholle mit Tertiäreinfluß
P - Periglaziäre Deckserie ohne Tertiäreinfluß (pleistozänes Referenzprofil)

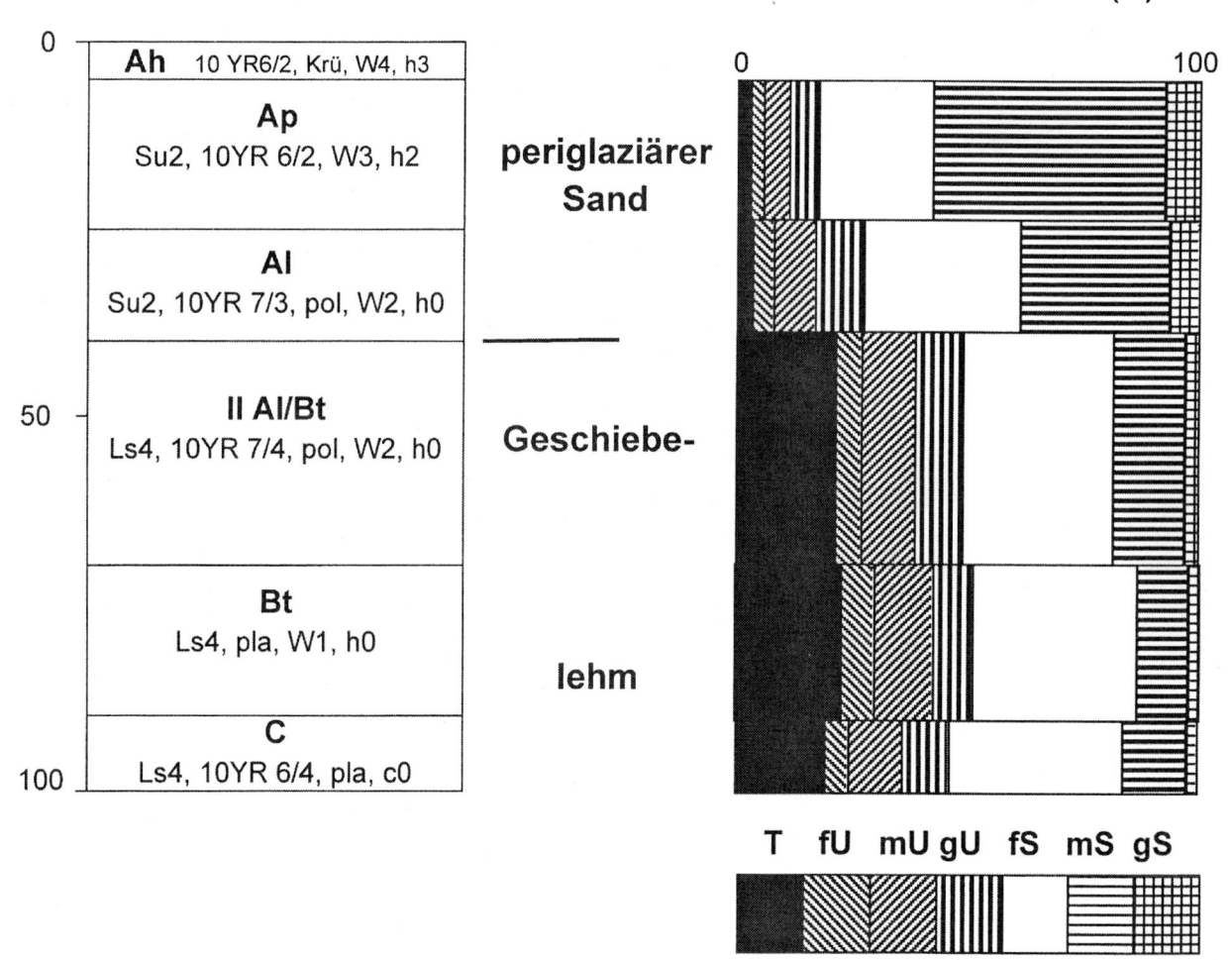

Abb. 39: Profil Sternebeck 5 - Parabraunerde in periglazialer Deckserie über mächtigem Geschiebemergel

Die oben abgeleitete tertiäre Kaolinitdominanz lässt sich auch mit Hilfe von Röntgendiffraktogrammen der Tonfraktion belegen (*Abb. 40*). Dessen Peaks steigen im exemplarisch dargestellten Profil 6 wie in allen anderen Schollenprofilen am Übergang zum Untergrund deutlich an. Die geringen Kaolinitgehalte in den Verwitterungshorizonten sind vermutlich ebenfalls tertiärbürtig. Andere Tonminerale ließen sich in den oberen Horizonten der Sandböden auf der Tertiärscholle (Braunerden, Podsole) praktisch nicht nachweisen.

Tab. 13: Relative Titangehalte in ausgewählten Fraktionen der Profile 1, 2 und 6 von der Tertiärscholle Sternebeck, bezogen auf den jeweiligen Untergrundwert (= 1)

Profil 2	FSII	FSI	MSI	GSII
Gechiebedecksand	6	10	2	1
perigaziäre Überganszone	11	20	2	2
	3	5	1	1
Tertiärsand	1	1	1	1

Profil 6	FSII	FSI	MSI	GSII
Geschiebedecksand	1	2	1	2
	1	2	1	2
per. Übergangszone	3	5	2	1
Tertiärsand mit Pleist.	1	1	1	1

Profil 1	FSII	FSI	MSI	GSII
Geschiebedecksand	1	1	1	1
per. Übergangszone	1	1	1	1

Qualitativ abweichend von den tonmineralogisch weitgehend übereinstimmenden Braunerden und Podsolen verhält sich das Braunerde-Fahlerdeprofil Sternebeck 3 (*Abb. 41*). Die Hauptkomponenten seines Tonmineralspektrums sind Kaolinit, Illit und sekundärer Chlorit. Zum Liegenden hin treten dann, beginnend mit dem Al-Horizont, als Nebenkomponenten mit reinem Illit vergesellschaftete unregelmäßige Wechsellagerungsminerale vom (10-14M) -Typ auf. Im Diffraktogramm der Proben des Aeh-Horizonts von Sternebeck 3 ist der Kaolinit-Peak noch dominant. Nur sehr schwach ausgeprägt sind die Peaks des Illits und des sekundären Chlorits, womit die Probe noch Ähnlichkeit mit den Oberböden der vorhergehend besprochenen Profile aufweist. Der sekundäre Chlorit wird dann im Bv- und Al-Horizont aber deutlicher und verstärkt sich im Bt- und C-Horizont noch mehr. Illit tritt im Al-Horizont in geringem Umfang auf, um im Bt- und C-Horizont vermehrt vorzukommen.

Angesichts der bodengeographischen Komplexität der Tertiärscholle sowie der umfangreichen bodenchemischen Begleituntersuchungen erschien es sinnvoll, die mineralogischen Analysen durch Subfraktionierungen des Tons zu vertiefen. SCHEFFER, MEYER und GEBHARDT (1966) schlußfolgerten auf Grund von Bilanzuntersuchungen in Schwarzerden, daß deren Grobton weitgehend auf kryoklastischen Zerfall zurückzuführen ist. Pedogene Tonanreicherungen bleiben demnach auf die Fraktionen <0,6µm beschränkt. Unterschiedliche Bildungsmilieus einzelner Horizonte müßten deshalb in den Tonsubfraktionen verschiedene Intensitäten der Peaks verursachen.

Die Subfraktionen des Bv-Horizontes der Braunerde in Profil 6 lassen nur Kaolinit erkennen, wobei die Intensität des Impulses zur kleinsten Fraktion hin abnimmt (vgl. *Abb. 42*). In den subfraktionierten Proben der B-Horizonte des Podsols zeigten sich ebenfalls keine Mineralneubildungen (*Abb. 43*). Der Kaolinitpeak ist in der Fraktion 0,6-0,2µm des Bh-Horizontes noch erkennbar, während in der Fraktion < 0,2µm kein Kaolinit mehr vorhanden ist. Die 2-0,6µm und die 0,6-0,2µm Fraktion im Bv-Horizont der Braunerde-Fahlerde beinhalten Kaolinit und sekundären Chlorit (vgl. *Abb. 44*). Das Diagramm der <0,2µm Fraktion zeigt nur noch einen äußerst schwachen Kaolinitpeak. Die Bv- und Bs-Horizonte besitzen somit eine gemeinsame Tendenz zu stärkeren Tonmineralanreicherungen im Grobton, während die Diffraktogramme ihres Feintons praktisch keine Tonmineralpeaks mehr erkennen lassen.

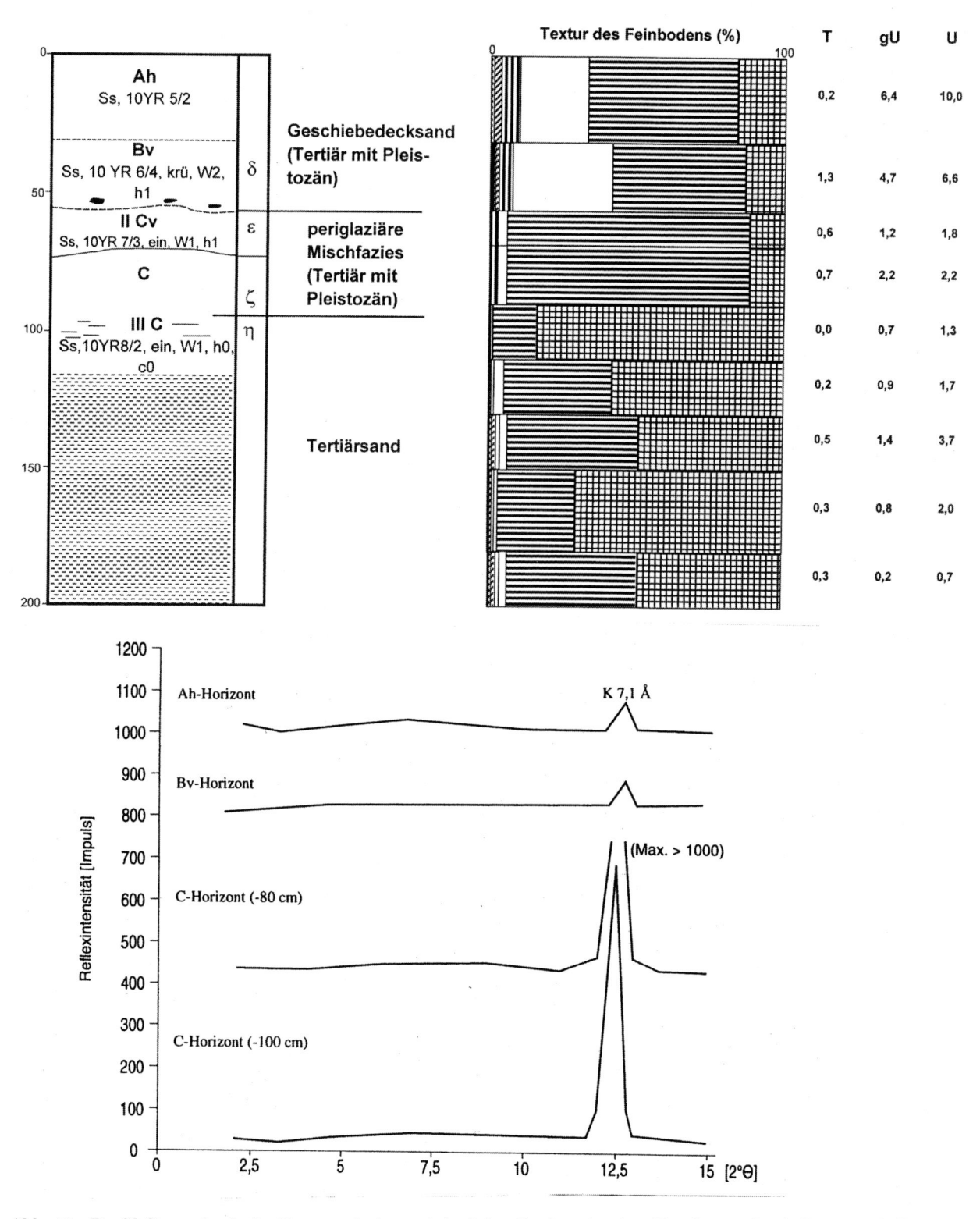

Abb. 40: Profil Sternebeck 6 - Braunerde in periglazialer Deckserie über Tertiärsand mit Röntgendiffraktogrammen der Tonfraktionen

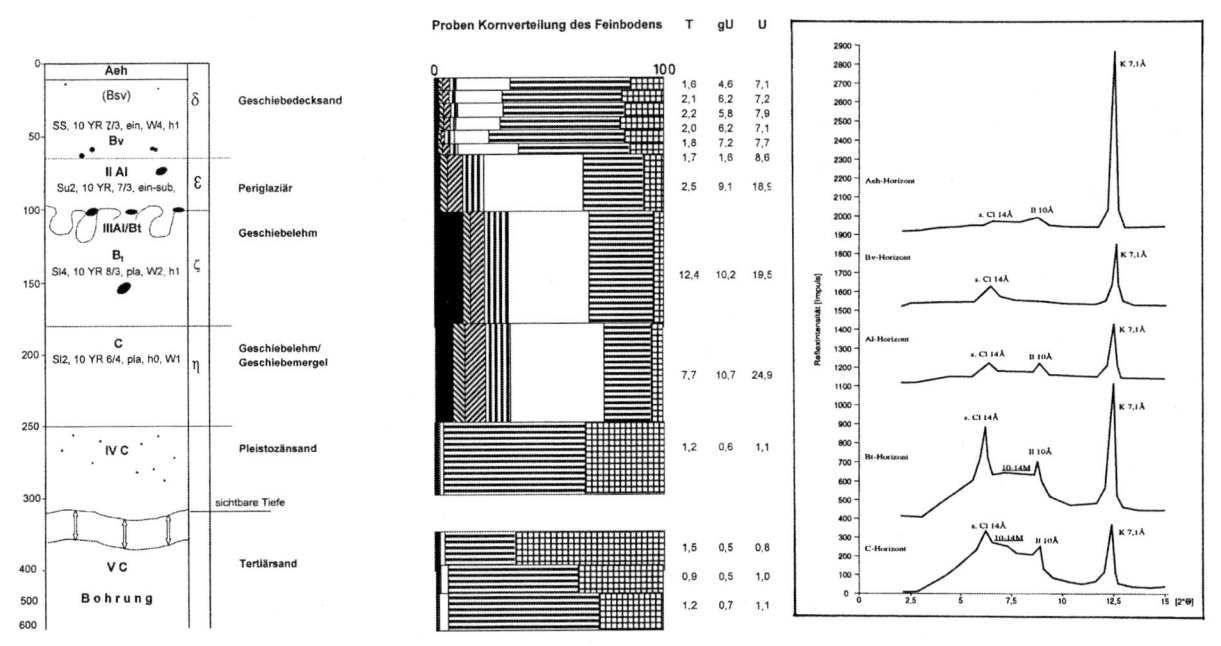

Abb. 41: Profil Sternebeck 3 - Braunerde- Fahlerde mit Röntgendiffraktogrammen der Tonfraktionen

Im Bt-Horizont von Profil Sternebeck 3 sind in allen drei Subfraktionen der Kaolinit-, der sekundäre Chlorit- und der Illit-Peak sowie die smektitisch-illitischen Wechsellagerungsminerale deutlich ausgeprägt (*Abb. 45*). Letztere werden in der Feintonprobe am deutlichsten erkennbar. Damit weist unter den diskutierten Profilen nur der Bt-Horizont der Braunerde-Fahlerde Hinweise auf pedogene Mineralneubildungen auf.

4.3 Prototypen der Braunerde im sandigen Hochflächenperiglazial (Generation 4)

4.3.1 Periglaziale Deckserie als Ausgangsmaterial der Bodenentwicklung (Profil Prötzel)

Das Profil liegt am Westrand von Prötzel auf den Hügeln der "Steinberge" (vgl. *Abb. 46*). Diese kleingekammerte Niedertaulandschaft auf der Wasserscheide zwischen Berliner und Eberswalder Urstromtal weist enge Verzahnungen verschiedener glazialer Sedimenttypen mit weitgehend sandiger Ausprägung auf (vgl. BUSSEMER 2003, S. 300).

Auf derartige Reliefpositionen mit wechselkörnigen und teilweise kalkhaltigen Sanden im Untergrund konzentrierte sich auch die brandenburgische Periglazialforschung in ihrer faziellen Beschreibung des Ausgangsgesteins der Bodenbildung. Hier definierten einerseits SCHULZ (1956), NITZ (1965) und LEMBKE (1972) die periglaziale Deckserie als polygenetische Schichtenfolge mit dem Geschiebedecksand als Leithorizont. Andererseits bezeichnete KOPP (1970) dasselbe Phänomen als periglaziäre Perstruktionsserien (vgl. *Abb. 36*), wobei Profil Prötzel die spezielle Variante des sandigen Hochflächentyps darstellt (KOPP und JÄGER 1972, S. 81). Diese Standorte weisen als zugehörigen Bodentyp regelhaft die Braunerde in ihrer Normausbildung bzw. im schwach podsolierten Zustand auf. Der Aufschluß Prötzel stimmt makroskopisch mit diesem klassischen Profiltyp überein (*Abb. 47*). An seinem Beispiel sollen die Schwierigkeiten der genetischen Interpretation des Ausgangsgesteins der Braunerden als Hintergrund der Bodenentwicklung dargestellt und neue methodische Ansätze zur Lösung dieses Problems diskutiert werden.

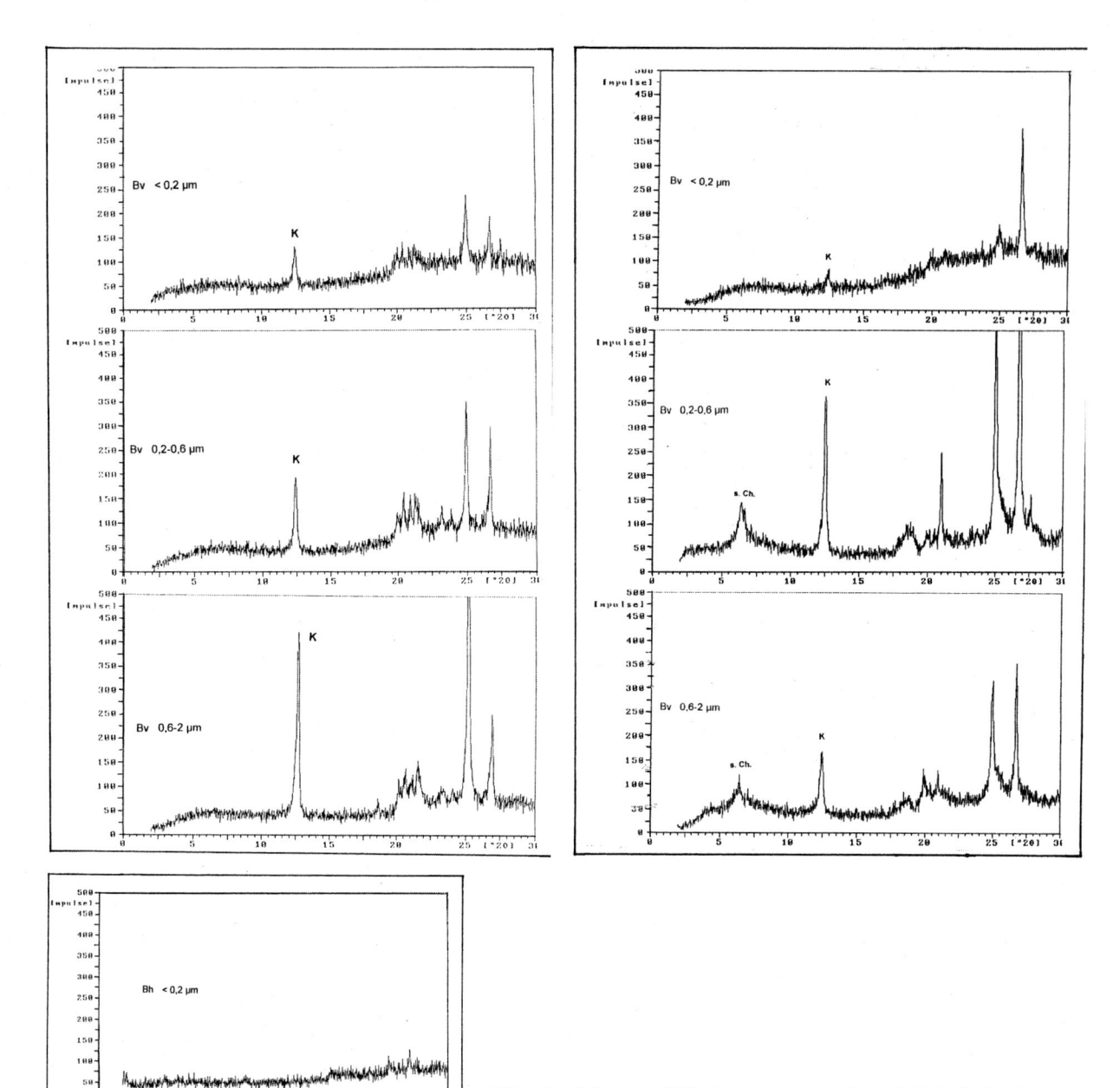

Abb. 42: Röntgendiffraktogramme der Subfraktionierung des Tons im Bv-Horizont von Profil Sternebeck 6 (oben links)

Abb. 43: Röntgendiffraktogramme der Subfraktionierung des Tons im Bh-Horizont von Profil Sternebeck 2 (unten links)

Abb. 44: Röntgendiffraktogramme der Subfraktionierung des Tons im Bv-Horizont von Profil Sternebeck 3 (oben rechts)

4.3.1.1 Makroskopische Profilbeschreibung

Der markante und profilbestimmende Braunhorizont ist farblich und texturell homogen ausgebildet. Er stimmt in seiner Mächtigkeit mit dem Geschiebedecksand nach LEMBKE (1972) bzw. mit der Deltazone im Sinne von KOPP (1970) überein (*Abb. 47*). Gegenüber ihrem Liegenden hebt sich diese Lage schon makroskopisch durch Schluffanreicherung und schlechtere Sortierung sowie eine Steingirlande im Basisbereich ab (*Farbtafel 7-2*).

Tab. 14: Parameter der Hauptelementgehalte in den Profilen der Tertiärscholle von Sternebeck

Profil	Horizont	SiO$_2$/R$_2$O$_3$ (Molverhält.)	SiO$_2$/R2O$_3$ (Molverhält.)	Verwitterungsindex Abszisse	Ordinate
Profil 6	Ah	52,7	63,0	0,98	0,44
(Braunerde)	Bv	44,4	52,3	0,98	0,40
	II Cv	238,0	258,1	1,00	0,48
über	III C	290,6	312,1	1,00	0,18
Tertiär					
Profil 2	Aeh	182,0	223,4	1,00	0,40
(Podsol)	Ahe	252,6	311,4	1,00	0,38
	Ae	230,9	289,8	1,00	0,37
	II Bsh	116,3	148,3	0,99	0,44
	Bh	204,3	236,1	1,00	0,44
	III C (120cm)	272,0	329,7	1,00	0,44
über	C (200cm)	356,5	645,3	1,00	0,16
Tertiär					
Profil 3	Ahe	148,9	183,5	0,99	0,41
Braunerde-	Bsv	58,8	68,5	0,99	0,46
Fahlerde)	Bv	68,2	79,9	0,99	0,40
	II Al	37,3	44,0	0,98	0,45
über	Bt	19,0	22,9	0,96	0,39
Moräne	Cc	17,6	21,5	0,96	0,41
über	C (500cm)	67,2	106,1	0,99	0,18
Tertiär					
Profil 7	Ah	80,3	190,6	0,99	0,26
(Braunerde)	Bv	79,8	151,6	0,99	0,22
	II Cv	83,8	182,9	0,99	0,19
	III C (60cm)	132,4	276,0	1,00	0,03
über	C (180cm)	309,6	453,8	1,00	0,04
Tertiär					
Profil 5	Ah	56,0	66,1	0,99	0,42
(Parabraun-	Al	52,9	62,6	0,98	0,43
erde)	II Al/Bt	12,4	15,2	0,94	0,37
	Bt	10,4	12,7	0,93	0,37
über	C (100cm)	12,5	15,4	0,94	0,38
Pleistozän					
Profil 1	Profil 1	51,6	59,2	0,98	0,44
(Regosol-	C (50cm)	50,2	57,6	0,98	0,46
Braunerde)	C (80cm)	38,1	44,1	0,98	0,44
Pleistozän					
Altdaten					
(KOPP &	Pleistozän*	51,1	60,2	0,98	0,43
KOWALKOWSKI	Tertiär**	429,2	544,1	1,00	0,27
1972, S. 44)					

*Mittelwerte aus 3 Proben **Mittelwerte aus 6 Proben

Darunter folgt eine entschichtete skelettarme Zone, die in ihrem oberen Teil noch schwach und unregelmäßig verbraunt ist (II Cv-Horizont). Sie wird innerhalb der Kopp'schen Perstruktionsserie im Cv-Bereich als Epsilonzone ausgewiesen. LEMBKE (zul. 1972) spricht diesen gesamten entschichteten Abschnitt unterhalb des Geschiebedecksandes (II Cv+II C) als periglaziale Übergangszone mit polygenetischem Charakter an. In Profil Prötzel wird dieser Abschnitt von einer schwachen Kiesanreicherung abgeschlossen, welche offenbar eine Erosionsdiskordanz darstellt. Darunter werden fleckenhaft bis anderthalb Meter Tiefe erste geschichtete Partien sichtbar (*Farbtafel 7-2*). Dieser Bereich lässt sich mit den beiden genannten Klassifikationen nicht scharf abgrenzen. Nach KOPP et al. (1969) kann er aufgrund der nicht geschlossenen Schichtung noch zur Zetazone zählen. Unterhalb 150cm ist die Schichtung dann durchgehend ausgebildet, so dass das ungestörte glaziale Liegende erkennbar wird (Etazone nach KOPP). Das gesamte Profil ist kalkfrei.

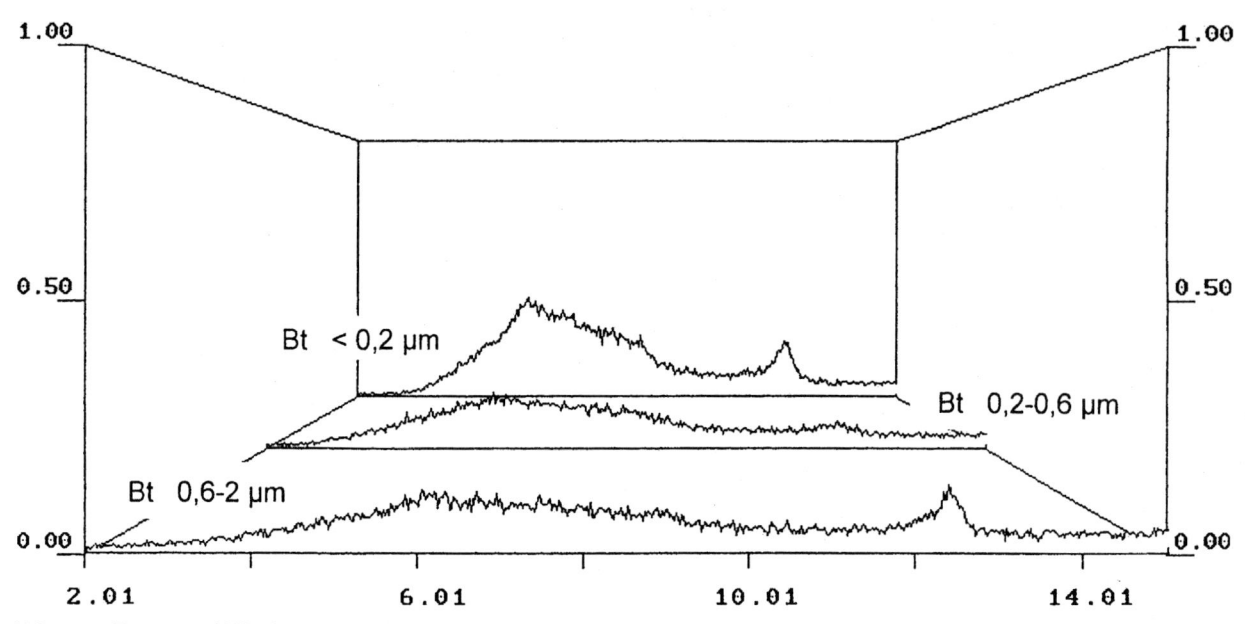

Abb. 45: Röntgendiffraktogramme der Subfraktionierung des Tons im Bt-Horizont von Profil Sternebeck 3

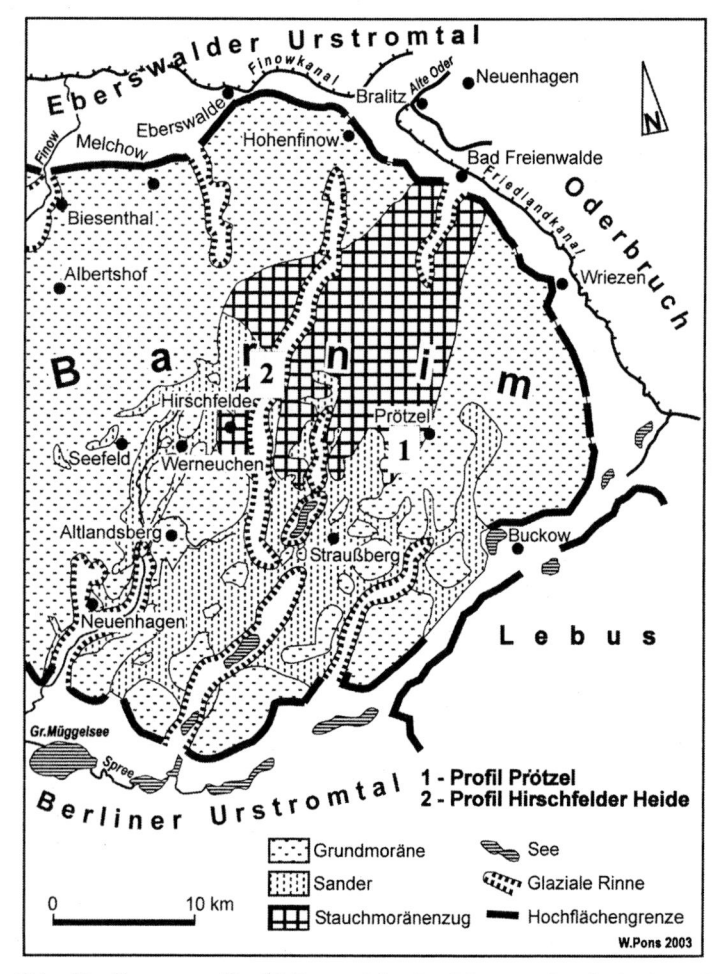

Abb. 46: Lage von Profil Prötzel in der Moränenlandschaft auf dem östlichen Barnim

4.3.1.2 Analytik

Schon eine einfache Korngrößenbestimmung läßt in der Hauptverwitterungszone (Bv) deutlich erhöhte Grobschluffgehalte erkennen (*Abb. 47*). Eine zusätzliche Detailbeprobung der Kornverteilungen im Vertikalverlauf des Bv-Horizontes zeigte eine große interne Ähnlichkeit an (*Abb. 48*). Diese Tatsache unterstützt die Vorstellung einer vertikalen Homogenisierung (Perstruktion) innerhalb der Deltazone im Sinne von KOPP (1970).

Im mittleren Profilteil handelt es sich um eine entschichtete und texturell homogene Lage, deren Fazieseinordnung aus periglazialmorphologischer Sicht Schwierigkeiten bereitet. Ihre Basis wird ebenfalls durch eine Skelettanreicherung gekennzeichnet (Feinkies). Im oberen Teil dieses mittleren Profilbereichs ist gewöhnlich der II Cv-Horizont ausgebildet, ohne jedoch zwingend vorkommen zu müssen. An seiner Basis läßt sich in Profil Prötzel keine deutliche Texturveränderung feststellen. Eine strenge Kopplung des II Cv-Horizontes an eine eigenständige Perstruktionszone (Epsilon-Zone nach KOPP et al. 1969) erscheint deshalb unbegründet. Erst unterhalb des vom II Cv- und II C-Horizont eingenommenen

Profilteils kommt es zu stärkeren Texturveränderungen, deren Korngrößenparameter jedoch keine eindeutige vertikale Tendenz aufweisen. Allerdings werden die Kornverteilungen des gesamten Profils von zwei Fraktionen (Fein- und Mittelsand) bestimmt, so daß eine Absicherung der auf der einfachen Korngrößenanalyse beruhenden bisherigen Aussagen über weitere Detailuntersuchungen geboten schien.

Subfraktionierungen der Sandfraktion (*Abb. 49*) zeigen eine allgemeine Tendenz zur Mehrgipfligkeit, welche im mittleren Profilbereich (II Cv+ II C) mit zwei fast gleichen Maxima am stärksten ausgebildet ist. Sie markiert gleichzeitig eine Verschiebung der Hauptkornfraktion vom Siebdurchgang von 0,12mm in den gut sortierten liegenden glazifluviatilen Sanden auf 0,3 bzw. 0,5mm im hangenden Geschiebedecksand.

Korngrößenanalysen des Grobbodens (*Abb. 50*) lassen im Geschiebedecksand neben seinem prinzipiell höheren Skelettgehalt auch eine vom Liegenden abweichende Kornverteilung des Kieses erkennen. Im Geschiebedecksand dominiert die Grobkiesfraktion (>20mm), während das Skelett der unteren Profilabschnitte vom Feinkies (2-6,3mm) bestimmt wird.

Petrographische Untersuchungen der Kiesfraktion 4-10mm wurden nach CEPEK (1980) durchgeführt. Sie lassen neben qualitativen Besonderheiten des Bv-Horizontes (Fehlen der Sandsteine und Quarzite) auch eine Dominanz des Nordischen Kristallins erkennen (*Abb. 51*). Mit Hilfe der Feuerstein- und Quarzgehalte können auch die beiden unteren Profilpartien lithologisch gut differenziert werden.

Die Schwermineralspektren der drei genannten Profilabschnitte unterschieden sich nicht signifikant (*Abb. 52*). Die größte Veränderung in ihrer Tiefenfunktion vollzieht sich bei den Granatgehalten, welche zum Liegenden hin abnehmen. Auffällig ist auch der höhere Schwermineralgehalt im Bv-Horizont.

4.3.2 Bodenchemische Parameter

Die Verwitterungsindizes nach KRONBERG und NESBITT (*Tab. 16*) zeigen mit Ordinatenwerten um 40 im Bv-Horizont und deren schwachem Anstieg in Richtung Liegendes einen für brandenburgische Braunerden typischen Verlauf an. Die pedogenen Oxide (*Tab. 17*) bestätigen mit ihrer übereinstimmenden kontinuierlichen Abnahme vom Bv-Horizont zum Ausgangsgestein hin das Vorliegen eines Idealprofils einer Braunerde (vgl. BLUME und SCHWERTMANN 1969). Dies gilt gleichfalls für die nach unten abnehmenden Fed/Fet- und All/Fed-Verhältnisse. Die optische Dichte liegt durchgehend unter 0,1 und damit deutlich unter den oben diskutierten Podsolwerten von Profil Sternebeck 2. Die Werte der Ton-RFA weisen einen geringeren Gradienten sowie keine eindeutige Tendenz im Vertikalprofil auf.

Die pH-Werte liegen größtenteils im Austauscherpufferbereich und steigen vom Oberboden zum Ausgangsgestein kontinuierlich an (*Tab. 17*). Das Sorptionsvermögen ist aufgrund der niedrigen Humus- und Tongehalte relativ gering und besitzt sein Maximum im A-Horizont, während die Basensättigung im verwitterten Bv-Horizont ihr Minimum erreicht. Das Profil ist nach der Basensättigung seines Bv-Horizontes als Mesobraunerde einzuordnen (AG BODEN 1994, S. 191). Die Kohlenstoffgehalte erreichen im Ah-Horizont 1,5% und sinken nach unten schnell ab, die Stickstoffgehalte liegen insgesamt sehr niedrig (*Tab. 17*). Mit einem resultierenden C/N-Verhältnis der A-Horizonte von 11-14 ist die Humusform als mullartiger Moder einzuschätzen (KOPP und SCHWANECKE 1994, S. 41).

Die Röntgenbeugung an der Tonfraktion ergab beim Vorkommen von Kaolinit, Illit und Vermikulit keine Anzeichen für Mineralneubildungen im Verwitterungshorizont (*Abb. 53*).

4.3.3 Hauptverwitterungzone und Oberboden in Profil Hirschfelder Heide

Am Beispiel des anthropogen ungestörten Profils Hirschfelder Heide soll der obere Profilabschnitt einer typischen brandenburgischen Braunerde vertieft werden. Das nachfolgend detailliert analysierte Profil befindet sich am Mittelhang eines Kameshügels entlang der Chaussee von Tiefensee nach Prötzel (*Abb. 46*, zur Glazialmorphologie vgl. auch BUSSEMER und MICHEL 2006).

Tab. 15: Bodenchemische Parameter in den Profile der Tertiärscholle von Sternebeck

	Horizont	Feo mg/g	Fed mg/g	Feo/Fed	Fed/Fet	All mg/g	Alo	Allo/Fed	pH (CaCl2)	Corg. mg/g	N mg/g	C/N	KAK (mmol/kg)	BS %
Profil 6 (Braunerde)	Ah	0,75	1,96	0,38	0,36	2,68	6,30	1,4	4,6	4,2	0,3	14	67	45,0
	B v	0,63	2,04	0,31	0,34	7,80	19,00	3,8	4,3	5,9	0,1	59	54	55,4
	II C v	0,04	0,13	0,31	0,15		6,91		4,6	1,7	0,1	17	41	39,4
	III C	0,09	0,31	0,29	0,00	1,81	2,38	5,8	4,6	0,9	0,0		50	72,3
Profil 2 (Podsol)	A eh	0,32	0,83	0,39	0,44	1,84	0,27	2,2	2,9	49,2	3,7	13	262	20,6
	Ahe	0,29	0,63	0,46	0,46	1,64	0,34	2,6	3,1	9,7	0,5	19	106	45,3
	Ae	0,07	0,49	0,14	0,30	1,44	0,21	2,9	3,4	2,1	0,1	21	42	52,4
	Bsh	1,87	1,85	1,01	0,55	2,76	0,70	1,5	3,6	1,1	0,0		34	52,9
	Bh	0,30	0,83	0,36	0,68	2,05	0,50	2,5	4,1				0	
	C	0,15	0,64	0,23	0,54	1,95	0,22	3,0	4,5	0,9	0,0		37	75,7
Profil 3 (Braunerde-Fahlerde)	Ah e	0,12	0,81	0,15	0,35	1,83	1,35	2,3	4,8	4,9	0,3	16	0	
	B sv	1,05	1,43	0,73	0,37	2,60	7,94	1,8	4,8				42	52,4
	B v	0,44	1,39	0,32	0,36	2,50	5,87	1,8	5,1	2,2	0,1	22	62	67,5
	II Al	0,33	1,80	0,18	0,25	7,01	7,50	3,9	5,1	1,9	0,1	19	53	63,7
	Bt	1,35	3,86	0,35	0,26	4,26	16,16	1,1	5,2	2,1	0,2	11	82	34,1
	C	0,69	3,93	0,18	0,23	2,68	6,72	0,7	5,0				120	56,7
Profil 5 (Parabraunerde)	Ah	0,49	1,33	0,37	0,28	2,64	1,95	2,0	3,6					
	Al	0,55	1,57	0,35	0,30	3,22	3,75	2,1	4,0					
	II Al/Bt	2,14	7,47	0,29	0,32	6,02	16,51	0,8	3,7					
	Bt	2,76	7,82	0,35	0,30	5,80	16,26	0,7	3,6					
	C	1,19	7,35	0,16	0,32	4,65	14,77	0,6	3,7					

Der Kame besitzt nach unseren Bohrungen einen Feinsandkern, der schwache Kalkgehalte aufweist. Bei Grabungen im oberflächennahen Bereich wurde eine fleckenhaft verbreitete dünne Ablationsmoräne im Hangenden der mächtigen Schmelzwassersande gefunden. In den zwischenliegenden Bereichen gehen die Schmelzwassersande über die Übergangszone in den skelett- und schluffreicheren Geschiebedecksand über. In diesen Mehrschichtprofilen sind Sandbraunerden entwickelt (*Farbtafel 7-3*). Wie in Profil Prötzel lässt sich auch hier eine Koinzidenz des Braunhorizontes mit dem Geschiebedecksand erkennen. Deutlich wird ebenfalls der Anstieg der Schluffgehalte, wobei die interne Texturhomogenität nicht so groß ist. An den Tongehalten wird ein Anstieg des Verlehmungsgrades in den Braunhorizont hinein erkennbar.

Die Abszissen- und Ordinatenwerte des Kronberg-Nesbitt-Indexes weisen den Braunhorizont zwar nur schwach, aber durchgehend als Hauptverwitterungszone aus. Dementsprechend sinken die pedogenen Eisenwerte (Feo, Fed) deutlich von oben nach unten ab. Als Anhaltspunkt für den Charakter des Verwitterungsprozesses gelten die Kieselsäure-Sesquioxidverhältnisse (LAATSCH 1954, S. 230). Der Quotient beider Verhältnisse im A- und B-Horizont (sog. Profilcharakterzahl) ist mit 1,28 relativ eng und deutet damit auf eine Verbraunung hin. Das wird durch die mit Ausnahme des A-Horizontes sehr niedrigen optischen Dichten gestützt.

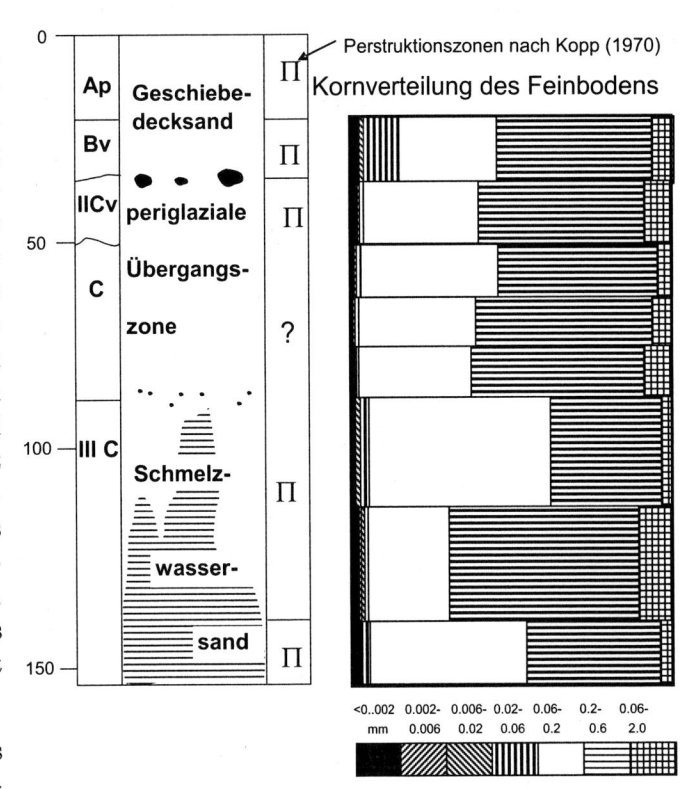

Abb. 47: Profil Prötzel - Braunerde

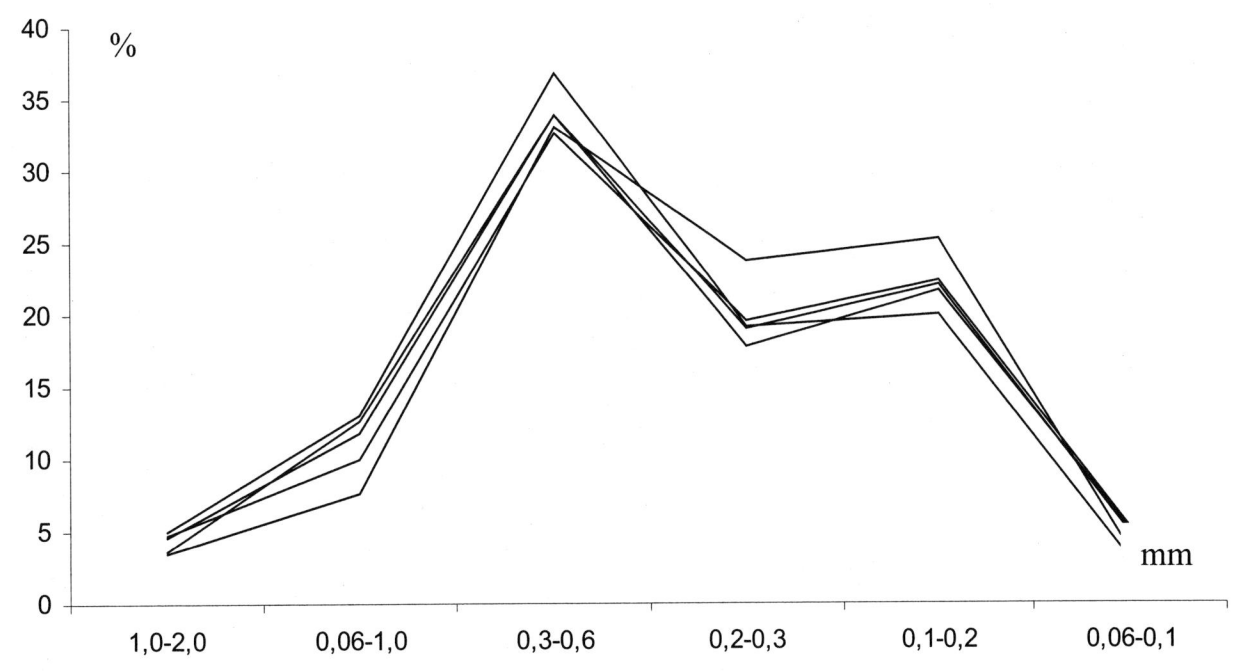

Abb. 48: Kornverteilungen im Bv-Horizont von Profil Prötzel nach Detailbeprobung im 5cm-Abstand

Die bodenökologischen Parameter zeigen die für Braunerden charakteristischen Tiefenfunktionen an. Während pH-Wert und Basensättigung von oben nach unten ansteigen, weisen KAK sowie C- und N-Gehalte eine umgekehrte Tendenz auf. Insgesamt ist die Versauerung des Profils weit vorangeschritten, worauf die minimale Basensättigung im Bv-Horizont sowie die stark bis mäßig sauren pH-Werte (nach KOPP et al. 1982, S. 40) hinweisen. Die Kohlenstoffgehalte liegen auch in den Humushorizonten niedrig, entsprechen dabei aber dem Normalfall norddeutscher Sandböden (vgl. SIMON 1960, S. 72; REUTER 1967). Das C/N-Verhältnis im Oberboden (20) unterstützt die Humusformenansprache Moder.

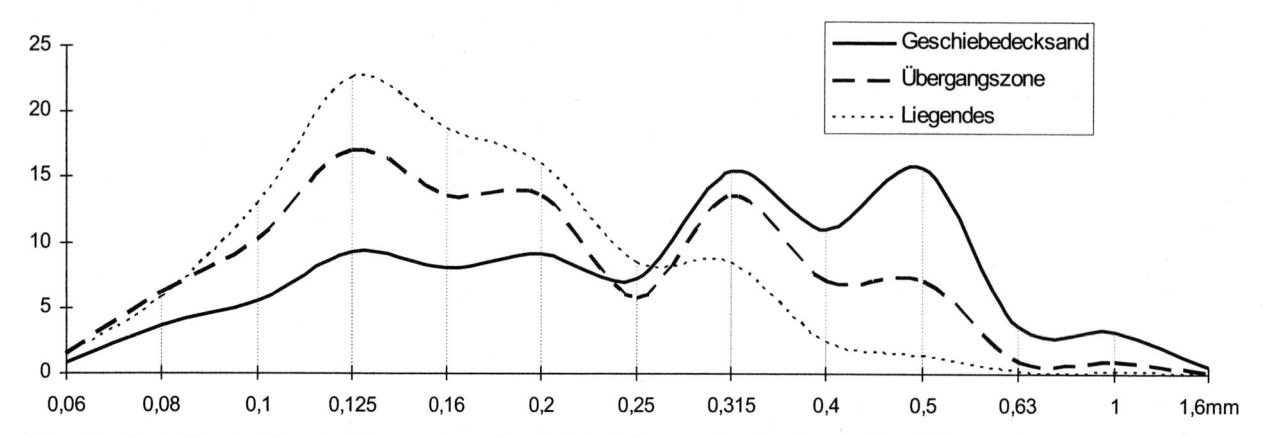

Abb. 49: Detaillierte Korngrößenanalyse der Subfraktionen des Sandes in Profil Prötzel

Tab. 16: Parameter der Hauptelementgehalte in Profil Prötzel

Horiz.	Probe	SiO2/R2O3 (Molverhält.)	SiO2/Al2O3 (Molverhält.)	Index Kronberg-Nesbitt Abszisse	Ordinate	SiO2/R2O3 (Ton)	SiO2/Al2O3 (Ton)
Ah	RFA1	54,1	137,3	0,99	0,33	3,6	4,4
Bv	RFA2	49,5	66,7	0,99	0,39	4,4	5,0
II C	RFA3	63,5	81,2	0,99	0,43	2,4	2,7
III C	RFA4	58,7	65,6	0,99	0,45		

Tab. 17: Bodenchemische Parameter in Profil Prötzel

Horiz.	Fed mg/g	Feo mg/g	Feo/Fed	Fed/Fet	Alo mg/g	All mg/g	ODOE	All/Fed
Ah	1,32	0,45	0,34	0,07	0,54	1,61	0,08	1,22
Bv	1,62	0,60	0,37	0,18	1,13	3,88	0,07	2,39
II Cv	0,74	0,13	0,17	0,12	0,25	1,47	0,07	2,00
III C	0,42	0,13	0,31	0,13	0,20	0,67	0,03	1,60

Horiz.	pH CaCl2	H-Wert mmol/kg	S-Wert mmol/kg	KAK mmol/kg	BS (%)	C mg/g	N mg/g	C/N
Ah	4,5	40	40	80	50	14,8	1,3	11
Ap	4,7	40	40	80	50	4,2	0,3	14
Bv	5,0	36	20	56	36	7,5	0,1	75
II Cv	5,4	24	30	54	56	1,5		
III C		20	36	56	64			

Quantitative röntgenphasenanalytische Messungen durch LUCKERT (2005) ergaben im Feinboden des gesamten Profils eine deutliche Quarzdominanz (*Tab. 18*). Darüber hinaus sind nur die in geringen Gehalten vorkommenden Feldspäte wie auch die Glimmer-Illitgruppe erwähnenswert.

Dieser relativ gleichförmige Hintergrund begünstigt eine Prüfung auf tonmineralogische Besonderheiten (vgl. *Tab. 19*). Als wichtigste Gruppe können die Chlorit-Vermiculit-ml-Minerale gelten, welche am ehesten pedogene Neubildungen anzeigen. Vor allem ihr Quotient aus den Peakhöhen bei 14,2 Å und 7,1 Å weist in seiner kontinuierlichen Abnahme nach unten auf eine entsprechend verminderte Verwitterungsintensität hin (*Tab. 19* rechts).

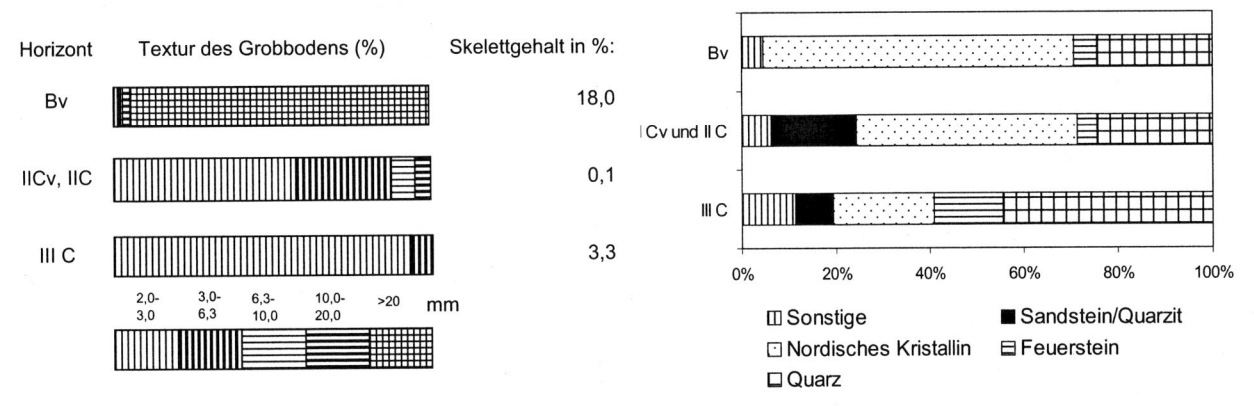

Abb. 50: Kornverteilung des Grobbodens in Profil Prötzel

Abb. 51: Petrographische Zusammensetzung der 4-10mm-Fraktion in Profil Prötzel

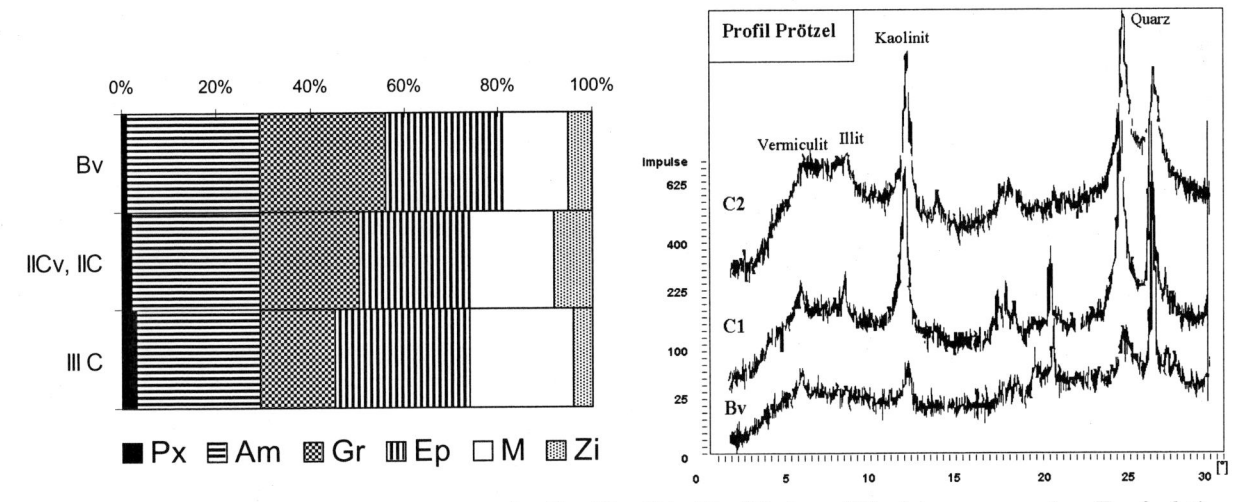

Abb. 52: Schwermineraluntersuchungen in Profil Prötzel

Abb. 53: Röntgendiffraktogramme der Tonfraktion von Profil Prötzel

Tab. 18: Mineralbestand des Feinbodens von Profil Hirschfelder Heide (< 2mm) (nach LUCKERT 2005)

Probe	Labor-Nr.	Quarz	Kalifeldspat	Plagioklas	Calcit	Amphibol	Illit	Amorphe Phase
Ah	9247	75	4	4	0,5	0,5	7	9*
Ah-Bv	9248	82	5	5	-	-	8	-
Bv	9249	83	4	5	-	-	8	-
Bv	9250	86,5	4	3	-	-	6,5	-
II Cv	9251	86	3	4	-	-	7	-
Cv	9252	87	4	3	-	-	6	-
C	9253	88	2,5	3,5	-	-	6	-
C	9254	86,5	4	3,5	-	-	6	-

* -überwiegend organische Substanz

Tab. 19: Mineralbestand der Tonfraktion von Profil Hirschfelder Heide (< 0,002mm) (nach LUCKERT 2005)

Probe	Labr-Nr.	Kaolinit	Chlorit	Chlorit/Verm. -ml	Vermiculit	Illit	Peakintensität (cps) [a]			Hb [b]	$\frac{14,2 \text{ Å}}{7,1 \text{ Å}}$
							14,2 Å	10,0 Å	7,1 Å		
Ah	9247	(+)	(?)	++	(?)	++	322	107	65	1,30	3,54
Ah-Bv	9248	(+)	(+)	++	(?)	++	445	90	105	1,78	3,43
Bv	9249	(+)	(+)	++	-	++	385	90	100	2,09	3,06
Bv	9250	+	(+)	++	(+)	++	1380	230	525	1,32	2,40
IICv	9251	+	(+)	++	+	++	975	280	450	1,02	1,61
Cv	9252	+	(+)	+	+	++	675	345	437	1,02	1,26
C	9253	+	(+)	+	+	++	438	312	280	0,79	1,13
C	9254	+	(?)	+	+	++	361	395	272	0,60	0,97

[a] - Intensität der gemessenen Peakhöhe (in Impulsen/4 Sekunden) an Texturpräparaten nach Behandlund mit Ethylenglykol,
[b] - Halbwertsbreite des 10,0 Å-Reflexes von Illit nach Behandlung mit Ethylenglykol,
Halbquantitative Bewertung: ++ - viel vorhanden; + - deutlich vorhanden;
(+) - gering vorhanden; (?) - möglicherweise in Spuren vorhanden

---

+ 2-3 cm organische Auflage (Moder)
0-5 Ah – 7,5 YR 2,5/1, Krümelgefüge, stark durchwurzelt, initiale Kornpodsoligkeit.
5-15 Ah-Bv – 10 YR 3/3, stark durchwurzelt, Krümelgefüge, homogen, kalkfrei.
15-40 Bv – 10 YR 4/4, stark durchwurzelt, Einzelkorn- bis Krümelgefüge, kalkfrei.
40-50 II Cv – 10 YR 5/6, schwach durchwurzelt, Krümel- bis Einzelkorngefüge, kalkfrei.
50-100 sichtbare Tiefe C – 10 YR 6/6, sehr schwach durchwurzelt, Einzelkorngefüge, .sehr schwache Bänderung, kalkfrei.

Horizont	Tiefe	Kronberg - Abszisse	Nesbitt Ordinate	Ton-SiO_2/R_2O_3	Fed	Feo	Ton
Ah-Bv	10	0,98	0,42	2,18	0,21	0,05	2,8
Bv	20	0,98	0,43	2,21	0,12	0,04	3,1
Bv	30	0,98	0,44	2,43	0,12	0,02	3,0
II Cv	40	0,99	0,45	2,36	0,14	0,01	1,0
Cv	50	0,99	0,46	2,57	0,11	0,01	1,0
tlparC	70	0,99	0,47	2,75	0,06	0,01	0,6

Horizont	ODOE	pH	KAK	BS	C	N	C/N	KAK_{ton}	Bo.-art
Ah	0,22	3,5	10,1	4,5	2,0	0,1	20	205	Ss
Ah-Bv	0,04	4,0	4,5	0,0	0,4	0,1		111	Ss
Bv	0,11	4,2	2,9	0,0	0,2	0,0		70	Su2
Bv	0,06	4,4	1,7	0,0	0,1	0,0		45	Su2
II Cv	0,05	4,4	1,4	23,2	0,1	0,0			Ss
Cv	0,05	4,4	2,0	66,3	0,1	0,0			Ss
C	0,06	4,5	1,8	78,8	0,0	0,0			Ss

Abb. 54: Makroskopische Beschreibung und Analytik von Profil Hirschfelder Heide

4.4 Vergesellschaftung von Braunerden im Periglazial der Zwischenebenen und Senken

Besonders die vertikalen und lateralen Übergänge zwischen Braunerden und Lessives werden sowohl bodensystematisch als auch genetisch kontrovers diskutiert (Zusammenfassung in KÜHN 2003). Erklärungen des speziellen Bildungsprozesses von Fahlerden reichen von periglazialer Verwitterung (KOPP et al. 1969) über holozäne Tonverlagerung unter subkontinentalen Bedingungen (RIEK und STÄHR 2004) bis hin zu einem deutlichen Podsolierungsanteil (MÜCKENHAUSEN 1993). Im brandenburgischen Testgebiet ist in jedem Fall die weitflächige sedimentäre Sandüberdeckung der Moränenplatten in Betracht zu ziehen (SCHMIDT 1996). Zuletzt verwies KAINZ (2005) auf die Eigenständigkeit der Braunfahlerde nach BILLWITZ et al. (1984) als Braunerde-Fahlerde im Sinne der KA5 (AG BODEN 2005), welche sich von den klassischen Fahlerden durch den zwingend auftretenden Bv-Horizont unterscheiden. Die räumliche und zeitliche Wechselwirkung von Verbraunung/Verlehmung und Tonverlagerung/Tonzerstörung in einem Profil konnte bisher nicht genau geklärt werden. Die eigenen Beobachtungen, welche einerseits eine dichtere Bearbeitung der Tiefenfunktionen und andererseits die Verzahnungen verschiedener Deckserientypen beinhalteten, sollen nachfolgend an jeweils einer vertikalen und lateralen Fallstudie ausgewertet werden.

4.4.1 Vertikale Vergesellschaftung (Profil Werneuchen 3)

Das ebenfalls zum Barnim gehörige Profil Werneuchen 3 liegt am Rand der flachen Senke, deren Zentrum von dem in Kapitel 3.3.1.1 beschriebenen Profil Werneuchen 1 eingenommen wird (vgl. *Abb. 13*). Die umgebenden Plateaubereiche enthalten weitflächige Geschiebemergel mit Fahlerden, deren A(e)l- und Bt-Horizonte im Übergangsbereich Verwürgungen oder Frostspalten aufweisen (*Farbtafel 8-1*). Am Übergang zu den beschriebenen flachen Senken geht die kalkhaltige und mächtige Grundmoräne in dünne kalkfreie Ablationsmoränen über.

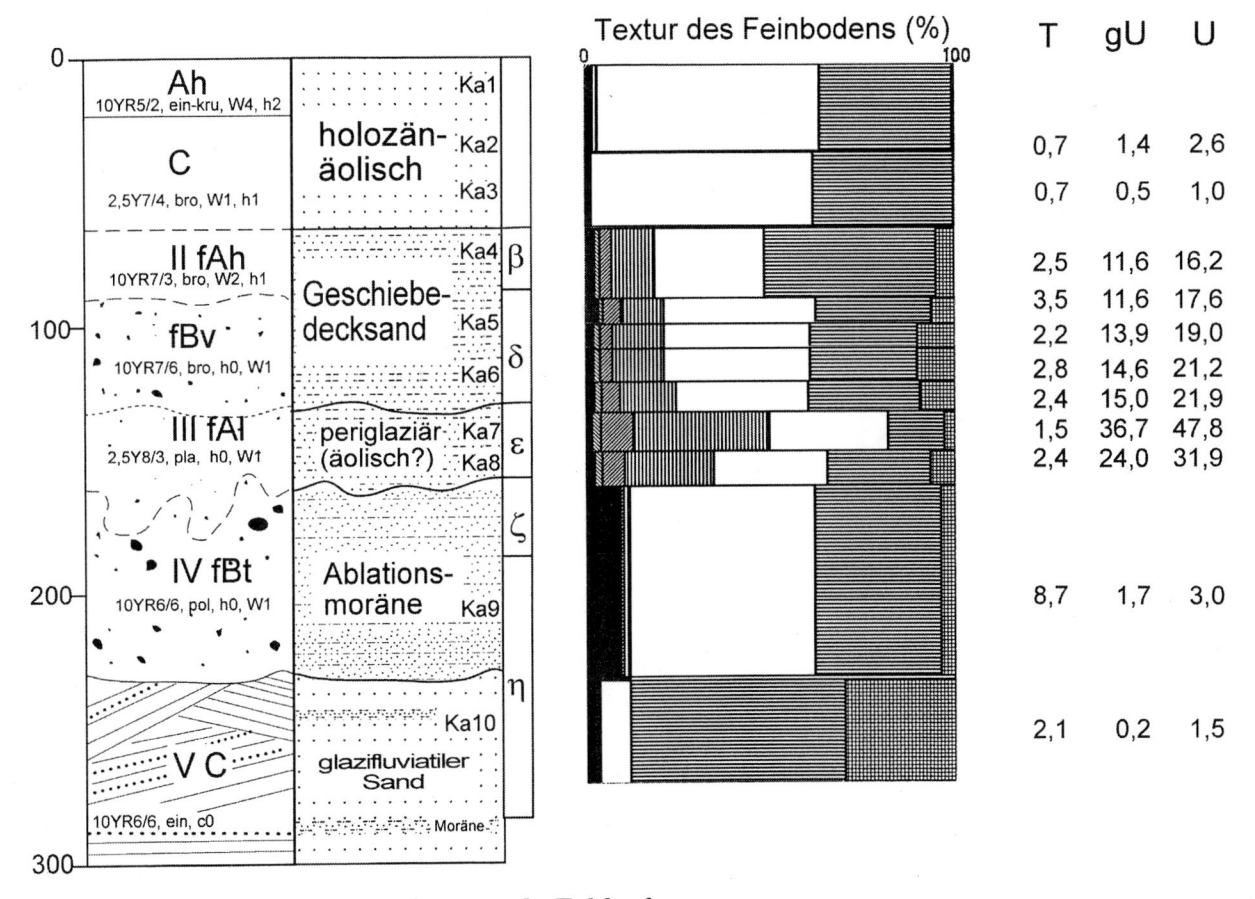

Abb. 55: Profil Werneuchen 3 - Braunerde-Fahlerde

Im unteren Profilabschnitt von Werneuchen 3 überlagert eine derartige dünne und feinsandige Ablationsmoräne grobe Schmelzwassersande (*Farbtafel 8.2*). In der Ablationsmoräne ist ein Bt-Horizont ausgebildet. Im Hangenden schließen sich eine grobschluffreiche skelettfreie Lage sowie der kieshaltige Geschiebedecksand an (*Abb. 55*). Darüber folgen geschichtete holozäne Flugsande als Abschluß des Profils. Aufgrund seines Kiesgehaltes läßt sich der Geschiebedecksand mit dem koinzidenten Bv-Horizont schon im Gelände sicher erkennen. Seine interne Texturuntersuchung ergab wieder eine große vertikale Homogenität (vgl. *Abb. 55*).

Die grobschluffreiche und skelettarme Lage in seinem Liegenden kann nur als äolisches Sediment interpretiert werden, wobei sie pedologisch dem Al-Horizont entspricht. Angesichts der praktisch schlufffreien Ablationsmoräne und Schmelzwassersande kommen als Liefergebiet für den Schluff hauptsächlich die im kleingekammerten Glazialrelief ebenfalls vorhandenen Grundmoränen in Frage. Die Abnahme des Grobschluffgehaltes nach oben zum Geschiebedecksand hin wird durch einen nichtäolischen Entstehungsprozeß dieser Schicht gedeutet (Solifluktion?). Im Verlauf der Geschiebedecksandentstehung kam es auf der äolisch vorgeprägten Moränenplatte ähnlich wie in Sternebeck noch zu kleinräumigen Verlagerungen. Die schluffarmen holozänen Flugsande (vgl. Datierung in Kap. 3.3.1.1) sind auf Ferntransport zurückzuführen und angesichts ihrer Textur als identisch mit den holozänen Flugsanden in Profil Werneuchen 1 anzusehen. Durch die junge Flugsandüberdeckung wurde die im glaziär/periglaziären Profilteil entwickelte Braunerde-Fahlerde begraben, der jüngste Oberflächenboden ist ein Regosol.

Eine detaillierte Texturanalyse der Sandfraktionen (*Abb. 56*) zeigt mit deutlich entwickelten Korngrößenmaxima die fazielle Eigenständigkeit der liegenden glazifluviatilen Sande und der hangenden Flugsande an. Der mittlere Profilbereich zeichnet sich durch ein schwaches Körnungsmaximum im mittleren Feinsandbereich aus. Bt- und Al-Horizont sind mit ihren mehrgipfligen Kurven jeweils schlecht sortiert. Die Proben aus dem Bv-Horizont weisen demgegenüber eine etwas bessere Sortierung auf, ohne daß jedoch die Tendenz zur Mehrgipfligkeit verlorengeht. Daran wird eine fazielle Verwandtschaft zwischen den Proben aus Bt-, Al- und Bv-Horizont erkennbar. Die Unterschiede zwischen ihnen sind demnach weitgehend auf die vorangehend diskutierten Schluffgehalte zurückzuführen.

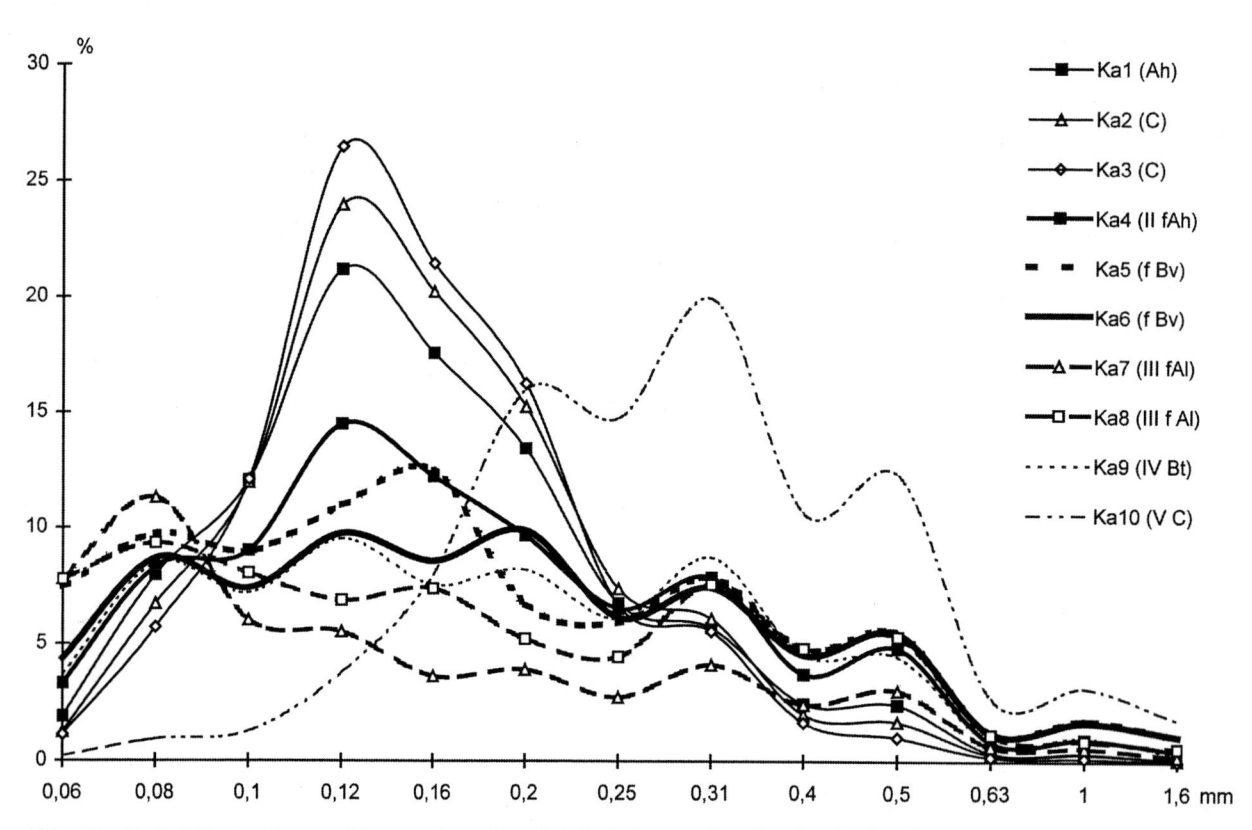

Abb. 56: Detaillierte Korngrößenanalyse der Subfraktionen des Sandes in Profil Werneuchen 3

Der zungenförmige Übergang zwischen Al- und Bt-Horizont weist auf eine Intensivierung kryoturbater Prozesse hin. Während die Tongehalte im Bt-Horizont ein Maximum aufweisen, steigen die Schluffgehalte dagegen zum Hangenden hin noch bis in den Al-Horizont hinein an. Erst im Bv-Horizont sinken diese dann wieder ab.

Als geochemischer Background der Bodenentwicklung wird die schichtungsbedingte Differenzierung vor allem über die unterschiedlichen Feinboden-Kieselsäure/Sesquioxidverhältnissen zwischen dem Bt-Horizont und der darüber folgenden Serie mit Al- und Bv-Horizont deutlich. Eine Verlehmung des Braunhorizontes ist in Profil Werneuchen 3 nicht nachweisbar, während der Bt-Horizont eine deutliche Tonanreicherung erkennen läßt. Die Kronberg-Nesbittkoeffizienten weisen den Bv-Horizont als Hauptverwitterungszone aus (*Tab. 20*). Die Schwankungen der Ton-SiO_2/R_2O_3-verhältnisse mit Minimum im unteren Abschnitt des Bv-Horizontes lassen zwar leichte Podsolierungstendenzen erkennen, jedoch fallen die Schwankungen innerhalb der Braunerde-Fahlerde sehr viel geringer als im Prototyp eines Podsols aus (vgl. Profil Sternebeck 2). Die optische Dichte liegt ebenfalls durchgehend weit unter den Werten von Podsolen (*Tab. 21*). Das freie Eisen besitzt mit einem leichten Anstieg im Bv-Horizont sowie einem fast doppelt so hohem Maximum im Bt-Horizont charakteristische Werte für diese Profilabschnitte. Die pH-Werte folgen diesem Trend mit einem Zwischenminimum im Bv und Hauptminimum im Bt, was auch von der Basensättigung nachgezeichnet wird (*Tab. 21*). Die Anreicherungstendenz des Bt-Horizontes wird sogar schwach in den C-gehalten sichtbar.

Tab. 20: Parameter der Hauptelementgehalte in Profil Werneuchen 3

Horizont	SiO_2/R_2O_3 (Molverhält.)	SiO_2/Al_2O_3 (Molverhält.)	Index Kronberg-Nesbitt Abszisse	Ordinate	SiO_2/R_2O_3 Ton	SiO_2/Al_2O_3 Ton
C	50,4	55,8	0,98	0,44		
C	48,4	53,1	0,98	0,42	4,26	4,67
II f Ah	37,8	42,5	0,98	0,42	2,98	3,48
fBv	32,7	37,1	0,97	0,41	2,33	2,77
fBv	29,3	33,3	0,97	0,40	2,21	2,55
III fAl	25,2	28,6	0,97	0,42	2,46	2,79
III fAl	29,6	33,5	0,97	0,41	3,06	3,59
IV fBt	60,9	68,4	0,99	0,42	2,61	3,39

Tab. 21: Bodenchemische Parameter in Profil Werneuchen 3

Horizont	pH $CaCl_2$	C mg/g	ODOE	Fed %	KAK mmol/kg	BS %
Ah	4,1	19,4				
C	4,6	1,7	0,09			
C	4,6	2,6	0,09	0,08	1,7	17,8
II fAh	4,4	3,5	0,07	0,14	1,7	0,0
f Bv	4,2	2,7	0,05	0,18	2,3	0,0
f Bv	4,3	2,1	0,04	0,18	2,6	0,0
III Al	4,4	0,7	0,02	0,16	4,2	29,8
III Al	4,4	0,7	0,03	0,16	2,0	31,1
IV Bt	4,0	0,9	0,04	0,33	3,1	0,0
V C	6,7	0,0	0,06	0,07	4,6	91,3

4.4.2 Laterale Vergesellschaftung am Beispiel einer glazialen Rinne (Catena Beiersdorf)

Im Hochflächenperiglazial weisen die horizontalen Übergänge zwischen Sand- und Tieflehmprofilen auf eine Eigenständigkeit des Bv-Horizontes hin, dessen Verlehmungsgrad über verschiedene Untergrundgesteine hinweg konstant bleibt (vgl. BUSSEMER 1994, S. 91). Allerdings geben die hier durchgehend reifen Deckserientypen mit Braunerden und Braunerde-Fahlerden keine weiterführenden genetischen Hinweise. Die laterale Vergesellschaftung von Braunerden mit Fahlerden sowie weiteren terrestrischen Bodentypen im Periglazial der Zwischenebenen und Senken wurde am Beispiel der Teufelsgründe bei Beiersdorf wenige Kilometer nördlich des oben diskutierten Profilkomplexes Werneuchen geprüft (*Abb. 57*). Die hochdifferenzierte Entwicklungsgeschichte dieser glazialen Rinne (vgl. BUSSEMER 2003, S. 305) erlaubt eine Zuordnung verschiedener Standortalter mit entsprechender Bodenentwicklungszeit. Besonders die zentralen Rinnenbereiche wurden erst im ausgehenden Spätglazial, vermutlich frühestens im Allerödinterstadial, vom Toteis freigegeben (Tieftauphase nach CHROBOK und NITZ 1987). Es wurden 3 Querprofile durch die Rinne gelegt und zu einer Catena zusammengefaßt (*Farbtafel 9*).

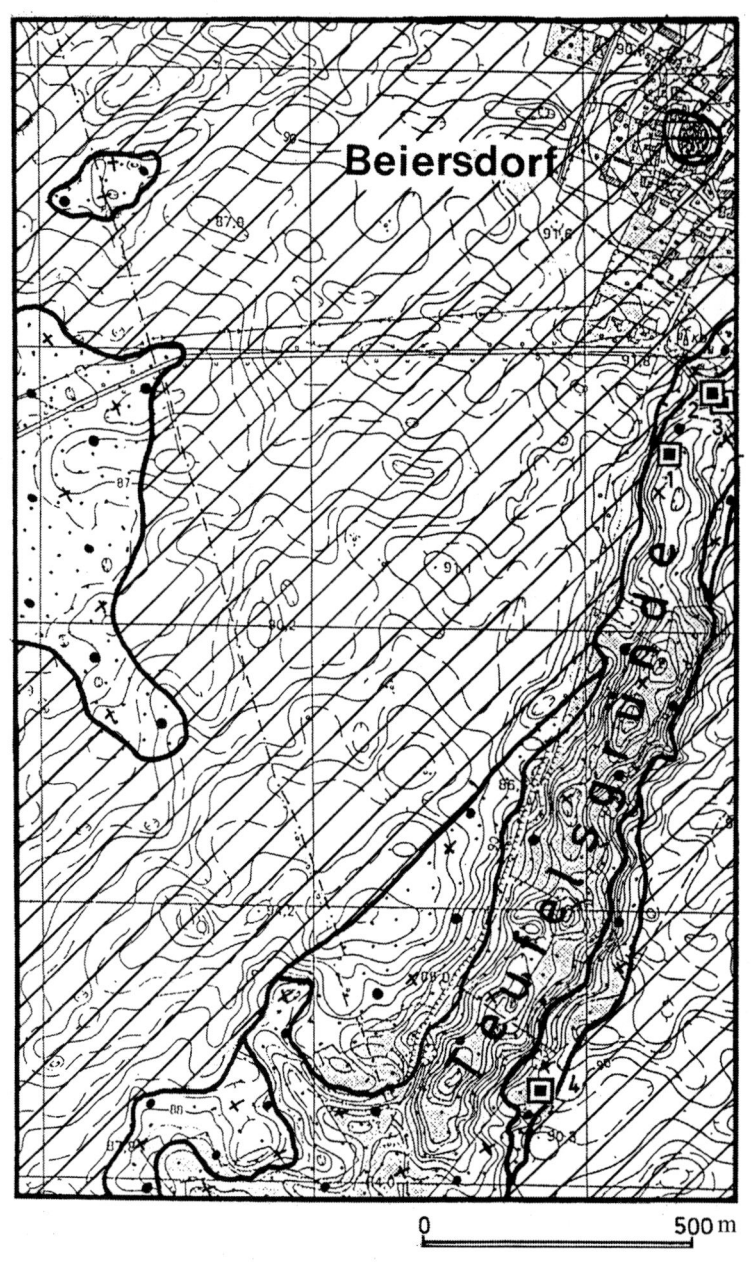

Abb. 57: Lage der Profile Beiersdorf 1-4 in der glazialen Rinne Teufelsgründe auf dem Barnim (geologisch-morphologische Situation generalisiert nach WAHNSCHAFFE 1882)

4.4.2.1 Braunerde-Fahlerden im Oberhangbereich

Im Übergangsbereich von der Moränenplatte zur glazialen Rinne streichen die Geschiebemergel aus und gehen in dünne Solifluktionsdecken über, welche die mächtigen glazifluviatilen Rinnensande überlagern. In dieser Oberhangposition befindet sich das Braunerde-Fahlerdeprofil Beiersdorf 4 (*Abb. 58*). Es weist gegenüber den Deckserien des Hochflächenperiglazials schon eine große fazielle Vielfalt auf, wobei die eigentlichen Bodenausgangsgesteine jünger als in den oben beschriebenen Profilen sein dürften. Die liegenden glazifluviatilen Rinnensande werden hier durch periglaziäre Binnenwassermergel sowie eine sandige Periglazialschicht abgelöst, bevor das eigentliche Bodenprofil einsetzt (*Farbtafel 8-3*). Dessen Unterboden besteht aus einer deutlich erkennbaren steinigen Solifluktionsdecke, welche in einen kalkhaltigen (III Cc-Horizont) und einen entkalkten Abschnitt (III Bt-Horizont) geteilt ist. Darüber folgen der II Al- und der Bv-Horizont, wobei dieser obere Profilteil nach der gewöhnlichen Korngrößenanalyse wieder nur schwer zu untergliedern ist. Allerdings ist der mit dem Bv-Horizont koinzidente Geschiebedecksand schon makroskopisch über seine Steingirlande gut sichtbar (vgl. *Farbtafel 8-3*).

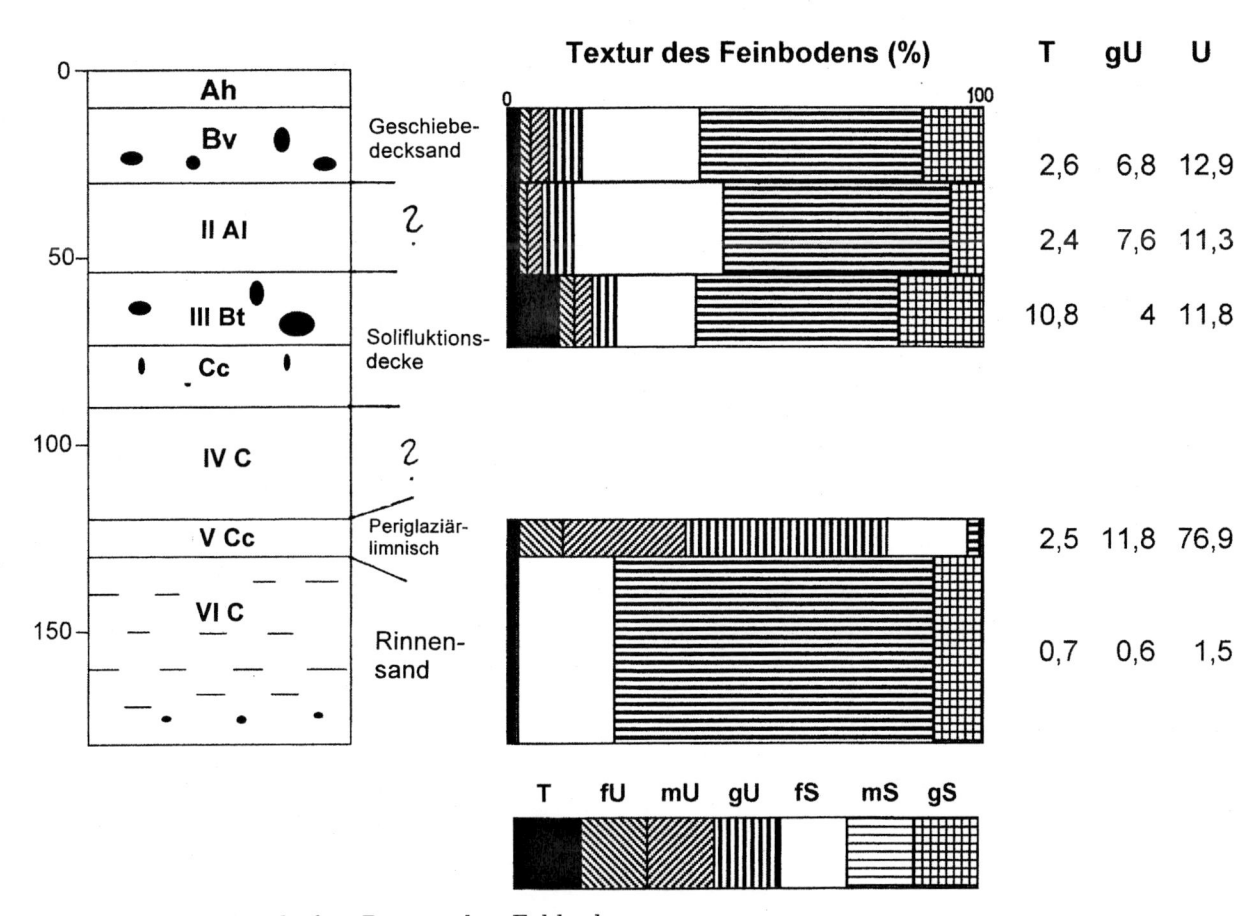

Abb. 58: Profil Beiersdorf 4 - Braunerde – Fahlerde

Die bodenchemischen Parameter weisen in Profil Beiersdorf 4 für Fahlerden typische Vertikalfunktionen auf (*Tab. 22*). Das freie Eisen besitzt ein deutliches Maximum im III Bt-Horizont. Beim oxalatlöslichen Eisen läßt sich noch ein zweites Maximum im Bv-Horizont beobachten. Die pH-Werte steigen vom Oberboden zum Ausgangssubstrat hin kontinuierlich an, während die Basensättigung unterhalb des Bt-Horizontes Schwankungen auf hohem Sättigungsniveau aufweist.

Tab. 22: Bodenchemische Parameter von Profil Beiersdorf 4

Horizont	Fed	Feo	Feo/Fed	pH	H	S	KAK	BS
	mg/g	mg/g		CaCl$_2$	mmol/kg			%
Bv	3,44	0,83	0,24	3,99	49	28	77	36,4
II Al	3,62	0,49	0,14	4,16	39	32	71	45,1
III Bt	12,56	1,03	0,13	4,23	64	260	324	80,2
IV Bbt(IL)	2,54	0,45	0,18	4,96	23	48	71	67,6
Bbt(L)	5,92	0,76	0,13	5,29	33	88	121	72,7
Bbt(IL)	3,06	0,52	0,17	5,95	22	60	82	73,2
Bbt(L)	7,58	0,9	0,12	6,27	23	104	127	81,9
V Cca	4,48	0,52	0,12	7,61				

4.4.2.2 Braunerdeprofile am SE-exponierten Hang

Während der schon unterhalb des Moränenplateaus gelegene und damit jüngere Standort Beiersdorf 4 mit seinen jüngeren Periglazialsedimenten noch eine reife Braunerde-Fahlerde aufweist, ändert sich die Situation zum Inneren der Rinne hin grundlegend (*Farbtafel 9*). Im gesamten Rinnenbereich sind die Böden auf sandigem Ausgangssubstrat entwickelt. Am südostexponierten Hang überwiegen Braunerden in Geschiebedecksand über periglaziären Hangsedimenten oder Flugsanden.

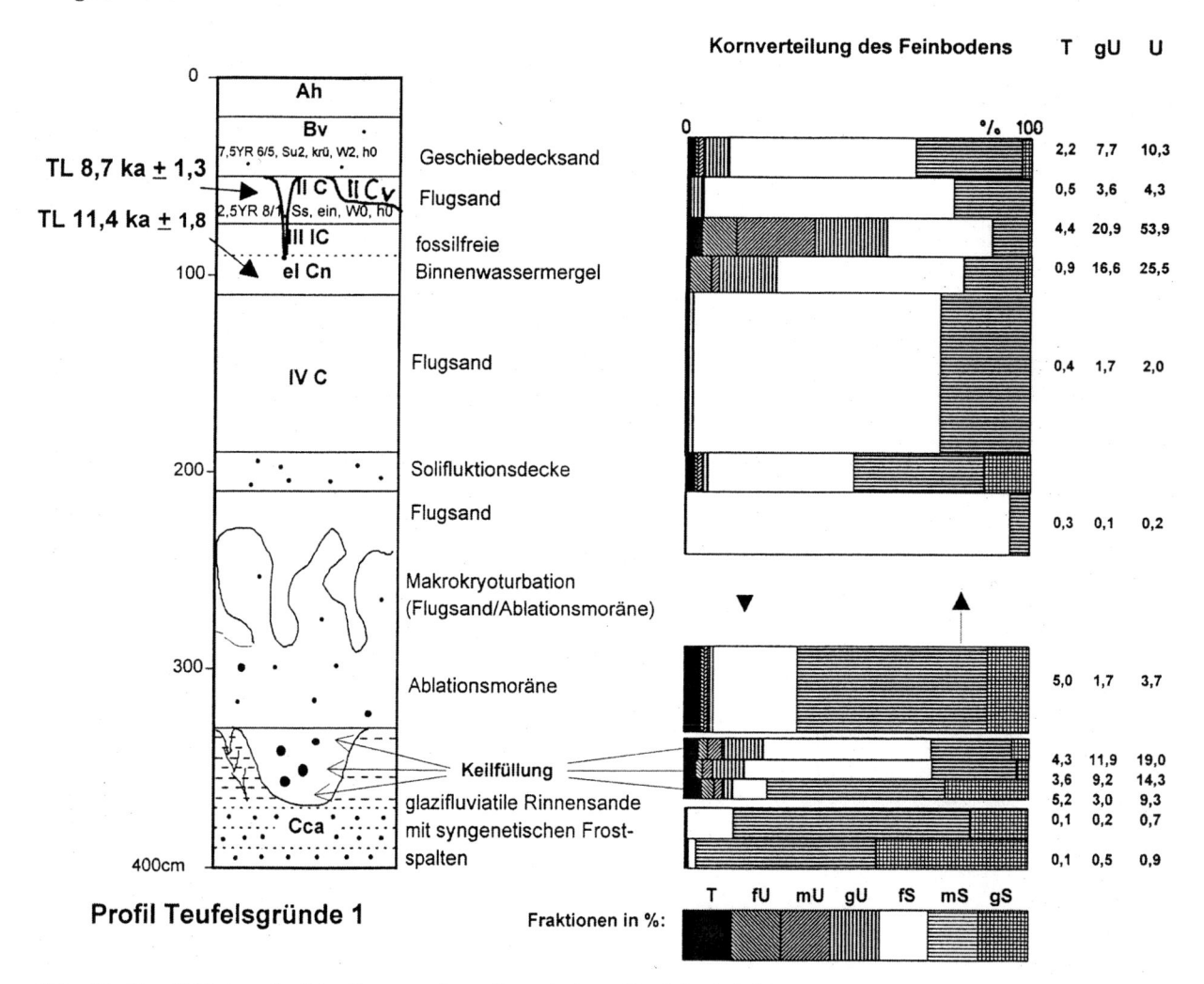

Abb. 59: Profil Beiersdorf 1 - Braunerde auf mächtigen Periglazialablagerungen

Profil Beiersdorf 1

Den oberen Abschnitt von Profil Beiersdorf 1 bilden ein Geschiebedecksand und darunter anschließende Flugsande (*Abb. 59*). Diese sind mehreren spätglazialen Flugsandphasen zuzuordnen, welche von feuchteren Abschnitten mit Solifluktion bzw. limnischer Sedimentation abgewechselt wurden. Die limnischen Sedimente sind entweder als geschichtete Feinsande oder als karbonatreiche Binnenwassermergel im Sinne von JÄGER (1987, S. 148) ausgebildet. Eine Thermolumineszenz-Datierung der oberen Flugsanddecke von Profil Beiersdorf 1 ergab mit 8,7 ± 1,3 ka ein präboreales TL-Alter (vgl. *Abb. 59*). Die in die limnischen Mergel eingewehten Flugsande (grobe Quarzkörner) wurden auf ein allerödzeitliches Alter datiert (11,3 ± 1,8 ka).

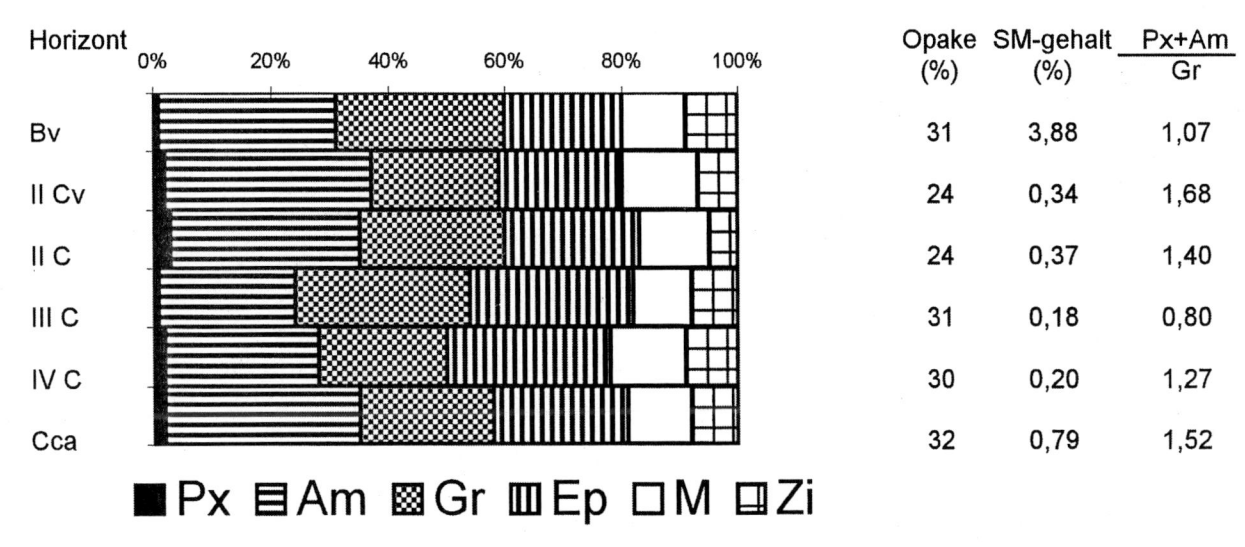

Horizont	Opake (%)	SM-gehalt (%)	Px+Am / Gr
Bv	31	3,88	1,07
II Cv	24	0,34	1,68
II C	24	0,37	1,40
III C	31	0,18	0,80
IV C	30	0,20	1,27
Cca	32	0,79	1,52

■ Px ☰ Am ▩ Gr ⏛ Ep ☐ M ⊟ Zi

Abb. 60: Ergebnisse der Schwermineraluntersuchung in Profil Beiersdorf 1

Während der Bv-Horizont wie in den vorangehend beschriebenen Profilen an den Geschiebedecksand gebunden ist, entwickelte sich im Flugsand stellenweise ein schwacher Cv-Horizont (*Farbtafel 10-1*). Die fazielle Eigenständigkeit des Geschiebedecksandes wird durch die Schluffanreicherung und die hohen Schwermineralgehalte (*Abb. 60*) bestätigt. Im Vergleich zu seinem äolischen Liegenden läßt sich auch eine deutliche Abnahme der opaken Körner sowie des (Px+Am/Gr)-Koeffizienten beobachten. Der Bv-Horizont weist eine für Sandprofile deutliche Verlehmungstendenz auf.

Profil Beiersdorf 2

Das noch weiter zum Rinneninneren hin gelegene Profil Beiersdorf 2 weist zwar noch einen makroskopisch über die Kiesanreicherung erkennbaren Geschiebedecksand auf, jedoch keine periglaziale Übergangszone mehr. Als periglazialmorphologische Besonderheit wurde ein Frostbodenphänomen direkt im Bv-Horizont beobachtet (*Abb. 61*). Es handelt sich um eine Frostspalte mit leuchtend weißer Füllung, welche jedoch nur im unteren Teil des Bv-Horizontes ausgebildet ist (vgl. *Farbtafel 10-2*). Ein Vergleich über Subfraktionierung der Materialien um die Spaltenfüllung herum (*Abb. 62*) deutet deren größere Verwandtschaft mit dem Untergrund an (äolische Einwehung?).

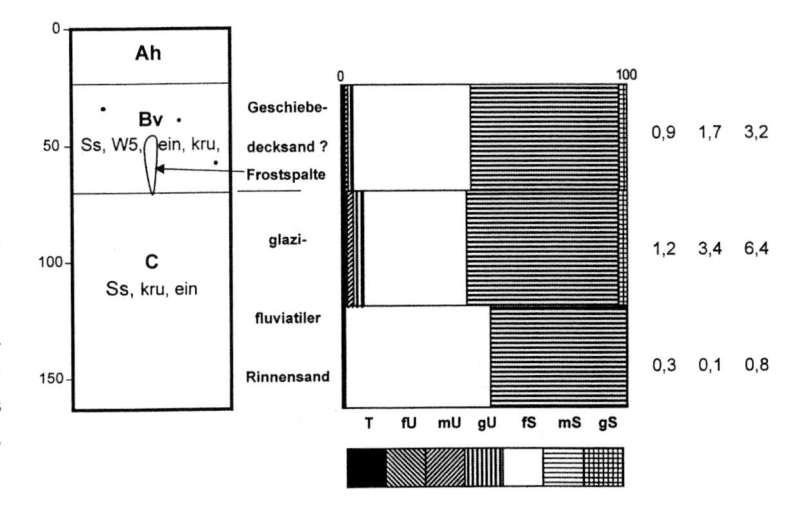

Abb. 61: Profil Beiersdorf 2 - Braunerde

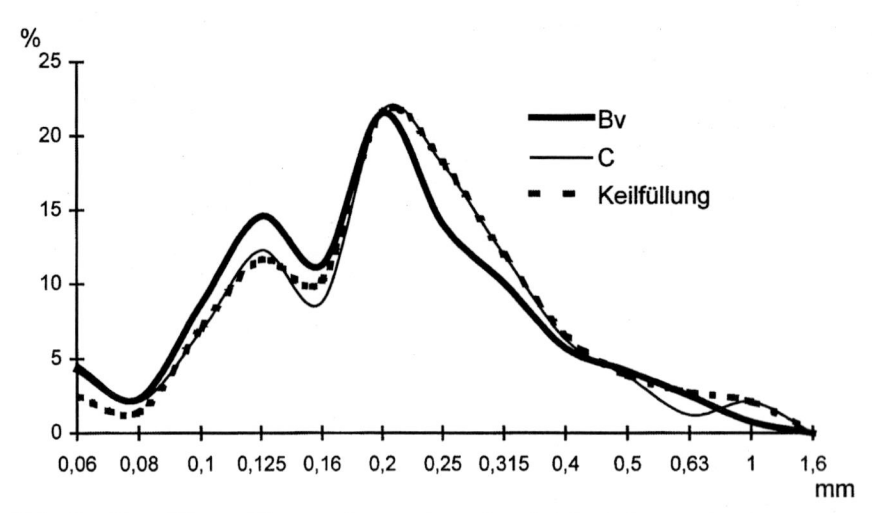

Abb. 62: Detaillierte Korngrößenanalyse der Subfraktionen des Sandes in Profil Beiersdorf 2

4.4.2.3 Bodenmosaik im Zentralbereich und am NW-exponierten Hang

Im Bereich der Rinnensohle sind die Braunhorizonte schon deutlich schwächer entwickelt und treten nur noch fleckenhaft auf. Der nordwestexponierte Hang wird dann von Regosolen und Pararendzinen bestimmt. Diese geringmächtigen Böden sind häufig unmittelbar im geschichteten glazifluviatilen Untergrund ausgebildet. Gleichzeitig weisen die kalkhaltigen Rinnensande steile toteisbedingte Verstellungen auf, ohne daß sie noch von Periglazialprozessen beeinflußt wurden. In den darauf entwickelten Böden ließen sich weder Entkalkungs- noch Verwitterungsspuren beobachten. Braunhorizonte erscheinen auf dieser Seite der Rinne erst wieder in den Braunerde-Fahlerden am Übergang zur Moränenplatte (vgl. oben beschriebenes Profil Beiersdorf 4). Die periglaziär-limnischen Mergel in diesen Oberhangprofilen weisen gleichzeitig auf eine längere Toteisblockierung dieser Rinnenseite hin, da sich ihre Äquivalente am Gegenhang in einer hypsometrisch wesentlich niedrigeren Position befinden.

Die glaziale Rinne der Teufelsgründe bei Beiersdorf läßt eine Bodenverteilung erkennen, welche stark an die Besonderheiten der Oberflächenentwicklung gebunden ist. Auf dem verzögert ausgetauten nordwestexponierten Hang wurden keine Verwitterungshorizonte mehr gebildet und auch die Entkalkung ist in den Profilen nur unwesentlich vorangeschritten. Da auch die verstellten geschichteten Rinnensande fast bis zur Oberfläche anstehen, muß eine Bodenbildung ohne periglaziären Einfluß angenommen werden.

Am südostexponierten Gegenhang läßt sich dagegen eine Entwicklung rekonstruieren, deren frühzeitigerer Beginn des Toteisaustauens für die Bodenentwicklung offensichtlich entscheidend ist. Durch die allerödzeitliche TL-Datierung von Binnenwassermergeln im Unterhangbereich von Profil Beiersdorf 1 wird diese Vorstellung unterstützt. In der Folgezeit kam es in diesem toteisfreien Mittel- und Unterhangbereich zu intensiverer periglaziärer Überprägung, deren jungtundrenzeitliches Alter sehr wahrscheinlich ist. Die Ursache für eine ausschließliche Entwicklung von Braunerden auf diesen Standorten muß in der kurzen Phase zwischen der Stabilisierung der Oberfläche und der Durchsetzung eines temperaten Milieus zu suchen sein. Erst dann taute der Gegenhang endgültig aus, wobei dessen Bodenentwicklung bis heute nicht über die Stadien von Pararendzinen und Regosolen hinausgekommen ist.

4.5 Terrestrische Bodenbildung in sandigen Holozänsedimenten (Generation 5)

4.5.1 Holozäne Entwicklung der Bodenausgangssubstrate

Das gesamte Holozän wurde im norddeutschen Tiefland von subboreal-temperaten Verhältnissen bestimmt, wobei auf den terrestrischen Standorten ohne anthropogene Einflüsse ein dichter Laubmischwald dominierte. Der Beginn des Holozäns wurde durch sehr stabile Reliefverhältnisse gekennzeichnet (vgl. BORK et al. 1998, S. 216). Charakter und Intensität der terrestrischen Bodenbildung in dieser Zeitspanne sind infolge dessen kaum mit Hilfe paläopedologischer Studien zu erfassen. Nur SCHLAAK (1993, S. 92) und SCHMIDT (1991, S. 33) beschreiben aus altholozänen Sedimenten in Sonderpositionen übereinstimmend Humusakkumulation als dominierende Bodenentwicklung des Zeitraums vom Präboreal bis zum Boreal. Diese „geomorphodynamische Stabilitätszeit" des Tieflands im nördlichen Mitteleuropa endete offenbar im mittleren Atlantikum (BORK et al. 1998, S. 217). Der frühneolithische Ackerbau führte dann zu erster flächenhafter Bodenerosion und damit zur Verlagerung von Bodenmaterial. Die größten Sedimentmengen sind dabei in die Unterhangbereiche (Kolluvien) und weiter in die Flußauen verlagert worden, wobei in den Grundmoränenlandschaften der ursprüngliche Bodencharakter der Oberhangbereiche und Kuppen häufig völlig zerstört wurde (SCHMIDT 1991). Die weiten Schmelzwasserebenen mit ihren alten Dünenkomplexen wurden nach Rodungen häufig zu Angriffsflächen für den Wind (SCHLAAK 1993).

Die Sedimente dieser geomorphologisch instabilen zweiten Hälfte des Holozäns werden gewöhnlich von schwach entwickelten Böden wie Regosolen oder Pararendzinen durchsetzt.

Die eigene Geländebeobachtung zur Verlagerung von Boden und Sediment an Hängen wurde, ausgehend von den spätglazialen Landoberflächen mit periglazialen Deckserien, in Dünen und Kolluvien hinein geprüft. So lässt sich das kleinräumig umgelagerte Verwitterungsmaterial der ursprünglichen Braunhorizonte häufig von den gekappten Rumpfbraunerden der Kuppen bis an den Hangfuß mit seinen humosen Kolluvien heran verfolgen. Dieses oft nur wenige Meter verlagerte Material ist als „parautochthon" im Sinne von FELIX-HENNINGSEN und BLEICH (1996) zu bezeichnen. Es ist in seiner Vergesellschaftung mit den ursprünglichen Böden makroskopisch schwer zu entschlüsseln und führte in der Forschungsgeschichte häufig zu kontroversen Diskussionen (vgl. LEMBKE 1965, S. 723; KOPP und JÄGER 1972, S. 79).

Ähnlich kompliziert verhält es sich bei anthropogen ausgelösten äolischen Transporten, welche häufig in Dünen und Flugsandfeldern zu komplizierten Abfolgen von begrabenen Böden, Bodensedimenten und unverwitterten Sedimenten führten (vgl. SCHLAAK 1993; DE BOER 1995). Da die größten Flugsandkomplexe in den brandenburgischen Urstromtälern zu finden sind, wurde jeweils ein Beispiel aus dem Eberswalder, Berliner und Baruther Tal ausgewählt.

Nachfolgend soll einerseits die Weiterentwicklung von Braunerden in Deckserien nach ihrer kleinräumigen kolluvialen Verlagerung als auch die völlig neue Pedogenese auf jungen Flugsanden diskutiert werden. Da sich alle zugehörigen bodenbildenden Prozesse im subboreal-temperaten Milieu des Holozäns abspielten, wurden die resultierenden Böden in die gemeinsame Generation 5 eingeordnet.

4.5.2 Ältere Kolluvialbraunerde in Profil Schiffmühle 3 (Generation 5a)

Profil Schiffmühle 3 wurde im vorangehend beschriebenen Profilkomplex auf der Hauptendmoräne des Pommerschen Stadiums kartiert. Es besitzt den Vorteil, daß seine ursprüngliche Braunerde in einigen Hangpositionen unter dem verlagerten Material noch erhalten blieb, so daß ein direkter Vertikalvergleich ermöglicht wurde (*Abb. 63*).

Die klassische Korngrößenanalyse ließ nur eine Zweiteilung des Profils Schiffmühle 3 in die liegende Tertiärscholle und die pleistozän beeinflußte obere Folge mit dem Boden zu. Eine zusätzliche Subfraktionierung des Sandes ermöglichte eine weitere vertikale Differenzierung in eine periglaziäre Deckserie mit dem ursprünglichen Boden sowie in das Kolluvium (*Abb. 64*). Die Schichtgrenze läßt sich durch die deutlich feinere Textur des Kolluviums und seine wesentlich bessere Sortierung mit fast eingipfligen Kornverteilungskurven belegen.

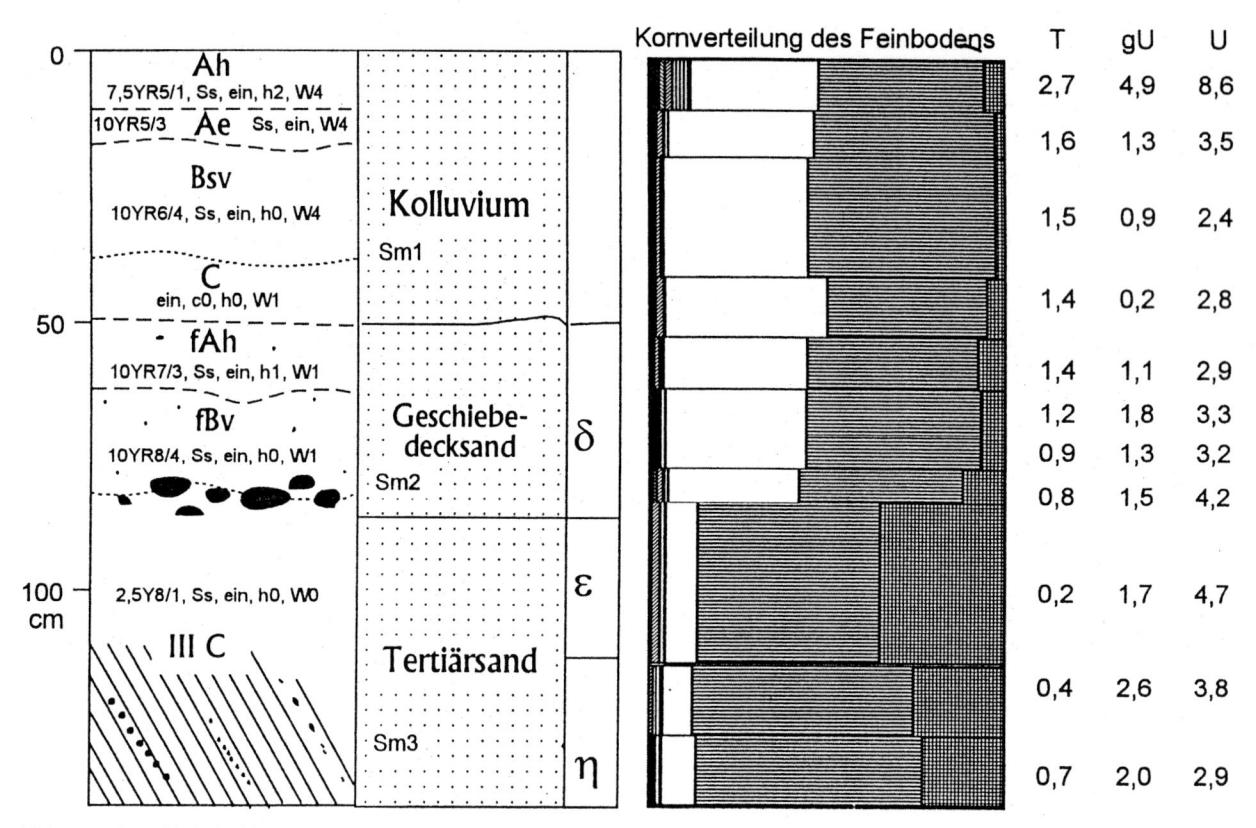

Abb. 63: Profil Schiffmühle 3 - podsoliger Braunerde-Kolluvisol über Braunerde

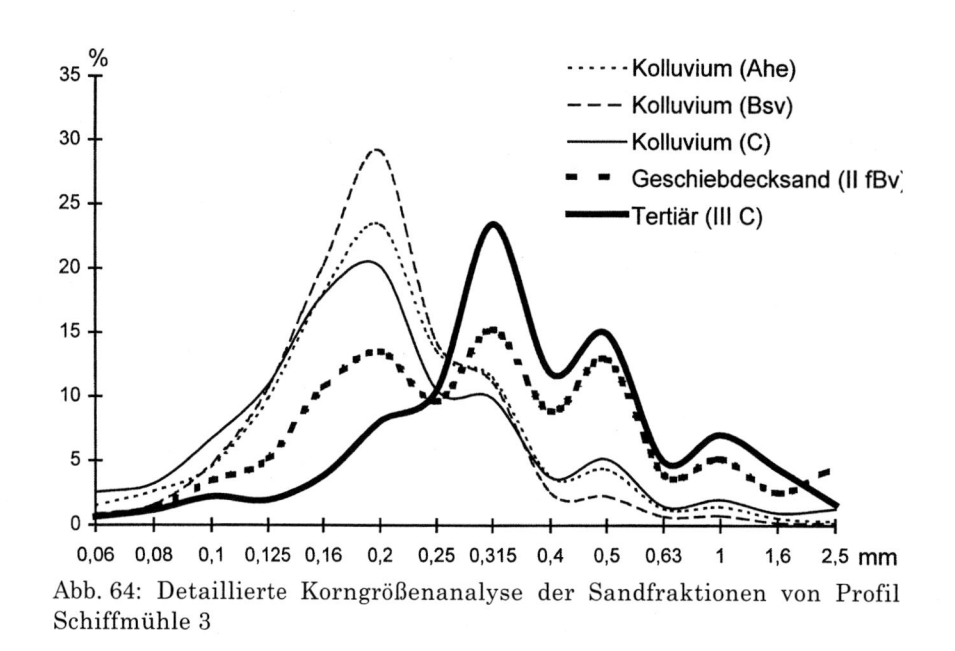

Abb. 64: Detaillierte Korngrößenanalyse der Sandfraktionen von Profil Schiffmühle 3

Die chemischen Eigenschaften weisen ebenfalls auf eine eigenständige Dynamik im oberen Bodensediment hin. Seine pH-Werte und Basensättigungen liegen wesentlich niedriger als in der begrabenen Braunerde (vgl. *Tab. 23*). Die Aktivitätsgrade des Eisens liegen in der verlagerten

Braunerde deutlich über dem ursprünglichen Boden und erreichen wie im nachfolgend beschriebenen Dahnsdorf-Mörz Werte von knapp unter 1.

Tab. 23: Bodenchemische Parameter von Profil Schiffmühle 3

Horizont	Fed	Feo	Feo/Fed	Alo	All	Mno	All/Fed
	mg/g	mg/g		mg/g	mg/g	mg/g	
Bsv	0,50	0,49	0,98	0,49	2,27	0,02	4,52
C	0,51	0,44	0,86	0,45	2,16	0,02	4,23
fAh	0,49	0,47	0,97	0,44	2,01	0,01	4,12
fBv	0,62	0,47	0,77	0,50	1,87	0,01	3,04
fBv	0,39	0,29	0,75	0,29	1,62	0,01	4,10
II C	0,21	0,10	0,48	0,05	0,82	0,00	3,90

Horizont	pH	H-Wert	S-Wert	KAK	BS	C	N	C/N
	CaCl$_2$	mmol/kg			(%)	mg/g	mg/g	
Ah	3,7	6,0	2,4	8,4	28,6	25,8	1,0	25,0
Ahe	3,5	1,9	0,0	1,9	0,0	6,1	0,3	24,3
Bsv	3,9	2,6	1,4	4,0	35,6	2,4	0,2	12,6
C	4,0	1,5	1,2	2,7	44,1	3,0	0,2	13,4
II fAh	4,6	2,2	0,4	2,6	15,4	3,3	0,3	10,6
fBv	5,9	1,1	1,2	2,3	51,7	1,8	0,2	11,6
fBv	4,4	0,9	3,8	4,7	81,2	1,3	0,3	4,6
fBv	4,3	2,0	2,0	4,0	50,0	0,2		
III C	4,2	0,2	1,2	1,4	85,7			
III C	4,7	0,8	0,4	1,2	35,5			
III C	4,7	0,8	1,7	2,5	68,3			

Die Analyse der organischen Substanz unterstützt diese Aussagen. Die Kohlenstoffgehalte bestätigen mit ihrem zweiten Maximum die Existenz eines vom Kolluvium begrabenen Bodens. Dabei liegen die C/N-Verhältnisse im oberen Boden ebenfalls deutlich über dem begrabenen Boden. Ein Vergleich mit anderen brandenburgischen Sandböden läßt die Werte des begrabenen Bodens als braunerdetypisch einstufen, während der obere im Bereich von Podsolen liegt.

4.5.3 Parautochthone Braunerdederivate in Profil Dahnsdorf-Mörz (Generation 5 b)

Profil Dahnsdorf-Mörz befindet sich in einem periglaziären Talsystem der Weichseleiszeit, welches aus dem Fläming in das Baruther Urstromtal verläuft. Die periglaziär-fluviatile Terrasse (untere Terrasse nach LIEDTKE 1960, S. 68) verläuft in 1-2m Höhe über der Planeaue und ist Teil eines von LEMBKE (1965, S. 724) erstmals beschriebenen Profilkomplexes (*Abb. 65*). Er konnte entlang einer Catena Hangprozesse aus historischer Zeit rekonstruieren, welche von den Deckschichten der höhergelegenen Hauptterrasse (Brandenburger Stadium) bis in die rezente Talaue reichten. Dabei wurden gemeinsam mit dem Bodenmaterial slawische Scherben mit Wellenbandverzierung verlagert, welche in den kolluvial entstandenen Profilen das einzige Bodenskelett der ansonsten feinkörnigen Sedimentfolge bilden. Diese quasinatürlich entstandene Deckschicht besitzt nach Lembke (1965) den Charakter einer Braunerde. Im Sommer 1994 wurde eine Neubearbeitung von Profil Dahnsdorf zur genaueren sedimentologischen und bodenkundlichen Kennzeichnung des Scherbenhorizontes durchgeführt (vgl. *Abb. 66*).

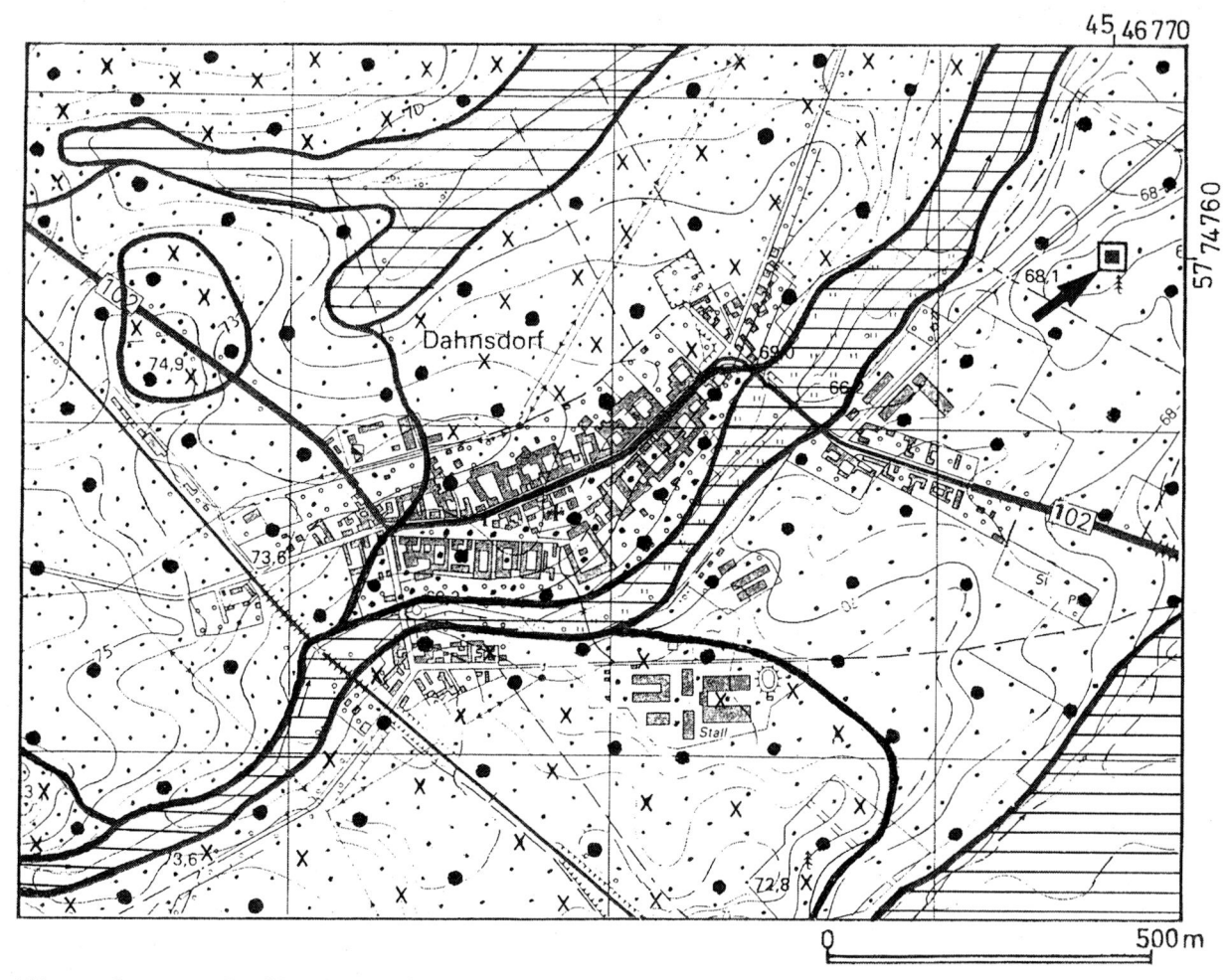

Abb. 65: Lage von Profil Dahnsdorf-Mörz im Planetal

Das Ausgangssubstrat der Bodenbildung ist aus geomorphologischer Sicht als Kolluvium zu bezeichnen. Der Boden stellt jedoch keinen reinen Kolluvisol im Sinne von AG BODEN (1994) dar. Trotz der quasinatürlichen Verlagerungsprozesse am Hang läßt sich kaum Humuseinmischung feststellen, so daß die Gehalte an organischer Substanz unterhalb der Definitionskriterien für einen reinen M-Horizont liegen. Es blieb somit ein braunerdeähnliches Profil erhalten (vgl. *Farbtafel 10-3*), welches allerdings die ursprünglichen Verwitterungshorizonte in umgekehrter Reihenfolge aufweist (Cv-M, Bsv-M).

Die slawenzeitlichen Scherben, welche gemeinsam mit dem Kolluvium oder schon davor umgelagert wurden, befinden sich im Basisbereich des Bsv-M-Horizontes. Vermutlich lagen sie der ursprünglichen Braunerde im Oberhangbereich direkt auf. Der hangende scherbenfreie Cv-M-Horizont ging offenbar aus dem ursprünglichen Cv-Horizont des abgetragenen Originalbodens hervor. Darauf weisen auch seine gegenüber dem Bsv-M-Horizont deutlich niedrigeren Ton- und Grobschluffgehalte hin (*Abb. 66*). Zumindest im Zeitraum seit der slawenzeitlichen Besiedlung hat demnach auf diesen Standorten keine Weiterentwicklung vom vorverwitterten Cv- zum Bv-Horizont mit einer Angleichung des Verwitterungsgrades stattgefunden. Auch die pH-Werte zeigen mit ihrem zweiten Maximum im verlagerten Cv-M-Horizont an, daß ein reifes Braunerdeprofil mit seinem kontinuierlich zum Ausgangsgestein ansteigenden pH-Wert an diesem Standort noch nicht wieder erreicht ist (*Tab. 24*).

Im fraglichen Bodenbildungszeitraum seit der slawenzeitlichen Besiedlung sind in datierten Flugsanden der weiteren Umgebung von Dahnsdorf-Mörz ausschließlich Podsole entstanden (vgl. DE BOER 1995), weshalb eine Prüfung des umgelagerten Bodens auf versteckte Podsolierung sinnvoll erschien. Diese Vermutung wird von den pedogenen Oxiden bestätigt. Die Aktivitätsgrade des Eisens (Feo/Fed) liegen in allen Profilabschnitten sehr hoch, was auf einen deutlichen Podsolierungseinfluß schließen läßt. Deren maximale Intensität wird im oberen Teil des Umlagerungsprofils erzielt, wo die Aktivitätsgrade Werte knapp unter 1 erreichen.

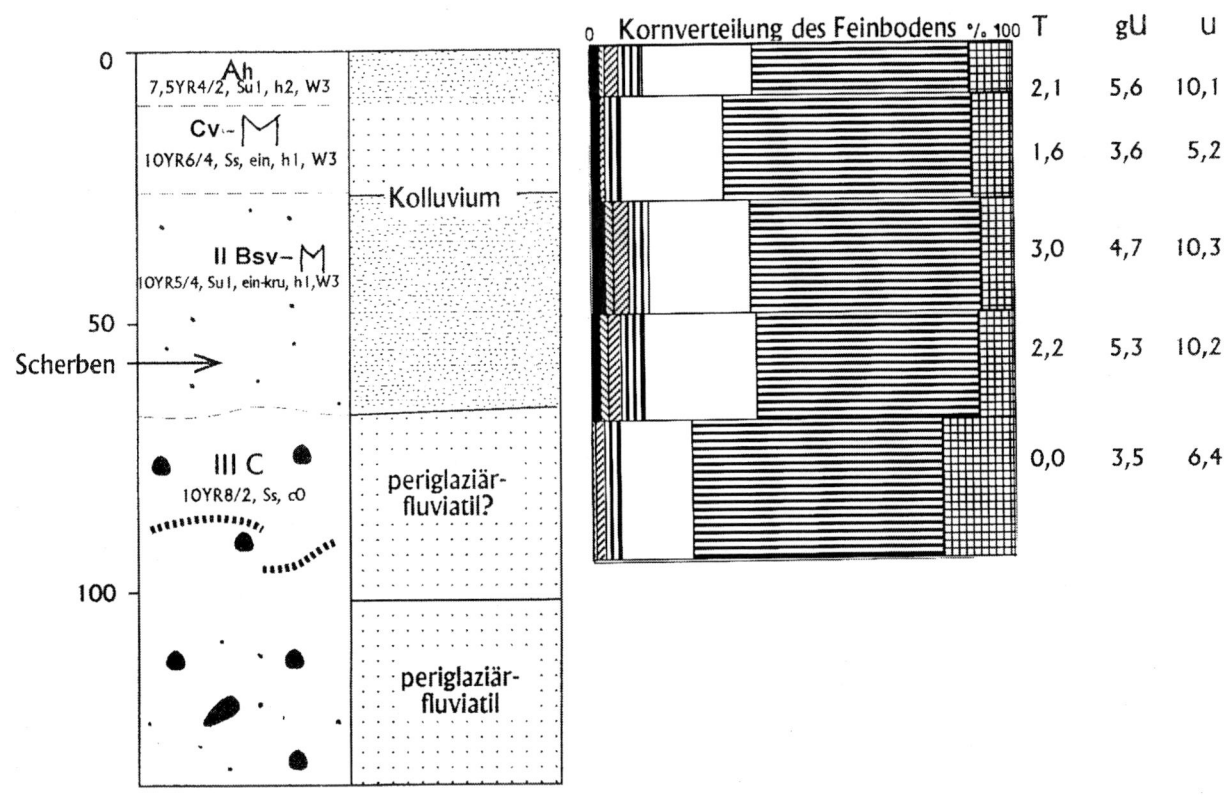

Abb. 66: Profil Dahnsdorf-Mörz - podsoliger Braunerde-Kolluvisol

Tab. 24: Bodenchemische Parameter von Profil Dahnsdorf-Mörz

Horizont	Fed mg/g	Feo mg/g	Feo/Fed	Alo mg/g	Mno mg/g	pH-Wert CaCl$_2$
Ah						3,2
Cv-M	0,59	0,56	0,94	0,45	0,06	4,0
II Bsv-M	1,10	1,05	0,96	0,81	0,05	3,8
II Bsv-M	1,01	0,79	0,78	1,02	0,04	4,0
III C	0,09	0,07	0,78	0,08	0,02	4,2

4.5.4 Bodenbildung auf allochthonen jungholozänen Flugsanden (Generation 5c)

Flugsande bieten die besten Voraussetzungen für einen Vergleich zwischen älteren und jüngeren Bodenentwicklungen, da sie das einzige Sediment auf den Zwischenebenen und Hochflächen der Glaziallandschaft darstellen, welches sowohl im Spätglazial als auch im (Jung)holozän flächenhaft umgelagert wurde. Gleichzeitig war die äolische Überprägung ausreichend intensiv, um ältere Bodenbildungen vollkommen abzudecken, insofern wird das Bodenausgangsgestein hier als allochthon (bezüglich des ursprünglichen Standorts) bezeichnet. Wie für die vorangehend diskutierten Kolluvien ist auch für die äolische Dynamik im Norddeutschen Tiefland eine altholozäne Ruhephase anzunehmen, welche spätestens mit dem Beginn des Neolithikums anthropogen bedingt endete (zul. BORK et al. 1998).

In jungen Flugsandprofilen bilden Podsole nach KOPP et al. (1969) die einzigen terrestrischen Böden mit Verwitterungshorizonten. Vergleichbare Gesamtelementgehalte in den C-Horizonten beider Bodentypen weisen auf einen gleichen Mineralbestand im Ausgangsgestein hin, welcher somit nicht zur Erklärung der pedologischen Unterschiede herangezogen werden kann (vgl. Profil Melchow in Tab. 9). Für einen Vergleich der Bodengenerationen 1-4 in periglaziären Deckserien mit der Bodenentwicklung auf jungholozänen Sanden wurden mehrere Dünenprofile aus DE BOER (1995, S. 185) und SCHLAAK (1993, S. 82) zur analytischen Neubearbeitung ausgewählt sowie durch das Profil Waltersdorf am Südrand des Barnims ergänzt.

Die Bodenverbreitung auf den spätglazialen Oberflächen der Urstromtäler, welche als Sandlieferanten für die Dünenbildung dienten, wurde am Beispiel der verschiedenen Niveaus im Eberswalder Tal nördlich von Biesenthal kartiert (BUSSEMER 1994, S. 31). Auf diesen terrestrischen Standorten stellen Braunerden in periglazialen Deckserien den Normboden dar (BUSSEMER 1994, S. 83).

4.5.4.1 Dünenprofil Schöbendorf

Erste Grundlagen einer stratigraphischen Gliederung der Düne Schöbendorf wurden durch DE BOER (1995, S. 184-185) mit Hilfe von Thermolumineszenzdatierungen und Artefaktfunden (Feuersteinabschlägen) gelegt. Während er das Alter der Oberkante der fluviatilen Ablagerungen auf etwa 16,2 ka datierte, wurde für den Beginn der äolischen Sedimentation ein Alter von 14,2 ka bestimmt. Aus bodenkundlicher Sicht beschrieb er in den etwa 7m mächtigen äolischen Sanden mehrere Podsole.

Bei einer bodenkundlichen Neubearbeitung der Düne im Jahr 1996 konnten zwei Podsole kartiert werden, deren Horizonte mit Holzkohlepartikeln geradezu überschwemmt waren (*Farbtafel 10-4*). Die Radiokarbondatierungen der Holzkohle ergaben im älteren Podsol ein Alter von 3.770 BP im Bs-Horizont und von 2.960 BP im Ae-Horizont (vgl. *Abb. 67*). Die Holzkohle im jüngeren Podsol wurde auf 2.010 BP (Bs-Horizont) bzw. 1.960 BP (Ae-Horizont) datiert.

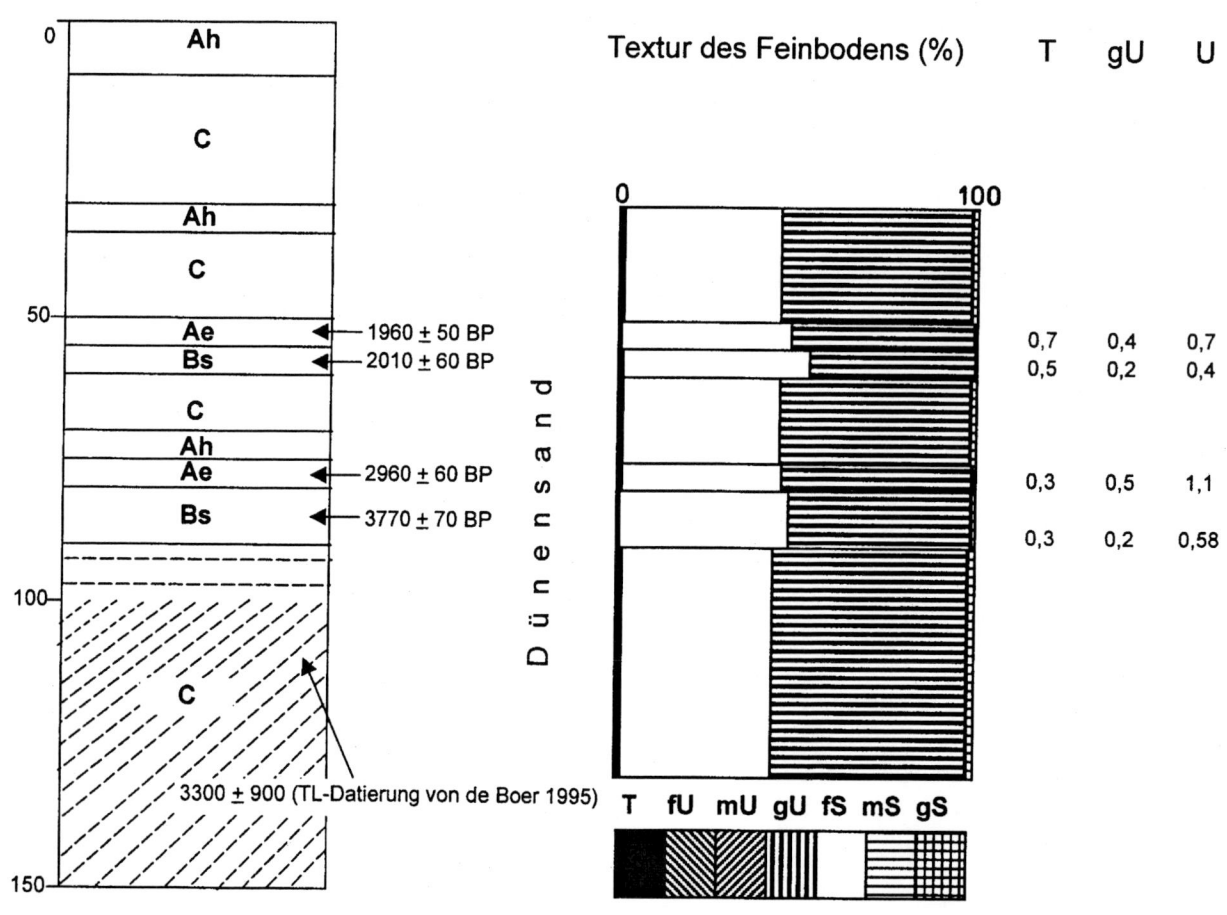

Abb. 67: Profil Schöbendorf - Bodenkomplex mit begrabenen Podsolen und Regosolen

Die Korngrößenanalysen ergaben weder Hinweise auf Grobschluffanreicherungen noch auf andere markante Texturveränderungen im Vertikalprofil. Die Podsole besitzen erwartungsgemäß sehr geringe Tongehalte, deren Tiefenfunktion nur unbedeutend schwankt. Die Kieselsäure/Sesquioxidverhältnisse zeigen mit ihren deutlichen jeweiligen Unterschieden zwischen Ae-Horizonten und Bs-Horizonten starke Auswaschungstendenzen von Eisen und Aluminium an. Die Vertikalfunktion der Verwitterungsparameter nach KRONBERG und NESBITT (1981) läßt in den begrabenen Bs-Horizonten von Profil Schöbendorf eine erhöhte Verwitterungsintensität erkennen (*Tab. 25*). Die starke Sesquioxidverlagerung innerhalb der Podsole wird auch von den Tiefenfunktionen der löslichen Eisen- und Aluminiumfraktionen bestätigt (*Tab. 26*). Die Aktivitätsgrade des Eisens besitzen hier mit Werten weit über 1 die höchsten Feo/Fed-Verhältnisse in allen untersuchten brandenburgischen Profilen. Die Tiefenfunktionen der pH-Werte und Basensättigungen lassen keine Übereinstimmung mit den Verwitterungsparametern erkennen.

Tab. 25: Parameter der Hauptelementgehalte von Profil Schöbendorf

Horizont	SiO_2/R_2O_3 (Molverhält.)	SiO_2/Al_2O_3 (Molverhält.)	Index Kronberg-Nesbitt	
			Abszisse	Ordinate
fAe	97,5	106,0	0,99	0,46
fBs	68,1	76,3	0,99	0,40
fAe	163,5	174,5	0,99	0,50
fBs	45,2	50,6	0,98	0,44

Tab. 26: Bodenchemische Parameter von Profil Schöbendorf

Horizont	Fed	Feo	Feo/Fed	Fed/Fet	Alo
	mg/g	mg/g			mg/g
fAe	0,23	0,26	1,14	0,14	0,31
fBs	0,61	0,69	1,13	0,21	2,20
fAe	0,09	0,11	1,30	0,14	0,07
fBs	0,51	0,68	1,33	0,12	2,76
C	0,12	0,16	1,39		0,41

Horizont	pH	H-Wert	S-Wert	KAK	BS
	$CaCl_2$	mmol/kg			(%)
fAe	4,33	23	14	37	38
fBs	4,36	29	16	45	36
fAe	4,76	9	14	23	62
fBs	4,54	28	6	34	18
C	4,86	12	6	18	33

4.5.4.2 Dünenprofil Melchow

Der begrabene Finowboden bzw. Oberflächenbraunerden, welche die ehemalige spätglaziale Oberfläche bei Melchow im flächendeckend abschlossen, wurden durch die nachfolgenden äolischen Prozesse teilweise in die Jungdünen umgelagert (vgl. Profilbeschreibung in Kap. 3.3.3). Diese Partien lassen sich durch erhöhte Eisen- und Schluffgehalte auch analytisch nachweisen. Bei zeitweiliger Stabilisierung einer derartigen Oberfläche konnte jedoch keine Weiterentwicklung der Braunerden beobachtet werden, sondern eine deutliche Tendenz zur Podsolierung.

Im Verlauf der bodenkundlichen Neubearbeitung von Profil Melchow konnten Holzkohlepartikel aus dem Ae-Horizont des begrabenen Podsols datiert werden, deren Alter bei 1.590 BP liegt und die Datierung von SCHLAAK (1993) in ihrer Dimension bestätigt. Die fehlende Grobschluff- und Tonanreicherung in diesem begrabenen Podsol ergibt einen deutlichen Kontrast zum liegenden Finowboden (vgl. *Abb. 35*). Die Sesquioxidverlagerung im Podsol wird schon durch das erweiterte SiO_2/R_2O_3-Verhältnis im Ae-Horizont angedeutet, vor allem aber durch die großen Vertikalgradienten der Ton-RFA bestätigt (*Tab. 9* in Kap. 3.3.3). Während die Fed- und All-Gehalte im Podsol noch unter denen des Finowbodens liegen, übertreffen sie diesen mit ihren leichtlöslichen Feo- und Alo-Fraktionen eindeutig (*Tab. 10*). Im Bs-Horizont des Podsols wurde mit 0,99 wiederum ein sehr hohes Feo/Fed-Verhältnis bestimmt und auch das All/Fed-Verhältnis erreicht hier mit über 10 einen Extremwert. Ein Absinken des pH-Werts am Übergang vom hangenden Sediment zum begrabenen Podsol ist nicht zu beobachten.

4.5.4.3 Dünenprofil Woltersdorf

Die aufgelassene Sandgrube in einer Düne liegt am Übergang vom Barnim zu Berliner Urstromtal. In den ältesten Flugsanden ließen sich neben einer Schichtauflösung Frostspalten beobachten, welche auf intensiven Bodenfrost hinweisen (vgl. *Abb. 68*). Dieser Bereich wird von einem Regosol abgeschlossen, dessen Holzkohledatierungen 6.900 BP ergaben (BUSSEMER, MARCINEK und THIEKE 1997). Holzkohlen aus einem zweiten begrabenen Regosol im Hangenden des ersten wurden auf 5.580 BP datiert. Beide begrabenen Böden ließen keine Verwitterungsanzeichen erkennen.

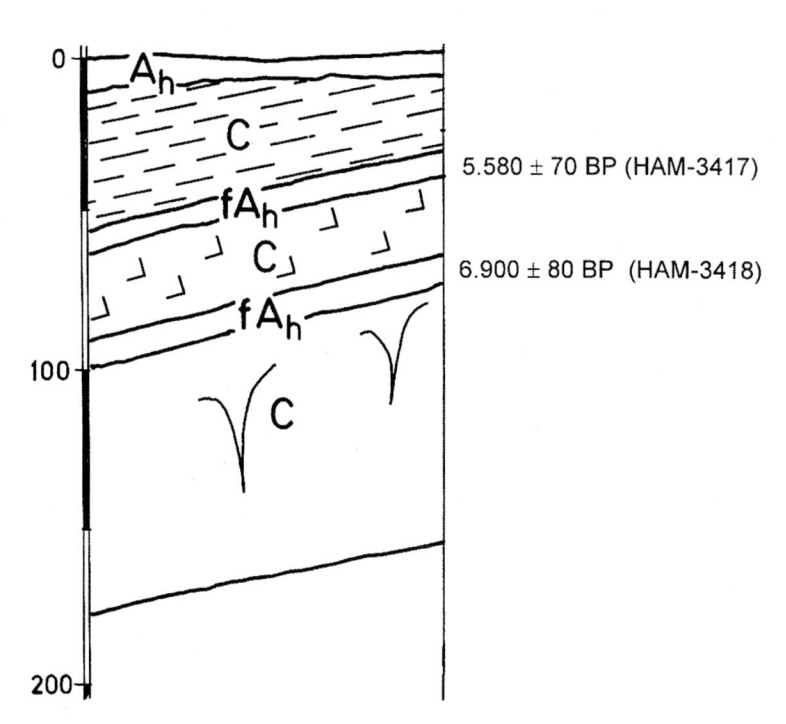

Abb. 68: Profil Woltersdorf - Bodenkomplex mit zwei begrabenen Regosolen

4.6 Diskussion der Oberflächenböden und ihrer Derivate

Als Oberflächenboden in periglazialen Deckserien (Generation 4) stellen Braunerden den wichtigsten Bodentyp des brandenburgischen Jungmoränenlandes dar, welcher auf den Schmelzwasserebenen dominiert, aber nicht auf diese beschränkt ist. Sie greifen in größerem Umfang auf die Grund- und Stauchmoränengebiete über und nehmen insgesamt über die Hälfte der Gesamtfläche des repräsentativen Meßtischblattes Strausberg ein. Insofern ist die Braunerde als Leitbodentyp der sandigen nordbrandenburgischen Glaziallandschaft anzusehen. In periglazialen Deckserien bildeten sich echte Podsole mit hohen optischen Dichten und Aktivitätsgraden des Eisens offenbar nur bei sehr quarzreichen Ausgangssubstraten mit extrem hohen Kieselsäure-/Sequioxidverhältnissen (Profil Sternebeck 2).

Detaillierte Substratuntersuchungen an Einzelprofilen ermöglichen es, den faziellen Hintergrund der Braunerdegenese besser zu beleuchten. Resultierend lassen sich in den sandigen Deckserien des Hochflächenperiglazials (Profile Prötzel, Sternebeck, Hirschfelder Heide) gewöhnlich drei stratigraphische Einheiten ausweisen, welche oft durch Skelettanreicherungen voneinander getrennt werden. Die beiden oberen Lagen (Bv bzw. II Cv + II C) sind als eigentliche Periglazialzonen jeweils in sich homogen. Die untere besitzt bei glazifluviatiler Anlage dann eine wechselnde Körnung. Faziell läßt sich der Bv-Horizont damit als Geschiebedecksand und eigenständiges Sediment einordnen, während die mittlere Profillage ebenfalls ein homogenes periglaziäres Sediment darstellt, welches der Übergangszone im Sinne von LEMBKE (1972) entspricht. Die Kiesanreicherung an der Basis der Übergangszone stellt eine Erosionsdiskordanz dar. Als verursachender periglaziärer Abtragungsprozeß kommt auf den stärker geneigten Sandflächen vor allem Abluation im Sinne von LIEDTKE (1990) in Frage. Die sandigen Deckserien im Periglazial der Zwischenebenen und Senken können faziell noch deutlich vielfältiger aufgebaut sein (Profile Beiersdorf 1 und 4).

Laterale periglaziäre Verlagerungsprozesse haben somit den bodengeologischen Aufbau der Braunerden stärker geprägt als kryogene Perstruktion. Deren Einwirkung kann nur für die starke interne Homogenisierung des Bv-Horizontes verantwortlich gemacht werden, möglicherweise unterlag vorangehend auch die Übergangszone einem derartigen Prozeß. Die geringe Reichweite der Titananomalität im Tertiärprofilkomplex von Sternebeck sowie die in der Tiefenfunktion von Pleistozänprofilen ähnlichen Schwermineralspektren sprechen für insgesamt kurze periglaziale Transportentfernungen. Die Übereinstimmung von Horizont- und Deckseriengrenzen gilt nur für den Bv-Horizont, während der Cv-Horizont keine derartige Bindung aufweist (Profile Prötzel, Beiersdorf 1).

Auch auf den aus mineralogisch-geochemischer Sicht sehr spezifischen Bodenausgangsgesteinen Brandenburgs (sehr hohe Quarzanteile) lassen sich die Braunerden analytisch gut von den anderen terrestrischen Bodentypen unterscheiden. Eine Verlehmungstendenz wird gewöhnlich schwach, aber regelhaft erkennbar. Pedogene Tonmineralneubildungen wie in Profil Hirschfelder Heide lassen sich jedoch nicht durchgehend nachweisen, sondern bilden eher die Ausnahme. Die Verbraunung als wichtigster profilprägender Prozeß wird über die nach unten kontinuierlich abnehmenden Eisengehalte sichtbar, wobei deren niedriger Aktivitätsgrad eine relativ gute Kristallisation andeutet. Der Bv-Horizont stellt auch nach den Minima der Kronberg-Nesbittkoeffizienten regelhaft die Hauptverwitterungszone dar. Mit Hilfe der niedrigen optischen Dichte des B-Horizontes sind die Braunerden ebenfalls deutlich von den reifen Podsolen in Deckserien (Profil Sternebeck 2) zu unterscheiden. In der typischen Braunerde Hirschfelder Heide ergeben die Ton-RFA-gehalte sehr stabile Kieselsäure/Sesquioxidverhältnisse, was im Gegensatz zum Podsol Sternebeck 2 Tonzerstörung und -verlagerung weitgehend ausschließt. Diese autochthonen Oberflächenbraunerden stellen als vierte Generation gleichzeitig das entwicklungsgeschichtliche Reifestadium des Bodentyps dar.

Merkmale wie die vertikale und laterale Koinzidenz von Bv-Horizont und Geschiebedecksand auch im Periglazial der Zwischenebenen und Senken sowie die Frostbodenform im Braunhorizont von Profil Beiersdorf 2 weisen auf enge Zusammenhänge zwischen Litho- und Pedogenese im Braunerdeprofil hin. Oberflächenbraunerde und Finowboden gleichen sich im Habitus, jedoch erreichen diese Böden 4. Generation größere Verwitterungstiefen.

Die vertikale Verknüpfung von Braunerden und Fahlerden stellt auf naturnahen Waldstandorten den Normalfall von Moränenprofilen dar. Der Schichtungscharakter wird auch hier eindeutig erkennbar (Profil Werneuchen 3), teilweise verläuft die Bodenbildung sogar in reinen Periglazialfolgen (Beiersdorf 4). Geschiebedecksande sind hier ebenfalls ein regelhafter Bestandteil der periglaziären Deckserien. Im darunter anschließenden Profilbereich mit dem Al-Horizont war der periglaziär-äolische Einfluß am größten. Mit seiner gegenläufigen Tiefenfunktion der Schluff/Feinsandgehalte und der Tongehalte zwischen Al- und Bt-Horizont widerspiegelt Profil Werneuchen 3 ein typisches texturelles Phänomen dieses Profiltyps. Die geringe Verwitterungsintensität des Bt-horizontes deutet an, daß die lithologischen Besonderheiten der Profilentwicklung pedologisch kaum überprägt wurden. Insofern weisen die analytischen Parameter in ihrer Gesamtheit auf eine starke Abhängigkeit der Bodenentwicklung von den substratbildenden Übersandungs- und Einwehungsprozessen hin. Tonverlagerung und Tonmineralzerstörung scheinen demgegenüber nur eine untergeordnete Rolle gespielt zu haben.

Die Braunhorizonte von Braunerden und Lessivés lassen auch aus bodenchemischer Sicht keine markanten Unterschiede erkennen, außerdem sind in beiden Geschiebedecksand und Braunhorizont koinzident. In den texturdifferenzierten Profilen verlief die Ausbildung der Braunhorizonte deshalb offenbar unabhängig von der Entwicklung des darunter folgenden Profilabschnittes mit Tonverlagerung. Braunhorizonte in derartig komplexen Horizontfolgen sind damit weder als sekundäre Bildungen in ursprünglich mächtigen Al-Horizonten (ROESCHMANN 1994) noch als kurzes Übergangsstadium zum Lessivé anzusehen (LAATSCH 1954).

Die deutliche Podsolierung in Profilen mit verlagertem Braunmaterial weist auf prinzipielle Unterschiede zu den autochthonen Oberflächenbraunerden bzw. Paläoböden hin. Trotz ihrer Herkunft aus echten Braunerden setzte sich deren Bodenbildungsprozeß in holozän gestörten und verlagerten Braunhorizonten offenbar nicht fort, sondern wurde vielmehr durch die Podsolierung abgelöst.

Eigene Kartierungen bestätigten die Beobachtung von KOPP et al. (1969), dass in sandigen Sedimenten des Mittel- und Jungholozäns gewöhnlich Regosole und Podsole, jedoch keine Braunerden auftreten. Die jungen Podsole von Schöbendorf und Melchow unterscheiden sich mit großen Vertikalgradienten ihrer Gehalte an pedogenen Oxiden deutlich von den vorangehend beschriebenen Braunerden und braunerdeähnlichen Böden. In beiden Profilen sind es besonders die röntgenamorphen Eisen- und Aluminiumoxide, welche im Illuvialhorizont der Podsole akkumuliert wurden. Die sehr hohen Aktivitätsgrade des freien Eisens lassen gleichzeitig die für Podsole typische schwache Kristallisation erkennen.

5. Braunerden im nördlichen Alpenvorland und in den Alpen

5.1 Lage der Testgebiete im oberbayerisch-tirolischen Jungmoränengebiet

Die vorliegende Studie konzentriert sich mit Oberbayern und Nordtirol auf einen glazial- und periglazialmorphologisch gut erkundeten Ausschnitt der Ostalpen und ihres nördlichen Vorlandes. Für die nachfolgend beschriebenen bodengeographischen Untersuchungen wurden Testareale gewählt, welche für die drei Gürtel des alpinen Jungmoränengebietes nach Bussemer (2002/2003: 19) repräsentativ sind. Untersuchungsgebiet Rachertsfelden bei Eggstädt befindet sich auf den äußeren Würm-Endmoränen des Inn-Chiemsee-Gletschers, welche zum älteren Hochglazial gehören (vgl. Abb. 69). Die Reliefanlage des Testareals Seeshaupt im mittleren Gürtel des Isar-Loisach-Gletschergebietes ist dem jüngeren Hochglazial zuzuordnen. Die Moränen im zentralalpinen Fotschertal besitzen ein spätglaziales Alter und gehören zum inneren Gürtel des Jungmoränenlandes. Aus vegetationsgeographischer Sicht liegen die ersten beiden in den Laubmischwaldgebieten des Alpenvorlandes, während das letztere die hochmontane Bergwaldstufe bis hin zu alpinen Matten umfasst.

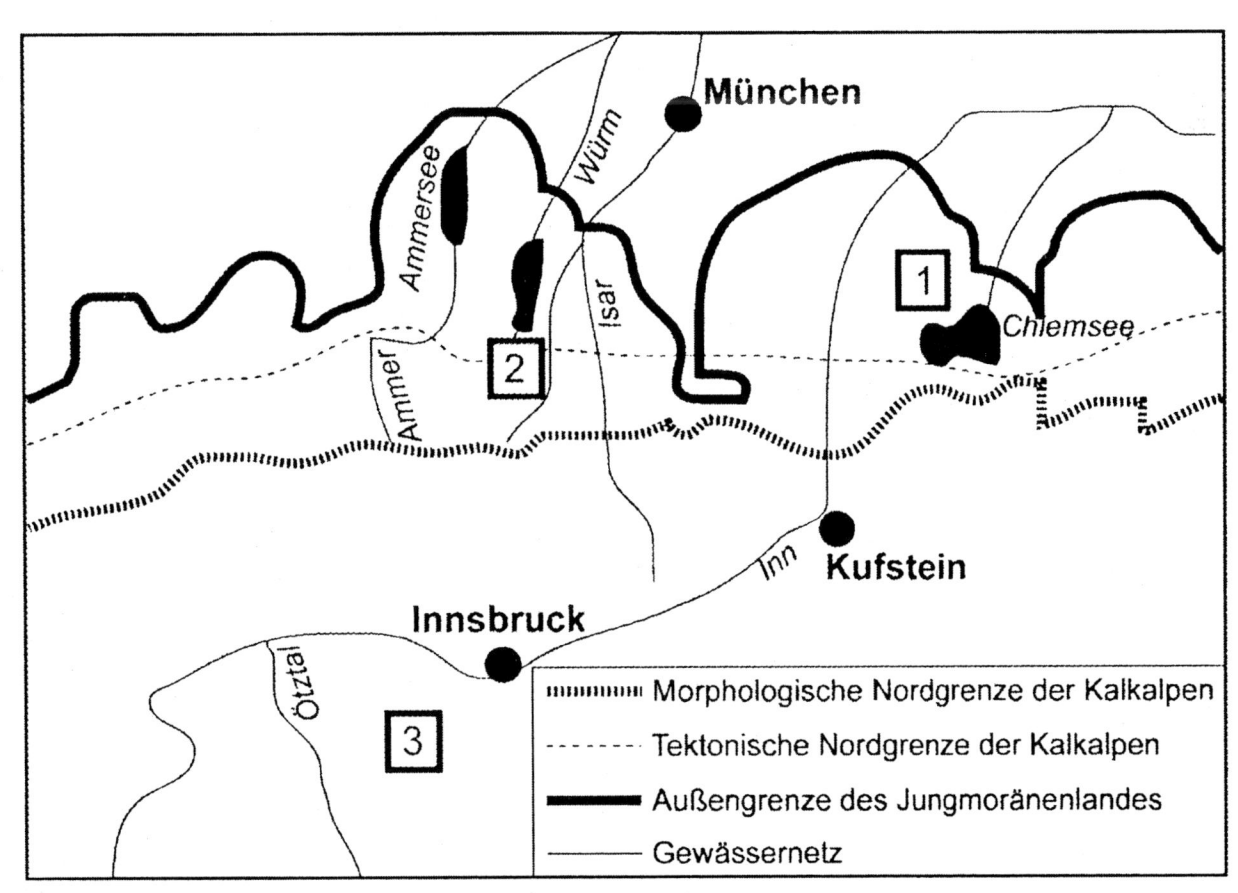

Abb. 69: Lage der Testareale in der oberbayerisch-tirolischen Jungmoränenlandschaft

Das Untersuchungsgebiet Rachertsfelden im Eggstädter Seengebiet (Testareal 1) ist den äußeren, hochglazialen Endmoränenzügen des Inn-Chiemseegletschers zuzuordnen (vgl. TROLL 1924). Für die Ausbildung seiner oberflächennahen Sedimente war die Niedertauphase des stagnierenden Eiskörpers von entscheidender Bedeutung. Markante Zeugen dieses weitflächigen und mehrphasigen Eiszerfalls sind die zahlreichen Seen in Austauhohlformen zwischen Rimsting und Eggstätt. In der geologischen Kartierung wurden die wichtigsten oberflächennahen Ablagerungen der Umgebung von Rachertsfelden als "Moränenschotter mit Grundmoränenschleier" bezeichnet (GANSS 1983, S.

68). Diese in der geologischen Karte auch als Schottermoränen bezeichneten Bildungen sind nach GANSS (1977, S. 159) "... eisrandnahe, unregelmäßig geschichtete, schlecht sortierte, meist mittelgrobe Kiesablagerungen.".

Das Osterseengebiet im Isar-Loisach-Gletschergebiet (Testareal 2) gehört zu den glazialmorphologisch gut untersuchten Landschaften Oberbayerns (ROTHPLETZ 1917; BODECHTEL 1965; PETERMÜLLER-STROBL und HEUBERGER 1985). Neben Kamesterrassen sind Oser, einzelne Kameshügel, Seebecken und Toteiskessel die formenbestimmenden Elemente dieser Landschaft. Die Seeshaupter Schotterterrasse grenzt westlich an das eigentliche Osterseengebiet. Der fluvioglaziale Untergrund dieser Gesamtlandschaft läßt sich dem markanten Ammerseestadium sowie benachbarten kleineren Staffeln zuordnen (FELDMANN 1998, S. 117). Die Anlage der Seeshaupter Terrasse stellten BLUDAU und FELDMANN (1994) in den jüngeren Abschnitt des Ammerseestadiums, die Weilheimer Phase. Das Anstauen der Toteisblöcke im Untergrund, welches die vielen steilen Kessel südlich von Seeshaupt verursachte, datierten sie pollenanalytisch in das Bölling- bzw. Allerödinterstadial.

Die spätglaziale Gletschergeschichte der Alpen wurde vor allem am Beispiel der großen Täler Tirols detailliert untersucht (KINZL 1929; HEUBERGER 1966; PATZELT 1972; KERSCHNER 1986). Waren diese während der ersten Stadien noch weitgehend eisbedeckt (Bühl- und Steinach), so zogen sich die Gletscher in den folgenden Stadialen schon weit in die Nebentäler zurück. Als letzter ubiquitärer Gletschervorstoß des Pleistozäns kann das Egesenstadium gelten (zuletzt VEIT 2002). Die eigenen Profile befinden sich auf den spätglazialen Senders- und Egesenstadien des Fotschertals im Sellrain sowie auf dem jungholozänen Gletscherstand von 1850 am Vernagtferner im Ötztal.

5.2 Periglazialmorphologischer und bodengeographischer Hintergrund

Im alpinen Jungmoränengebiet wies SEMMEL (1973) erstmals systematisch reliktische Periglazialsedimente nach, deren regionale Kenntnis unlängst in Baden-Württemberg (KÖSEL 1996) und im Schweizer Mittelland (MAILÄNDER und VEIT 2001) vertieft wurde. Dabei lassen sich in Mächtigkeit und Faziesvielfalt deutliche Unterschiede zwischen der Alt- und Jungmoräne erkennen.

KÖSEL (1996, S. 110-111) fasste nach systematischen Untersuchungen den Prototyp für periglaziäre Deckserien im würmzeitlich vergletscherten Oberschwaben in zwei Leitprofilen zusammen, welche zur besseren Vergleichbarkeit in die Darstellungsweise der eigenen Profile umgezeichnet wurden. Das Leitprofil für Grundmoränenflächen zeigt eine durchgehende Deckschicht über dem Geschiebemergel an, welche durch die Korngrößenparameter als homogen ausgewiesen wird (*Abb. 70*). Das Leitprofil für Schotterflächen weist noch eine zusätzliche Zweiteilung der Deckschicht auf (*Abb. 71*).

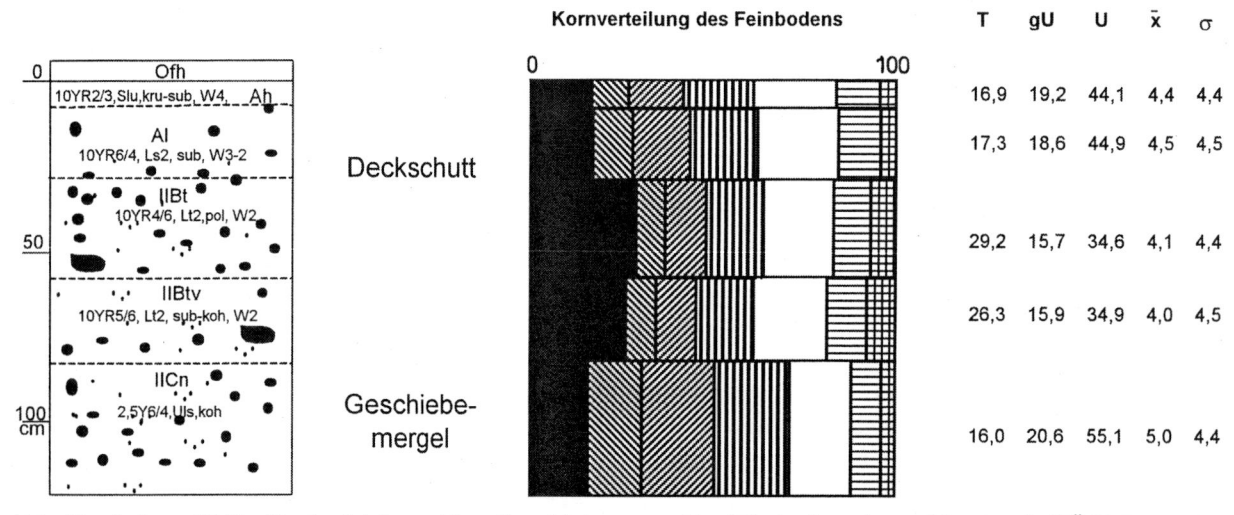

Abb. 70: Leitprofil für Deckschichten über Geschiebemergel im Rheingletschergebiet (nach KÖSEL 1996)

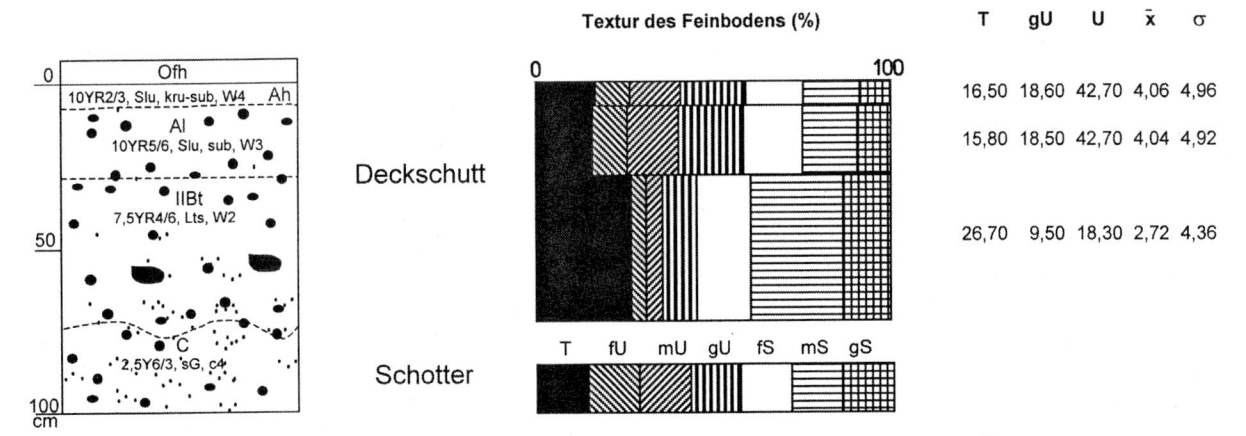

Abb. 71: Leitprofil für Deckschichten über Schotter im Rheingletschergebiet (nach KÖSEL 1996)

Als terrestrischer Typusboden im voralpinen Jungmoränenland wurde die Parabraunerde beschrieben (GROTTENTHALER und JERZ 1986, S. 56; KÖSEL 1996, S. 121). Während die Beziehung zwischen Bodenhorizonten und Deckschichten im westlichen Alpenvorland ausführlich dokumentiert wurde (KÖSEL 1996; MAILÄNDER und VEIT 2001), fehlen derartige Detailstudien im kontinentaleren östlichen Alpenvorland noch.

Die generalisierte Darstellung und statistische Auswertung einer repräsentativen Bodenkarte (Messtischblatt Königsdorf von JERZ 1967, 1968) soll einführend einen flächenhaften Eindruck über das voralpine Bodenmosaik vermitteln. Die terrestrischen Bodenlandschaften dieses Blattes werden von Parabraunerden und verwandten Subtypen dominiert (vgl. *Farbtafel 11*). Braunerden nehmen bei einer Bewertung auf Bodentypenniveau ungefähr 10% der Blattfläche ein (*Abb. 72*). Davon sind jedoch 9% Kolluvialbraunerden, während „autochthone Ackerbraunerden" nur einen Anteil von gut einem Prozent erreichen. Echte Braunerden bilden somit im Jungmoränenland des Alpenvorlandes lokale Erscheinungen, deren Verteilungsmuster sich aus vorliegenden Übersichtskartierungen kaum ermitteln lassen.

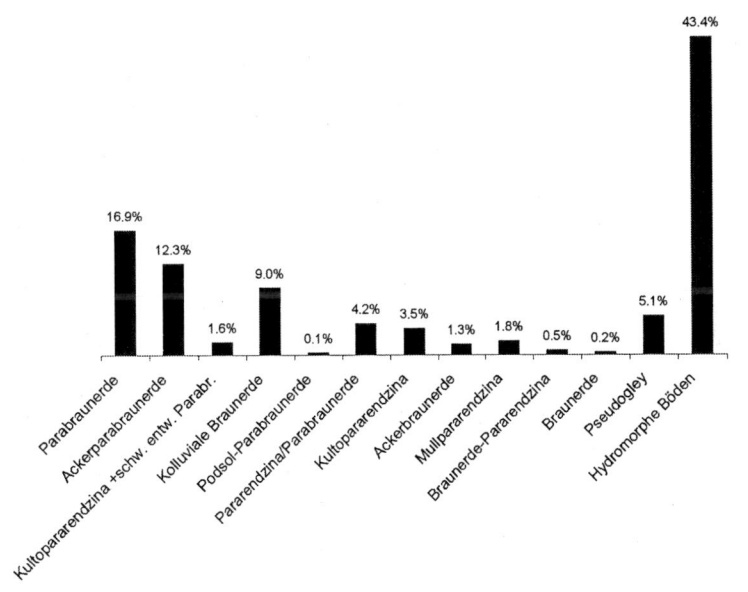

Abb. 72: Anteil der verschiedenen Böden an der Gesamtfläche von Meßtischblatt Königsdorf

5.3 Äußerer Jungmoränengürtel im Laubmischwaldgebiet (Testareal 1)

Das Untersuchungsgebiet bei Rachertsfelden stellt einen repräsentativen Ausschnitt des Eggstätter Seengebietes am Westufer des Chiemsees dar. Äußere würmzeitliche Endmoränen und Grundmoränen sind hier eng mit vermoorten Toteishohlformen vergesellschaftet (*Abb. 73*). Die eigenen periglazialmorphologischen und bodenkundlichen Untersuchungen konzentrierten sich auf einen SW-NE-orientierten Wall, welcher in der geologischen Kartierung als Endmoräne angesprochen wurde (GANSS 1983). Durch Nivellements konnte eine Asymmetrie im Querprofil des Moränenwalles bestätigt werden, welcher in seinem dem Chiemseebecken zugewandten Hang wesentlich steiler ist (*Abb. 74*). Bis zu 12m tiefe Rammkernsondierungen ermöglichten danach eine prinzipielle Beschreibung der Lagerungsverhältnisse entlang des Querprofils (vgl. *Farbtafel 12*).

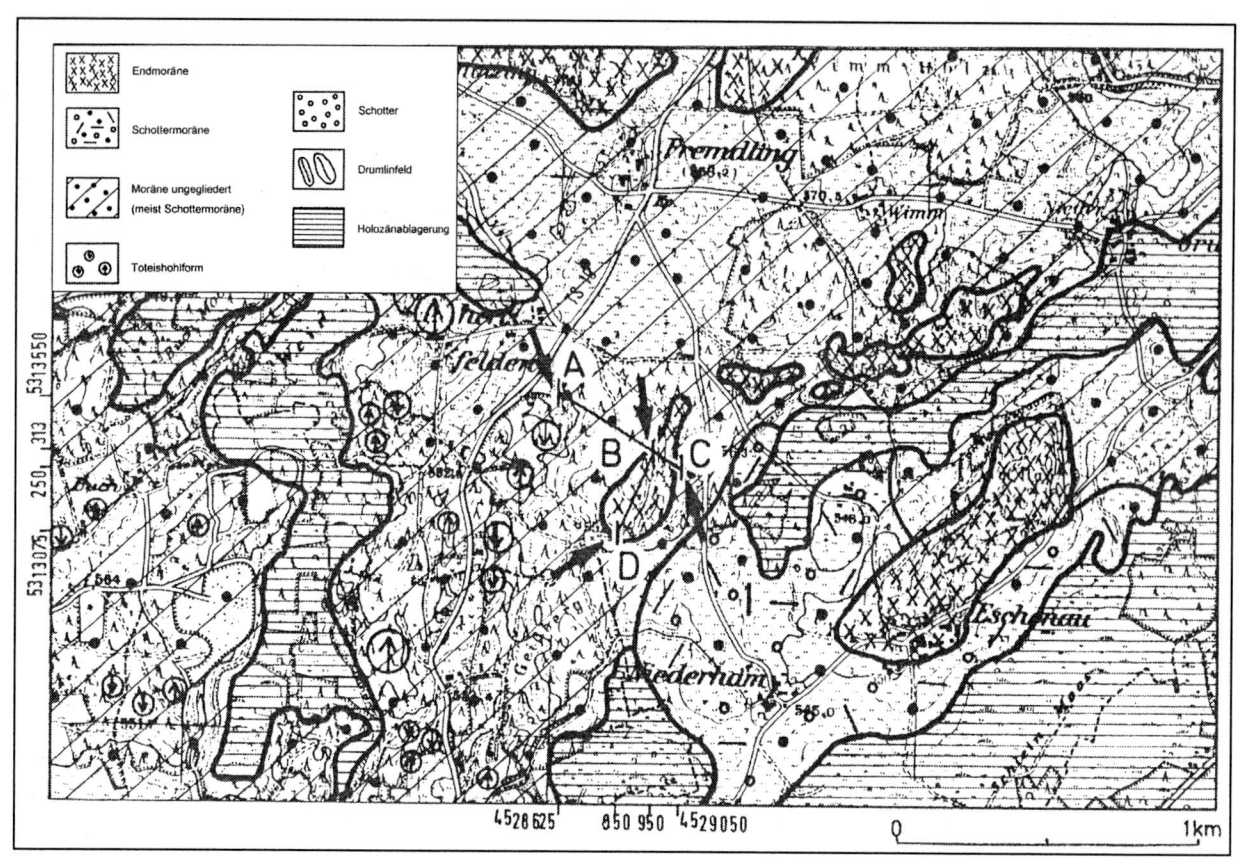

Abb. 73: Lage der Catena Rachertsfelden (A-C) im geomorphologisch kleingekammerten Eggstätter Toteisgebiet (geologisch-morphologische Situation nach GANSS (1983)

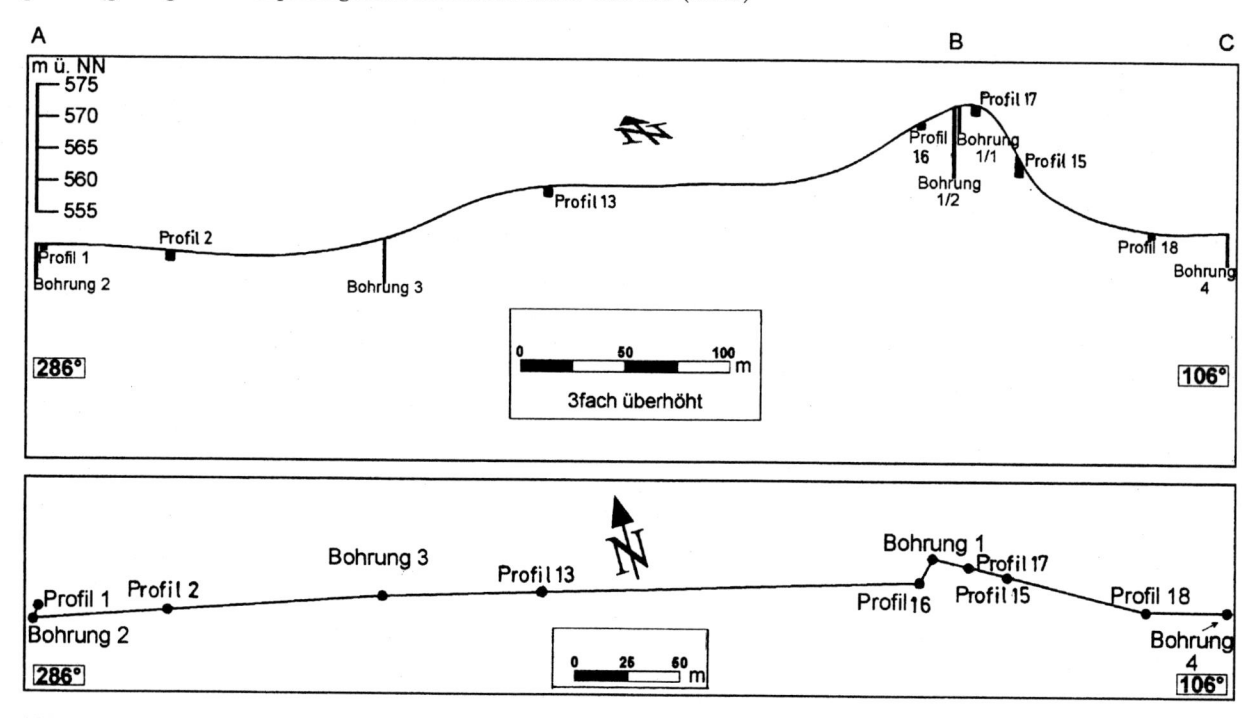

Abb. 74: Vermessung und Lage der wichtigsten Bodenprofile sowie Bohrpunkte in der Catena Rachertsfelden

Der Kern des Moränenwalles wird demnach von sehr einheitlichen Glazialsedimenten gebildet. Sie weisen teilweise Schichtungsphänomene auf, sind aber gleichzeitig relativ schlecht sortiert. Ihre Kalkgehalte schwanken erheblich. Faziell müssen sie den oben genannten Schottermoränen zugeordnet werden. Demgegenüber wurden sowohl im westlichen Vorland als auch in Gruben des östlichen Steilhangs echte Schotter mit deutlicher Schichtung kartiert. Diese ist am rückwärtigen Steilhang des Moränenwalls im Gegensatz zu denen des westlichen Vorlandes deutlich verkippt. Als Ursache für die verstellten Schotter und die prinzipielle Hangversteilung muß austauendes Toteis angenommen werden. Dies geschah vermutlich erst im Spätglazial, so dass der Hang bis zum Einsetzen der Warmzeit nicht mehr periglaziär eingeebnet werden konnte. Die fluvioglazialen Schotter gehen am östlichen Rand des Querprofils dann in rhythmisch geschichtete Staubeckensedimente (Bänderschluffe) über. Diese konnten in ihrer gegenüber dem östlichen Umland erhöhten Position sicher nur in einem von stagnierendem Eis abgedämmten Becken abgelagert werden.

Während sich die Schottermoräne und die Schotter anhand ihrer Kalkgehalte nicht signifikant unterscheiden lassen, konnten beide Gruppen mit Hilfe ihrer Korngrößenparameter besser differenziert werden (vgl. *Abb. 75*). Bei einem Vergleich der Schotterproben mit der Schottermoräne lassen sich die letzteren durch ihre höheren Mittelwerte (feinere Körnung) und höheren Sortierungswerte (schlechtere Sortierung) eindeutig abtrennen. Eine weniger scharfe Differenzierung ergibt sich zwischen diesen Glazialsedimenten und den Proben aus den periglaziären Deckschichten, deren Punktwolken einen Überschneidungsbereich mit den Schottermoränenproben aufweisen. Prinzipiell unterscheiden sich die periglaziären Deckschichten jedoch durch ihre feinere Körnung von den Glazialsedimenten.

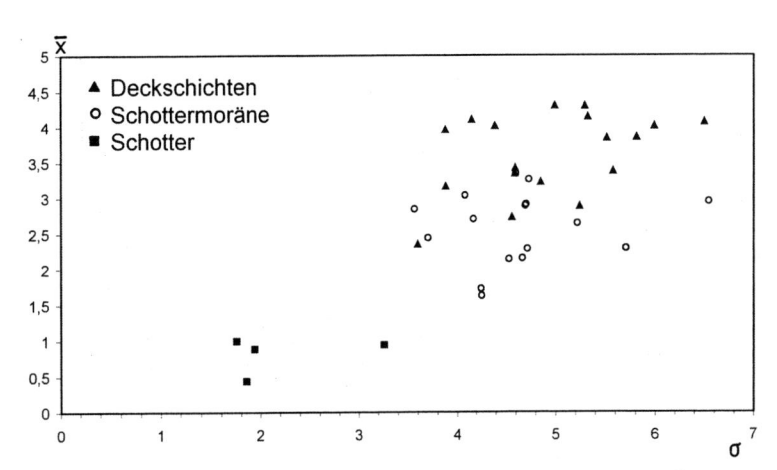

Abb. 75: Vergleich von Mittelwerten und Standardabweichungen der Kornverteilungen in verschiedenen Fazies des Moränenwalles Rachertsfelden

Während diese Auswertung von Bohrungen im Kern des Walles keine reinen glazigenen Sedimente nachweisen konnte, wurde bei den anschließenden Grabungen ein dünner Moränenschleier gefunden, welcher die glaziale Sedimentfolge nach oben hin abschließt. Durch seine geringe Mächtigkeit von wenigen Dezimetern und die pedologische Überprägung fiel er in den Bohrungen nicht auf, bestätigt aber prinzipiell die Beschreibungen von GANSS (1983). Genetisch wurde diese geringmächtige Schicht als Ablationsmoräne eingeordnet.

Der Höhenzug bei Rachertsfelden ist somit eine stark glazifluviatil beeinflußte Relieform der würmzeitlichen Niedertau- und Toteislandschaft. In der nächsten Entwicklungsetappe wurde nach Tieferlegung der Erosionsbasis in der westlich vorgelagerten Entwässerungsrinne Schotter akkumuliert. Die Reliefprägung der Ostseite des Moränenwalles erfolgte durch das späte Austauen von Toteis, welches durch Zerstörung der periglaziären Deckschichten die glazialen Sedimente wieder freilegte.

Die periglaziäre Anlage und pedologische Überprägung der oberflächennahen Sedimente wurde in ungefähr 50 Bohrungen und 20 Profilgrabungen analysiert. Ihre Grundzüge sollen nachfolgend exemplarisch anhand von Typusprofilen der verschiedenen Reliefabschnitte diskutiert werden.

5.3.1 Profil Rachertsfelden 1 (Braunerde auf vorgelagerter Schmelzwasserebene)

Intensive Permafrostspuren und gleichzeitig die mächtigsten periglaziären Deckschichten wurden auf der Verebnung am Fuß der Endmoräne gefunden (Profil 1 in *Abb. 74*). Aufschluß Rachertsfelden 1 weist als Typusprofil für die Umfließungsrinnen in der Umgebung des Moränenwalls echte Permafrostindikatoren wie Eiskeilpseudomorphosen und Frostspalten auf (*Farbtafel 13-1*). Die Pseudomorphosen enthalten ein allochthones Füllmaterial, welches mit seinem hohen Fein- und Mittelsandanteil deutlich von den benachbarten Schottern abweicht (*Abb. 76*). Diese fluvioglazialen Schotter der Umfließungsrinne werden im Hangenden von einer zweigliedrigen periglaziären Deckserie abgelöst. Die Schotterobergrenze markiert einerseits einen Körnungssprung, entspricht andererseits auch prinzipiell der Entkalkungsgrenze. Den unteren Teil der Deckserie nimmt eine skelettangereicherte Solifluktionsdecke ein. An deren Obergrenze setzen die beobachteten Frostbodenstrukturen an. Hier vollzieht sich gleichzeitig ein deutlicher Körnungssprung sowohl im Grob- als auch im Feinboden (vgl. Mittelwerte und Standardabweichung). Da die unteren Bereiche des Lößlehms mit den oben diskutierten Eiskeilpseudomorphosen texturell übereinstimmen, sind sie offenbar korrelate Sedimente. Auch die Schwermineralgehalte lassen einen deutlichen Unterschied zwischen den schwermineralreicheren Schottern und den verarmten Deckschichten erkennen (*Abb. 77*). Sie bestätigen die Vermutung eines dominanten äolischen Einflusses im oberen Profilteil, während die relativ stabilen Schwermineralspektren auf Nahtransporte hinweisen.

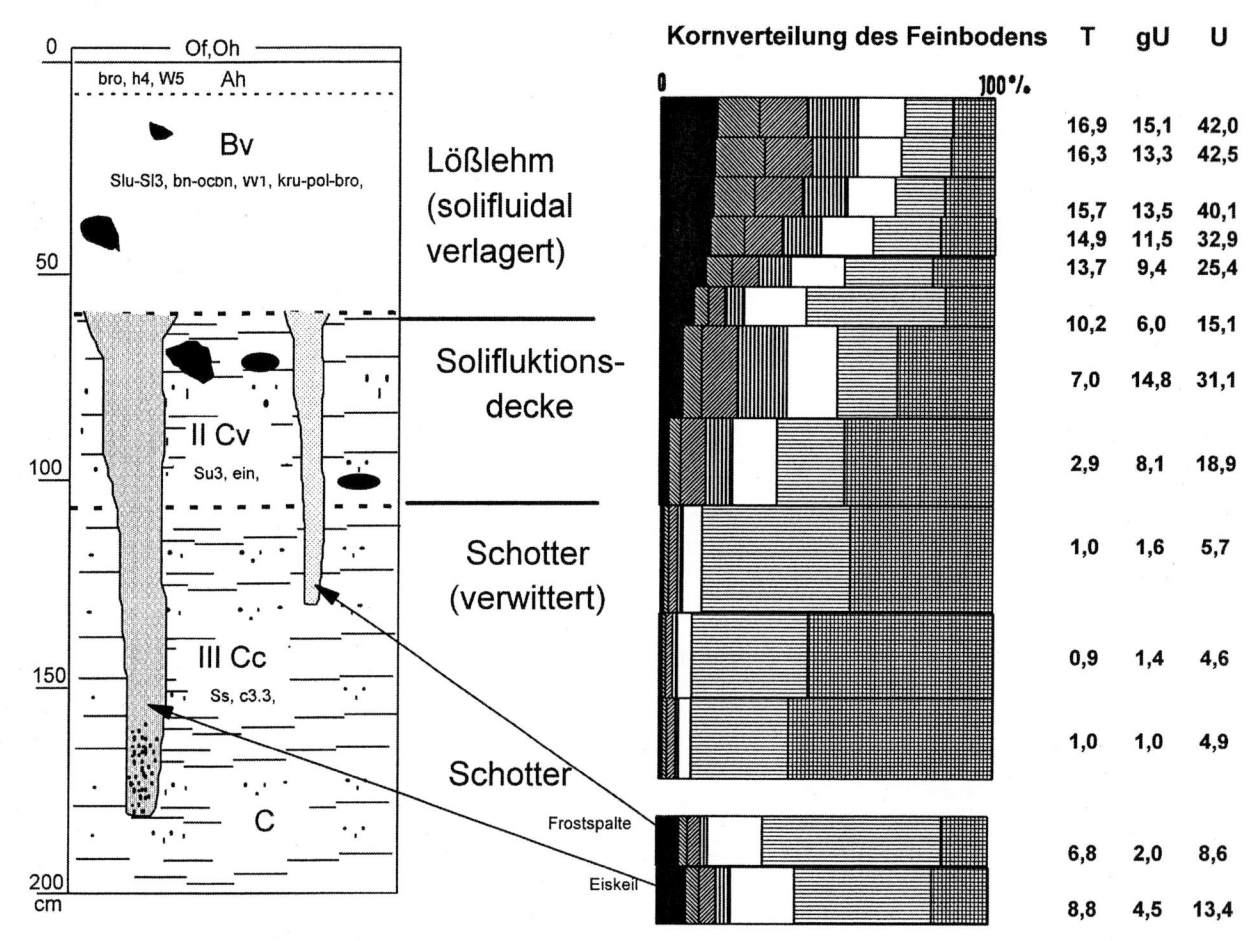

Abb. 76: Profil Rachertsfelden 1 - Braunerde

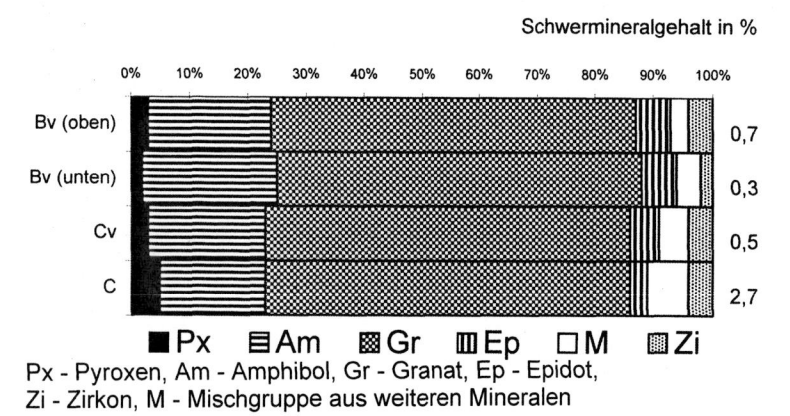

Abb. 77: Schwermineralogische Untersuchungen in Profil Rachertsfelden 1

Px - Pyroxen, Am - Amphibol, Gr - Granat, Ep - Epidot,
Zi - Zirkon, M - Mischgruppe aus weiteren Mineralen

Deckschichten- und Horizontprofil weisen schon makroskopisch eine deutliche Koinzidenz auf. Der dem Lößlehm entsprechende Bv-Horizont ist deshalb auch ungewöhnlich mächtig ausgebildet. Die intensive Verlehmung geht aus den Tongehalten hervor, welche von seiner Unter- zur Obergrenze kontinuierlich ansteigen. Im oberen Teil werden keine Podsolierungsanzeichen erkennbar.

Auch die chemischen Parameter bestätigen den Braunerdecharakter des Profils (*Tab. 27*). Die Kieselsäure/Sesquioxidverhältnisse weisen eine stabile Tiefenfunktion auf. Die Verwitterungsparameter nach KRONBERG und NESBITT zeigen mit ihrem deutlichen Anstieg des Ordinatenwertes einen Sprung in der Verwitterungsintensität an der Basis des Bv-Horizontes an. Die pedogenen Oxide verhalten sich mit ihrer nach unten abnehmenden Tiefenfunktion ebenfalls braunerdetypisch (*Tab. 28*). Der höhere Aktivitätsgrad im oberen Teil des Bv-Horizontes deutet offenbar ebenso wie die erwähnten erhöhten Tongehalte in diesem Bereich eine Zunahme der Verwitterungsaktivität an.

Tab. 27: Parameter der Hauptelementgehalte von Profil Rachertsfelden 1

Horizont	SiO_2/R_2O_3 (Molverh.)	SiO_2/Al_2O_3 (Molverh.)	Kronberg-Nesbitt-Index	
			Abszisse	Ordinate
Bv1	10,5	13,4	0,93	0,29
Bv2	10,5	13,4	0,93	0,29
Bv3	12,4	16,0	0,94	0,30
Bv4	14,0	18,4	0,95	0,31
II Cv	11,8	16,8	0,97	0,92
IIIC	10,3	14,5	0,97	0,94
C	15,1	20,6	0,97	0,95
C	14,6	19,4	0,97	0,94

Tab. 28: Bodenchemische Parameter von Profil Rachertsfelden 1

Horizont	pH H_2O	pH $CaCl_2$	C mg/g	N mg/g	C/N	KAK mmol/kg	BS %
Ah	3,6	3,1	66,9	4,7	14,2	280	24
Bv1	4,2	3,9	30,6	1,9	16,2	177	3
Bv2	4,4	4,1	11,0	1,4	7,8	126	25
Bv3	4,4	4,1	4,8	0,5	9,9	109	35
Bv4	4,5	4,1		0,6		83	28
II Cv	8,0	7,0		0,5			
III C1	8,6	7,3		0,4			
C2	8,7	7,5		0,1			
C3	8,7	7,5		0,3			

Horizont	Fed mg/g	Feo mg/g	Feo/Fed	Fep mg/g	Ald mg/g	Alo mg/g	Fed/Fet
Ah	4,23	3,80	0,90	n. b.	7,01	5,50	
Bv1	9,87	3,60	0,36	7,14	4,04	8,49	0,35
Bv2	10,42	2,50	0,24	2,98	3,07	7,18	0,36
Bv3	9,16	1,41	0,15	0,80	1,92	3,91	0,35
Bv4	8,28	1,16	0,14	0,68	1,51	3,16	0,32
II Cv	7,75	0,97	0,12	0,22	0,55	0,48	0,45
III C1	7,09	0,90	0,13	0,25	0,26	0,11	0,48
C2	4,99	0,48	0,10	0,12	0,21	0,07	0,45
C3	4,95	0,21	0,04	0,25	0,36	0,06	0,44

Die pH-Werte des Bv-Horizontes liegen konstant im stark sauren Bereich, wobei sich an seiner Basis eine markante Versauerungsfront feststellen läßt. Darunter pegeln sich die pH-Werte sofort im alkalischen Bereich ein. Nach der mittleren Basensättigung des Bv-Horizontes ist das Profil als Mesobraunerde im Sinne von AG BODEN (1994) einzuordnen. Die organische Substanz weist in ihrer Tiefenfunktion innerhalb des Bv-Horizontes ebenfalls einen deutlichen Gradienten auf.

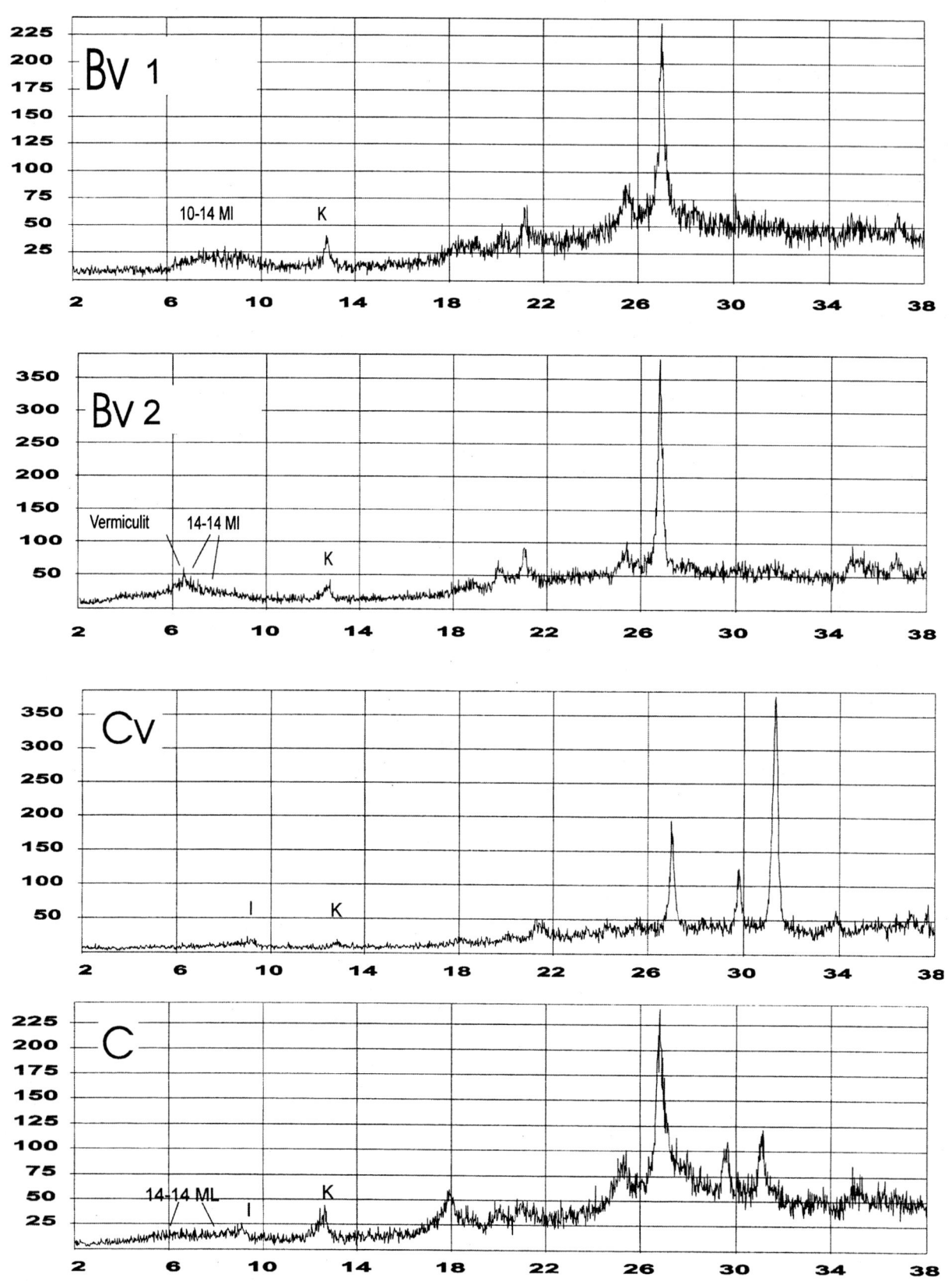

Abb. 78: Röntgendiffraktogramme der Tonfraktion in Profil Rachertsfelden 1

Röntgenuntersuchungen an der Tonfraktion von Profil Rachertsfelden 1 zeigten durchgehend Kaolinitpeaks an (*Abb. 78*). Im C-Horizont ist der Illitanteil gegenüber dem Bv-Horizont erhöht, während im gesamten Profil schwache Anzeichen für das Vorkommen von Wechsellagerungsmineralen zu beobachten sind.

5.3.2 Profil Rachertsfelden 2 (Braunerde)

Mit abnehmender Mächtigkeit der Lößderivate auf der Schotterfläche vor dem Moränenwall verringert sich auch die Mächtigkeit des Bv-Horizontes (vgl. *Abb. 79*). Der liegende Schotter von Profil 2 wird im Hangenden durch eine relativ mächtige lößbeeinflußte Solifluktionsdecke abgelöst, in deren oberem Teil sich ein schwach verbraunter Horizont entwickelte (II Bv-Cv). Der Bv-Horizont ist dagegen mit dem hangenden Lößderivat koinzident, welches eine noch feinere Körnung aufweist. Sein Verlehmungsgrad entspricht den Verhältnissen im benachbarten Profil Rachertsfelden 1.

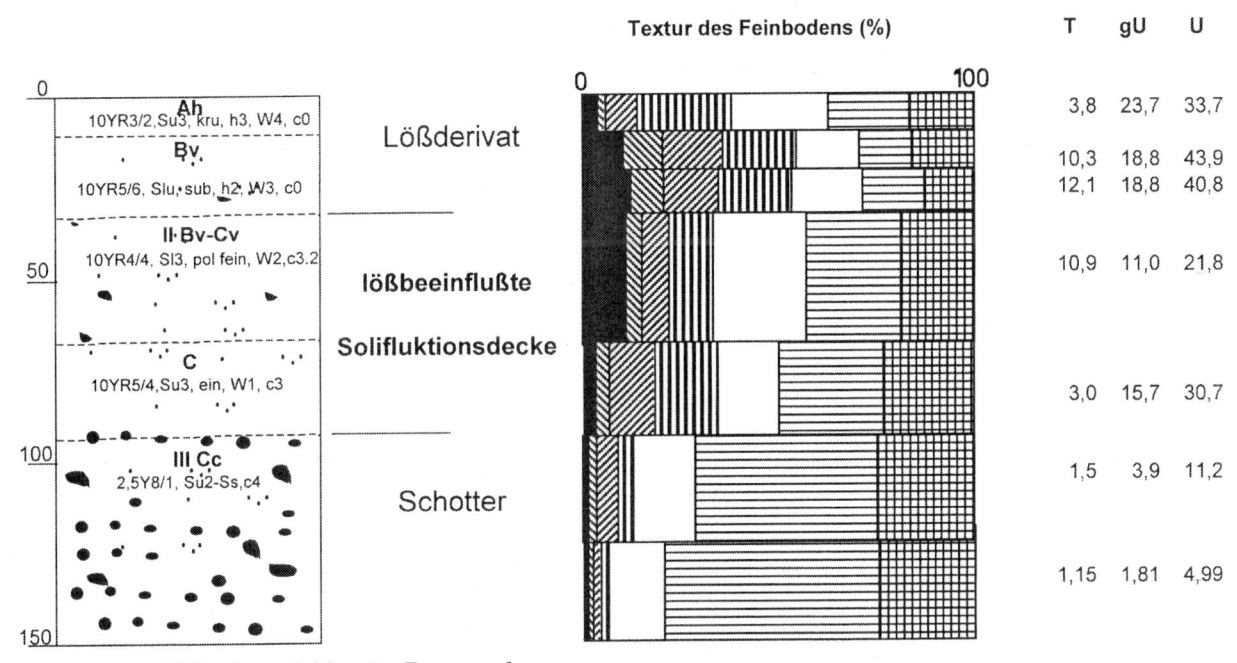

Abb. 79: Profil Rachertsfelden 2 - Braunerde

5.3.3 Profil Rachertsfelden 18 (Braunerde)

Der pedologische Charakter des Profils am Ostende des Transektes wird stark von der Lithologie seines aus mächtigen Staubeckenablagerungen bestehenden Untergrundes geprägt (*Abb. 80*). Dessen Schichtung reicht wie bei den Schottern von Profil Rachertsfelden 1 bis an die Untergrenze des Verwitterungsbereiches heran. Es handelt sich bei dieser pedologisch deutlichen Grenze jedoch um einen aus geologischer Sicht allmählichen Übergang, dessen auffälligstes Merkmal die nach oben ansteigenden Grobschluffgehalte sind. Sie bezeugen ebenso wie die kontinuierlich abfallenden Sortierungsparameter einen in dieser Richtung zunehmenden äolischen Einfluß und damit die Ausbildung einer Deckschicht.

Eine Verlehmungstendenz ist in Profil Rachertsfelden 18 nicht zu erkennen, was vermutlich auf den hohen Tongehalt der unterlagernden Staubeckensedimente zurückzuführen ist. Der Verwitterungsbereich wird am besten durch das oxalatlösliche Eisen, das dithionitlösliche Aluminium und den Aktivitätsgrad des Eisens markiert, welche im Bv-Horizont durchgehend höhere Werte als im Ausgangsgestein aufweisen. Die niedrigen pH-Werte liegen vorwiegend im sehr stark sauren Bereich (*Tab. 29*). Die ebenfalls niedrige Basensättigung im Verwitterungsbereich kennzeichnet das Profil als Dysbraunerde nach AG BODEN (1994).

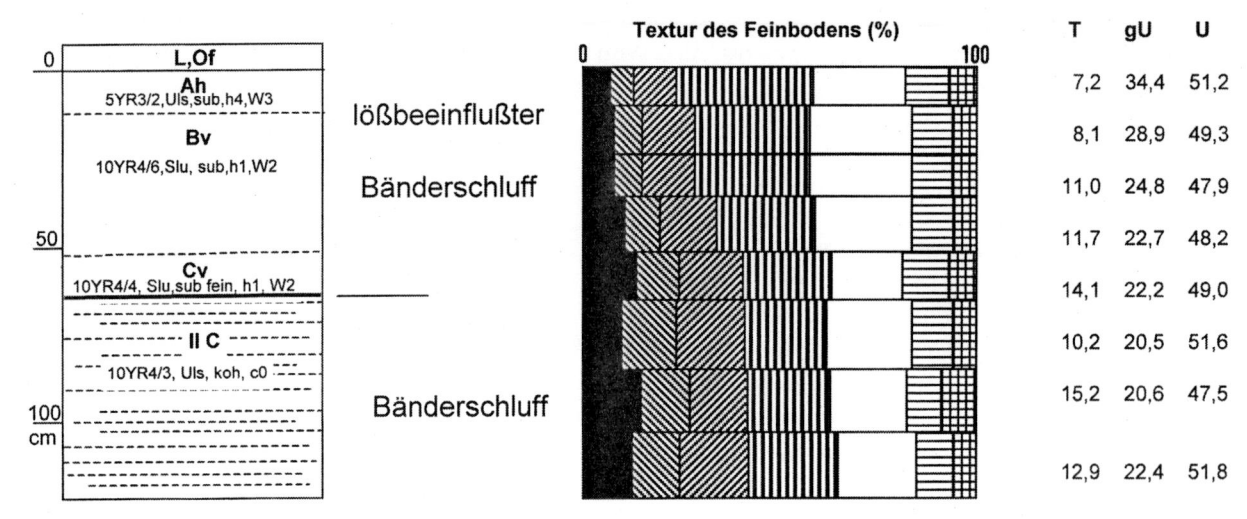

Abb. 80: Profil Rachertsfelden 18 - Braunerde

Tab. 29: Bodenchemische Parameter von Profil Rachertsfelden 18

Horizont	pH H₂O	pH CaCl₂	C mg/g	N mg/g	C/N	KAK mmol/kg	BS %
Ah	3,9	3,3	36,4	2,1	17,7	203	16
Bv1	4,0	3,4	25,1	1,9	13,6	227	11
Bv2	4,1	3,6	16,3	0,8	19,2	165	17
Bv3	4,2	3,7	12,7	0,9	14,6	167	25
Cv	4,3	3,7				168	26
II C1	4,7	3,9				171	37
C2	5,2	4,4				195	61
C3	5,5	4,8				283	77

Horizont	Fed mg/g	Feo mg/g	Feo/Fed	Fep mg/g	Ald mg/g	Alo mg/g	Alp mg/g
Ah	9,29	5,10	0,55	7,46	2,01	6,51	2,04
Bv1	8,97	4,88	0,54	7,12	2,01	6,29	1,96
Bv2	9,62	5,01	0,52	6,64	2,18	5,87	1,72
Bv3	9,47	5,08	0,54	5,54	2,09	6,33	1,82
Cv	10,12	4,21	0,42	0,45	1,95	5,57	0,25
II C1	9,05	3,35	0,37	3,78	1,72	4,87	1,36
C2	9,92	3,75	0,38	3,83	1,55	4,05	1,05
C3	8,75	3,31	0,38	4,09	1,36	4,00	0,91

5.3.4 Profil Rachertsfelden 13 (Braunerde-Parabraunerde)

Zur Kuppe des Moränenwalles hin dünnen die periglaziären Deckschichten aus. Typische Braunerden lassen sich in diesen Profilen nicht mehr beobachten. Es dominieren Übergangsformen zwischen Braunerden und Parabraunerden. Als repräsentativ für die Situation am Fuß des Moränenwalles kann das auf einer Zwischenebene gelegene Profil Rachertsfelden 13 gelten.

Die glaziale Folge der Zwischenebene mit Profil 13 wird im Hangenden von der dünnen Ablationsmoräne mit ihrem typischen hohen Tongehalt abgeschlossen. Die darüber einsetzende periglaziale Deckserie ist mit 70cm Mächtigkeit schon etwas schwächer als auf der untersten Stufe des Transektes ausgebildet (vgl. *Abb. 81*). Sie gliedert sich jedoch ebenso in eine untere skelettreiche lößbeeinflußte Solifluktionsdecke und in ein oberes solifluidal beeinflußtes Lößderivat, welches kaum noch Kiese enthält. Innerhalb dieser Abfolge belegen die von der liegenden Ablationsmoräne zum Oberboden kontinuierlich zunehmenden Grobschluffgehalte eine ansteigende äolische Aktivität.

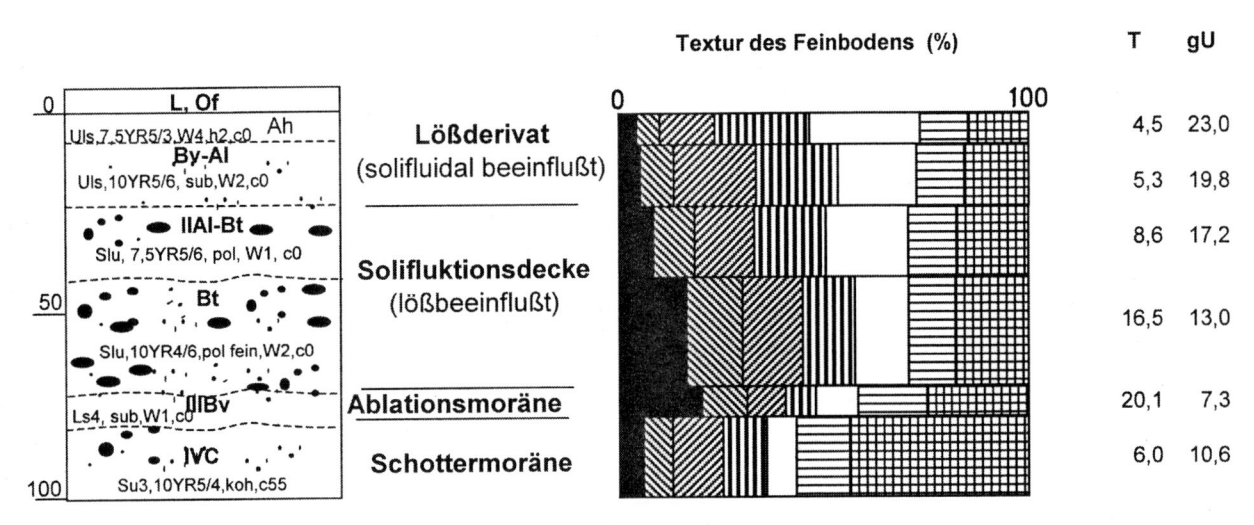

Abb. 81: Profil Rachertsfelden 13 - Braunerde-Parabraunerde

Diese Braunerde-Parabraunerden der Zwischenebenenprofile wiesen als einzige Böden Tonverlagerung als dominierenden Prozeß auf, obwohl der Auswaschungshorizont (Bv-Al) hier ebenfalls schwach verbraunt ist. Schottermoräne und Ablationsmoräne lassen sich mit ihren jeweiligen Horizonten III Bv und IV C über die gröbere Körnung und die schlechte Sortierung gut abgrenzen.

Tab. 30: Bodenchemische Parameter von Profil Rachertsfelden 13

Horizont	pH H₂O	pH CaCl₂	C mg/g	N mg/g	C/N	KAK mmol/kg	BS %
Ah	4,1	3,7	39,0	2,2	17,6	257,0	20,2
Bv-Al	4,4	4,1	22,5	1,5	15,0	169,0	26,0
II AlBt	4,5	4,3	7,9	1,0	8,1	171,0	54,4
Bt	4,4	4,2				388,0	75,0
III Bv	6,4	6,1				341,0	81,2
IV C	7,9	7,3				10,0	

Horizont	Fed mg/g	Feo mg/g	Feo/Fed	Fep mg/g	Ald mg/g	Alo mg/g	Alp mg/g
Ah	11,67	5,16	0,44	7,40	4,05	10,30	3,92
Bv-Al	10,56	4,81	0,45	5,60	4,28	12,62	3,83
II AlBt	14,38	4,11	0,29	2,73	3,50	10,00	2,25
Bt	14,46	3,52	0,24	1,43	3,10	7,96	1,49
III Bv	18,62	3,38	0,18	1,48	2,03	5,78	0,66
IV C	4,65			0,23	0,36		0,12

Die schwache Verbraunung des an das Lößderivat gekoppelten Bv-Al-Horizontes wird durch die erhöhten Werte an oxalatlöslichem Eisen belegt (*Tab. 30*). Demgegenüber zeichnet sich der Übergangshorizont II Al-Bt durch erhöhte Gehalte an Ton und freiem Eisen aus. Erst im eindeutigen Bt-Horizont wird eine deutliche Tonverlagerung sichtbar, welche sich makroskopisch in Tonhäutchen äußert. Das dithionitlösliche Aluminium und die Aktivitätsgrade des Eisens weisen auf den Hauptverwitterungsbereich im Bv-Al-Horizont hin, ihre Werte erhöhen sich vom Ausgangsgestein zum Oberboden hin kontinuierlich. Dieser Befund wird von der Tiefenfunktion der Basensättigung gestützt, welche zwischen Bv-Al- und II Al-Bt-Horizont sprunghaft ansteigt. Die pH-Werte der Verwitterungshorizonte liegen im stark sauren Bereich. Wie in den Braunerden des Transektes besitzen die C/N-Verhältnisse des Oberbodens Werte um 15.

5.3.5 Profil Rachertsfelden 16 (Parabraunerde-Braunerde)

Dem im Kuppenbereich des Moränenwalles gelegenen Profil 16 fehlt die äolische Deckschicht vollkommen, was durch die über fast das gesamte Profil stabilen Grobschluffgehalte belegt wird (*Abb. 82*). Die mächtige Schottermoräne wird im Hangenden wieder von der dünnen Ablationsmoräne abgeschlossen, während eine Solifluktionsdecke die einteilige periglaziäre Deckschicht bildet. Im Oberboden wird eine deutliche Tonanreicherung sichtbar, welche im II Bvt-Horizont ein zweites Maximum besitzt. Hier läßt sich ebenfalls das Maximum der Gehalte an freiem Eisen nachweisen (*Tab. 31*).

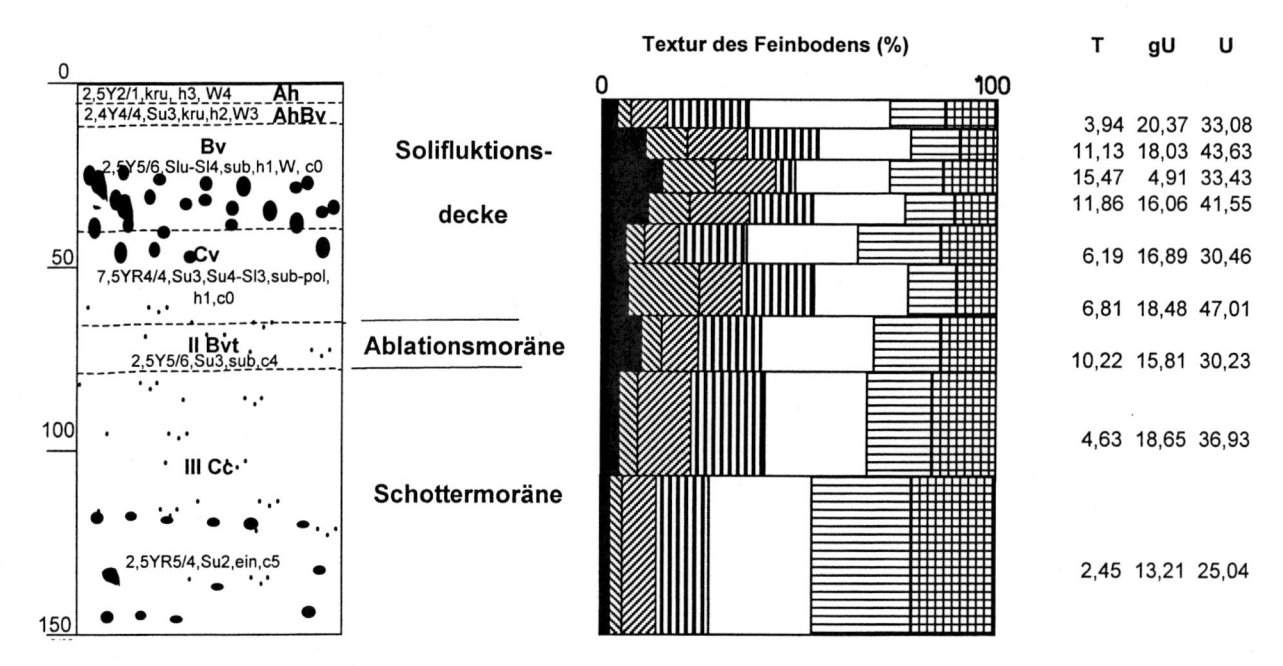

Abb. 82: Profil Rachertsfelden 16 - Parabraunerde-Braunerde

Über den höheren Aktivitätsgrad des Eisens und die Anreicherung der pedogenen Aluminiumfraktionen läßt sich die Hauptverwitterungszone des Profils jedoch eindeutig in den Bv-Horizont einordnen. An der Basis der Solifluktionsdecke verläuft offenbar eine Versauerungsfront, welche sich durch den sprunghaften Anstieg von pH-Wert und Basensättigung zum Liegenden hin dokumentiert (*Tab. 31*). Die Basensättigung besitzt im Bv- und Cv-Horizont wesentlich höhere Werte als in diesen Horizonten der vorangehend beschriebenen typischen Braunerden.

Tab. 31: Bodenchemische Parameter von Profil Rachertsfelden 16

Horizont	pH H₂O	pH CaCl₂	C mg/g	N mg/g	C/N	KAK mmol/kg	BS %
Ah	3,2	3,0	58,6	3,6	16,3	375,0	5,6
Bv	4,2	4,1	10,8	0,5	20,4	157,0	45,8
Cv	4,3	4,1	10,5	0,4	25,0	141,0	42,5
II Bvt	7,0	6,5	6,1	0,7	8,6	501,0	94,2
III C	7,1	6,6				288,0	89,6

Horizont	Fed mg/g	Feo mg/g	Feo/Fed	Fep mg/g	Ald mg/g	Alo mg/g	Alp mg/g
Ah	7,86	3,96	0,50	11,15	1,10	3,35	1,42
Bv	7,20	1,76	0,24	2,89	1,92	4,44	1,82
Cv	7,77	1,79	0,23	2,32	1,63	3,67	1,38
II Bvt	19,26	2,13	0,11	4,93	1,81	3,37	1,75
III C	15,50	2,04	0,13	0,26	1,43	3,45	0,27

5.3.6 Profil Rachertsfelden 17 (Braunerde)

Das ebenfalls im Kuppenbereich des Walles gelegene Profil 17 weist nur noch eine weniger als 30cm mächtige periglaziäre Deckschicht auf (*Abb. 83*). Sie unterscheidet sich von der darunter folgenden Ablationsmoräne durch eine deutliche Grobsandverarmung und Grobschluffanreicherung. Trotz der Verkürzung des Deckserienprofils bleibt die Koinzidenz von Horizont- und Schichtfolge erhalten.

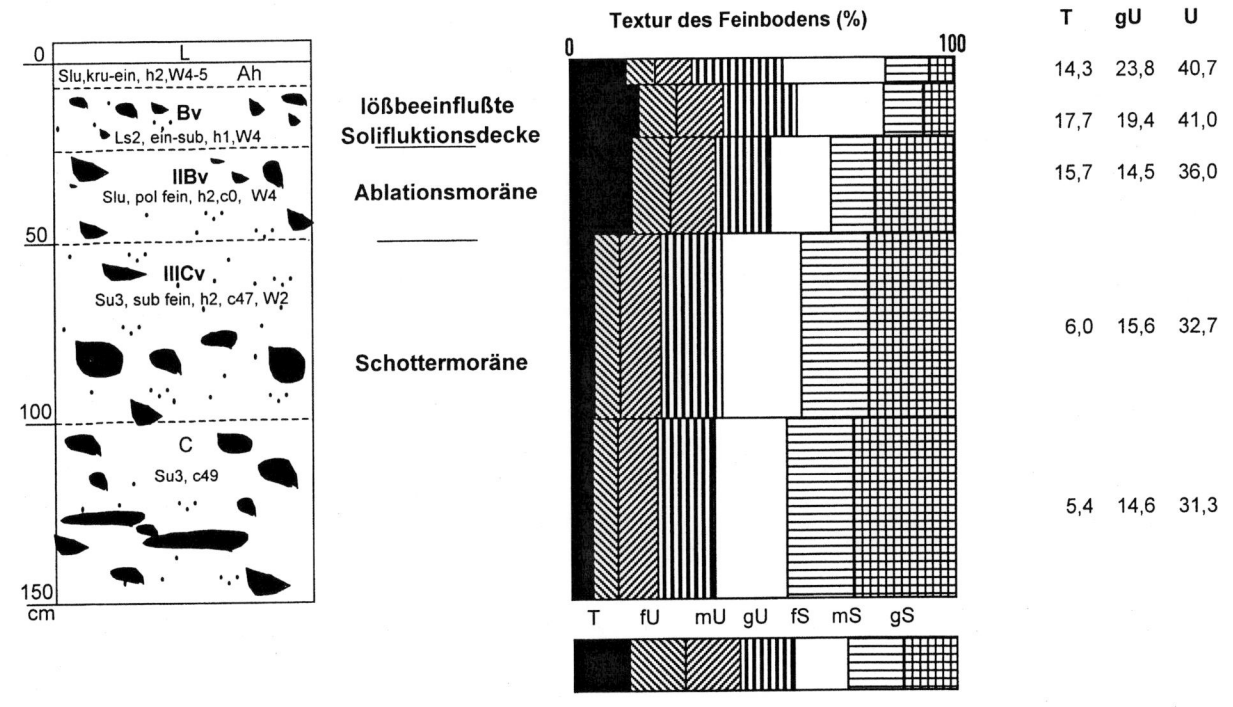

Abb. 83: Profil Rachertsfelden 17 - Braunerde

5.3.7 Profil Rachertsfelden 15 (Pararendzina-Braunerde)

An diesem Beispielprofil für den steileren Proximalhang des Moränenwalles läßt sich die fehlende periglaziäre Beeinflussung demonstrieren. Die bis in Oberflächennähe geschichteten und teilweise verstellten Schotter bilden in der Pararendzina-Braunerde (vgl. *Abb. 84*) das Ausgangssubstrat der Bodenbildung. Der Verwitterungshorizont ist als AhBv anzusprechen und nur 10-15cm mächtig. Trotzdem läßt er eine Verlehmungstendenz erkennen. Dagegen ist der Boden bis in den Humushorizont hinein noch kalkhaltig.

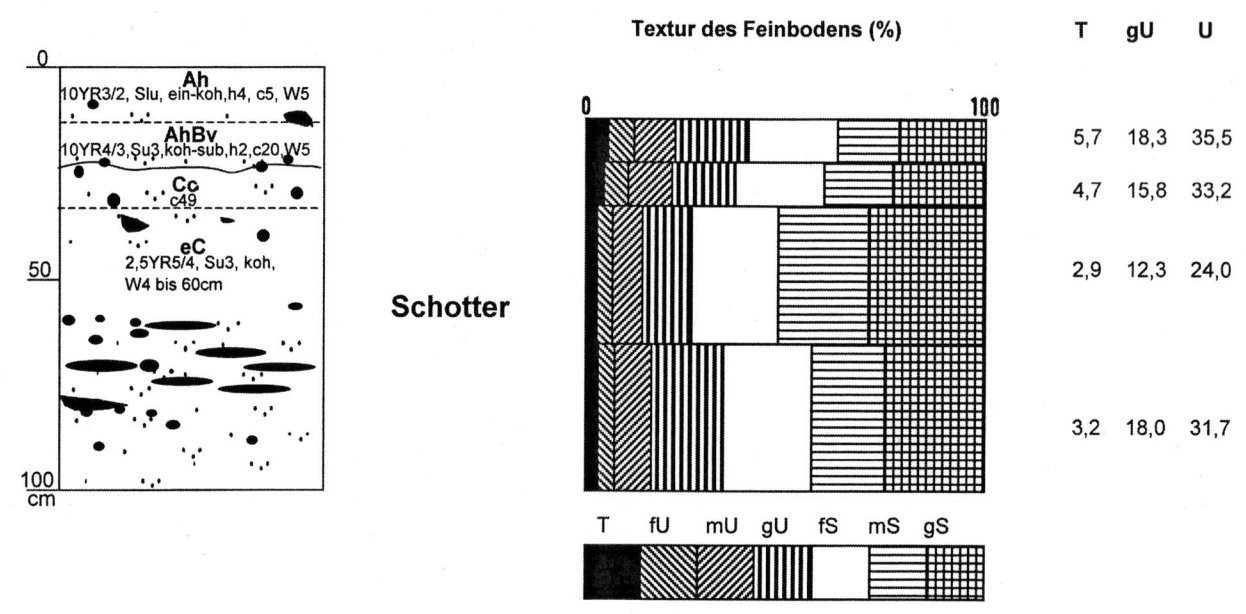

Abb. 84: Profil Rachertsfelden 15 - Pararendzina-Braunerde

5.4 Mittlerer Jungmoränengürtel im Laubmischwaldgebiet (Testareal 2)

Die eigenen Untersuchungen im Osterseengebiet konzentrierten sich auf den Bereich der relativ ebenen Seeshaupter Terrasse mit ihren vielen kleinen Toteiskesseln (*Abb. 85*). Eigene Bohrungen auf der ungestörten Oberfläche der Seeshaupter Terrasse bis in 12m Tiefe ergaben durchgehend grobe kalkalpine Schotter als glazifluviales Liegendes.

Als erste Anhaltspunkte für den periglaziären Formenschatz des Osterseengebietes beschrieben PETERMÜLLER-STROBL und HEUBERGER (1985, S. 46) die Periglazialtäler westlich von Anried sowie eine nicht speziell klassifizierte "kryogene Deckschicht" auf den Schottern der Seeshaupter Terrasse. Die Bohrungen zwischen Seshaupt und Frechensee ergaben in der Feldansprache eine regelhaft zweiteilige Deckschichtenfolge über den Schottern, deren Typusboden eine schwach entwickelte Parabraunerde darstellt. In den Senken der Toteiskessel wurden die Schotter von feineren kalkfreien Hangsedimenten mit einer mittleren Mächtigkeit von drei Metern überlagert. Vermutlich sind diese als Sonderform des periglaziären Formenschatzes einzuordnen. Die Bodenentwicklung nahm auf diesen offenbar schon kalkfrei abgelagerten Sedimenten in den Senken der Toteiskessel eine andere Entwicklung als in den vorangehend beschriebenen Schotterprofilen.

5.4.1 Typusprofil Seeshaupter Terrasse (Parabraunerde Seeshaupt 1)

Südlich des Bahnhofs von Seeshaupt wurde auf der Seeshaupter Terrasse (vgl. *Abb. 85*) ein Deckschichtenprofil mit einer schwach entwickelten Parabraunerde aufgenommen. Die liegenden kalkalpinen Schotter der Seeshaupter Terrasse unterscheiden sich durch ihre grobe Körnung und schlechte Sortierung deutlich von der hangenden Periglazialfolge (*Abb. 86*). Diese läßt sich in eine untere tonangereicherte Solifluktionsdecke und ein oberes schluffreiches Lößderivat unterteilen.

Im Lößderivat mit dem Ah- und Al-Horizont kommen noch vereinzelte Kalkgerölle vor (Karbonatgehalt um 10%), während im unteren Profilabschnitt auch die Matrix noch nicht entkalkt ist. Die pH-Werte liegen deshalb nur im Ah-Horizont deutlich unterhalb des alkalischen Bereiches.

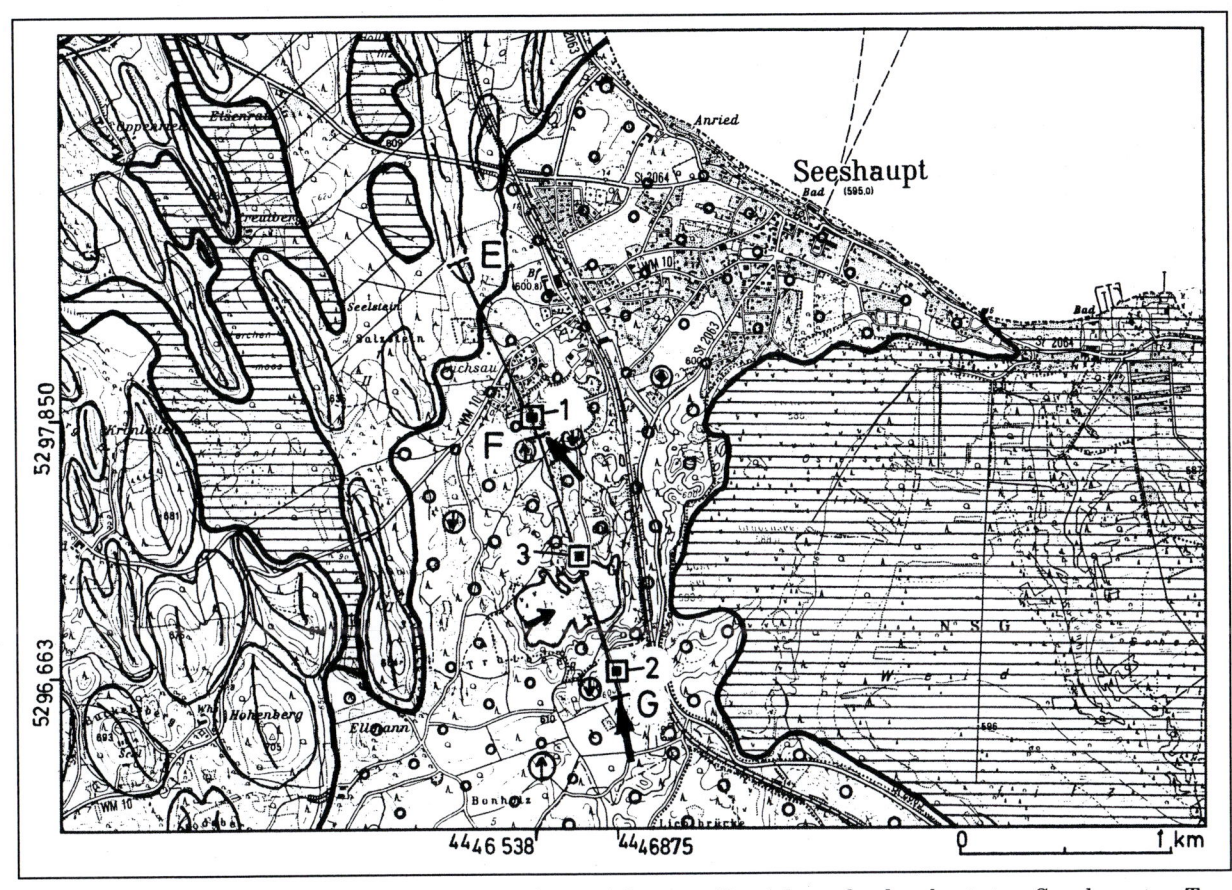

Abb. 85: Lage der Profile Seeshaupt 1, 2 und 3 auf der von Toteiskesseln durchsetzten Seeshaupter Terrasse (geologisch-morphologische Situation nach PETERMÜLLER-STROBL und HEUBERGER 1985)

Der obere Abschnitt der Solifluktionsdecke besitzt die höchsten Tongehalte im Profil und läßt als Bt-Horizont auch makroskopisch Tonhäutchen erkennen. Allerdings beträgt der Unterschied zwischen Al- und Bt-Horizont im Tongehalt nur etwas mehr als 5%, was die schon aufgrund der geringen Mächtigkeit des Al-Horizontes vermutete schwache Profilentwicklung bestätigt.

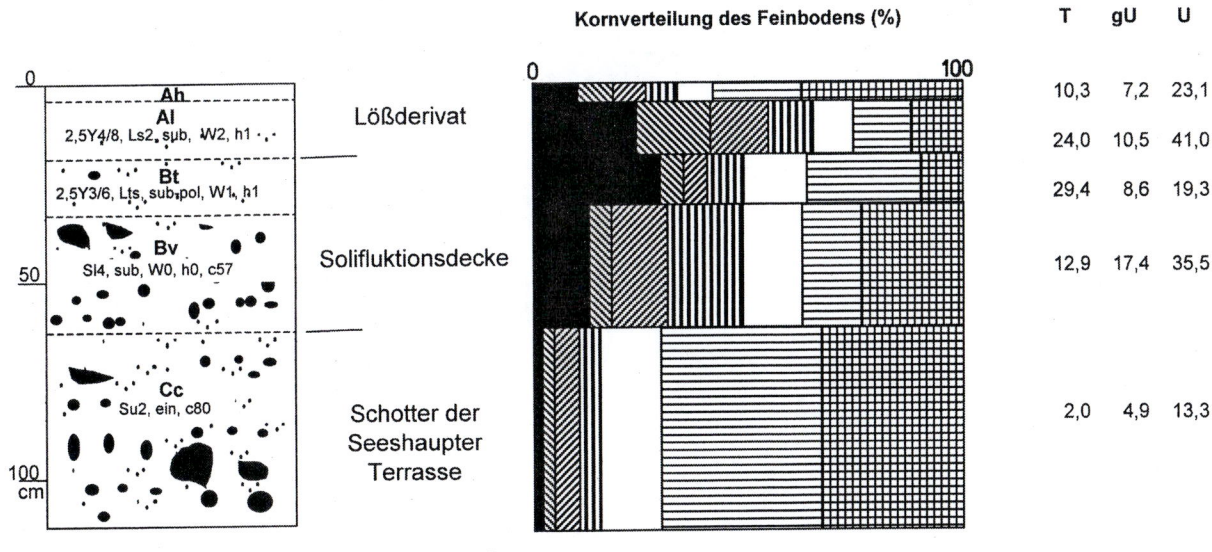

Abb. 86: Profil Seeshaupt 1 - Parabraunerde

Die löslichen Eisenfraktionen widerspiegeln die Lessivedynamik jedoch exakt (*Tab. 32*). Die prinzipiell nach unten hin abfallenden oxalatlöslichen Gehalte weisen ein internes Minimum im tonverarmten Al-Horizont auf. Diese starke Auswaschungstendenz wird durch die dithionitlöslichen Gehalte belegt, welche gleichzeitig einen hohen Anreicherungsgrad im Bt-Horizont anzeigen. Die durchgehend niedrigen Aktivitätsgrade des freien Eisens (<0,1) sind ebenfalls für Parabraunerden charakteristisch.

Tab. 32: Bodenchemische Parameter von Profil Seeshaupt 1

Horizont	CaCO$_3$	Feo	Fed	Feo/Fed	pH	C	N	C/N
Ah	10,3	0,09	1,19	0,08	5,8	43,0	4,0	10,7
Al	10,0	0,06	0,83	0,07	6,8	24,0	2,0	11,8
Bt	22,1	0,07	1,92	0,04	7,1	10,1	1,0	10,4
Bv	53,7	0,07	1,14	0,06	7,1			
C	68,5	0,02	0,18	0,09	7,0			

Profil Seeshaupt 1 stellt demnach mit seiner schwachen Entkalkung, der undeutlichen Tonverlagerung und den engen C/N-Verhältnissen auch aus analytischer Sicht eine typische Parabraunerde des bayerischen Jungmoränenlandes dar (vgl. FETZER et al. 1986). Die sensiblen Eisenanalysen weisen jedoch die Lessivedynamik des Profils gut nach.

5.4.2 Profil Toteiskessel Seeshaupt 2 (Pseudogley-Braunerde)

Auffälligstes Merkmal dieser Pseudogley-Braunerde in einem Toteiskessel ist ihre einheitliche Körnung, welche sich in stabilen Mittelwerten und Sortierungswerten dokumentiert (vgl. *Abb. 87*). Eine periglaziäre Deckserie läßt sich nicht erkennen. Unter dem hellbraunen Verwitterungshorizont (Cv-Bv) beginnt Pseudovergleyung einzusetzen. Im Cv-Bv-Horizont selbst ist keine Verlehmung nachweisbar. Der Verwitterungshorizont kann nur laboranalytisch aufgrund seiner stark erhöhten Gehalte des dithionit- und oxalatlöslichen Eisens identifiziert werden (*Tab. 33*).

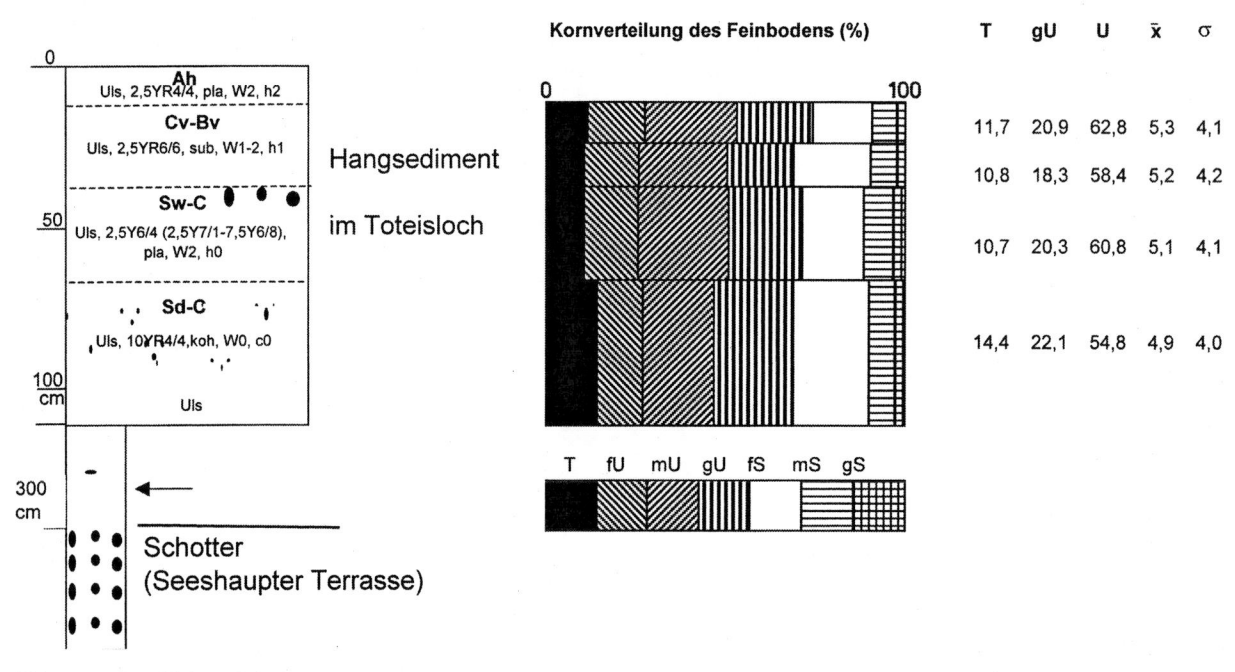

Abb. 87: Profil Seeshaupt 2 - Pseudogley-Braunerde

Tab. 33: Bodenchemische Parameter von Profil Seeshaupt 2

Horizont	pH	C	N	C/N	KAK	BS
	CaCl$_2$	mg/g	mg/g		mmol/kg	%
Ah	3,7	25,4	2,0	13,0	186,0	20,4
Cv-Bv	4,1	10,3	0,2	58,5	102,0	11,8
Sw-C	4,3				88,0	18,2
Sd-C	4,4				74,0	24,6
Bohrung	4,7				152,0	68,4

Horizont	Fed	Feo	Feo/Fed	Ald	Alo
	mg/g	mg/g		mg/g	mg/g
Ah	3,90	4,13	1,10	5,91	6,38
Cv-Bv	3,49	4,35	1,20	7,76	6,42
Sw-C	3,59	3,22	0,90	9,67	7,54
Sd-C	1,02	1,99	2,00	5,93	4,91

Die niedrige Basensättigung im Cv-Bv-Horizont klassifiziert den Verwitterungshorizont nach AG BODEN (1994) als basenarm. Die pH-Werte der verwitterten Horizonte liegen ebenfalls durchgehend im stark sauren Bereich.

5.4.3 Profil Toteiskessel Seeshaupt 3 (Regosol-Braunerde)

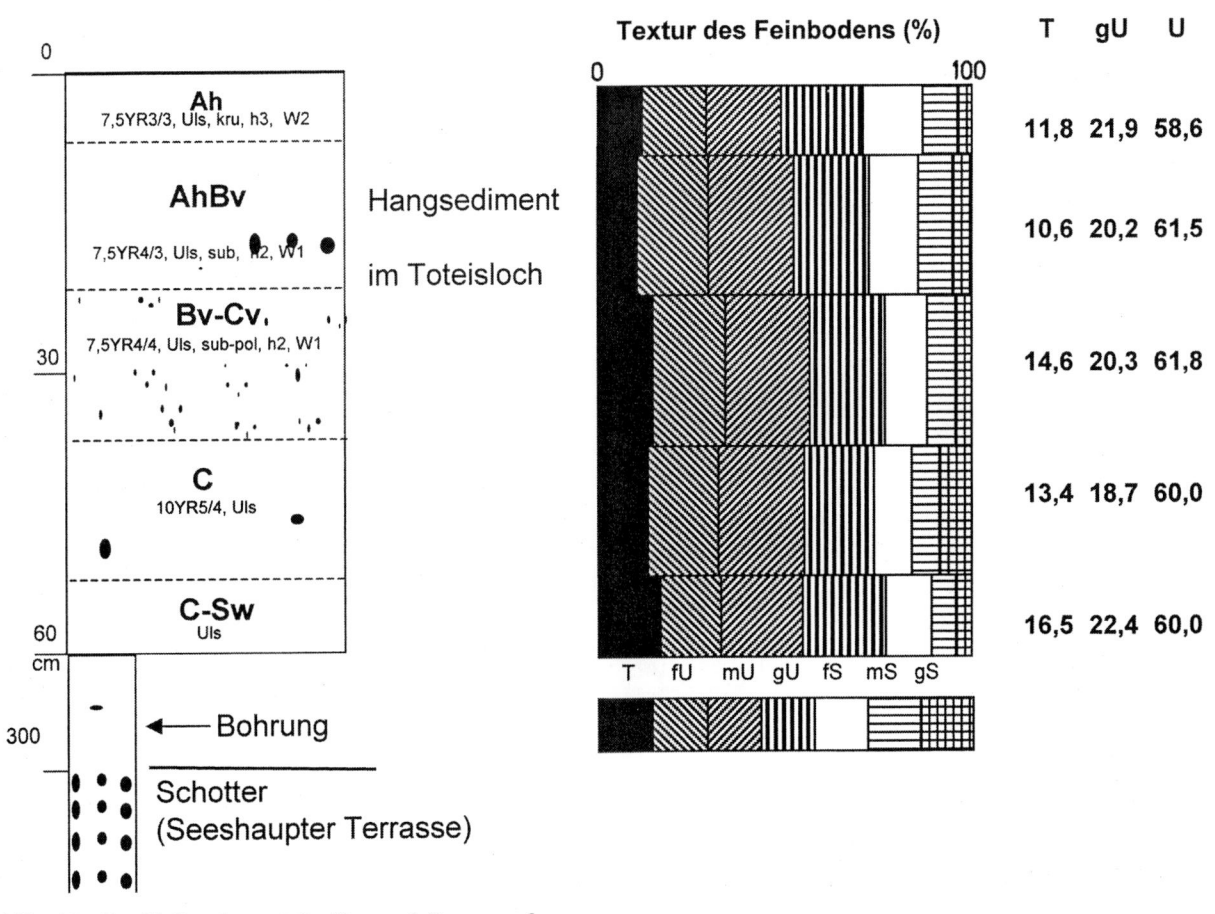

Abb. 88: Profil Seeshaupt 3 - Regosol-Braunerde

Auch dieses Profil in einem der zahlreichen Toteiskessel zeichnet sich durch einen einheitlichen lithologischen Aufbau mit gleichbleibendem Mittelwert der Körnung und Sortierung aus (*Abb. 88*). Seine Verbraunung und Verlehmung ist im Vergleich zum vorangehend beschriebenen Profil Seeshaupt 2 noch schwächer entwickelt und ließ nur eine Einstufung als Regosol-Braunerde zu.

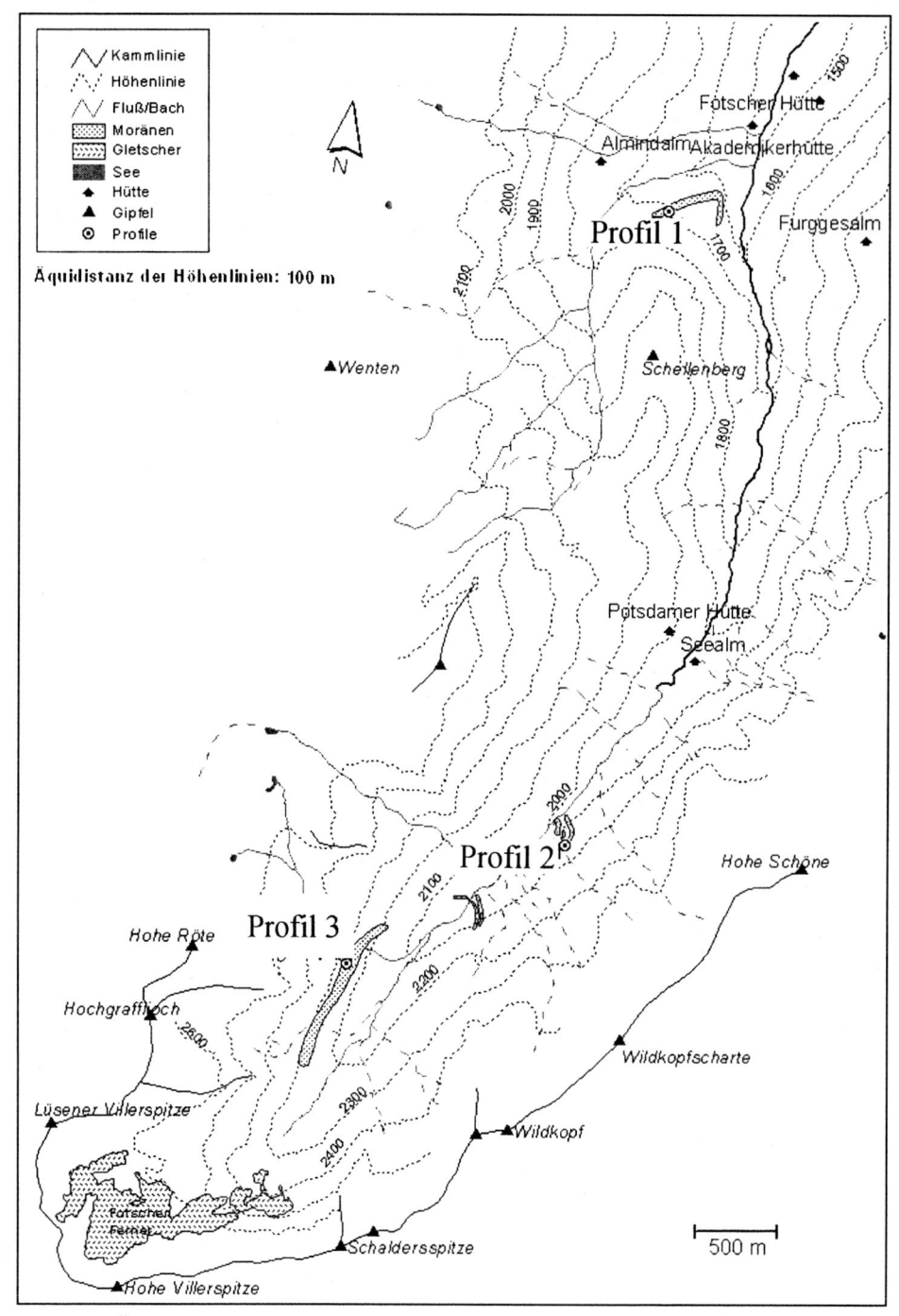

Abb. 89: Übersichtskarte Fotschertal in den Stubaier Alpen

5.5 Innerer Jungmoränengürtel in der oberen montanen bis alpinen Stufe (Testareal 3)

Auf datierten spätglazialen Moränen der Ötztaler und Stubaier Alpen wurde vor allem im Fotschertal eine Serie von Schurfgruben angelegt, deren Normböden nachfolgend exemplarisch zu diskutieren sind. Profil Fotschertal 1 befindet sich auf einer Moräne des Sendersstadiums, während die Profile Fotschertal 2 und 3 der Moräne des Egesenstadiums angehören (vgl. *Abb. 89*). Aus zonaler Sicht können sie als repräsentativ für die obere montane (Fotschertal 1), subalpine (Fotschertal 3) und alpine Stufe (Vernagthütte) gelten. Unter natürlichen Bedingungen gehörte Profil Fotschertal 2 noch in die oberste montane Stufe. Die Almwirtschaft senkte jedoch die Waldgrenze deutlich ab, so dass es sich rezent in der subalpinen Stufe befindet. Das holozäne Vergleichsprofil Vernagthütte wurde auf dem Gletscherstand von 1850 in der alpinen Stufe gegraben.

5.5.1 Profil Fotschertal 1 (podsolige Braunerde)

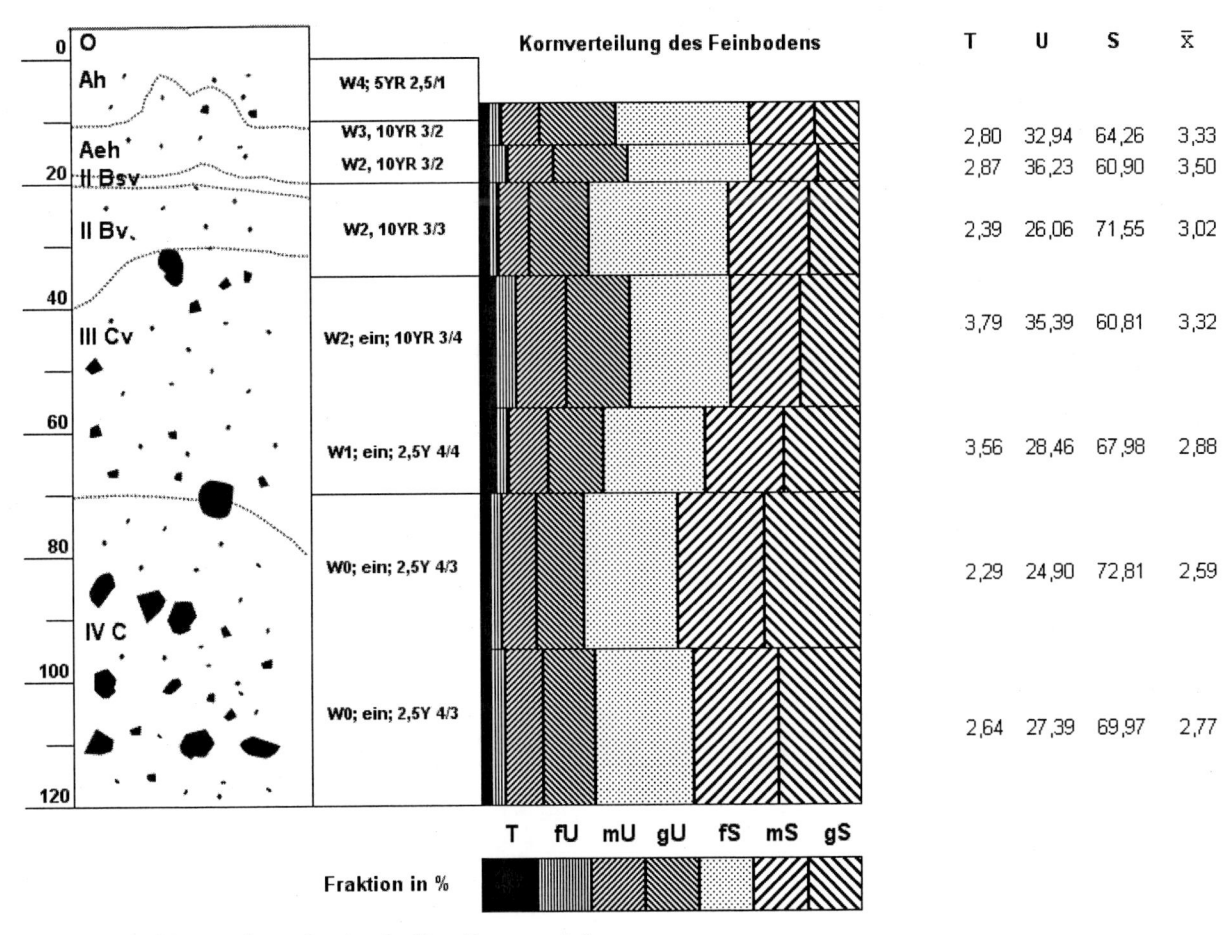

Abb. 90: Profil Fotschertal 1 (podsolige Braunerde)

Die Profilgrube Fotschertal 1 wurde etwa einen Kilometer südwestlich des Alpengasthofs Bergheim auf einer Höhe von 1670m NN angelegt. Es handelt sich dabei um die Moräne des Sendersstadiums im Sinne von KERSCHNER (1986 sowie mdl. Mitteilung). Der Standort wird von einem dichten Fichtenwald der oberen montanen Stufe mit Alpenrosen, Gräsern und Moosen bedeckt. Makroskopische und bodenchemische Aufnahme weisen eine podsolige Braunerde aus (*Farbtafel 13-2*). Während sich die Podsoldynamik in den obersten 20cm widerspiegelt (O-Aeh-Bsv), dokumentieren die anschließenden 50cm Profiltiefe eine klassische Braunerde mit Bv- und Cv-Horizont über dem Ausgangsgestein. Der Deckschichtencharakter des Profils wird durch die Abnahme der Grob- und Mittelsandgehalte sowie die Zunahme der Feinsand- und Grobschluffgehalte vom

Liegenden zum Hangenden offensichtlich (*Abb. 90*). Jedoch läßt sich eine klare Abschwächung des Körnungssprungs im Vergleich zu den Alpenvorlandsprofilen erkennen. Eine Verlehmung wird in den Tongehalten nur undeutlich erkennbar. Die bodenchemischen Befunde bestätigen jedoch die prinzipielle Verbraunung mit schwacher Podsolierungstendenz im Oberboden (*Tab. 34*). Beim freien Eisen weist die sensiblere oxalatlösliche Fraktion eine deutlichere Depression im Vergleich zum dithionitlöslichen Eisen auf. Basensättigung und pH-Wert weisen hingegen zum Liegenden hin zunehmende Tendenzen auf. Wie die Geländeaufnahme weisen auch die analytisch ermittelten weiten C/N-Verhältnisse im Oberboden (>20) auf Rohhumus als vorherrschende Humusform hin. Resultierend kann das Profil als podsolige Braunerde in periglaziärer Deckschicht eingeordnet werden, welche sich nur in der Intensität ihrer Ausbildung von ihren Pendants im Vorland unterscheidet.

Tab. 34: Bodenchemische Parameter von Profil Fotschertal 1

Horizont		Fed [mg/g]	Feo [mg/g]	Feo/Fed	KAK [mval/100g]	BS %
O	0-8 cm	9,47	3,75	0,40	44,4	13,1
Aeh	8-14 cm	12,23	5,00	0,41	18,5	27,6
Bsv	14-20 cm	12,48	8,56	0,69	18,0	33,9
Bv	20-35 cm	10,78	8,52	0,79	18,9	31,7
Cv	35-70 cm	4,86	3,42	0,70	14,3	39,9
		3,33	2,32	0,70	12,5	53,6
C	70-120 cm	1,48	1,09	0,74	10,9	67,0

Horizont		pH CaCl	C [mg/g]	N [mg/g]	C/N
O	0-8 cm	2,91	216,60	9,31	23,26
Aeh	8-14 cm	3,54	51,13	2,16	23,64
Bsv	14-20 cm	3,64			
Bv	20-35 cm	3,93			
Cv	35-70 cm	4,16			
		4,36			
C	70-120 cm	4,35			

5.5.2 Profil Fotschertal 2 (podsolige Braunerde)

Obwohl das auf 2.050m NN gelegene Profil rezent von Zwergsträuchern, Gräsern und Kräutern bedeckt wird, würde es sich unter natürlichen Bedingungen noch unterhalb der Baumgrenze befinden. Seine unterlagernde Moräne ist dem Egesenstadium des ausgehenden Würmspätglazials zuzuordnen. Der Deckschichtencharakter ist nicht so eindeutig wie beim vorangehenden Profil zu erkennen (*Abb. 91*). Zwar weist der Verwitterungshorizont eine Erhöhung des Schluffgehaltes auf, jedoch bleiben deren Intensität und Tiefenwirkung begrenzt. Der Oberboden weist hingegen im zum vorangehenden Profil eine intensivere Podsolierung auf. Die Horizontfolge (Ae-Bhs-Bv-C) zeigt eine Podsol-Braunerde im Sinne der AG BODEN (1994) an. Beide löslichen Eisenfraktionen weisen jeweils eine starke Anreicherung im Bereich des Bhs-Horizontes auf (*Tab. 35*). Dieser besitzt auch einen erhöhten Aktivitätsgrad des freien Eisens.

Besonders mit Hilfe des Sorptionsvermögens lässt sich der podsolierte Oberbodenbereich (niedrige KAK und BS) vom verbraunten Unterboden trennen (hohe KAK und BS). Auch die pH-Werte bestätigen diese Tendenz.

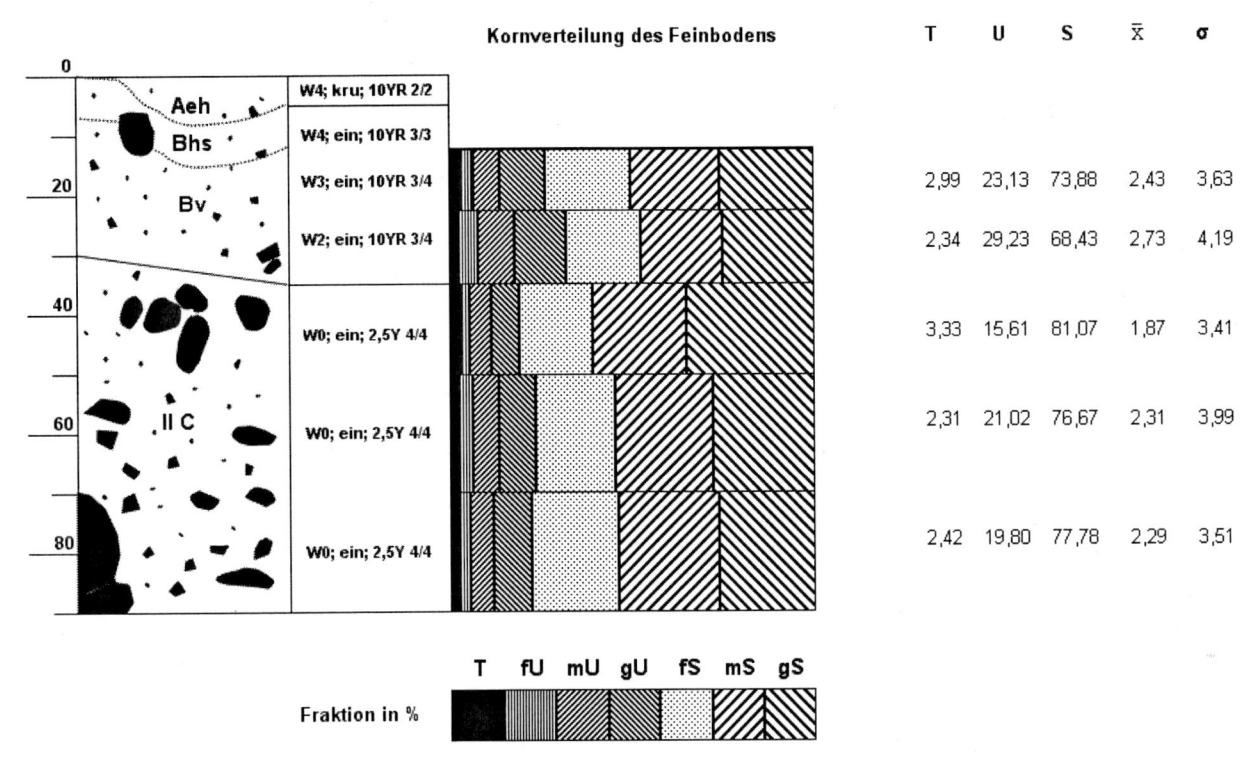

Abb. 91: Profil Fotschertal 2 (podsolige Braunerde)

Tab. 35: Bodenchemische Parameter von Profil Fotschertal 2

Horizont		pH CaCl	C [mg/g]	N [mg/g]	C/N
Aeh	0-5 cm	3,87	109,10	7,02	15,53
Bhs	5-15 cm	4,17	35,87	1,60	22,40
Bv	15-35 cm	4,30	16,34	0,96	16,99
		4,33			
C		4,58			
		4,67			

Horizont		Fed [mg/g]	Feo [mg/g]	Feo/Fed	KAK [mval/100g]	BS %
Aeh	0-5 cm	4,58	3,12	0,68	18,8	35,6
Bhs	5-15 cm	8,64	6,56	0,76	17,9	39,1
Bv	15-35 cm	4,46	2,90	0,65	26,0	75,8
		3,77	2,31	0,61	13,4	59,7
C		0,87	0,55	0,64	13,0	76,9
		0,66	0,36	0,54	11,1	71,2

5.5.3 Profil Fotschertal 3 (Podsol-Braunerde)

Profil Fotschertal 3 dokumentiert auf ungefähr 2.270m Höhe die Bodenbildung in der subalpinen Stufe mit vereinzelten Zwergsträuchern. Wie Profil Fotschertal 2 liegt es auf dem Egesenstadium, in diesem Fall auf einer Seitenmoräne. Die Kornverteilung mit wechselnden Tendenzen in ihrer Tiefenfunktion lässt keine eindeutigen Deckschichten erkennen (*Abb. 92*). Die Horizontfolge (Aeh-Bsv-Bv-Cv-C) zeigt eine podsolige Braunerde an. In den Tongehalten wird eine allgemeine Verlehmungstendenz zum Oberboden hin erkennbar, welche jedoch nicht kontinuierlich ausgeprägt ist. Dafür bestätigen die Eisenwerte die makroskopischen Beobachtungen im wesentlichen (*Tab. 36*). Bei insgesamt hohen Gehalten in den A- und B-Horizonten zeigt das freie Eisen eine zusätzliche Verlagerungstendenz vom Aeh- in den Bsv-Horizont. Der deutliche Abfall der Eisengehalte vollzieht sich bei den mobileren oxalatlöslichen Eisenfraktionen demgegenüber etwas tiefer. Angesichts der erhöhten Aktivitätsgrade in diesem Profilbereich deutet sich eine (maskierte) Podsolierungstendenz an. Dafür würden auch die Depressionen bei den pH- und KAK-Werten sprechen. Die C/N-Verhältnisse des Oberbodens befinden sich im mittleren Bereich, welcher für Braunerden noch typisch ist.

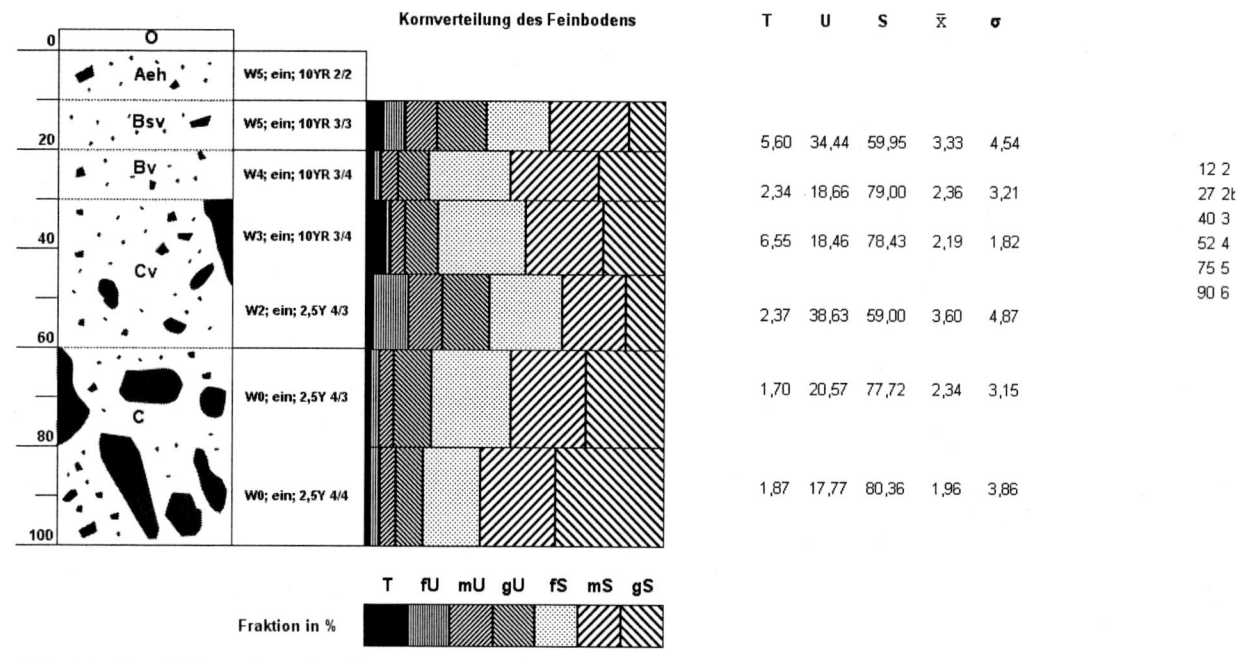

Abb. 92: Profil Fotschertal 3 (Podsol-Braunerde)

5.5.4 Profil Vernagthütte (Syrosem)

Dieses Referenzprofil für die baum- und strauchlose alpine Stufe bei 2.770m wurde im unmittelbaren Vorfeld des Vernagtferners (oberstes Ötztal) aufgenommen. Es befindet sich auf einer markanten Seitenmoräne des 1850-er Gletscherstandes. Die lückenhaft ausgebildete Vegetationsdecke weist nur noch Gräser, Moose und Flechten auf.

Aus bodengeologischer Sicht handelt es sich um ein sehr homogenes Profil ohne erkennbaren Deckschichteneinfluß (*Abb. 93*). Die relativ sandig ausgebildete Moräne setzt sich unverändert bis in den Oberboden hinein fort. Die Bodenbildung ist makroskopisch nicht über ein initiales Stadium hinausgekommen und stellt einen Lockersyrosem dar. Im Gegensatz zu allen vorangehend diskutierten Böden zeigen auch die Laborbefunde keine Verwitterungstendenzen an (vgl. *Tab. 37*). Die pH-Werte fallen sogar ähnlich wie die Basensättigung tendenziell von oben nach unten ab. Deutliche Eisenanreicherungen werden in Oberflächennähe ebenfalls nicht erkennbar. Insgesamt bestätigen die niedrigen freien Eisengehalte und KAK-werte sowie die hohen Basensättigungen im gesamten Profilverlauf die geringe pedogene Überprägung der Moräne.

Tab. 36: Bodenchemische Parameter von Profil Fotschertal 3

Horizont		pH CaCl	C [mg/g]	N [mg/g]	C/N
Aeh	0-10 cm	3,84	115,30	8,12	14,19
Bsv	10-20 cm	4,05	51,42	3,31	15,55
Bv	20-30 cm	4,30	25,60	1,52	16,88
Cv	30-60 cm	4,43	15,34	1,24	12,40
		4,58			
C	60-100 cm	4,66			
		4,61			

Horizont		Fed [mg/g]	Feo [mg/g]	Feo/Fed	KAK [mval/100g]	BS %
Aeh	0-10 cm	6,28	3,00	0,48	23,4	43,2
Bsv	10-20 cm	6,84	3,65	0,53	16,2	34,6
Bv	20-30 cm	6,60	2,37	0,36	16,1	45,3
Cv	30-60 cm	3,53	2,24	0,64	13,1	56,5
		2,02	0,97	0,48	14,5	66,9
C	60-100 cm	1,35	0,80	0,59	13,3	70,7
		1,37	0,94	0,69	13,3	71,4

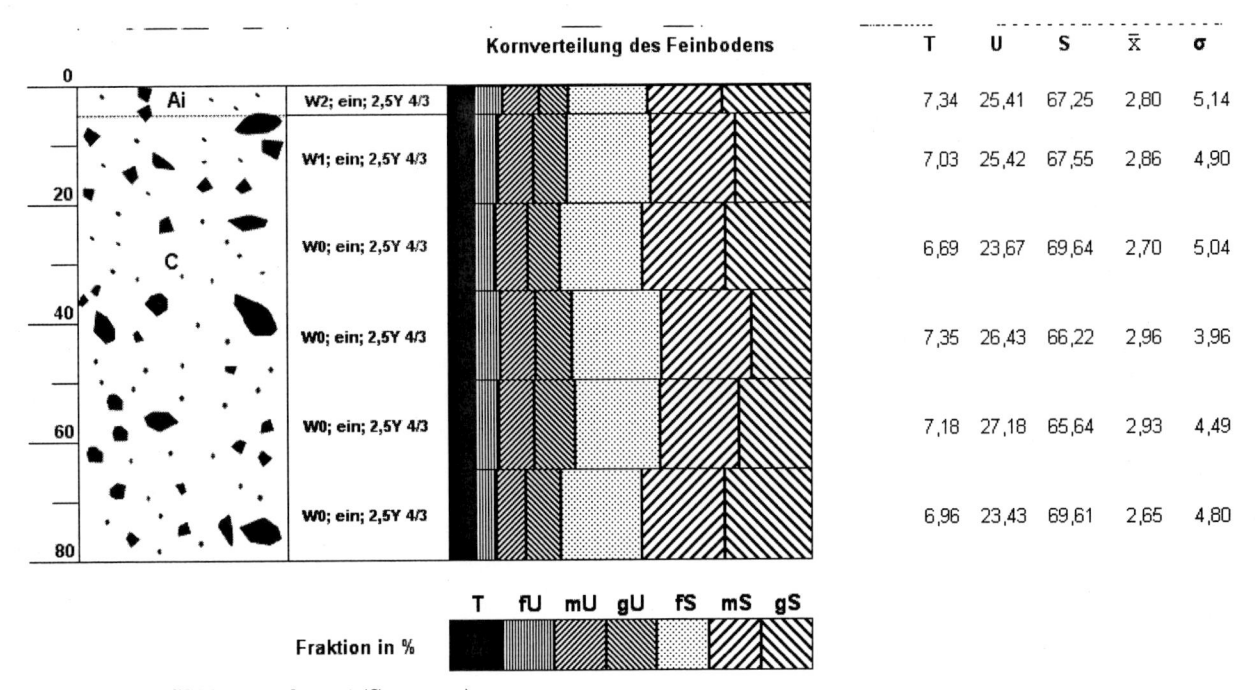

Abb. 93: Profil Vernagthütte (Syrosem)

Tab. 37: Bodenchemische Parameter von Profil Vernagthütte

Horizont		pH CaCl	C [mg/g]	N [mg/g]	C/N
Ai	0-4 cm	4,15	3,32	0,28	11,73
C	4-80 cm	4,36	1,13	0,09	12,13
		4,14	1,15	0,21	5,38
		4,16			
		4,07			
		4,03			

Horizont		Fed [mg/g]	Feo [mg/g]	Feo/Fed	KAK [mval/100g]	BS %
Ai	0-4 cm	5,71	1,23	0,21	9,3	78,5
C	4-80 cm	4,87	0,99	0,20	8,1	79,0
		4,57	0,82	0,18	8,4	79,8
		4,67	0,67	0,14	8,0	75,0
		2,69	0,80	0,30	7,2	75,0
		5,86	0,83	0,14	7,0	71,4

5.6 Diskussion

Sowohl die Profile des nemoralen Alpenvorlandes als auch der borealen hochmontanen Stufe werden von reliktischen periglazialen Deckserien bestimmt.

Die oberflächennahen Sedimente des bayerischen Jungmoränenlandes sind durch eine typische Dreigliederung mit der Abfolge Moräne/Schotter - Solifluktionsdecke - Lößlehm/Lößderivat gekennzeichnet. Diese dokumentiert den Übergang von glazialen zu periglazialen Verhältnissen, welche mit einer äolischen Phase enden. Eiskeilpseudomorphosen bis tief in das Liegende hinein weisen auf kontinuierlichen Permafrost während dieser Entwicklungsetappe hin. Auf den äußeren Moränenhügeln tritt die größte Faziesvielfalt der Deckschichten auf, welche hier gleichzeitig ihre größten Mächtigkeiten erreichen. In der Fallstudie Rachertsfelden nimmt die allgemeine Deckschichtenmächtigkeit vom vorgelagerten Schotterfeld zur Kuppe des Moränenwalles hin kontinuierlich ab. Das hangende Lößderivat wird den Distalhang aufwärts immer dünner und fehlt auf der Kuppe stellenweise. Vermutlich wurden die im Hoch- oder Spätwürm angewehten Lößlehme von der Moräne heruntergespült und sammelten sich am Hangfuß. Solifluktionsdecken bilden hingegen ein ubiquitäres Element dieses Landschaftsausschnittes. Nur am steilen Proximalhang der Endmoräne übernahm das Toteisaustauen die Rolle des steuernden Faktors. Mit dieser stellenweisen Neuanlage des Reliefs am Ende des Spätglazials wurden schon vorhandene Deckschichten zerstört. Wie in den Toteiskesseln der Seeshaupter Terrasse wurde hier das steile Glazialrelief aufgefrischt und blieb infolge der unmittelbar darauf einwandernden Waldvegetation erhalten. Als weitflächig ausgebildeter Prototyp für den mittleren Gürtel des Jungmoränengebietes können die Deckschichten auf der Seeshaupter Terrasse gelten. Sie weisen nur noch eine dünne äolische Auflage über der Solifluktionsdecke auf.

Eine Vorprägung der vertikalen Horizontfolge sowie des lateralen Bodenmosaiks durch die periglaziären Deckserien als Ausgangssubstrat wird vor allem im Testgebiet Rachertsfelden eindeutig erkennbar. Die ebene Seeshaupter Schotterterrasse wird von typischen Parabraunerden des oberbayerischen Jungmoränengebietes im Sinne von GROTTENTHALER und JERZ (1986, 56/57) bedeckt. An intensiver Eisenfreisetzung und -verlagerung wird ihre Verwitterung deutlich erkennbar, jedoch sind Entkalkung und Tonverlagerung vergleichsweise schwach entwickelt.

Das kleingekammerte Bodenmosaik der kuppigen Moränenlandschaften wurde in der Fallstudie Rachertsfelden erfaßt. Die Braunerde ist als Typusboden der glazifuviatilen und glazilimnischen Verebnungsflächen am Fuß des Moränenwalles mit ihren schluffig-sandigen Deckserien anzusehen. Ihre Entwicklung wurde offenbar durch die mächtigen periglaziären Deckschichten auf diesen Reliefelementen begünstigt. Sie stellten ein kalkverarmtes oder schon entkalktes Sediment bereit, in welchem sich intensiv verwitterte Bv-Horizonte bildeten. Zwischen den äolisch beeinflußten Deckschichten und den Bv-Horizonten besteht eine strenge Koinzidenz. Die Verwitterungshorizonte sind aufgrund ihrer Anreicherung pedogener Oxide und ihrer deutlichen Entbasung sehr intensiv entwickelt. Trotzdem lassen sich in den Oberböden keine Podsolierungserscheinungen nachweisen. Sie wurden als stark sauer und basenarm bis mittelbasisch klassifiziert. Ihre Entkalkungstiefe entspricht der Schotterobergrenze. Die periglaziäre Entkalkung des bodenbildenden Substrates stellte offenbar eine zwingende Vorraussetzung für die Entwicklung von echten Braunerden dar. Die Profile am toteisbeeinflußten Hang zeigen, daß die Entkalkungsintensität im gesamten Holozän offenbar nur sehr schwach war.

Bei einem dünneren Lößderivat nimmt auch der Bv-Horizont ab, wird aber dann von einem mächtigeren Bv-Cv-Horizont in der liegenden Solifluktionsdecke abgelöst. Bei Fortsetzung dieser Tendenz auf der Zwischenebene begünstigen sie die Entwicklung von (Braunerde)-Parabraunerden. Auf dem Hang und der Kuppe des Moränenwalls wurden dann bei geringerer Mächtigkeit der Solifluktionsdecke wieder Parabraunerde-Braunerden und Braunerden angetroffen. Die Bodenbildung im glazialen Schotter des Rückhangs der Endmoräne erreichte nur noch ein initiales Stadium. Auf diesen Standorten entstanden dünne Pararendzina-Braunerden, deren Oberboden noch nicht völlig entkalkt ist. Ähnlich gestaltete sich offenbar die Bodenentwicklung in den oberhalb des Grundwasserspiegels gelegenen Toteiskesseln. Aufgrund des Vorkommens primär entkalkter Hangsedimente erreichten die ungeschichteten Böden hier das Stadium von Regosol-Braunerden bis zu schwach entwickelten Braunerden, welche in unterschiedlichem Maß pseudovergleyt sind. Die für Braunerden charakteristische Verlehmung fehlt diesen Übergangsbildungen trotz nachweisbarer Eisenanreicherung vollkommen. Die Profile der Toteiskessel mit ihren Regosol-Braunerden weisen darauf hin, daß primäre Karbonatfreiheit allein nicht hinreichend für eine spätere intensive Braunerdeentwicklung ist.

Auch auf den spätglazialen Moränenstadien der Zentralalpen lassen sich - im Gegensatz zu dem völlig homogenen holozänen Vergleichsprofil Vernagtferner - noch reliktische periglaziale Deckschichten nachweisen. Sie sind jedoch gegenüber den Profilen im Alpenvorland deutlich schwächer ausgebildet. Intern zeichnet sich ebenfalls eine Abschwächung zu den jüngeren spätglazialen Stadien hin ab. Insgesamt ist die Bodenentwicklung auch auf diesen jüngeren Standorten weit fortgeschritten und führte zur Bildung intensiver Verwitterungshorizonte. Deren Eindringtiefe und Verlehmungsgrad fallen jedoch gegenüber den Vorlandprofilen deutlich ab. Aus bodensystematischer Sicht handelt es sich durchgehend um Braunerden mit unterschiedlichem Podsolierungsgrad. Auch wenn diese Beobachtungen zur Bodenentwicklung in der hochmontanen Stufe der Ostalpen nur exemplarischen Charakter besitzen, verdichten sich vor dem Hintergrund der Beschreibungen von Burger (1972) und Hüttl (1999) die Hinweise auf eine größere Bedeutung von Braunerden in diesen Höhenlagen. Das widerspricht bisherigen überregionalen Kartierungen wie der Bodenkarte des Tirol-Atlas (1972) fundamental, welche in diesen Regionen ausschließlich Böden mit starker Podsolierung abtragen (vgl. *Farbtafel 14*).

6. Braunerdevorkommen im klassischen Transsekt Kaukasus-Osteuropäische Tiefebene

6.1 Forschungsstand

6.1.1 Allgemeine Aspekte

Seit DOKUTSCHAJEW (1899), GLINKA (1914) und NEUSTRUJEW (1915) wird der zonale Wandel des Bodens als Funktion von Klima und Vegetation bevorzugt am Beispiel Osteuropas und Kaukasiens demonstriert. Die pedologische Höhenstufung des Kaukasus widerspiegelt in diesem Modell weitgehend die Nord-Südabfolge im vorgelagerten Tiefland. Die Beachtung geologisch-morphologischer Einflussfaktoren, welche die mitteleuropäische Bodengenetik prägte, spielt dabei traditionell nur eine untergeordnete Rolle. Da beide Großregionen von der russischen Bodenkunde mit einer großen Untersuchungsdichte erfasst wurden, ist einführend der jeweilige Forschungsstand sowohl bezüglich der Systematik von Verwitterungsböden als auch im Hinblick auf die aktuelle Bodenkartierung zu diskutieren.

6.1.2 Bodenmosaik in Zentralrussland

Der breite Waldgürtel im nördlichen Teil der osteuropäischen Tiefebene (vgl. *Farbtafel 15*) wird als Hauptverbreitungsgebiet von Böden mit Auswaschungstendenz beschrieben. Eine Untergliederung in Podsole (russ. *podsoly*) der nördlichen und mittleren Taiga sowie in Rasen- oder Dernopodsole (*dernovo-podsolistye pocvy*) der südlichen Taiga bzw. Laubwälder kann als allgemein anerkannte interne Zonierung dieses Waldgürtels gelten (vgl. GANSSEN und HÄDRICH 1965, S. 15). Großmaßstäbige Kartierungen haben jedoch neue Detailfragen zum Bodenmosaik aufgeworfen. So wird - vor allem in der südlichen Taiga - bei Sandböden schon länger auf die häufig schwache bzw. fehlende Ausbildung von Auswaschungshorizonten verwiesen (erstmalig GORODKOV 1913). Die resultierende, für Podsole eher untypische Horizontfolge, wurde mit Begriffen wie *Kryptopodsole* (SOKOLOVA und SOKOLOV 1969) oder crypto(surface)-podzolic soils (GERASIMOWA, GUBIN und SHOBA 1996, S. 88) umschrieben. Insofern verzeichnen sowohl neuere Lehrbuchdarstellungen (KAURITSCHEV et al. 1989) als auch genauere Bodenkarten (BODENKARTE RUSSLANDS 1995 in *Abb. 94*) einen Übergang von den Podsolen/Rasenpodsolen der Waldländer zu den Tschernosemen der trockenen Offenlandschaften, welcher im Grenzsaum nur die grauen Waldböden der Waldsteppe akzeptiert. Mit dem Vorkommen von braunen Waldböden in der osteuropäischen Laubmischwaldzone diskutiert ZONN (1974) eine Abweichung von diesem Grundkonzept. Seine Profile weisen deutliche Tonhäutchenhorizonte auf und sind offenbar den Lessives der europäischen Klassifikationen zuzuordnen. Die schematisierte Profilcharakteristik der braunen Waldböden entspricht auch bei GLASOWSKAJA und GENADIJEW (1995, S. 262) weitgehend den mitteleuropäischen Parabraunerden. Vor diesem Hintergrund leitet SAIDELMAN (1974, S. 173) das offensichtliche Fehlen einer Zone mit „Ramannbraunerden" als ein bodengeographisches Grundproblem der osteuropäischen Tiefebene ab.

Im Detail werden für den zentralen Teil der russischen Tiefebene folgende Bodenmosaike als charakteristisch angesehen (FRIDLAND 1984):

1) Podsolige und anmoorig-podsolige Böden sowie Torfe auf lehmigen Substraten (Moräne im Gebiet der Waldaivereisung, Decklehm im Gebiet der Moskauvereisung).
2) Eisen-Humuspodsole, Gley-Podsole und Torfe auf Schmelzwasser- und Flußsanden der Moskauvereisung.
3) Podsole, „aufgehellte" Podsole, anmoorige Podsole und Torfe auf zweischichtigen Sedimenten mit glazifluviatilen Sanden über Grundmoränen der Moskauvereisung.

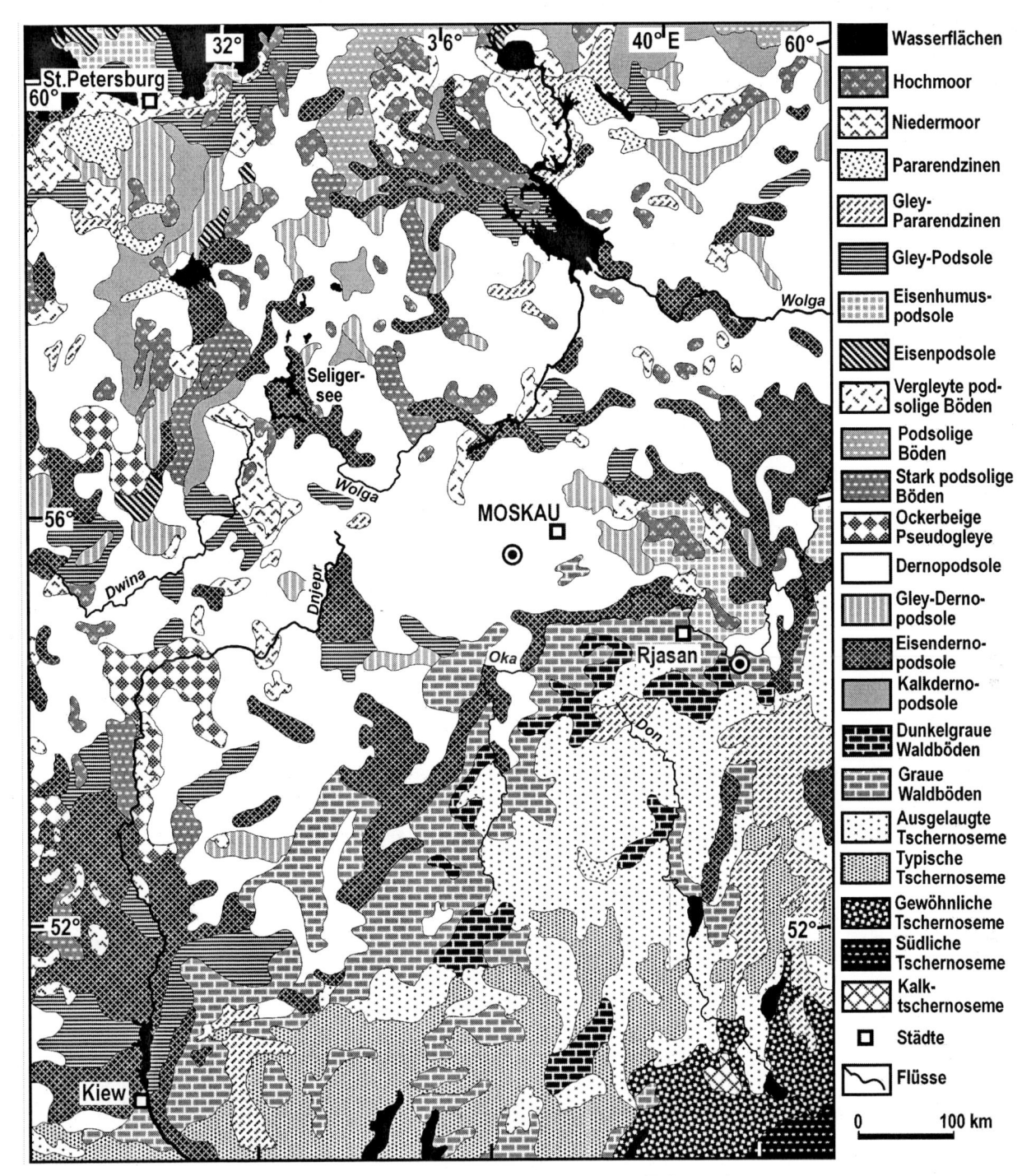

Abb. 94: Böden Zentralrusslands (nach BODENKARTE RUSSLANDS 1995)

Die Existenz von periglazialen Deckschichten im zentralrussischen Altmoränenland kann seit KLEBER und GUSEV (1992) als gesichert gelten. GERASSIMOVA (1987, S. 88) akzeptierte Mehrschichtprofile auch für die nördlich anschließenden Grundmoränenflächen der Waldaivereisung und vermutete darin die Ursache für die Entwicklung körnungsdifferenzierter Dernopodsole mit Tonanreicherungshorizont. GUGALINSKAJA (1997, S. 36) fand in einer neueren Studie jedoch keine Nachweise für eine periglaziär bedingte Mehrschichtigkeit der Bodenprofile auf den waldaizeitlichen Schmelzwasserebenen.

6.1.3 Bodenverbreitung im Zentralen Kaukasus

Der weltweite Prototyp des Braunen Waldbodens im Gebirge wurde von PRASOLOV (1929) in den Buchen-Hainbuchen-Eichenwäldern der unteren montanen Stufe von Kaukasus und Krim beschrieben (*Abb. 95*). Diese ursprünglichen Beschreibungen verweisen auf einen intensiven Verwitterungshorizont mit markanter Gefügebildung und Tonanreicherung, welchen aktuelle Lehrbücher als Bt-Horizont infolge von Lessivierung ansprechen (GLASOWSKAJA und GENADIJEW 1995, S. 263; KAURITSCHEW et al. 1989, S. 395). Auch in der aktuellen Bodenkarte Russlands (1995) werden Braunerden (*burozem*) auf der Nordabdachung in einem schmalen, zur unteren Waldstufe gehörigen Gürtel verzeichnet, wobei im Bereich des Zentralen Kaukasus ein breiter braunerdefreier Abschnitt zu beobachten ist. Hier gehen die Kastanoseme und typischen Tschernoseme der Vorlandsteppen über die degradierten und Gebirgs-Tschernoseme der Vorketten (vgl. geomorphologische Gliederung in *Abb. 96*) unmittelbar in Rohböden der höchsten Kaukasusketten über.

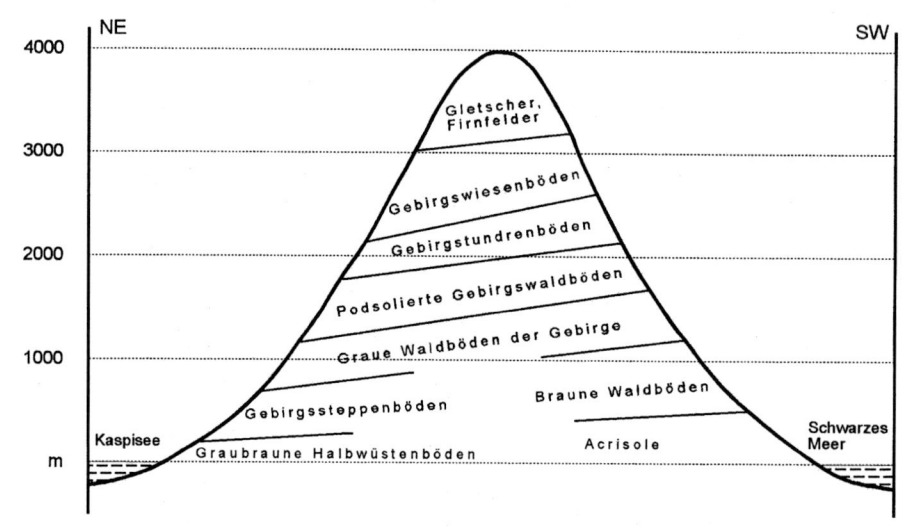

Abb. 95: Schematische Höhenstufung der Böden im Kaukasus (nach PRASOLOW 1929)

Die braunen Waldböden des Kaukasus wurden von FRIDLAND (1986b) in basenarme und basenreiche (incl. kalkhaltige) Subtypen unterteilt. Das Leitprofil für basenarme Braunerden wurde von FRIDLAND (1986b, S. 193, Profil No. 449) im abchasischen Nordwestkaukasus (1230m NN) unter Buchenwald aufgenommen. Es läßt allerdings keine Verlehmung, sondern eine vertikale Körnungsdifferenzierung mit Maximum im Unterboden (Tonverlagerung?) erkennen, was auch bei den meisten anderen von Fridland dokumentierten Profilen erkennbar wurde. Die deutlichen Maxima der Si_2O_3/Al_2O_3-Verhältnisse im tonverarmten Horizont und die durchgehend weit über 50% liegenden Basensättigungen sprechen ebenfalls gegen das Vorliegen von Braunerden im Sinne der mitteleuropäischen Klassifikationen.

Südlich der kaukasischen Hauptkette ziehen sich nach der BODENKARTE RUSSLANDS (1995) größere Gebiete mit braunen Waldböden/Braunerden entlang des Inguritals und seiner Nebenflüsse in den Zentralen Kaukasus hinein (vgl. *Abb. 96*). Diese Böden treten entweder unter einer subtropischen Steppe oder unter den für Westgeorgien typischen wärmeliebenden Kolchiswäldern auf (letztere im winterfeuchten semihumiden Subtropen-Klima nach TROLL und PAFFEN 1964). Ihre systematische Stellung als Braunerden ist in der russischen Bodenkunde umstritten, da mehrere Regionalbearbeiter sie als Roterden oder braune Gelberden der Subtropen bezeichnen (SABASCHVILI 1967; ROMASCHKEVITSCH 1974, 1978).

Die nadelwaldgeprägte obere montane Stufe des Kaukasus weist demgegenüber eine geringere bodengeographische Forschungsdichte auf. Die hier von SACHAROV (1913) und ZONN (1950) ursprünglich postulierte Podsoldominanz wird in der neueren BODENKARTE RUSSLANDS (1995) nicht mehr abgebildet (vgl. *Abb. 96*), was den Fallstudien von FRIDLAND (1953) sowie GERASSIMOV und ROMASCHKEVITSCH (1984) entspricht.

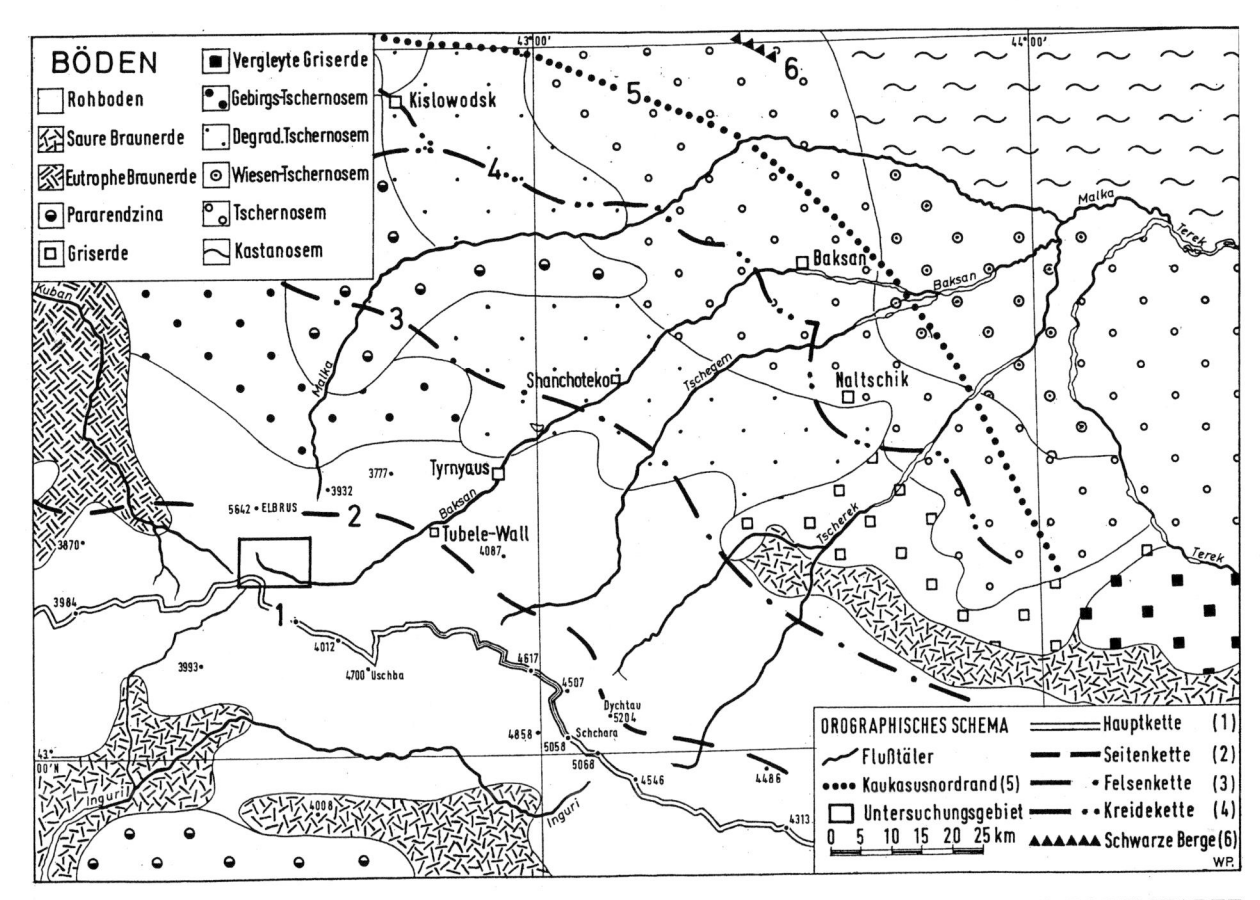

Abb. 96: Böden und Relief des Zentralen Kaukasus und seines nördlichen Vorlandes (nach BODENKARTE RUSSLANDS 1995 und FEDINA 1971)

GENNADIJEV (1990, S. 26) beschrieb in der der subalpinen und alpinen Stufe des Elbrusgebietes ebenfalls eine beträchtliche pedologische Differenzierung. Demnach weisen diese durch intensive Verwitterung gekennzeichneten Böden teilweise Bh-Horizonte mit organischen Überzügen des Grobbodens oder Bt-Horizonte mit Tonverlagerung auf. FRIDLAND (1966) und GENADIJEW (1990) diskutieren neben weit verbreiteten Rohböden vornehmlich Bergwiesenböden (*gorno-lugovye pocvy*) als Klimaxstadium der kaukasischen Hochlagen.

6.2 Testareal Seliger auf den Waldaihöhen

6.2.1 Naturräumliche Beschreibung und Profilauswahl

Die Jahresmitteltemperatur liegt in den Waldaihöhen (Station Vyshni Volotshek) bei 3,4°C, während die jährliche Niederschlagssumme 581mm beträgt. Die mittlere Jahresschwankung der Temperatur erreicht schon 26 K. Die mittlere Dauer der Schneedecke liegt bei 5 Monaten, wobei sie im Durchschnitt 30-40cm mächtig ist. Die von Kiefernwäldern (Pinus silvestris) geprägte Vegetation der Waldaihöhen wurde von LUKITSCHEVA und SOTSCHAVA (1964, S. 240) und ISATSCHENKO (1985, S. 126) als typisch für die südliche Taiga eingestuft.

Das Waldaigebiet weist mittlere Höhen von 150 bis 200m NN auf und erreicht am höchsten Punkt 343m (MILKOV und GVOSDEZKIJ 1986, S. 197). Der heutige Oberflächencharakter der Waldaihöhen als jungpleistozäner Endmoränenzug wurde durch die Maximalausdehnung der Waldaivergletscherung geprägt (vgl. *Abb. 97*). Die Mächtigkeit der dazugehörigen Grundmoräne beträgt in diesem eisrandnahen Gebiet nach MARKOV (1965, S. 95) gewöhnlich nur etwa 1m. Für die Reliefentwicklung ebenso bedeutsam war die flächenhafte Ablagerung von glazifluviatilen Sedimenten, welche sich zwischen stagnierendem Eis sowie über Toteis vollzog. Das finale Toteisaustauen verursachte mit der Bildung seengefüllter Hohlformen ein geradezu chaotisches Gewässernetz (*Abb. 98*). Die Profilaufnahmen erfolgten nördlich von Ostaschkov auf der Insel Chartschin im Seligersee, dem mit 212km² Wasserfläche größten See der Waldaihöhen. Das hügelige Relief der Insel, welche wiederum eine Anzahl kleinerer Seen aufweist, wird von Kames, Kamesterrassen, Osern und glazialen Rinnen aus geschichteten Schmelzwassersanden bestimmt.

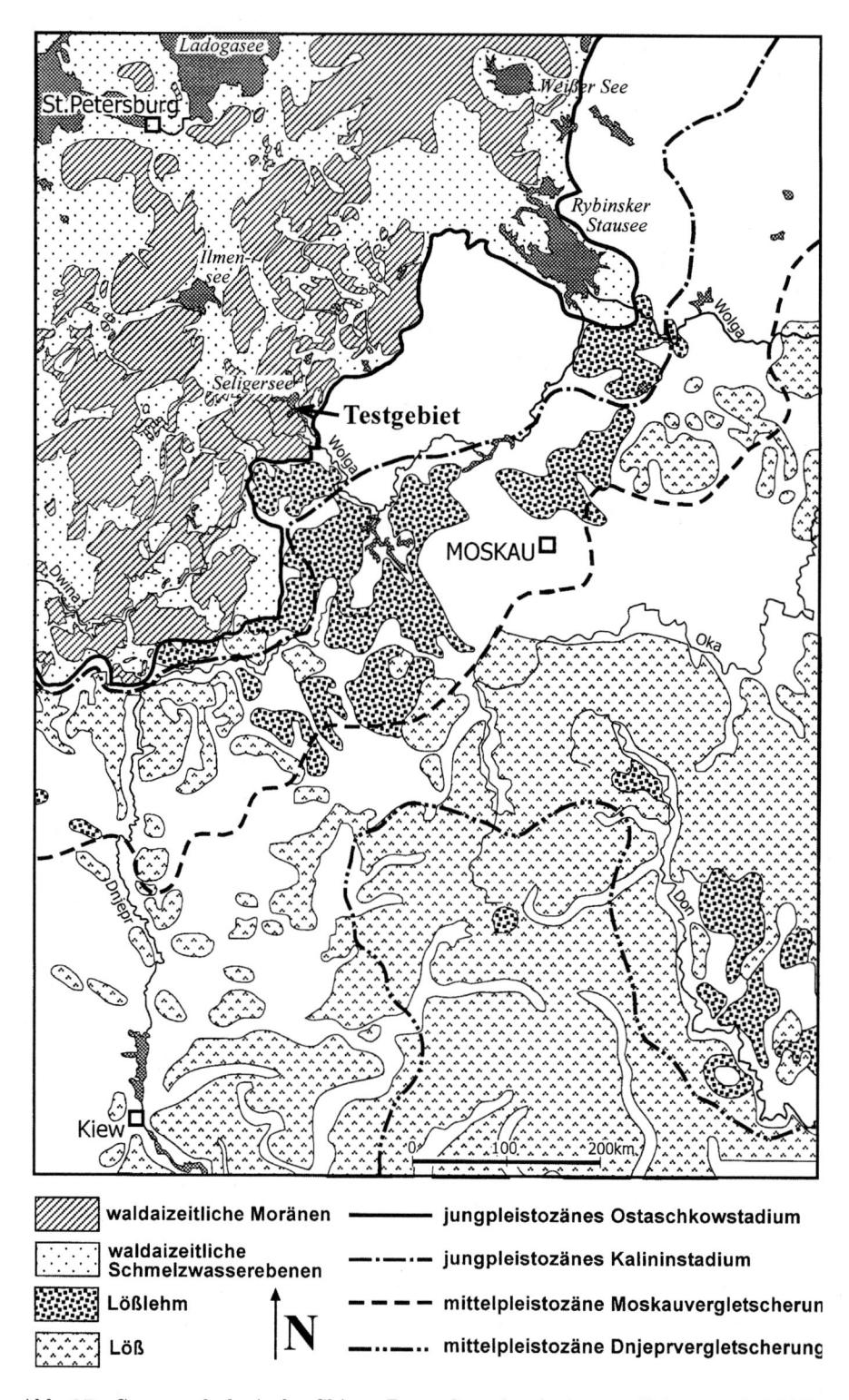

Abb. 97: Geomorphologische Skizze Zentralrusslands (generalisiert nach MARKOW 1961; SARRINA et al. 1965 und SERGEJEW et al. 1986)

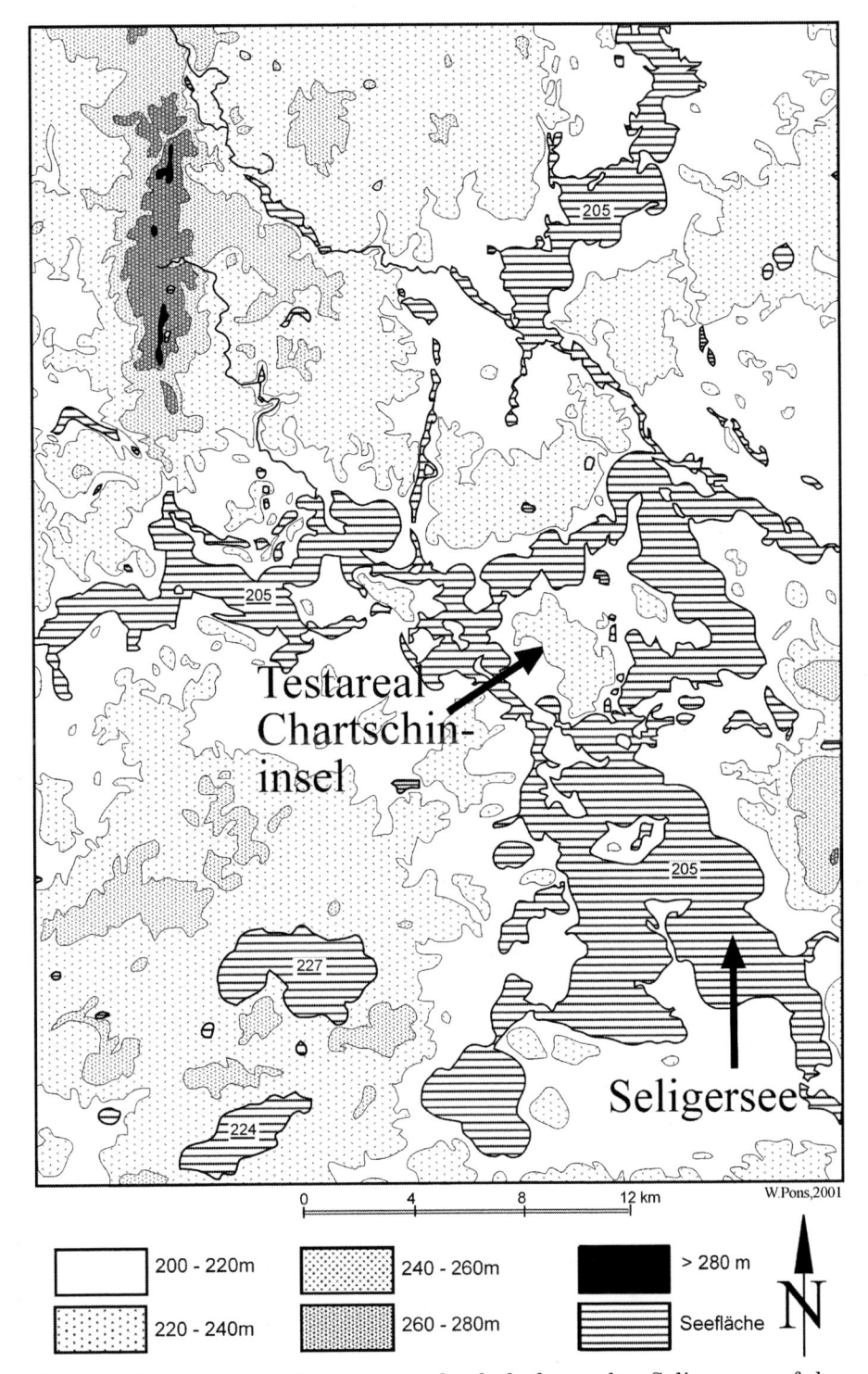

Abb. 98: Toteisgeprägte Jungmoränenlandschaft um den Seligersee auf den Waldaihöhen (zur Lage des Ausschnittes vgl. *Abb. 97*)

6.2.2 Profilbeschreibungen

6.2.2.1 Profil Seliger 1

Profil Seliger 1 stellt eine sandige Braunerde in einer Kamesterrasse dar. Sie ist in einer periglaziären Deckserie entwickelt, welche makroskopisch einer periglaziären Perstruktionsserie im Sinne von KOPP et al. (1969) vollkommen gleicht (*Abb. 99*). Dabei wurden die obersten Bereiche der liegenden geschichteten Schmelzwassersande von Kryoturbationen verformt (vgl. *Farbtafel 16-1*). Diese gehen in eine entschichtete homogene Übergangszone über, welche wiederum von einer schwach lehmigen Schicht mit einzelnen Feinkiesen abgelöst wird. Entsprechend der Systematik von Kopp würde die ungestörte Schichtung dabei der Etazone, der verwürgte Bereich der Zetazone, die homogene skelettfreie Lage der Epsilonzone sowie der feinkiesführende Bereich der Deltazone entsprechen. Makroskopisch ergeben sie eine Perstruktionsserie aus lehmigem Sand über reinem Sand (Perstruktionsserientyp *d* nach KOPP 1970, S. 59).

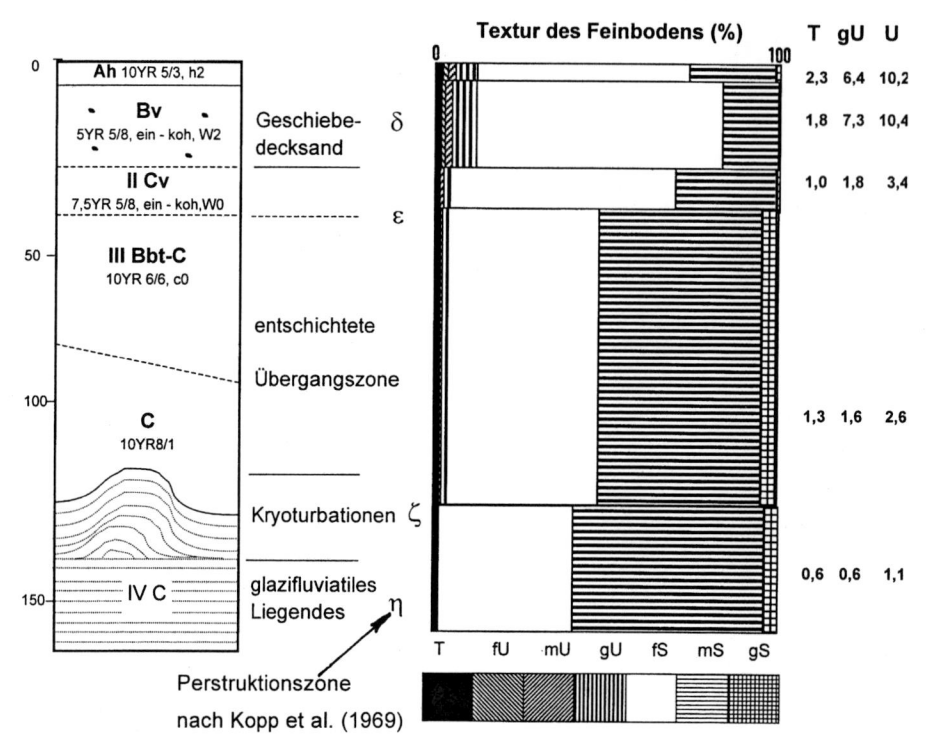

Abb. 99: Profil Seliger 1 - Braunerde

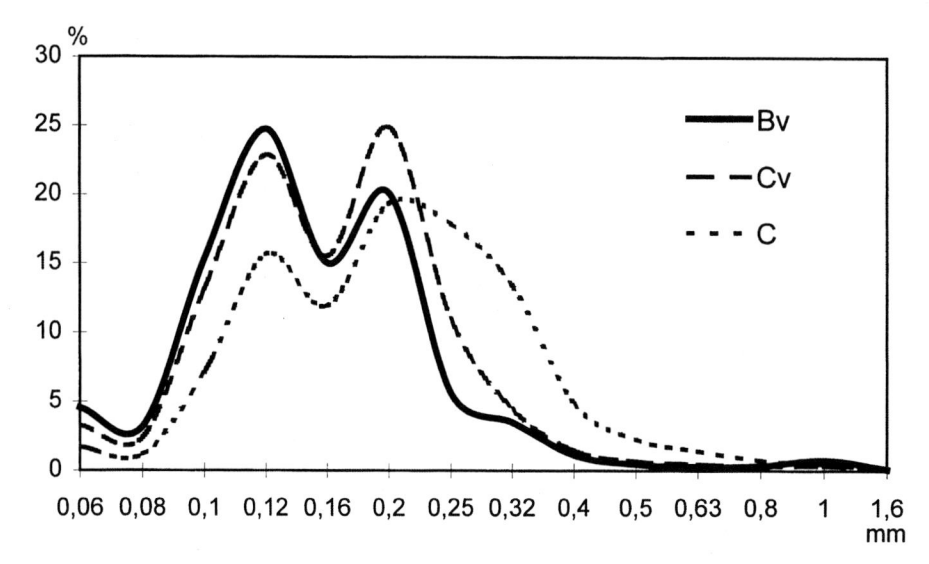

Abb. 100: Detaillierte Korngrößenanalyse der Subfraktionen des Sandes in Profil Seliger 1

Bei der einfachen Korngrößenanalyse deutete sich an, daß die Übergänge zwischen den vorangehend ausgewiesenen Lagen Schichtgrenzen darstellen (*Abb. 99*). Signifikant nachweisen ließ sich der Mehrschichtcharakter des Profils mit Hilfe einer Subfraktionierung der Sandfraktion (vgl. *Abb. 100*). Der untere Profilabschnitt (C) wird noch durch ein deutliches Maximum der 0,20,25mm-Fraktion gekennzeichnet, welches in der zweigipfligen Verteilungskurve des halbverbraunten Horizontes (Cv) nur noch schwach erhalten bleibt. Der Bv-Horizont besitzt dann ein deutliches Maximum in der Fraktion 0,12-0,16mm. Neben diesem Sprung der Hauptkornfraktion über zwei Subfraktionen hinweg wird der Übergang zum Bv-Horizont von einer deutlichen Grobschluff- und Feinkiesanreicherung sowie einer Verschlechterung der Sortierung begleitet. Auch die Schwermineralzählungen lassen eine lithologische Differenzierung von der periglaziären Übergangszone zum Hangenden und Liegenden hin erkennen (*Abb. 101*).

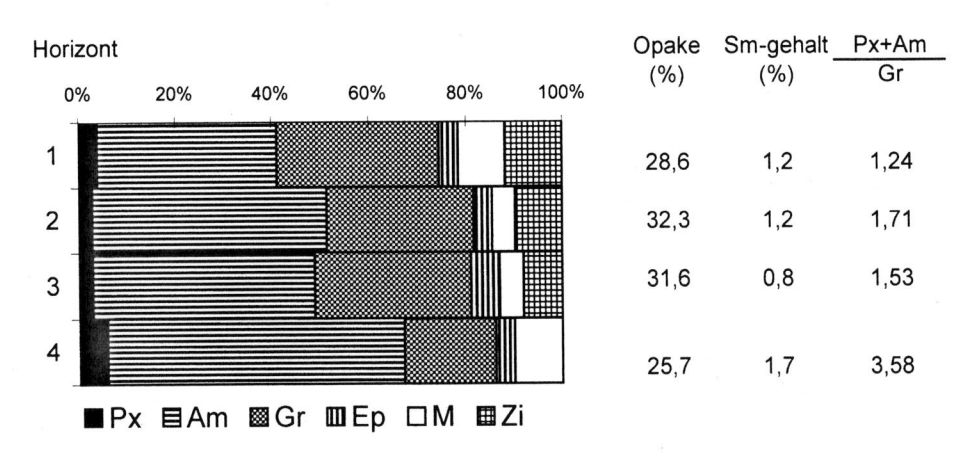

Horizont	Opake (%)	Sm-gehalt (%)	Px+Am / Gr
1	28,6	1,2	1,24
2	32,3	1,2	1,71
3	31,6	0,8	1,53
4	25,7	1,7	3,58

■ Px   ☰ Am   ▩ Gr   ▥ Ep   ☐ M   ⊞ Zi

1 - Geschiebedecksand, 2 - periglaziäre Übergangszone oben,
3 - periglaziäre Übergangszone unten, 4 - Liegendes.

Abb. 101: Schwermineralogische Untersuchungen in Profil Seliger 1

Der Braunhorizont ist somit offenbar mit einem Geschiebedecksand koinzident. Er weist nur eine schwache Verlehmung auf, wird jedoch über den Kronberg-Nesbitt-Index (Ordinatenwert) als Hauptverwitterungszone definiert (*Tab. 38*). Das pedogene Eisen weist im Bv-Horizont auch gegenüber dem Ah-Horizont ein deutliches Maximum auf (vgl. *Tab. 39*). Die resultierenden Koeffizienten (Feo/Fed; Fed/Fet) nehmen für Braunerden hohe Werte an.

Tab. 38: Parameter der Hauptelementgehalte von Profil Seliger 1

Horizont	SiO_2/R_2O_3 (Molverh.)	SiO_2/Al_2O_3 (Molverh.)	Index Kronberg-Nesbit	
			Abszisse	Ordinate
Ah	26,7	30,4	0,97	0,44
Bv	19,8	23,5	0,96	0,41
II Cv	23,6	26,9	0,97	0,45
III C	22,7	24,7	0,96	0,46

Die pH-Werte liegen im Austauscherpufferbereich. Wie die Basensättigungen steigen sie zum Ausgangsgestein hin kontinuierlich an. Die totale Kationenaustauschkapazität weist im Bv-Horizont ein ungewöhnlich deutliches Maximum auf (*Tab. 39*). Die Kohlenstoffgehalte liegen mit durchgehenden Werten unter 1% sehr niedrig, während das C/N-Verhältnis von 10 im Ah-Horizont für Braunerden typisch ist.

Tab. 39: Bodenchemische Parameter von Profil Seliger 1

Horizont	H-Wert	S-Wert	KAK	BS
	cmol/kg			(%)
Ah	28	24	52	46
Bv	33	38	71	54
II Cv	16	42	58	72
III C	10	42	52	81

Horizont	pH	C	N	C/N
	CaCl$_2$	mg/g	mg/g	
Ah	4,3	5,4	0,5	
Bv	4,9	2,3	0,1	10,4
II Cv	4,9	0,9	0,3	16,8
III C	5,0	0,5	0,2	

Horizont	Fed	Feo	Feo/Fed	Fed/Fet
	mg/g	mg/g		
Ah	2,11	1,11	0,52	0,28
Bv	4,35	1,96	0,45	0,35
II Cv	2,39	0,67	0,28	0,27
III C	1,61	0,41	0,25	0,28

6.2.2.2 Profil Seliger 2

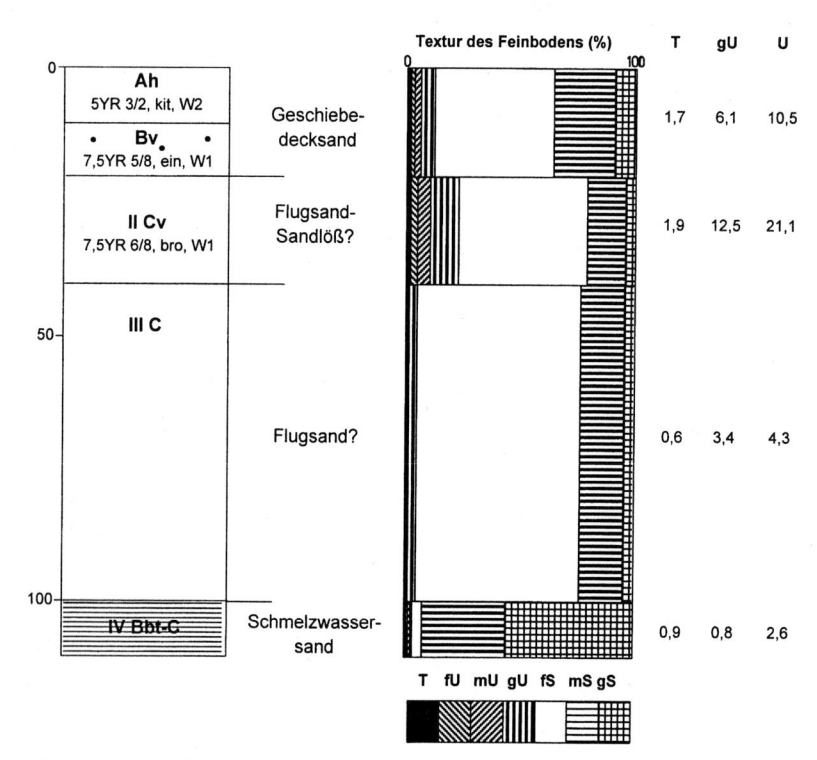

Abb. 102: Profil Seliger 2 - Braunerde

Profil Seliger 2 wurde in einem Os aufgegraben (*Abb. 102*) und weist deshalb an der Profilbasis wesentlich gröbere Sande als Profil Seliger 1 auf. Es konnte wie in Profil Seliger 1 ein geschichteter Profilaufbau belegt werden, welcher Koinzidenz mit der Horizontfolge aufweist (*Farbtafel 16-2*). Die liegenden Schmelzwassersande schließen hier mit einer horizontalen Obergrenze ab und werden von einem homogenen skelettfreien Sedimentpaket mit sehr guter Sortierung abgelöst. Dieses ist genetisch als Flugsand zu deuten, welcher im Bereich des sich nach oben anschließenden Cv-Horizontes zusätzliche Sandlößkomponenten enthält (deutlich erhöhte Grobschluffgehalte). Der Bv-Horizont fällt wieder mit dem Geschiebedecksand zusammen, welcher sich über eine schwache Feinkies- und Grobsandanreicherung identifizieren läßt.

Bv- und Cv-Horizont von Profil Seliger 2 weisen neben ihrer starken Schluffanreicherung eine schwache Tonanreicherung auf. Die Kronberg-Nesbitt-Koeffizienten zeigen dort mit niedrigeren Abszissen- und Ordinatenwerten einen erhöhten Verwitterungsgrad an (*Tab. 40*). Die pedogenen Oxide besitzen im Bbt-C-Horizont ein zweites Maximum (*Tab. 41*). Dieses wird auch vom Fed/Fet-Verhältnis nachgezeichnet, welches in den Verwitterungshorizonten mit Werten über 0,2 wieder relativ hoch liegt.

Tab. 40: Parameter der Hauptelementgehalte von Profil Seliger 2

Horizont	SiO_2/R_2O_3 (Molverh.)	SiO_2/Al_2O_3 (Molverh.)	Index Kronberg-Nesbitt	
			Abszisse	Ordinate
Bv	20,8	24,1	0,96	0,43
Cv	20,0	23,1	0,96	0,42
C	25,5	28,6	0,97	0,46
Bbt-C	16,9	19,5	0,95	0,45

Tab. 41: Bodenchemische Parameter von Profil Seliger 2

Horizont	Fed mg/g	Feo mg/g	Feo/Fed	Fed/Fet
Bv	3,78	1,54	0,37	0,35
Cv	2,36	1,54	0,49	0,22
C	0,81	1,00	0,35	0,12
Bbt-C	2,56	1,76	0,28	0,21

Horizont	C mg/g	N mg/g	C/N
Bv	2,5	0,3	7,9
Cv	3,4	0,2	15,0
C	1,4	0,1	12,4
Bbt-C	1,1	0,1	

6.2.2.3 Profil Seliger 4

Profil Seliger 4 wurde im ebenen Bereich einer feinsandigen Kamesterrasse aufgegraben (*Abb. 103*). Es weist an der Basis seines Bv-Horizontes ebenfalls eine deutliche Schichtgrenze auf. Neben der Standardkorngrößenanalyse und der Kiesanreicherung wird die lithologische Eigenständigkeit des Bv-Horizontes durch die Subfraktionierung der Sandfraktionen unterstrichen (vgl. *Abb. 104*). Diese zeigt einen Wechsel der Hauptkornfraktion von der 0,12-0,16mm im Ausgangsgestein zur 0,2-0,25mm-Fraktion im Geschiebedecksand an. Begleitet wird der Schichtwechsel wie in Profil Seliger 1 von einer Sortierungsverschlechterung.

Eine Tonanreicherung wird auch im Bv-Horizont von Profil 4 erkennbar, während die Schluffanreicherung in diesem Profil wesentlich schwächer ausgeprägt ist. Die Gehalte an freiem Eisen im Verwitterungshorizont entsprechen den Werten der beiden vorhergehend beschriebenen Profile, während die oxalatlöslichen Anteile und der Aktivitätsgrad des Eisens im Vergleich zu ihnen ungewöhnlich hoch liegen (vgl. *Tab. 42*).

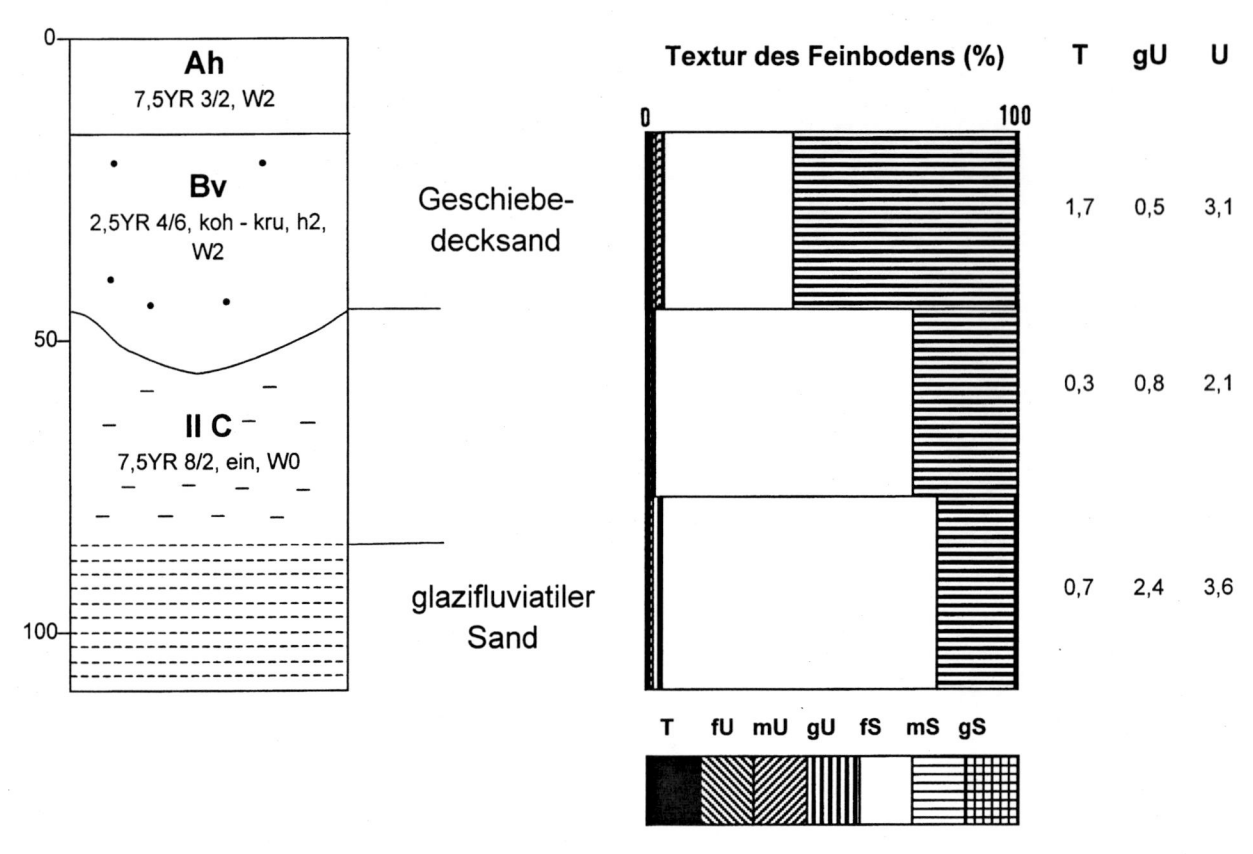

Abb. 103: Profil Seliger 4 - Braunerde

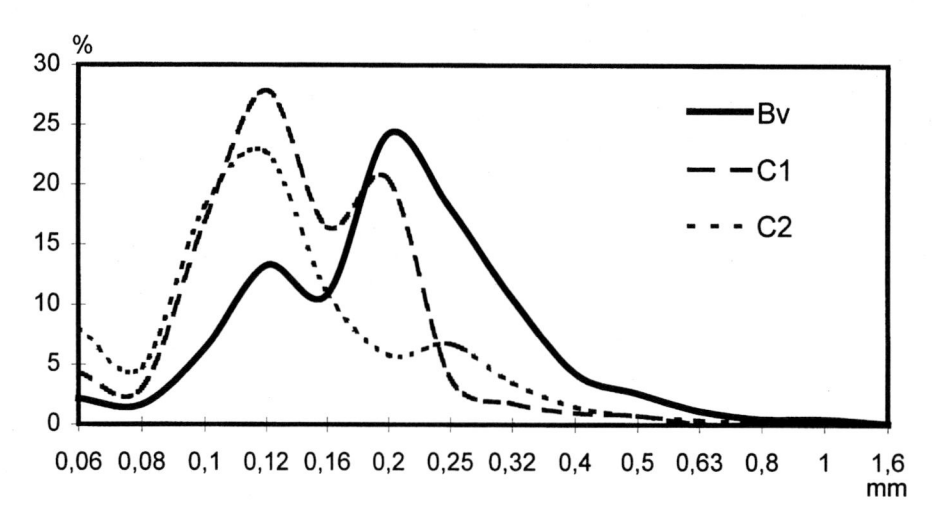

Abb. 104: Detaillierte Korngrößenanalyse der Subfraktionen des Sandes von Profil Seliger 4

Die insgesamt niedrige Kationenaustauschkapazität steigt vom Bv-Horizont zum Ausgangsgestein hin an. Die Basensättigung mit der gleichen Tendenz besitzt im Braunhorizont einen hohen Ausgangswert, welcher den Boden als Eubraunerde nach AG BODEN (1994) klassifiziert. Die Kohlenstoff- und Stickstoffwerte liegen wie in den vorhergehend beschriebenen Profilen äußerst niedrig und bilden ein relativ weites C/N-Verhältnis (*Tab. 42*).

Tab. 42: Bodenchemische Parameter von Profil Seliger 4

Horizont	H-Wert	S-Wert	KAK	BS
	mmol/kg			(%)
Bv	15	32	47	68
C	14	36	50	72
C	6	46	52	88

Horizont	pH	C	N	C/N
	$CaCl_2$	mg/g	mg/g	
Bv	4,7	1,9	0,1	19
C	4,8	1,4	0,0	

Horizont	Fed	Feo	Feo/Fed
	mg/g	mg/g	
Bv	3,50	2,94	0,84
C	1,84	1,17	0,63

6.2.3 Zusammenfassung Waldaihöhen

Die Profilaufnahmen auf den jungpleistozänen Schmelzwassersedimenten der Waldaihöhen belegen die Existenz periglaziärer Deckserien, welche mit den Profilen der Sander und Urstromtäler im norddeutschen bzw. nordpolnischen Tiefland vergleichbar sind (vgl. auch KOWALKOWSKI 1990). Als ubiquitär auftretende Schicht dieser periglaziären Deckserien muß der Geschiebedecksand angesprochen werden. Er läßt sich in den skelettarmen Schmelzwasserprofilen mit Hilfe von Feinkiesanreicherungen und Verschiebungen der Hauptkornfraktion in der Subfraktionierung des Sandes nachweisen. Die periglaziären Profilbereiche unterhalb des Geschiebedecksandes sind vorwiegend äolisch geprägt.

Gleichzeitig wurden in diesen Deckserien auf Schmelzwassersand Braunerden als typische Böden ausgewiesen. Zwischen dem Horizontprofil der Braunerden und dem Deckschichtenaufbau besteht Koinzidenz. Die Hauptverwitterungszone (Bv) kann über die Kronberg-Nesbitt-Koeffizienten nachgewiesen werden, wobei der Verlehmungsgrad dieser Böden schwach ist. Die Koeffizienten des pedogenen Eisens (Feo/Fed; Fed/Fet) liegen in den Verwitterungshorizonten ungewöhnlich hoch, besitzen aber wie die Basensättigung und die pH-Werte eine braunerdetypische Tiefenfunktion. Die Gehalte an organischer Substanz sind sehr niedrig. Damit ergibt sich eine enge pedologische Verwandtschaft zwischen diesen nordrussischen Schmelzwasserstandorten und ihren brandenburgischen Pendants.

6.3 Testareal Asau im Zentralen Kaukasus

6.3.1 Naturräumliche Beschreibung und Profilauswahl

Das obere Baksantal mit der Forschungsstation Asau liegt auf der Nordabdachung des Zentralen Kaukasus zwischen den Gletschern des Elbrusgebietes (*Abb. 105*). Dieses nähere Untersuchungsgebiet wurde vor allem durch die Vulkantätigkeit des Elbrus sowie durch die pleistozänen Vergletscherungen des Elbrusmassivs und der kristallinen Hauptkette geprägt. Für die eigene Untersuchung ist besonders der Nachweis der ausgedehnten würmzeitlichen Talvergletscherung wichtig, welche sich über 65km talabwärts erstreckte (BAUME und WOLODITSCHEWA 2007, S. 56). Die holozänen Gletscherschwankungen waren im Vergleich dazu unbedeutend (vgl. ZOLOTARJOV, BAUME und MARCINEK 1998). Im obersten Baksantal stellt die Moräne aus der Mitte des 19. Jahrhunderts (Abich-

Stadium in *Abb. 105*) die markanteste holozäne Reliefform dar. Abweichend von Darstellungen über andere Hochgebirge der Mittelbreiten diskutierte TUSCHINSKIJ (1968, S. 261) auf der Basis einer Arbeit von VARDANJANZ (1932) im Zentralen Kaukasus einen holozänen Moränenstand, welcher in das erste Jahrtausend vor unserer Zeitrechnung gestellt wurde. Dieses Historische Stadium (vgl. *Abb. 105*) tritt im oberen Baksantal jedoch morphologisch kaum in Erscheinung.

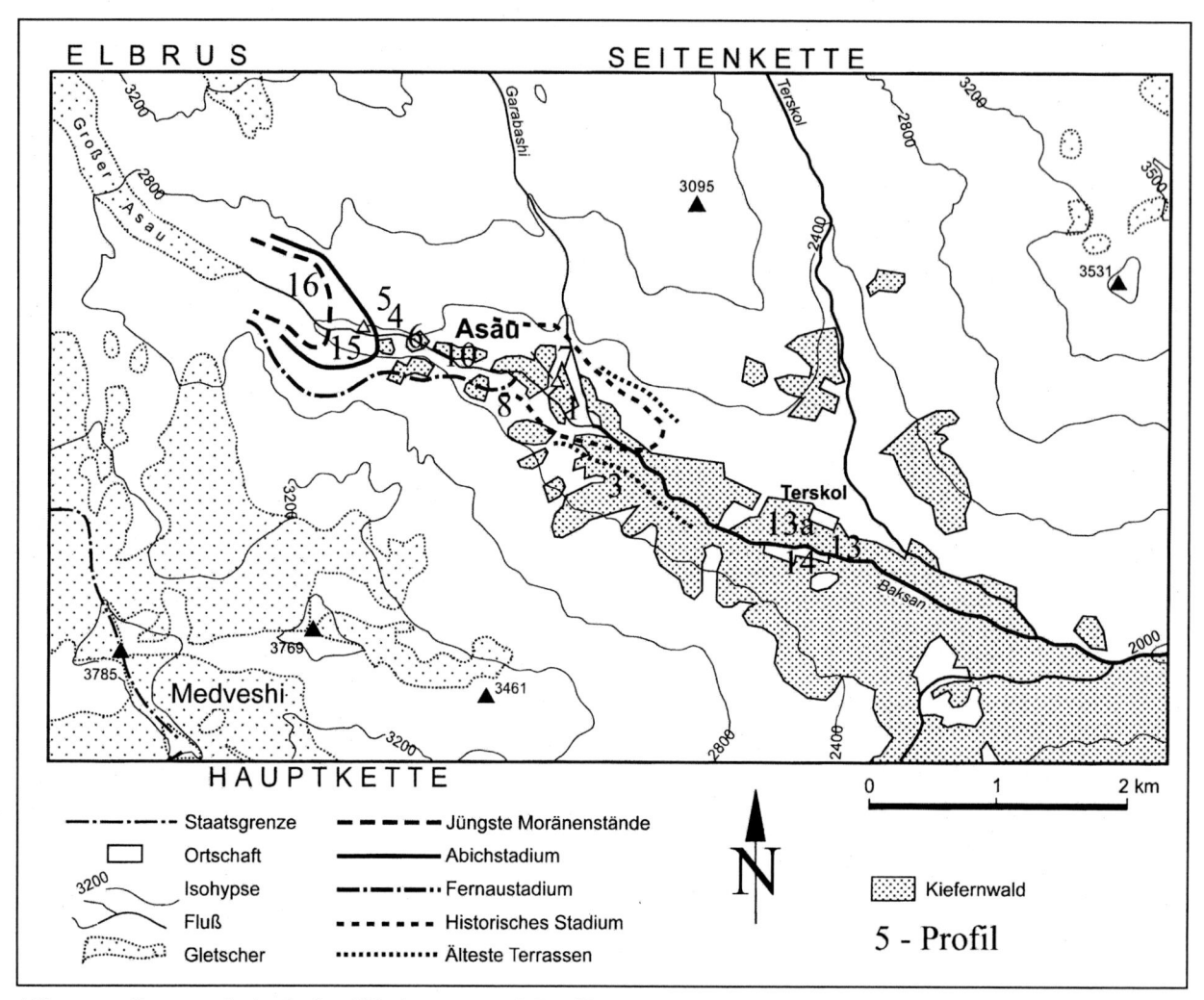

Abb. 105: Geomorphologische Gliederung und Profilanordnung im oberen Baksantal (zur Lage des Ausschnittes vgl. *Abb. 96*)

Rezente Periglazialphänome treten erst oberhalb des eigenen Untersuchungsgebietes auf. Der Dauerfrostboden erreicht auch in den höheren Lagen des Elbrusmassivs und der kaukasischen Hauptkette keinen kontinuierlichen Charakter (VOLODITSCHEVA 1998). Die Permafrostinseln, welche Mächtigkeiten von 15-20m erreichen, befinden sich vor allem auf den Nordabdachungen der Haupt- und Nebenkette. In Höhenlagen über 3.000m werden sie an der Oberfläche von Frostmusterböden nachgezeichnet. In die niedrigeren Lagen zwischen 2.500 und 3.000m ziehen sich vor allem Solifluktionsgirlanden hinunter. Die quartären Lockersedimente des obersten Baksantals setzen sich aus vulkanischen Gesteinen des Elbrusmassivs (Andesit, Dazit) und kristallinen Festgesteinen der Hauptkette (Gneis, Granit) zusammen.

Das Klima des Elbrusgebietes wird von KORSUN und SCHULZ (1998, S. 36) als gemäßigt-kontinental beschrieben. Für eine Charakteristik des oberen Baksantals sind die Daten der in 2.154m NN gelegenen meteorologischen Station Terskol hinreichend genau. Die Jahresmitteltemperatur ist mit 2,4°C noch positiv und liegt höher als in vergleichbaren Positionen der Zentralalpen (vgl. *Tab. 43*). Die Amplitude erreicht mit 20 K ebenfalls etwas höhere Werte als vergleichbare Stationen der Zentralalpen. Die Jahressumme des Niederschlags beträgt mit 900mm nur etwa die Hälfte der Vergleichsstation am Großglockner. Eine geschlossene Schneedecke liegt von November bis April in einer mittleren Mächtigkeit von 40-60cm. Der Bergnadelwald erreicht bei 2.400m die obere Waldgrenze, wobei Kiefernwälder die potentielle natürliche Vegetation darstellen, allerdings werden diese häufig von Lawinen zerstört und danach durch sekundäre Birkenwälder ersetzt (FEDINA 1971).

Tab. 43: Vergleich meteorologischer Parameter der Station Terskol (Untersuchungsgebiet Zentraler Kaukasus) mit dem Großglockner (östliche Zentralalpen) (nach TOLLNER 1969; KORSUN und SCHULZ 1998)

Gebiet	Station	Höhe	T (Jahr)	T w. M.	T k. M.	Amplitude	N (Jahr)
Zentraler Kaukasus	Terskol	2146m	2,4°C	13,0°C	-7,0°C	20,0 K	900 mm
Zentralalpen	Großglockner	2000m	0,8°C	8,8°C	-7,4°C	16,2 K	1700 mm

Die eigenen Profile, benannt nach der wissenschaftlichen Station Asau, befinden sich in der oberen montanen Stufe zwischen 2.000 und 2.400m NN (vgl. *Abb. 105*). Das Untersuchungsgebiet wird durch den in klassischer Sichelform ausgebildeten Endmoränenwall des Abichstadiums mit 5m Kammhöhe in zwei geomorphologische Einheiten geteilt. Das Rückland dieses markanten Walles aus der Mitte des neunzehnten Jahrhunderts wird durch weitere kleinere Moränenwälle (2-3m) gegliedert. In diesem unmittelbaren Vorfeld des Großen Asaugletschers sind vor allem glazigene Sedimente reliefbildend. Das Vorland des markanten Abichwalles ist geomorphologisch und geochronologisch wesentlich differenzierter einzuschätzen. Die oberste Terrasse auf der rechten Seite des Taltrogs ist dabei nach Baume (unveröff. Kartierung) schon den spätglazialen Stadien zuzuordnen (Älteste Terrassen in *Abb. 105*). Dieses ältere Glazialrelief ist stellenweise stark von jungen Hangprozessen, Murgängen und Lawinenkegeln überprägt worden (VOLODITSCHEVA und BAUME 1998, S. 123).

Fast alle Reliefelemente dieser teilweise bewaldeten Glaziallandschaft im oberen Baksantal wurden bodenkundlich untersucht, wobei die wichtigsten Profile nachfolgend diskutiert werden. Auf den jungen Moränenwällen von 1850 und 1932 (Baume, unveröff. Kartierung) wurden die Profile Asau 15 und 16 zur Detailbearbeitung ausgewählt. Ein Beispielprofil (Asau 8) liegt auf den Sedimenten des Historischen Stadiums. Die Profile Asau 3, 6 und 10 befinden sich auf den älteren (vermutlich spätglazialen) Terrassen. Auf den älteren Moränenfeldern bei Terskol wurden die Profile Asau 13 und 13a angelegt. Zum Vergleich wurden die Profile Asau 4, 5 und 7 auf den jüngsten Ablagerungen (Muren, Hangschutt) aufgenommen.

6.3.2 Braunerden auf dem älteren Moränenfeld bei Terskol

Die Profilaufnahme der Moränen bei Terskol offenbarte stellenweise kompakte Stein- und Blockpackungen (Profil 13a), stellenweise aber auch toteisbeeinflußte Lagerungsverhältnisse mit schräggestellten sandigen Schichtpaketen (Profil 13). Zusammen dokumentieren sie eine kleingekammerte Verzahnung glazigener und glazifluviatiler Sedimentation in einem stagnierenden Eisgürtel (vgl. *Abb. 106*).

6.3.2.1 Profil Asau 13

In Profil Asau 13 (Braunerde) wird diese Feldbeobachtung durch die Korngrößenanalysen des Feinbodens bestätigt (*Abb. 106*). Sie weisen im Feinboden der liegenden Moräne (IV C-Horizont) eine Kornverteilung auf, welche mit der sich im Hangenden anschließenden glazifluviatilen Schicht (III Cv + III C-Horizont) nahezu identisch ist. In deren oberem Abschnitt ist ein III Cv-Horizont ausgebildet, an dessen Oberkante die Horizontgrenze mit der Schichtgrenze zusammenfällt. Im Hangenden schließt sich der äolisch beeinflußte Profilteil mit einer grobschluffreichen Mischfazies an, welche hauptsächlich auf Solifluktion zurückzuführen ist. Darin ist ein homogener II Bv-Horizont entwickelt. Deutliche Grobschluffanreicherungen treten aber erst im Lößderivat auf, welches das

Profil nach oben abschließt. Es unterscheidet sich weiterhin von seinem Liegenden durch eine schlechtere Sortierung und das fehlende Bodenskelett. Der darin ausgebildete zweite Verwitterungshorizont (Ah-Bv) ist noch deutlicher als der II Bv-Horizont verlehmt.

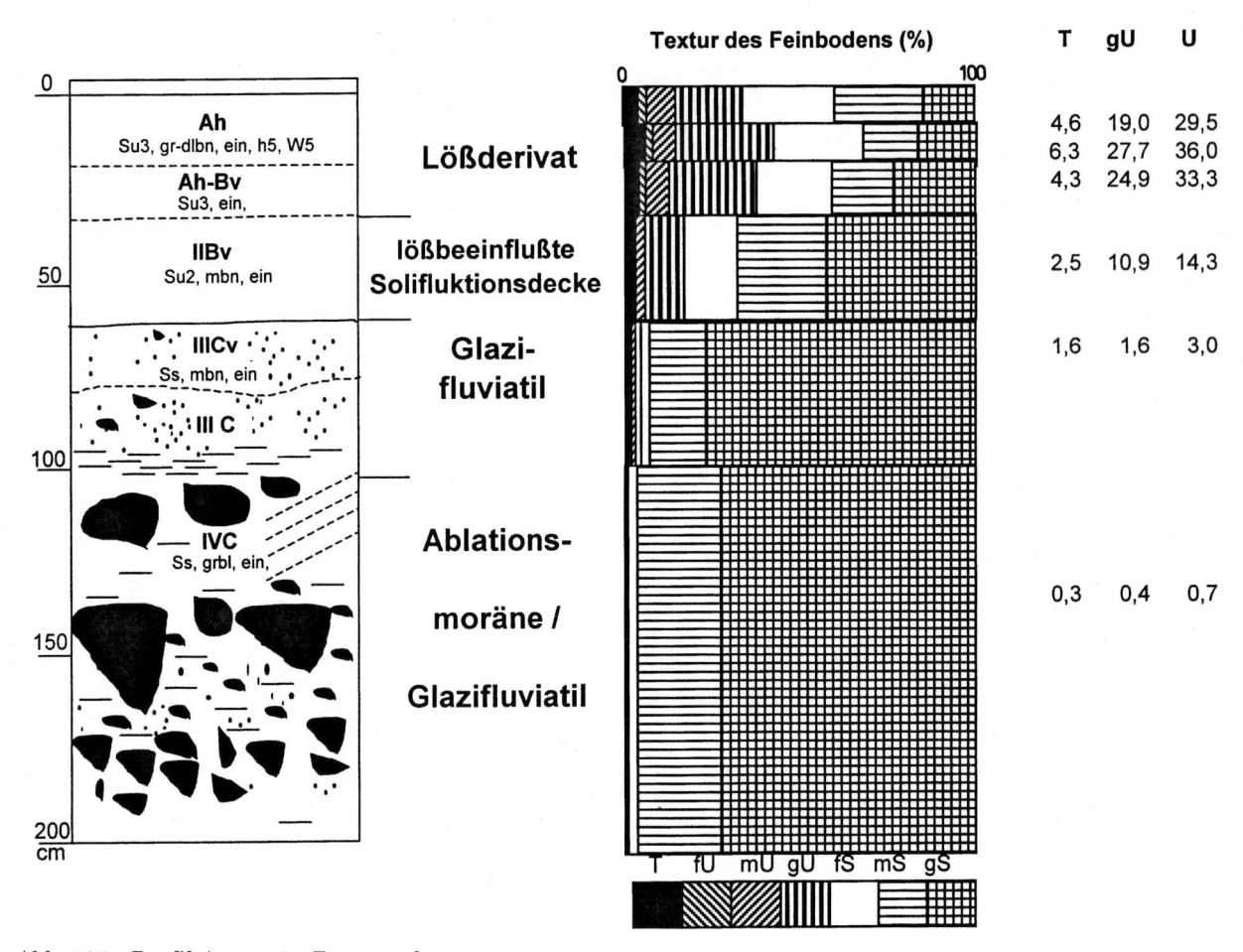

Abb. 106: Profil Asau 13 - Braunerde

Tab. 44: Parameter der Hauptelementgehalte von Profil Asau 13

Horizont	SiO_2/R_2O_3	SiO_2/Al_2O_3	Index Kronberg-Nesbitt	
	(Molverhält.)	(Molverhält.)	Abszisse	Ordinate
Ah1	6,31	7,30	0,89	0,49
Ah2	6,35	7,34	0,89	0,48
Ah-Bv	6,34	7,30	0,89	0,47
II Bv	6,71	7,66	0,90	0,49

Die Kieselsäure-/Sesquioxidverhältnisse sind im Vertikalprofil konstant, während der Kronberg-Nesbittkoeffizient die Hauptverwitterungszone im Ah-Bv-Horizont anzeigt (Tab. 44). Diese Beobachtung wird von der Vertikalfunktion des freien Eisens mit einem Maximum in diesem Horizont gestützt (Tab. 45). Die Fed/Fet-Verhältnisse liegen durchgehend unter 0,2 und fallen vom Oberboden zum Ausgangsgestein hin kontinuierlich ab. Nur die Verlagerung des Maximums der oxalatlöslichen Eisenfraktionen in den II Bv-Horizont und das daraus resultierende Feo/Fed-Maximum in diesem Horizont könnte auf eine schwache Podsoligkeit hinweisen, welche makroskopisch allerdings nicht sichtbar wurde.

Tab. 45: Bodenchemische Parameter von Profil Asau 13

Horizont	Fed	Feo	All	Feo/Fed	Fed/Fet	All/Fed
	mg/g	mg/g	mg/g			
Ah1	3,49	1,37	2,92	0,39	0,16	0,84
Ah2	3,46	1,17	2,52	0,34	0,17	0,73
Ah-Bv	4,05	1,78	4,27	0,44	0,17	1,05
II Bv	2,89	1,95	5,43	0,67	0,13	1,88
III Cv	1,30	0,60	2,04	0,46	0,06	1,57
III C	0,95	0,42	1,13	0,44	0,04	1,19

	H-Wert	S-Wert	KAK	BS
	mmol/kg			(%)
Ah-Bv	133	44	177	25
II Bv	86	68	154	44
III Cv	30	36	66	55
III C	11	28	39	71

Horizont	pH	C	N	C/N
	CaCl$_2$	%	%	
Ah-Bv	4,70	2,38	0,41	5,87
II Bv	4,76	1,46	0,19	7,80
III Cv	5,01	0,96	0,13	7,64
III C	5,30	0,42	0,06	6,77

Die Kationenaustauschkapazität des Profils 13 weist in den Ah-Bv- und Bv-Horizonten ein deutliches Maximum auf (*Tab. 45*). Die Basensättigungen und pH-Werte verlaufen mit einem kontinuierlichen Anstieg zum Ausgangsgestein dazu gegenläufig. Nach der Basensättigung des Bv-Horizontes ist das Profil als Mesobraunerde der AG BODEN (1994) einstufen.

Die Braunerde wird durch sehr enge C/N-Verhältnisse mit Werten zwischen 5 und 7 gekennzeichnet.

6.3.2.2 Profil Asau 13a

Die Braunerde in Profil Asau 13a (*Fototafel 16-3*) zeichnet sich durch eine kompakte Moräne im Liegenden aus, deren grobe Komponenten bis knapp unter die Flurkante zu verfolgen sind (*Abb. 107*). Während der Aufarbeitung und lateralen Verlagerung ihrer obersten Bereiche in einer Solifluktionsdecke wurde das ursprüngliche Moränenmaterial mit äolischem Sediment angereichert. Die Kornverteilung des Feinbodens bezeugt im weiteren Profilverlauf einen nach oben kontinuierlich stärker werdenden äolischen Einfluß, welcher über der Solifluktionsdecke zur Bildung eines Solifluktionslösses und eines Gebirgslösses im Sinne von FINK et al. (1977) führte. Im grobskelettreichen Gebirgslöß erreicht die äolische Beeinflussung mit 42% Schluff und 25% Feinsand ihr Maximum. Die mit den Deckschichten koinzidenten Ah-Bv- und II Bv-Horizonte lassen eine deutliche Verlehmung erkennen (*Abb. 107*).

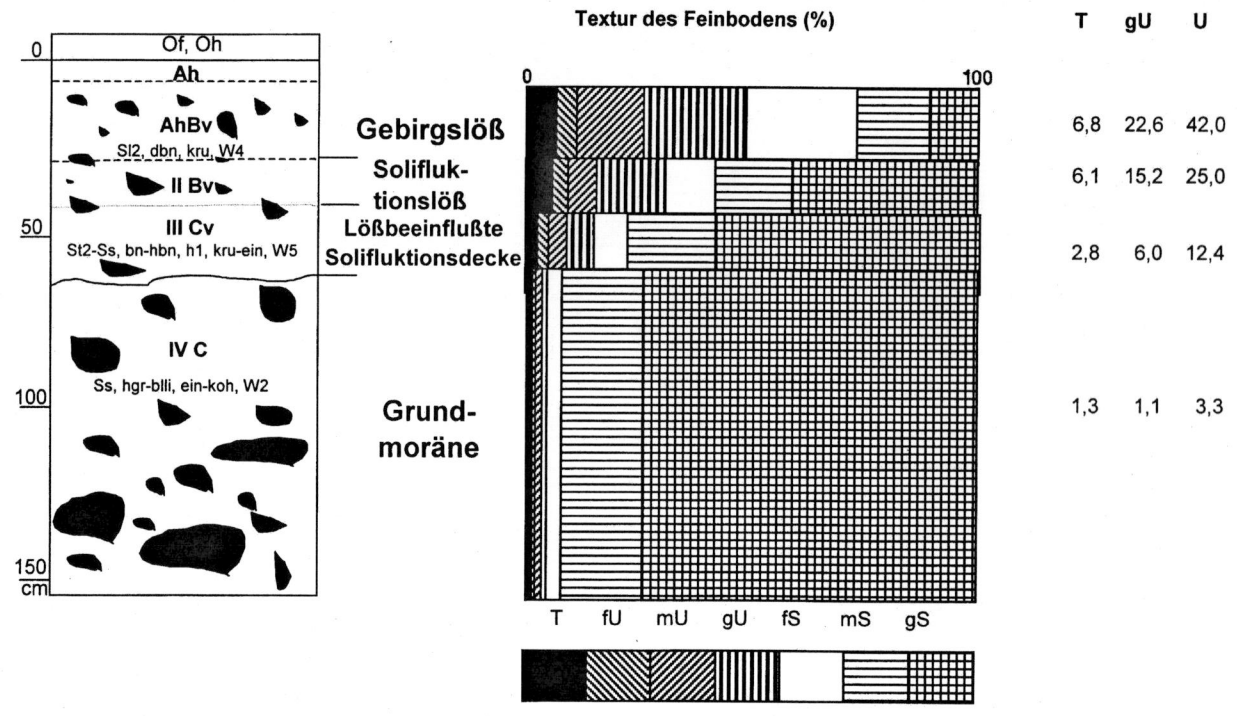

Abb. 107: Profil Asau 13a - Braunerde

Die Kieselsäure/Sesquioxidverhältnisse zeigen mit ihren nach unten schwach ansteigenden Werten auch lithochemisch die schichtungsbedingte Veränderung des Ausgangsgesteins der Bodenbildung an. Dagegen kennzeichnet der Kronberg-Nesbitt-Index den gesamten Profilabschnitt oberhalb des IV C-Horizontes als schwach und gleichmäßig verwittert (Tab. 46). Die löslichen Eisenfraktionen besitzen einen deutlichen Vertikalgradienten, der vom Ah-Bv-Horizont zum Ausgangsgestein hin kontinuierlich abfällt. Die Aktivitätsgrade des freien Eisens liegen fast durchgehend über 0,4, während das Fed/Fet-Verhältnis mit Werten unter 0,2 und einer zum Liegenden kontinuierlich abnehmenden Tiefenfunktion braunerdetypisch ist (Tab. 47). Die pH-Werte weisen nicht den charakteristischen Anstieg zum Ausgangsgestein der Bodenbildung hin auf. Sie fallen vom Ah- bis zum III Cv-Horizont ab, um erst wieder im Ausgangsgestein anzusteigen. Mit einem pH-Wert über 5 ist der Ah-Horizont für Braunerden vergleichsweise alkalisch. Die Basensättigung besitzt mit ihrem zweiten Maximum im II Bv-Horizont ebenfalls keine kontinuierlich verlaufende Tiefenfunktion. Die C/N-Verhältnisse sind mit Werten über 20 im oberen Profilteil sehr weit, wobei die Kohlenstoffgehalte mit über 3% im Bv-Horizont wie in Profil 13 für Braunerden außergewöhnlich hoch liegen (Tab. 47).

Tab. 46: Parameter der Hauptelementgehalte in Profil Asau 13a

Horizont	SiO_2/R_2O_3 (Molverhält.)	SiO_2/Al_2O_3 (Molverhält.)	Index Kronberg-Nesbitt	
			Abszisse	Ordinate
Ah-Bv	6,17	7,10	0,89	0,47
II Bv	6,35	7,29	0,89	0,47
III Cv	6,57	7,49	0,89	0,47
IV C	7,06	8,04	0,90	0,48

Tab. 47: Bodenchemische Parameter in Profil Asau 13a

Horizont	Fed	Feo	All	Feo/Fed	Fed/Fet	All/Fed
	mg/g	mg/g	mg/g			
Ah	3,85	1,51		0,39		
Ah-Bv	4,01	1,98	4,48	0,49	0,16	1,12
II Bv	2,81	2,36	3,18	0,84	0,12	1,13
III Cv	2,25	1,43	3,29	0,64	0,10	1,46
IV C	0,89	1,47		1,65	0,04	

Horizont	H-Wert	S-Wert	KAK	BS
	mmol/kg			%
Ah-Bv	124	56	180	31
II Bv	84	86	170	51
III Cv	92	66	158	42
IV C	20	48	68	71

Horizont	pH	C	N	C/N
	$CaCl_2$	mg/g	mg/g	
Ah	5,02	53,25		
Ah-Bv	4,56	36,66	1,24	29,45
II Bv	4,53	30,59	1,24	24,66
III Cv	4,34	13,55	0,75	18,07
IV C	4,81	4,73	0,24	19,33

6.3.3 Profile auf den älteren Baksanterrassen

6.3.3.1 Profil Asau 6 (Braunerde)

Die sogenannte „Garagenterrasse" mit Profil Asau 6 gehört zu den älteren Terrassen des oberen Baksantals. Ihr liegendes Glazialsediment gehört einer eisrandnahen Fazies an, welche in Anlehnung an die bayerische geologische Kartierung als Schottermoräne angesprochen wurde (vgl. GANSS 1983, S. 68). In ihr wechseln sich grobe Geschiebepackungen mit geschichteten feineren Partien ab. In Profil Asau 6 hat sich eine dunkelbraun gefärbte Braunerde entwickelt (*Farbtafel 17-1*), deren schon makroskopisch erkennbare intensive Verwitterung auf die mächtige Deckschichtenentwicklung zurückgeführt werden muß.

Die Glazialablagerungen werden an ihrer Obergrenze von einer dünnen Zwischenschicht abgelöst, deren Fazies einen Solifluktionslöß im Sinne von LIEBEROTH (1982, S. 71) darstellt. Zweifelsfrei läßt sich die Koinzidenz dieses Solifluktionslösses mit dem Bv-Cv-Horizont feststellen. Die Ansprache dieses Übergangshorizontes oberhalb des Cv- Niveaus wird durch seine hohen Gehalte an freiem Eisen gerechtfertigt. Der skelettfreie obere Profilteil stellt mit seinen Grobschluffgehalten von über 40% schon einen Sandlöß im Sinne von PECSI und RICHTER (1996, S. 135) dar, wobei er gegenüber dem Liegenden eine wesentlich schlechtere Sortierung aufweist (vgl. *Abb. 108*). Die in ihm ausgebildeten Braunhorizonte (Ah-Bv; Bv) sind deutlich verlehmt. In der Hauptverwitterungszone lassen sich vor dem Hintergrund des Ausgangsgesteins jedoch sich keine Anzeichen für Tonmineralneubildung erkennen (Röntgendiffraktogramme der Tonfraktion in *Abb. 108*).

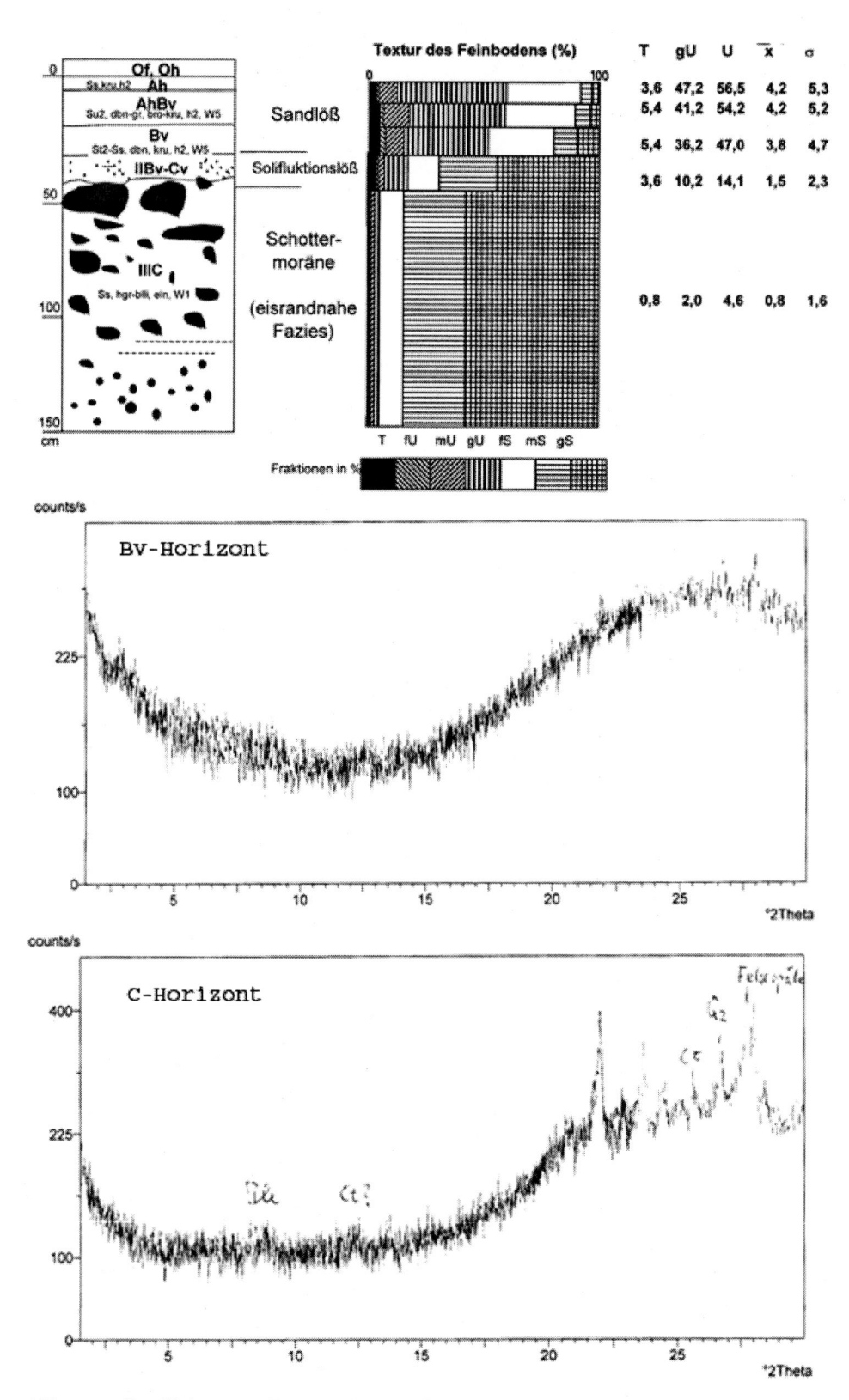

Abb. 108: Profil Asau 6 - Braunerde - Profilbeschreibung und Tonmineralanalysen

Die Schwermineralgehalte von Profil Asau 6 widerspiegeln durch ihre Halbierung am Übergang vom Solifluktionslöß zum Sandlöß den Zuwachs der äolischen Komponente (*Abb. 109*). Die Schwermineralspektren sind im Vertikalprofil relativ homogen und bestehen überwiegend aus instabilen Komponenten. Diese angesichts der nahen Lavafelder plausible Zusammensetzung deutet auch auf geringe Transportwege hin, was eine Beeinflussung durch Löß aus den Vorlandsteppen weitgehend ausschließt.

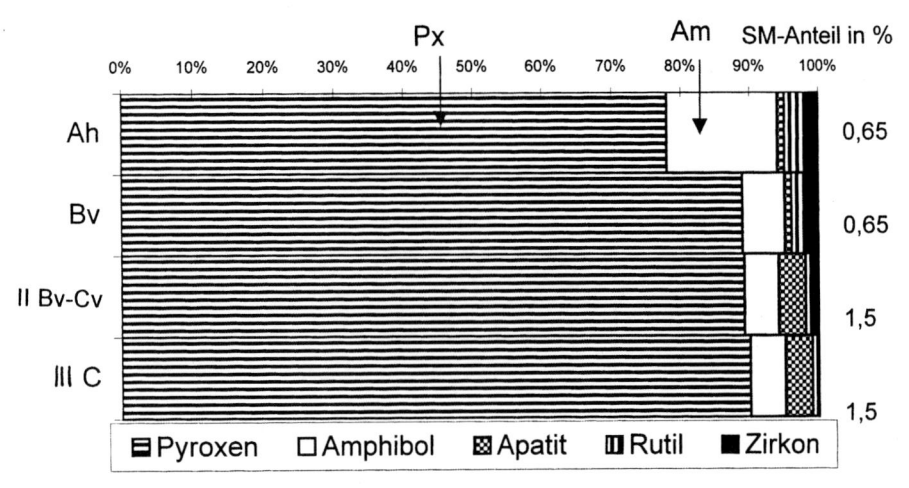

Abb. 109: Schwermineraluntersuchungen in Profil Asau 6

Das Kieselsäure/ Sesquioxidverhältnis entspricht mit seiner geringen vertikalen Schwankung dem typischen Bild einer Braunerde (*Tab. 48*). Der Kronberg-Nesbitt-Index zeigt die Hauptverwitterungszone in den beiden Braunhorizonten an. Die löslichen Eisenfraktionen weisen ihr Maximum im Bv-Horizont auf (*Tab. 49*). Der resultierende Aktivitätsgrad des freien Eisens besitzt hier mit fast 50% einen für Braunerden hohen Wert. Die Fed/Fet-Koeffizienten liegen jedoch mit Werten unter 20% und einem schwachen Maximum im Bv-Horizont wieder in einem braunerdetypischen Bereich. Das dithionitlösliche Aluminium besitzt im Bv-Horizont ein deutlicheres Maximum als das Eisen, was ein erstes Anzeichen von Podsoligkeit darstellen könnte (vgl. BOR 1984). Die pH-Werte des Profils nehmen von oben nach unten kontinuierlich zu, was der allgemeinen Verwitterungstendenz einer Braunerde entspricht (vgl. *Tab. 49*). Die niedrigen pH-Werte im Oberboden deuten darauf hin, daß der Sandlöß schon karbonatfrei ablagert wurde. Die verwitterten Horizonte (Ah-Bv, Bv, IIBv-Cv) weisen hohe Kohlenstoff- und Stickstoffgehalte auf, während die resultierenden C/N-Verhältnisse auch für Braunerden relativ weite Spannen annehmen, welche als Humusform dem bei der Feldansprache kartierten Moder bis rohhumusartigen Moder entsprechen würden (vgl. REHFUESS 1990, S. 40).

Tab. 48: Parameter der Hauptelementgehalte in Profil Asau 6

Horizont	SiO_2/R_2O_3	SiO_2/Al_2O_3	Verwitterungsindex	
	(Molverh.)	(Molverh.)	Abszisse	Ordinate
Ah	5,99	6,95	0,89	0,49
AhBv	5,99	6,94	0,89	0,47
Bv	5,94	6,87	0,89	0,48
II Bv-Cv	6,63	7,61	0,90	0,49
III C	7,04	8,02	0,90	0,49

Tab. 49: Bodenchemische Parameter von Profil Asau 6

Horizont	C mg/g	N mg/g	C/N	Fed mg/g	Feo mg/g	Ald mg/g	Feo/Fed	Fed/Fet	Ald/Fed
Ah	83	4	19	3,5		1,8		0,15	0,45
Ah-Bv	64	3	23	3,9	1,4	2,6	0,37	0,16	0,65
Bv	58	2	25	4,4	2,1	3,9	0,48	0,18	0,88
II Bv-Cv	19	1	14	2,7	0,9	3,3	0,35	0,11	1,22
III C				1,4	0,7	0,2	0,55	0,06	0,14

Horizont	pH CaCl$_2$	pH H$_2$O	H-Wert mmol/kg	S-Wert	KAK	BS (%)
AhBv	4,2	4,7	128	124	252	49
Bv	4,3	4,9	80	82	162	51
II Bv-Cv	4,4	4,9	52	114	166	69
III C	5,0	5,9	18	56	74	76

6.3.3.2 Profil Asau 10 (Braunerde)

Auf derselben „Garagenterrasse" wie Profil Asau 6 liegt auch Profil Asau 10. Die Braunerde bestätigt die vorangehend geschilderte Bodenausbildung auf dieser Terrasse prinzipiell, wobei der skelettfreie äolische Profilbereich (Sandlöß) hier geringmächtiger ausgebildet ist (*Abb. 110*). Wie in der Braunerde Asau 6 nimmt der Mittelwert der Kornverteilungskurve vom glazialen Ausgangsgestein zum Oberboden ab, im Gegensatz dazu wird der Sortierungsgrad in dieser Richtung jedoch besser.

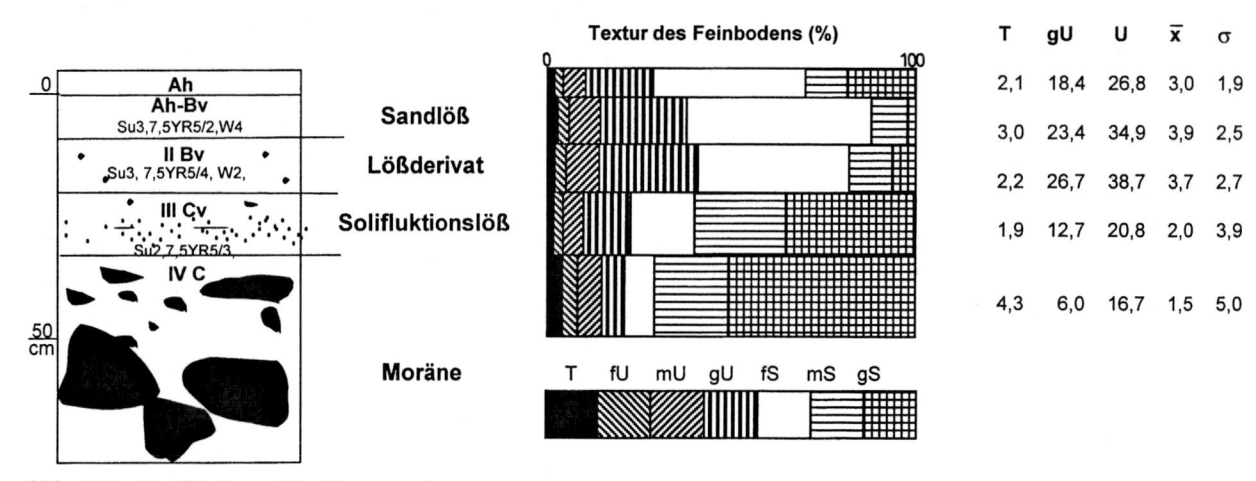

Abb. 110: Profil Asau 10 - Braunerde

6.3.3.3 Profil Asau 3 in der spätglazialen Terrasse (Braunerde)

Profil Asau 3 liegt im Gegensatz zu den vorangehend beschriebenen Braunerdeprofilen auf der rechten Seite des Baksantals in einer Terrasse, welche von BAUME (unveröff. Kartierung) als spätglazial eingestuft wird. Die Grabung ergab im Untergrund geschichtete glazifluviatile Sedimente, welche im Hangenden von einer Schicht mit Steinstreu abgelöst werden (vgl. *Farbtafel 17-2*). Vermutlich handelt es sich dabei um Schmelzwasserablagerungen am Rand eines Talgletschers, welche im Verlauf der Deglaziation von einer Ablationsmoräne abgedeckt wurden. Zwischen die Steine der Ablationsmoräne ist dann grobschluffreiches Sediment eingeweht worden.

In dem zweischichtigen Profil entwickelte sich eine Braunerde, welche eine Koinzidenz von Horizont- und Substratprofil aufweist (*Abb. 111*). Die Kieselsäure/Sesquioxidverhältnisse sind relativ konstant, während der nach oben abnehmende Kronberg-Nesbitt-Index deutliche Verwitterung im Braunhorizont anzeigt (*Tab. 50*). Der Braunhorizont ist gleichzeitig deutlich verlehmt. Wie in Profil Asau 13a liegt der pH-Wert des Ah-Horizontes über 5 und fällt zum Verwitterungsbereich hin ab (vgl. *Tab. 51*). Die Tiefenfunktion der Basensättigung bestätigt dieses Phänomen. Die organische Substanz erreicht wie in den meisten kaukasischen Braunerdeprofilen sowohl hohe Kohlenstoff- als auch Stickstoffwerte (über 1% N im Ah-Horizont). Die C/N-Verhältnisse um 10 weisen auf Mull als Humusform hin.

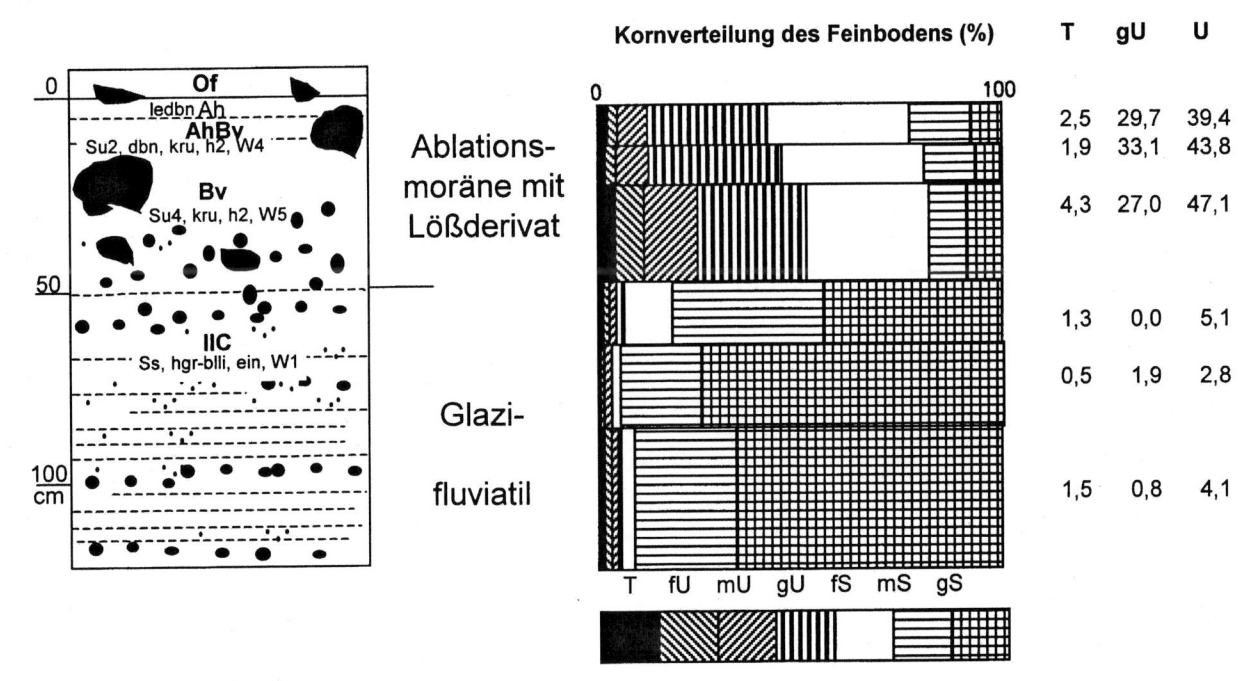

Abb. 111: Profil Asau 3 - Braunerde

Tab. 50: Parameter der Hauptelementgehalte in Profil Asau 3

Horizont	SiO_2/R_2O_3 (Molverh.)	SiO_2/Al_2O_3 (Molverh.)	Index Kronberg-Nesbitt	
			Abszisse	Ordinate
Ah	4,2	5,0	0,85	0,39
AhBv	5,7	6,6	0,88	0,46
Bv	6,5	7,5	0,89	0,47
II C	6,9	7,9	0,90	0,48

Tab. 51: Bodenchemische Parameter von Profil Asau 3

Horizont	H-Wert	S-Wert	KAK	BS
		mmol/kg		(%)
Ah	96	402	498	81
AhBv	94	80	174	46
Bv	95	68	163	42
II C	68	56	124	45

Horizont	pH	C	N	C/N
	$CaCl_2$	mg/g	mg/g	
Ah	5,2	82,7	10,8	8
AhBv	4,3	35,8	2,6	14
Bv	4,3	13,8	1,6	9
II C	4,7	2,7	0,2	11

6.3.3.4 Profil Asau 8 (Regosol-Braunerde)

Auf einer jüngeren Moräne unterhalb der Terrasse mit Profil Asau 3, welche TUSCHINSKIJ (1968) als „Historisches Stadium" einstufte, konnte als intensivste Bodenbildung in Profil Asau 8 ein Braunerde-Regosol angesprochen werden (Abb. 112). Die im Vergleich zu den vorher beschriebenen Profilen geringere Mächtigkeit seiner grobschluffbeeinflußten Zone bestätigt die geomorphologisch jüngere Einordnung dieser Oberfläche. Der Verwitterungshorizont von Profil Asau 8 ist ebenfalls schwächer als auf den älteren Reliefelementen entwickelt und wurde aufgrund seiner Geringmächtigkeit nur als Bv-Cv-Horizont angesprochen. Die Kronberg-Nesbittkoeffizienten deuten ebenfalls keine intensive Verwitterung im oberen Profilbereich an (Tab. 52). Nur das freie Eisen läßt wie der Fed/Fet-Koeffizient ein deutliches Maximum im Bv-Cv-Horizont erkennen (vgl. Tab. 53). Die pH-Werte besitzen zwar eine braunerdetypisch nach unten ansteigende Tiefenfunktion, lassen jedoch mit pH 4,9 im Bv-Cv-Horizont einen höheren Wert als alle vorher beschriebenen typischen Braunerden erkennen. Dieser Befund wird durch die hohen Basensättigungswerte, welche das Profil schon im Bv-Cv-Horizont erreicht, bestätigt. Ungewöhnlich ist für Braunerden auch der gegenüber dem Verwitterungshorizont höhere KAK-Wert des Ausgangsgesteins (Tab. 53).

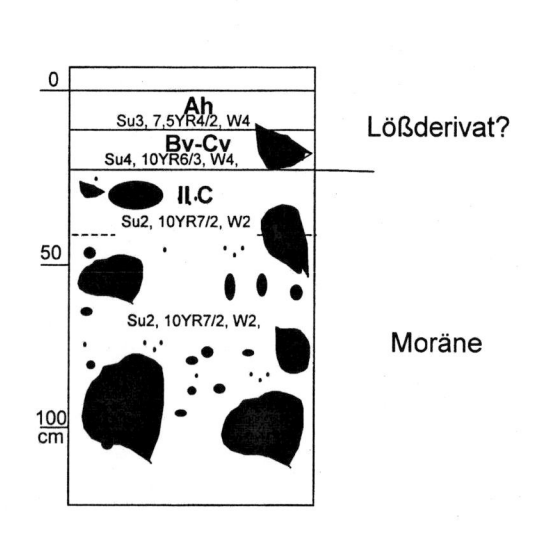

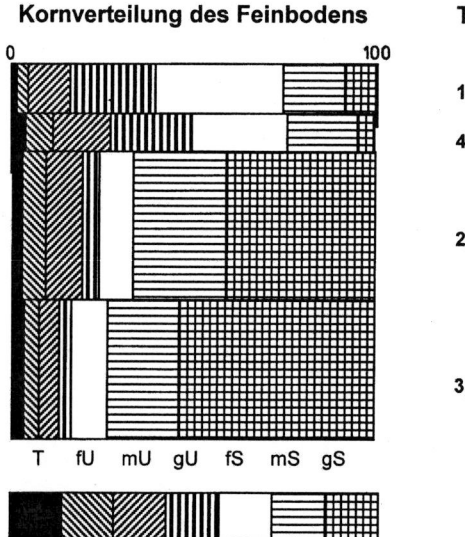

Abb. 112: Profil Asau 8 - Regosol-Braunerde

Tab. 52: Parameter der Hauptelementgehalte in Profil Asau 8

Horizont	SiO_2/R_2O_3 (Molverh.)	SiO_2/Al_2O_3 (Molverh.)	Index Kronberg-Nesbitt Abszisse	Ordinate
Ah	6,0	7,0	0,89	0,51
Bv-Cv	6,2	7,0	0,89	0,49
C	6,0	7,8	0,90	0,47

Tab. 53: Bodenchemische Parameter in Profil Asau 8

Horizont	H-Wert	S-Wert	KAK	BS
	mmol/kg			(%)
Bv-Cv	18	92	110	84
C	17	120	137	88

Horizont	Fed	Fed/Fet	pH
	mg/g		$CaCl_2$
Ah	3,97	0,15	4,77
Bv-Cv	6,97	0,29	4,90
C	3,88	0,08	5,56

6.3.4 Profile auf Hangschutt, Murgängen und Lawinen

6.3.4.1 Profil Asau 4 im Hangschutt eines Moränenwalles (Braunerde-Regosol)

Profil Asau 4 befindet sich im Hangfußbereich eines auf der linken Baksanseite liegenden Moränenwalles, welcher mit seiner peripheren Lage vermutlich nicht dem Hauptgletscher des Großen Asau zuzuordnen ist. An der Profilbasis wurden glazilimnische Sedimente mit schluffig-feinsandiger Textur aufgegraben, welche sehr ruhige Sedimentationsbedingungen anzeigen (*Abb. 113*). Diese dünne Sedimentschicht, welche einer kiesig-steinigen Moräne aufliegt, wurde in mehreren Profilen des linken Baksantals höhenkonstant beobachtet. Die Ablagerungen eines Gletscherstausees enthielten organische Reste (Hölzer), deren Radiokarbondatierung ein relativ junges Alter von 440 ± 135 BP (Hv 21200) ergab.

Der begrabene Boden wurde makroskopisch als Tonhäutchenhorizont eingeordnet, allerdings zeigt er in der Körnungsanalyse keine signifikante Tonanreicherung an. Die Hangsedimente konnten durch weitere Analysen noch intern untergliedert werden (vgl. *Abb. 113*). Mit Altern von 340±95 BP (Hv 21202) und 230±105 BP (Hv 21201) weisen die Datierungen stratigraphische Konsistenz auf. Sie zeigen an, daß die Ablagerung des Hangschuttes unmittelbar nach der Bodenbildung im limnischen Sediment erfolgte.

Für den Braunerde-Regosol im Hangschutt kann somit ein Alter von maximal dreihundert Jahren als gesichert angenommen werden. Er wird von einem sehr dünnen Sandlößband bedeckt, in welchem sich der Ah-Horizont entwickelte. Verlehmung und Grobschluffanreicherung lassen sich nur in diesem geringmächtigen Ah-Horizont feststellen. Der Bv-Cv-Horizont, welcher in der Feldansprache deutlich hervortrat, läßt in seiner Kornverteilung oder Sortierung keine signifikanten Veränderungen gegenüber dem Liegenden erkennen.

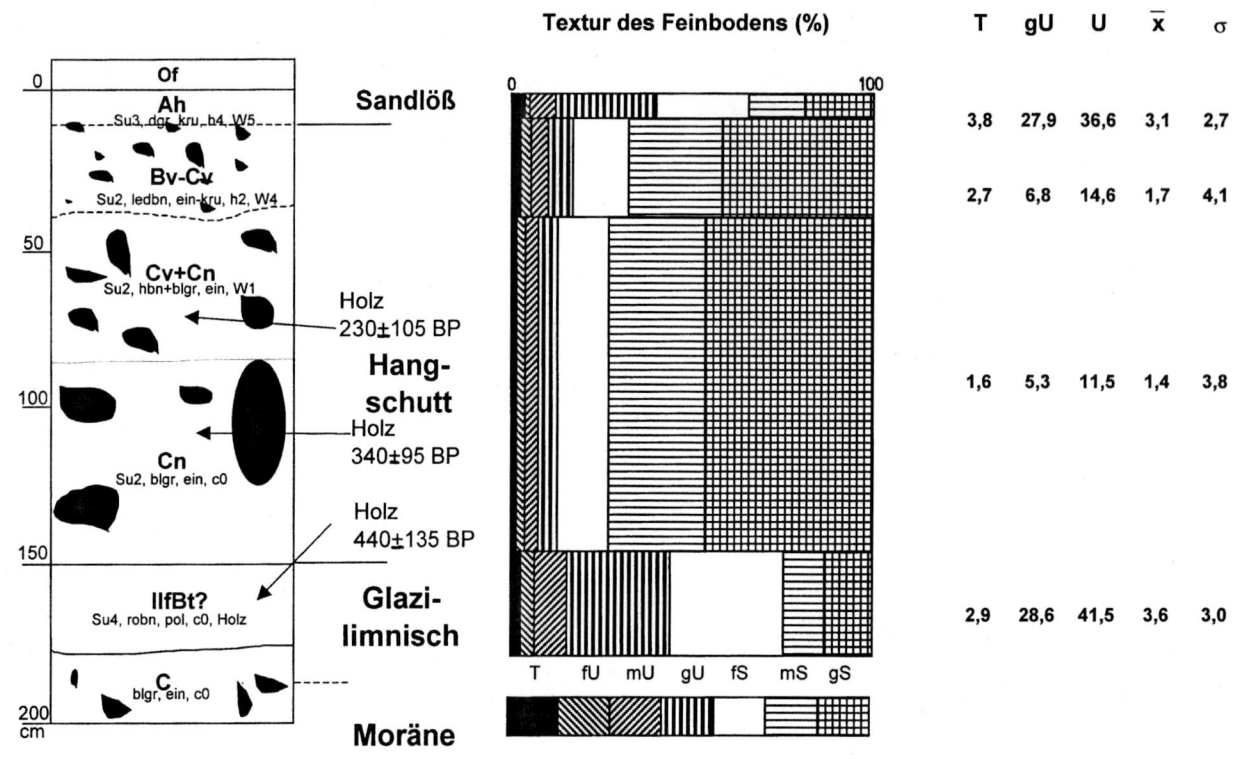

Abb. 113: Profil Asau 4 - Braunerde-Regosol

Das Kieselsäure/Sesquioxidverhältnis weist im Bv-Cv-Horizont ein für Braunerden ungewöhnliches Maximum auf (Tab. 54). Die hohen Ordinaten- und Abszissenwerte des Kronberg-Nesbittindex im Bv-Cv-Horizont sprechen gegen einen intensiven Verwitterungsbereich. Die pedogenen Oxide besitzen dagegen von oben nach unten abnehmende Gehalte (Tab. 55). Vor allem das Fed/Fet-Verhältnis ist in seinen absoluten Werten und seiner Vertikalfunktion mit den Braunerden auf älteren Oberflächen des Baksantals vergleichbar. Die Kationenaustauschkapazität liegt niedriger als in den Bodenprofilen auf älteren Oberflächen. Dagegen nimmt die Basensättigung schon im Bv-Horizont ungewöhnlich hohe Werte an (vgl. Tab. 55).

Tab. 54: Parameter der Hauptelementgehalte in Profil Asau 4

Horizont	SiO_2/R_2O_3 (Molverhält.)	SiO_2/Al_2O_3 (Molverhält.)	Index Kronberg-Nesbitt	
			Abszisse	Ordinate
Ah	5,71	6,60	0,88	0,48
Bv-Cv	6,98	7,99	0,90	0,50
Cv+Cn	5,64	6,48	0,88	0,49
II fBt	5,68	6,51	0,88	0,50

Tab. 55: Bodenchemische Parameter in Profil Asau 4

Horizont	pH	C	N	C/N
	CaCl$_2$	mg/g	mg/g	
Ah	4,22	14,46	3,21	4,51
Bv-Cv	4,82	8,78	0,70	12,60
Cv+Cn	4,99	1,22	0,05	24,93
II fBt	4,68	10,01	0,66	15,26

Horizont	Fed	Feo	Feo/Fed	Fed/Fet
	mg/g	mg/g		
Ah	2,94	0,97	0,33	0,12
Bv-Cv	1,74	0,43	0,25	0,08
Cv+Cn	0,80	0,33	0,41	0,03
II fBt	3,20	1,74	0,54	0,12

Horizont	H-Wert	S-Wert	KAK	BS
	mmol/kg			%
Ah	50	92	142	65
Bv	36	82	118	70
Cv+Cn	11	86	97	89
II fBt	6	94	100	94

6.3.4.2 Profil Asau 5 im Hangschutt eines Moränenwalles (Braunerde-Regosol)

Die Aussagen zum vorangehend beschriebenen Profil Asau 4 ließen sich durch ergänzende Beobachtungen an einem benachbarten Profil, welches ebenfalls im Hangschutt am Steilhang des Moränenwalles gegraben wurde, bestätigen. Profil Asau 5 (vgl. *Abb. 114*) besitzt als Ausgangsgestein der Bodenbildung ebenfalls mit Schluff angereicherte Hangsedimente, in welchen sich ein schwacher Verwitterungshorizont (Bv-Cv) entwickelte. Wie in Profil Asau 4 ist nur der Ah-Horizont nahezu skelettfrei ausgebildet und sehr stark mit Grobschluff angereichert, weshalb das bodenbildende Substrat ebenfalls als Sandlöß angesprochen wurde.

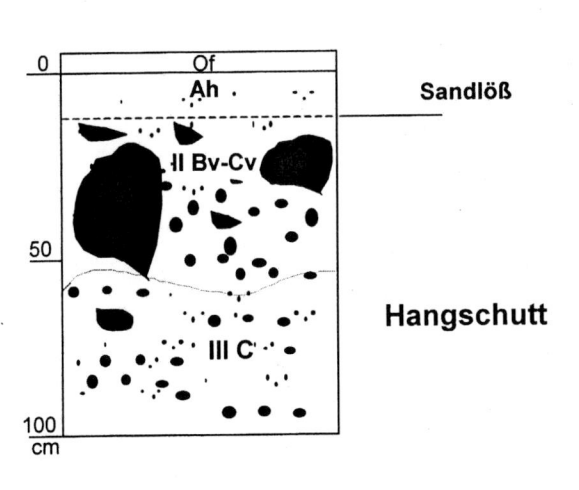

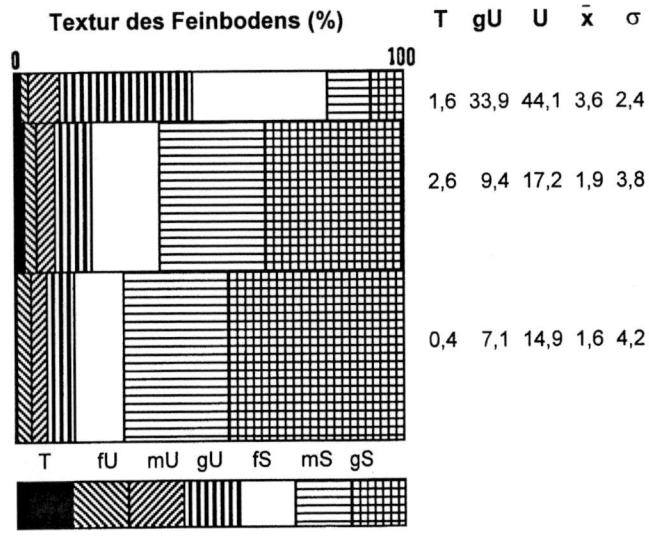

Abb. 114: Profil Asau 5 - Braunerde-Regosol

6.3.4.3 Profil Asau 7 in einem Murgang des Garabashitals (Braunerde-Regosol)

Profil Asau 7 wurde im Anschnitt eines Murganges angelegt, welcher sich aus dem Garabashital in das Baksantal erstreckt (vgl. *Abb. 115*). Der Übergang von den Murablagerungen zur liegenden Grundmoräne ist makroskopisch nicht erkennbar und wird bei etwa 300cm Tiefe vermutet.

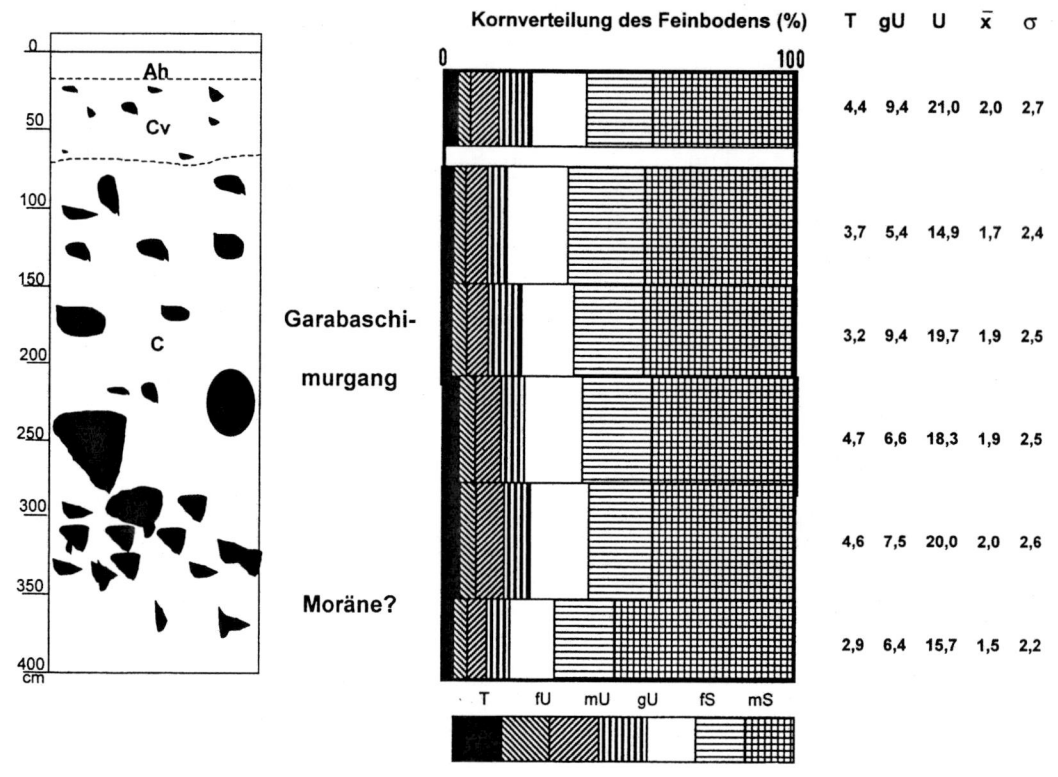

Abb. 115: Profil Asau 7 - Braunerde-Regosol

Die Kornverteilung des Feinbodens bleibt im Vertikalprofil dieses Braunerde-Regosols konstant. Bei insgesamt relativ hohen Ton- und Grobschluffgehalten, welche durch die Umlagerung von Moränenmaterial bedingt sind, läßt sich im Verwitterungsbereich (Cv-Horizont) keine Verlehmung feststellen. Die Grobschluffgehalte schwanken im Vertikalprofil ebenfalls ohne erkennbare Tendenz.

6.3.5 Profile auf den jüngsten Moränen des oberen Baksantals

6.3.5.1 Profil Asau 15 auf der Moräne des 19. Jahrhunderts (Regosol)

In der Endmoräne und in den Sanderablagerungen des Eisvorstoßes aus der Mitte des 19. Jahrhunderts (Abichwall) wurde eine schwächere Bodenbildung als in allen älteren Reliefeinheiten ihres Gletschervorfeldes gefunden (*Abb. 116*). Dem Regosol aus Profil 15 fehlt jedes Anzeichen von Verwitterung. Verlehmung und Schluffanreicherung konnten im Profil ebensowenig festgestellt werden. Die Kornverteilung zeigt mit gleichbleibenden Mittelwerten und Sortierungen einen homogenen Profilaufbau an.

Aus bodenchemischer Sicht sprechen besonders die zum Oberboden hin ansteigenden Ordinatenwerte des Kronberg-Nesbitt-Koeffizienten gegen intensive Verwitterung (*Tab. 56*). Der Anteil dithionitlöslichen Eisens ist im Ausgangsgestein ebenfalls höher als im Boden, nur das oxalatlösliche Eisen wurde im Humushorizont angereichert (vgl. *Tab. 57*). Der niedrige Fed/Fet-Koeffizient weist ebenfalls auf nur schwache Verwitterung hin. Die durchgängig über 50% liegende Basensättigung unterscheidet sich deutlich von den basenärmeren Braunerden auf den älteren Reliefelementen.

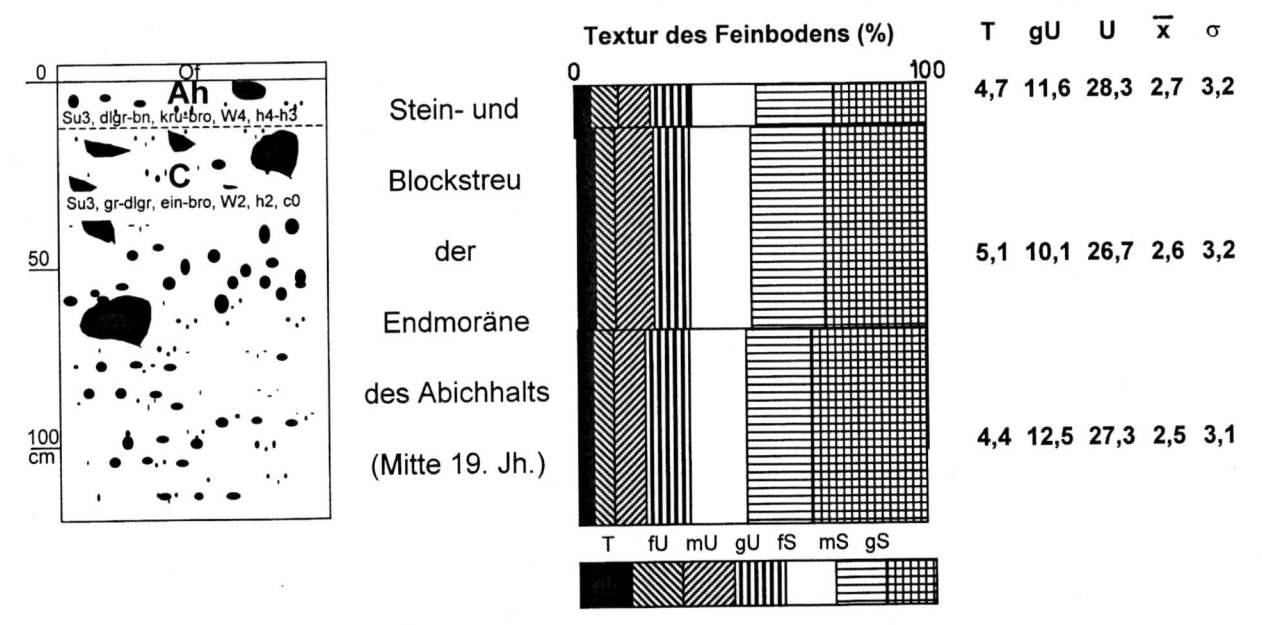

Abb. 116: Profil Asau 15 - Regosol

Tab. 56: Parameter der Hauptelementgehalte in Profil Asau 15

Horizont	SiO₂/R₂O₃ (Molverhält.)	SiO₂/Al₂O₃ (Molverhält.)	Index Kronberg-Nesbitt	
			Abszisse	Ordinate
Ah	6,04	6,98	0,89	0,51
C	6,16	7,02	0,89	0,49
C	6,04	7,78	0,90	0,47

Tab. 57: Bodenchemische Parameter in Profil 15

Horizont	Fed	Feo	Feo/Fed	Fed/Fet
	mg/g	mg/g		
Ah	1,20	0,62	0,52	0,05
C	1,38	0,43	0,31	0,06

Horizont	pH	C	N	C/N
	CaCl₂	mg/g	mg/g	
Ah	4,7	29,0	0,7	41,0
C	4,4	13,0	0,8	16,2
C	5,2	2,0		

Horizont	H-Wert	S-Wert	KAK	BS
	mmol/kg			%
Ah	42	90	132	68
C	70	82	152	54
C	8	78	86	91

6.3.5.2 Profil 16 auf dem Moränenwall von 1932 (Syrosem-Regosol)

In der jüngsten markanten Endmoräne des obersten Baksantals, welche durch den Gletscherhalt von 1932 gebildet wurde, konnte wie im Abichwall nur ein schwach entwickelter Boden beschrieben werden (Syrosem-Regosol). Er weist im Ah-Horizont eine Grobschluffanreicherung auf, welche von schlechteren Sortierungen in diesem Profilbereich begleitet wird (vgl. *Abb. 117*). Die Anteile der löslichen Eisenfraktionen liegen insgesamt sehr niedrig (*Tab. 58*). Im Gegensatz zu den vorher beschriebenen Profilen läßt sich keine Anreicherung von freiem Eisen im Humushorizont feststellen, nur das oxalatlösliche Eisen weist dort ein Maximum auf. Der Aktivitätsgrad des Eisens liegt im Humushorizont mit 0,9 weit über den Werten auf den älteren Reliefeinheiten. Die pH-Werte erreichen schon im Oberboden mit Werten über 5 den mittel sauren Bereich. Die nach oben ansteigenden Basensättigungen zeigen an, daß in diesem Profil noch keine Basenauswaschung eingesetzt hat (*Tab. 58*). Der Ah-Horizont besitzt ein ähnlich hohes C/N-Verhältnis wie der im vorangehend beschriebenen Profil 15 auf dem „Abichwall".

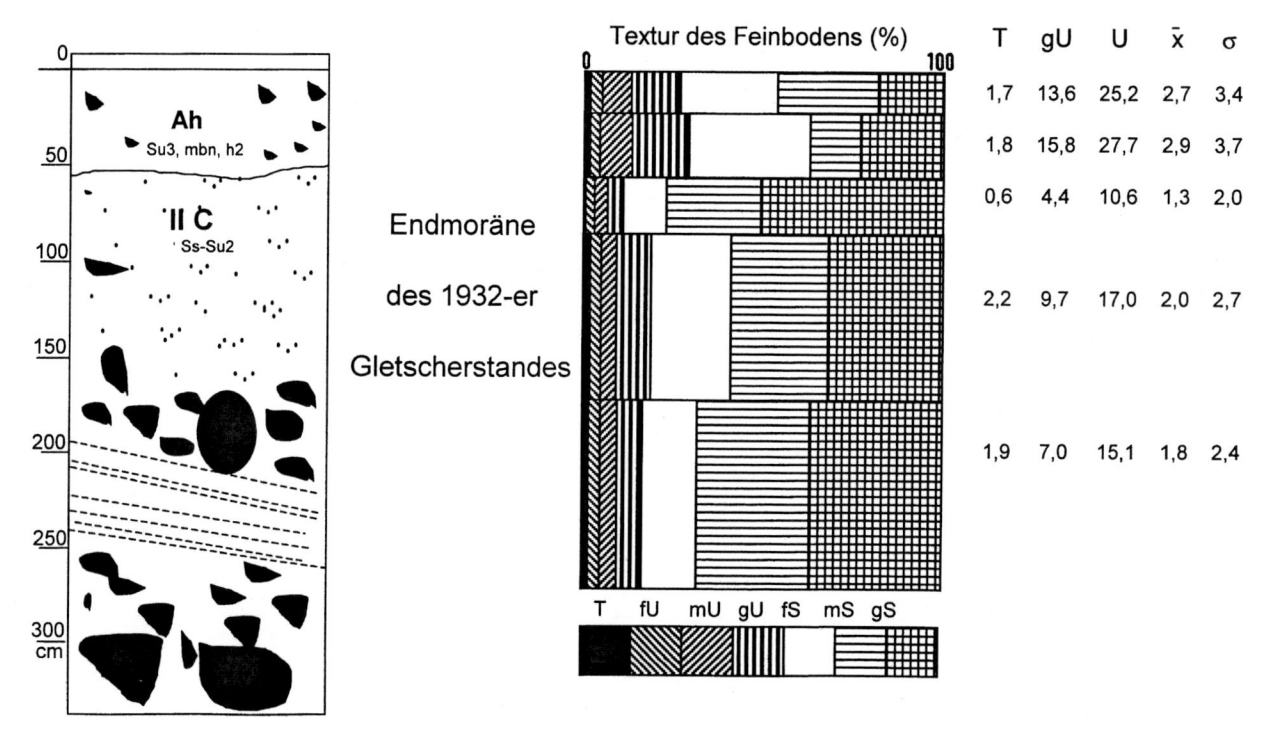

Abb. 117: Profil Asau 16 - Syrosem-Regosol

Tab. 58: Bodenchemische Parameter von Profil Asau 16

Horizont	C	N	C/N	Fed	Feo	Feo/Fed
	mg/g	mg/g		mg/g	mg/g	
Ah	39	1	39	0,41	0,37	0,90
C1				0,50	0,21	0,42

Horizont	H-Wert	S-Wert	KAK	BS	pH
	mmol/kg			(%)	$CaCl_2$
Ah	3	78	81	97	5,1
C1	4	64	68	94	5,2
C2	10	66	76	87	5,6

6.3.6 Zusammenfassung Baksantal

Braunerden stellen in diesem Untersuchungsgebiet der oberen montanen Stufe den vorherrschenden Boden auf älteren Glazialablagerungen dar. Sie lassen einen regelhaft mehrschichtigen Profilaufbau mit periglaziären Decksedimenten erkennen. Im Verlauf dieser Deckschichtenentwicklung wurde die anfangs dominante Solifluktion später durch äolische Prozesse abgelöst. Lößderivate über Solifluktionsdecken und den Glazialsedimenten bilden eine regelhafte Abfolge. Im Extremfall wird diese von skelettfreien Sandlössen überlagert (vgl. Profil Asau 6).

Nur in diesen mächtigeren Deckschichten der älteren Glazialstandorte konnten sich typische Braunerden entwickeln. Regelhaft ist eine Ah-AhBv-Bv-Cv-C-Horizontfolge, während im reifsten Entwicklungsstadium mit Sandlößauflage sogar eine Ah-AhBv-Bv-BvCv-C-Folge auftritt. Diese Böden sind im Bv-Horizont sowohl über die Verlehmung als auch über den Kronberg-Nesbitt-Koeffizienten als deutlich verwittert zu kennzeichnen. Die Fed/Fet-Verhältnisse liegen hier braunerdetypisch konstant unter 0,2 und nehmen gewöhnlich vom Oberboden zum Ausgangsgestein hin kontinuierlich ab. Nach unten versetzte Maxima in den Tiefenfunktionen des oxalatlöslichen gegenüber dem dithionitlöslichen Eisen könnten jedoch eine einsetzende Podsoligkeit andeuten, welche makroskopisch noch nicht sichtbar wird (Profile Asau 13, 13a). In den Profilen Asau 3 und 13a läßt sich ein zweites Maximum der Basensättigungen und pH-Werte im Oberboden beobachten. Die deckschichtenbildenden Lößkomponenten beeinflußten die Bodenentwicklung damit offenbar nicht nur über die Körnung, sondern auch durch ihren Chemismus. Die Profile Asau 6 und 13 können dagegen als Beispielprofile für einen braunerdetypischen Anstieg dieser Parameter zum Ausgangsgestein der Bodenbildung hin gelten. Nach den Basensättigungen der Bv-Horizonte entsprechen alle Profile Mesobraunerden der AG BODEN (1994) bzw. mittelbasischen Braunerden nach MÜCKENHAUSEN (1993). Die C/N-Verhältnisse der Oberböden liegen gewöhnlich um 10 oder darunter. Als weitere Besonderheit dieser Braunerdeprofile läßt sich der hohe Kohlenstoffgehalt nicht nur ihrer A-Horizonte, sondern auch der Bv-Horizonte herausstellen (>1,5%).

Auf den jüngeren Oberflächen des oberen Baksantals treten nur teilweise noch äolische Schleier auf, welche dann sehr dünn ausgebildet sind. In diesen Fällen lassen sich initiale Braunerdebildungen im Profil beobachten. An einem Beispiel konnte die Entwicklung eines Braunerde-Regosols in wenigen hundert Jahren nachgewiesen werden (Profil Asau 4). Seine makroskopisch erkennbare und analytisch nachweisbare Anreicherung pedogener Oxide besitzt sogar schon braunerdeähnlichen Charakter. Andererseits sind die Tiefenfunktionen der Verwitterungskoeffizienten nach KRONBERG und NESBITT (1981) wie auch der Basensättigungen und pH-Werte noch nicht regelhaft für Braunerden ausgebildet. Die initialen Verwitterungshorizonte besitzen ebenfalls noch einen basenreichen Status. Auch in völlig unverwitterten jungen Syrosem-Regosolen konnten dünne oberflächige Schluffanreicherungen nachgewiesen werden (Profil Asau 16), so daß deren Ablagerung zumindest auf vegetationsfreien Standorten in geringem Umfang bis in jüngste Zeit stattfand. Völliges Fehlen des Grobschluffschleiers ist regelhaft mit einer Bodenbildung ohne Verwitterungsmerkmale verbunden (Regosol). Alle Profile auf jüngeren Standorten besitzen aufgrund ihrer geringen Stickstoffgehalte gewöhnlich sehr weite C/N-Verhältnisse mit Werten über 20.

7. Böden der waldbedeckten Jungmoränenlandschaften am Nordwestrand Hochasiens

7.1 Forschungsstand

7.1.1 Allgemeine Aspekte

Tien-Shan und Altai stellen die höchsten Bergketten am Nordwestrand Hochasiens dar. Aufgrund ihrer exponierten Lage in der Westwinddrift erhalten sie für innerasiatische Verhältnisse hohe Niederschlagswerte. Dadurch konnte sich auf der Nordwestseite beider Hochgebirge ein breiter und dichter Waldgürtel entwickeln, während die Südostseite von ariden Bedingungen geprägt wird. So besitzen diese Gebirgsstöcke in ihren Hochlagen noch eine ausgeprägte rezente Vergletscherung, wenn diese auch hinter ozeanisch getönten Mittelbreitengebirgen mit vergleichbaren Höhen zurücksteht. Dafür nimmt der rezente Permafrost mit zunehmender Kontinentalität immer größere Flächen ein und reicht in den südsibirisch-mongolischen Gebirgen bis weit in den Waldgürtel hinein.

Der Umfang der pleistozänen Vergletscherungen wird bezüglich ihres flächenhaften Charakters hier wie im gesamten Hochasien kontrovers diskutiert (stellvertretend dazu KUHLE 1998 bzw. FRENZEL und LIU 2001; LEHMKUHL 2003). Jedoch kann als unbestritten gelten, dass die jungpleistozäne Vergletscherung sowohl im Altai als auch im nördlichen Tienshan weit in den Nadelwaldgürtel hinein reichte (BUSSEMER 2001; BAUME 2002). Insofern herrschen im Rahmen des eigenen Untersuchungsansatzes mit Alpen und Kaukasus vergleichbare Ausgangsbedingungen. In beiden Gebieten soll versucht werden, die Bodengeographie des Waldgürtels zu erfassen, wobei die Jungmoränenlandschaften der oberen montanen Stufe wiederum im Mittelpunkt stehen. Da das reliktische Periglazial oberhalb der Lößebenen und -schleier (LEHMKUHL 1997; SCHRÖDER et al. 2004) weniger Beachtung fand, kommt der Beobachtung periglazialer Deckschichten besondere Bedeutung zu.

7.1.2 Bodenverbreitung im Russischen Altai

7.1.2.1 Bodengeographische Aspekte

Aus administrativer und historischer Sicht gehören sowohl das kompakte Hochgebirge ("Gebirgsaltai") als auch sein nördliches Vorland ("Steppenaltai") zum russischen Altaigebiet (vgl. *Abb. 118*). Die starken horizontalen Landschaftsgradienten des Gebirgsaltai komplizieren auch sein Bodenmosaik. Prinzipiell referieren HAASE (1978), FRIDLAND (1986c, S. 64) und WALTER und BRECKLE (1986, S. 535) in Überblicksdarstellungen trotzdem eine Höhenstufung als Grundgerüst. Sie wird in der montanen Stufe demnach durch Podsole (bzw. podsolige Gebirgsböden) über grauen Waldböden (Griserden, Paratschernosemen) gekennzeichnet, welche in die Schwarzerden der Offenlandschaften von intramontanen Becken übergehen. Die regional differenzierende Studie von KOVALJOV (1973) ergänzt das Bodenspektrum des Waldgürtels um die braunen (Gebirgs)waldböden (*gorno-lesnye burye pocvy*), welche in der beiliegenden Karte mit großen Verbreitungsgebieten verzeichnet wurden (vgl. *Farbtafel 18*). Im Gegensatz zum landwirtschaftlich genutzten Steppenaltai wurde der Gebirgsaltai jedoch bisher nur von Überblickskartierungen erfasst, so dass die jeweiligen flächenhaften Darstellungen deutlich voneinander abweichen (KOVALJOV 1973; ANONYMUS 1978; ANONYMUS 1991; BODENKARTE RUSSLANDS 1995).

Das ursprüngliche Standardwerk KOVALJOVS (1973) verzeichnet explizit braune (Gebirgs)waldböden (*gorno-lesnye burye pocvy*), deren Hauptflächen im relativ feuchten Nordostteil des Gebirgsaltais mit weitgeschwungenen Hochflächen und großen Waldarealen liegen (*Farbtafel 18*). In den höher gelegenen Arealen sind organisch geprägte Böden (Anmoor, Wiesenböden) verzeichnet, wobei Podsole im Übergangsbereich fehlen. In das nördliche Hügelland hinein werden die braunen Waldböden von Dernopodsolen und grauen Waldböden abgewechselt. Zum trockeneren Nordwestrand des Gebirgsaltai hin gehen sie hingegen in Schwarzerden und verwandte Bildungen über. Dieser bodensystematische Ansatz wird auch im physisch-geographischen Altaiatlas (ANONYMUS 1978 mit Erläuterung von KOVALJOV und CHMELEV auf S. 196) verfolgt, wobei die Flächen brauner Waldböden bei einer insgesamt größeren bodensystematischen Vielfalt geringer ausfallen.

Braune Waldböden fehlen in der Bodenkarte des neuesten Altaiatlas (Anonymus 1991) als eigenständige Einheit (*Farbtafel 19*). Er besitzt jedoch die Gruppe der braunen Waldböden mit schwarzerdeähnlichen Böden, deren Verbreitung der Summe der Teilflächen von braunen Waldböden und schwarzerdeähnlichen Böden + Schwarzerden in KOVALJOV (1973) ähnelt.

Die BODENKARTE RUSSLANDS (1995) verzeichnet in ihrer Anlehnung an neuere russische Bodenklassifikationen im Altai neben Braunerden (*burozem*) auch größere Anteile des Podburs als eigenständigen Bodentyp (vgl. *Farbtafel 20*). Demnach finden sich die Braunerden auf tieferen Standorten der Nordabdachung. Die Podburareale ziehen sich hingegen weit in die Hochgebirgsketten des zentralen und südlichen Gebirgsaltais hinein.

7.1.2.2 Standardprofil für braune Waldböden auf kristallinem Grundgestein nach Kovaljov

Als bisheriger Standard der braunen Waldböden im Altai gilt die von Kovaljov (1974) auf einer Exkursion des Internationalen Bodenkundekongresses 1974 nordöstlich des Telezker Sees vorgeführtes Profil auf kristallinem Grundgestein (Kamgamündungsgebiet - vgl. *Abb. 118*). Mit Hilfe der zitierten Profilbeschreibung (incl. Korngrößen, pH, C, N) und ergänzender eigener Neuaufnahmen (Feldbeschreibung, RFA, pedogene Oxide) in der Kamgamündung wurde ein schematisiertes Profil als Grundlage für die weiteren Untersuchungen erstellt. Seine Korngrößenanalysen (*Abb. 119*) widersprechen der Vorstellung eines autochthonen Eluvialstandortes mit ausschließlicher Verwitterungswirkung, wie KOVALJOV (1974) in der Tradition von POLYNOV (1934) annahm. Die Mehrschichtigkeit des Profils und seine nach oben stärker werdende äolische Beeinflussung lassen sich über die Schluff- und besonders über die Grobschluffgehalte nachvollziehen. Auch die Kieselsäure/Sesquioxidverhältnisse weisen auf eine deutliche Schichtung hin (*Tab. 59*). Der Bv-Horizont, welcher hier offenbar mit einer lößbeeinflußten Solifluktionsdecke zusammenfällt, zeichnet sich durch eine deutliche Verlehmung aus (*Abb. 119*). Die Kronberg-Nesbitt-Koeffizienten verhalten sich dagegen in ihren Vertikaltendenzen widersprüchlich und lassen deshalb keine Aussagen zur Verwitterungsintensität zu (*Tab. 59*). Die pedogenen Eisengehalte sind mit über 2% außergewöhnlich hoch, ebenso der resultierende Fed/Fet-Koeffizient. Die pH-Werte zeigen dagegen einen braunerdetypischen kontinuierlichen Anstieg zum Ausgangsgestein hin an. Der Gehalt an organischer Substanz und ihr C/N-Verhältnis weist ebenfalls für Braunerden charakteristische Werte auf.

Die Auswertung von derartigen Typusprofilen aus dem Altai und weiteren Neukartierungen von braunen Waldböden/Braunerden sowie verwandten Bildungen in Sibirien (NOGINA 1964; NOGINA und UFIMZEWA 1964) veranlassten KOVALJOV (1973, S. 121) zum Vorschlag einer eigenständigen Altai-Sajanfazies von Braunerden (*burozem*), welche sich unter kälteren Bedingungen entwickelt. Sie soll sich im Vergleich zu ihrem kaukasischen Pendant durch einen geringeren Reifegrad mit schwächerer Verlehmung auszeichnen (KOVALJOV 1973, S. 150).

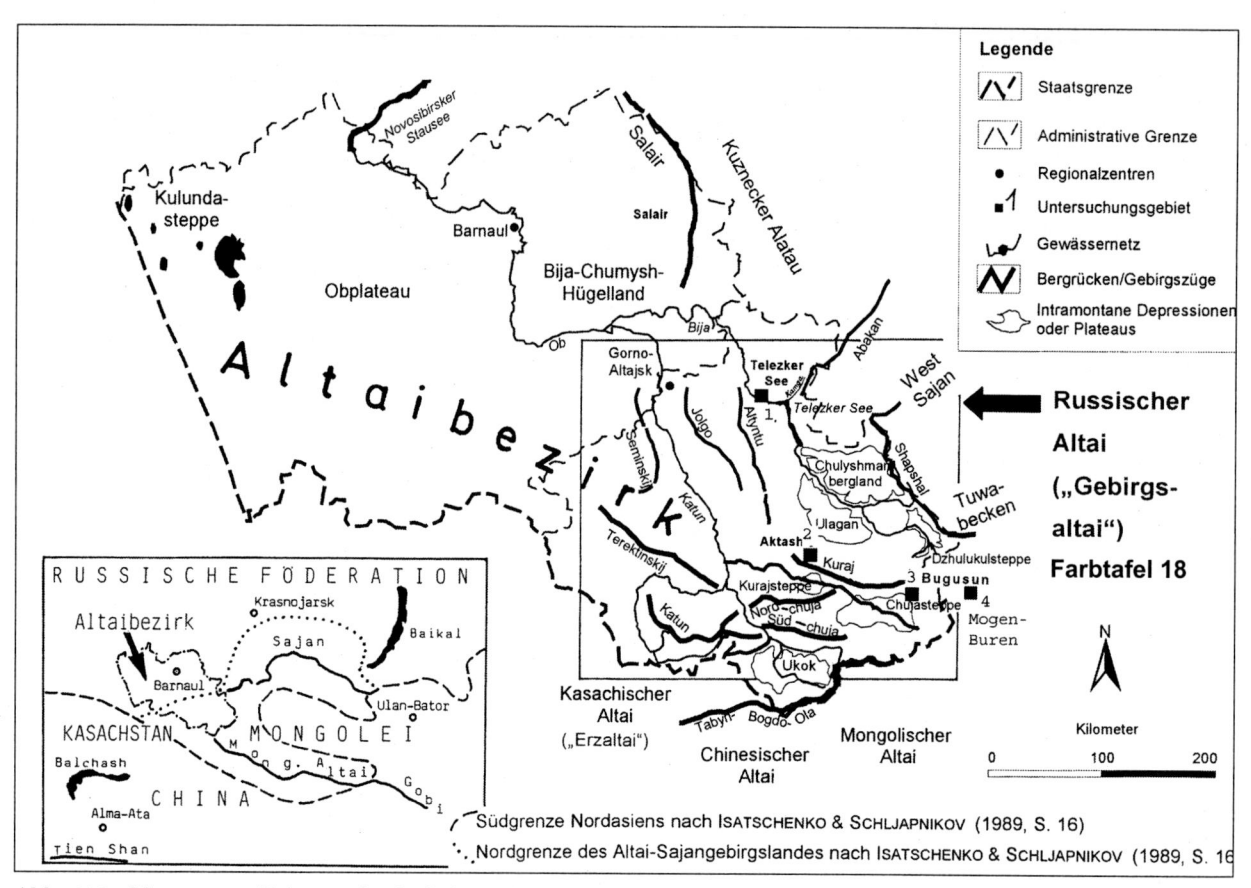

Abb. 118: Naturräumliche und administrative Gliederung des Altaigebietes mit Lage der eigenen Testareale

Tab. 59: Analytische Parameter im Standardprofil der Altaibraunerde (nach KOVALJOW 1974)

Horizont	SiO$_2$/R$_2$O$_3$ (Molverh.)	SiO$_2$/Al$_2$O$_3$ (Molverh.)	Index Kronberg-Nesbitt	
			Abszisse	Ordinate
Ah	4,47	6,21	0,88	0,51
Bv	3,52	4,46	0,84	0,42
III C	15,43	19,58	0,95	0,36

Horizont	Fed	Fed/Fet
	mg/g	
Ah	21,67	0,43
Bv	21,02	0,44

Horizont	pH	C	N	C/N
	H$_2$O	mg/g	mg/g	
Ah	4,7	130,8	5,5	23,8
AhBv	4,7	20,1	1,4	14,4
AhBv	4,8	10,5	1,1	9,5
Bv	5	6,9	0,6	11,5
II Cv	5,2	3,2	0,4	8,0
III C	5,3			
C	5,3			

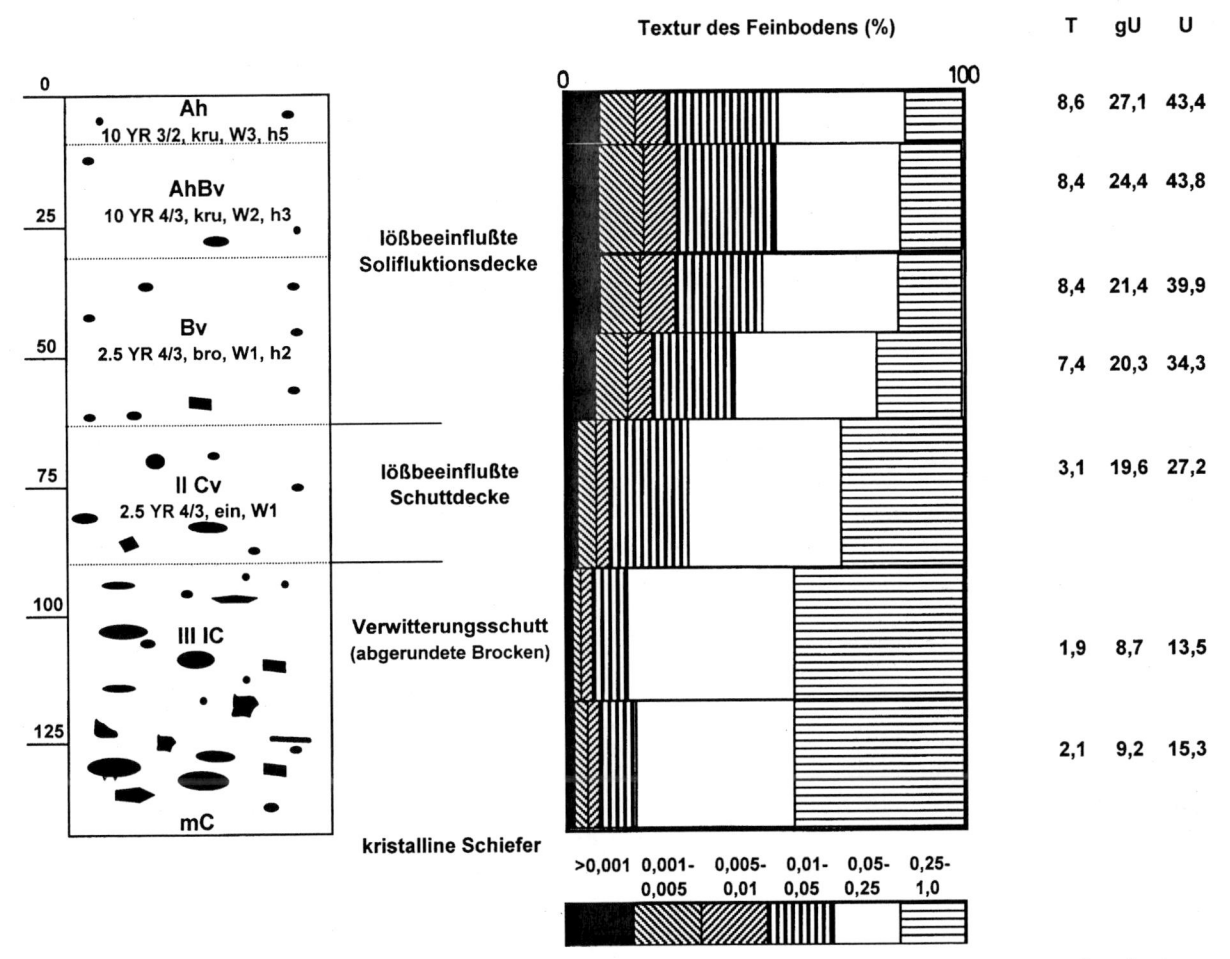

Abb. 119: Standardprofil des braunen Waldbodens im Altai (nach KOVALJOV 1974, ergänzt durch eigene Aufnahmen)

7.1.3 Bodenmosaik des Transili-Alatau (Nördlicher Tienshan)

Die Grundzüge der pedologischen Höhenstufung auf der steilen Nordabdachung des Tienshan wurden schon in älteren Übersichtsarbeiten beschrieben (vgl. LOBOVA 1949). Diese ursprüngliche Kartierung verzeichnete einen unmittelbaren Übergang von den Bergschwarzerden zu den subalpinen und alpinen Bergwiesenböden. Spätere Detailstudien weisen auf die komplexe Landschaftsstruktur der zwischengeschalteten Wald-, Wiesen- und Steppenzone des Transili-Alatau hin (Zusammenfassungen in FRANZ 1973; WALTER und BRECKLE 1986), welche auch das Bodenmuster komplizieren. In expositionsgesteuerten Mustern treten in der unteren montanen Stufe Laubwaldbestände mit Wildäpfeln und in der oberen montanen Stufe Nadelwälder mit Fichten auf (vgl. *Farbtafel 21-1*).

Unter den Wildapfelbeständen (*Malus sieversii*) des Tien Shans kommen nach GVOSDEZKIJ und MICHAILOV (1987, S. 119) vor allem Bergbraunerden (*gornyi burosem*) vor. Die mit ihnen vergesellschafteten Wiesensteppen tendieren demnach zur Ausbildung von Bergschwarzerden. Zum Vorland hin gehen diese mit Zunahme der Aridität in die Schwarzerden und dunklen Kastanoseme der Steppen sowie die hellen Kastanoseme der Trockensteppen über.

Für die oberen Bergwälder mit ihren dichten Fichtenbeständen (*picea schrenkiana*) postuliert TSCHUPACHIN (1968, S. 249) „dunkle Waldböden" als Normbildung, im weiteren von GVOSDEZKIJ und MICHAILOV (1987, S. 120) auch als „dunkle Bergwaldböden" bezeichnet. Diese von GERASIMOWA (1987, S. 183) als „endemisch" eingeordneten Böden werden durch ungewöhnlich mächtige Humushorizonte gekennzeichnet, wobei das schwach entwickelte Sickerwasserregime zu flach lagernden Kalkanreicherungen führt. Nach GLASOWSKAJA (1955) stellen diese Bildungen die kontinentalsten Vertreter der Braunen Waldböden dar. In der BODENKARTE RUSSLANDs (1995) sind diese Standorte als „grobhumose dunkle Bergwaldböden" registriert, welche von den höhergelegenen subalpinen Böden zu den Schwarzerden am Gebirgsfuß vermitteln.

Eine aktuelle Detailstudie von SCHRÖDER und EIDAM (2001) präzisierte diese Grundvorstellungen besonders für die bis 2.300m reichenden Lößareale. Demnach entwickelten sich auf diesen schon von Wald bestandenen höchsten Lößstandorten haplic luvisols (Parabraunerden) mit eindeutiger Tonverlagerung und Bildung von Tonhäutchenhorizonten. Sie sind hier mit humusreichen *cumbic umbrisols* vergesellschaftet (SCHRÖDER und EIDAM 2001, S. 89). Speziell im Tal der Kleinen Almatinka weisen diese Lößstandorte auch Braunerden auf (SCHRÖDER, MUNACK und NEUBARTH 2004, S. 187).

7.2 Untersuchungen im Russischen Altai

7.2.1 Testareal 1 in der unteren montanen Stufe (Telezker See)

7.2.1.1 Naturräumliche Beschreibung und Profilauswahl

Die Vegetation um den Telezker See wird von dunkler Taiga, besonders der sibirischen Kiefer und Tanne (*Abb. 120*), geprägt. Positive Jahresmittel der Temperatur (1,2°C) schließen rezenten Permafrost aus. Das Testareal am Nordwestufer des Telezker Sees (vgl. *Abb. 118*) liegt nach BUTVYLOVSKIJ (1993, S. 40) im Bereich des Außenrandes der jungpleistozänen Gebirgsvereisung, wobei die zugehörigen Moränenkränze relative Höhen bis zu 180m aufweisen. Im Rückland sind sie mit parallel zum Seeufer verlaufenden Terrassen verknüpft, welche von groben Eisrandsedimenten über glazifluviatile bis zu glazilimnischen Ablagerungen faziell vielseitig aufgebaut sind und durchgehend toteisbedingte Verstellungen und Setzungen der Sedimente aufweisen.

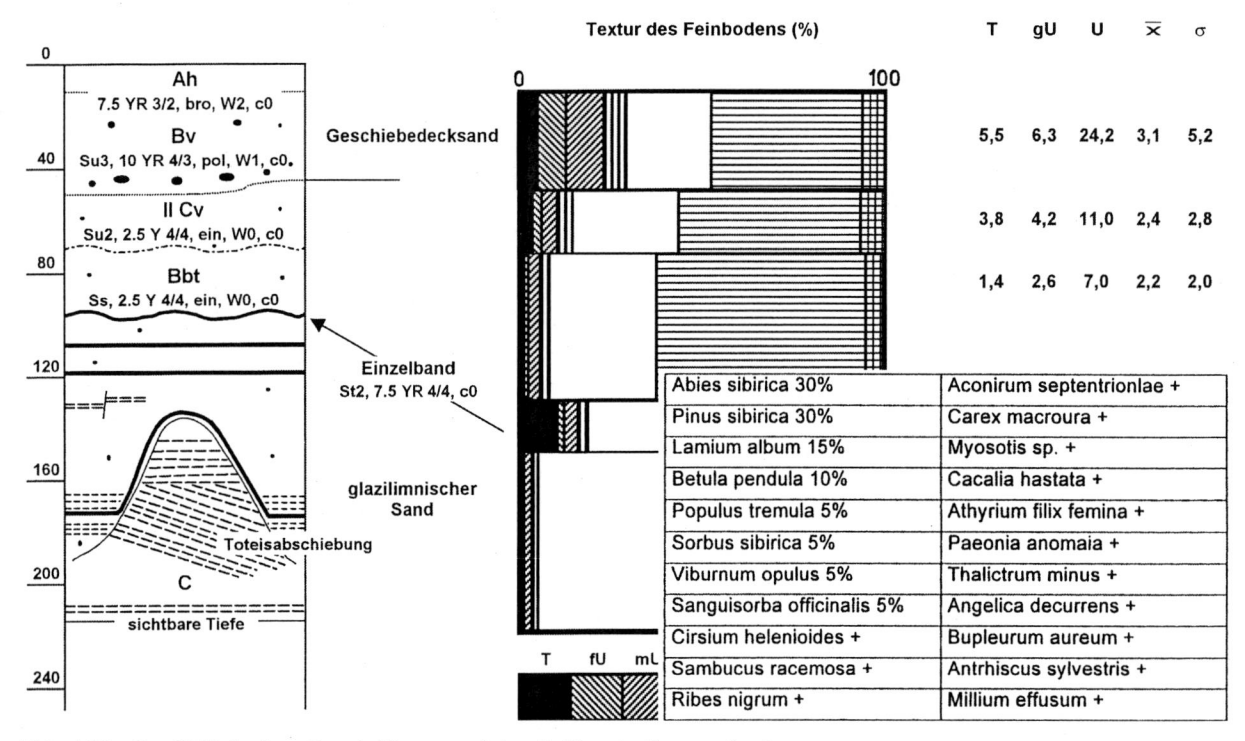

Abb. 120: Profil Telezker See 1 (Braunerde) mit Vegetationsaufnahme

7.2.1.2 Profil Telezker See 1 (Braunerde)

Das Braunerdeprofil Telezker See 1 liegt östlich des Dorfes Artybash auf einer sandigen Terrasse unter Vegetation der Finsteren Taiga. Der Braunhorizont ist in einem typischen Geschiebedecksand entwickelt, welcher an seiner Basis durch eine Steinanreicherung abgeschlossen wird. Auch die Schluffanreicherung und die schlechtere Sortierung des Bv-Horizontes gegenüber seinem Liegenden weisen auf die Entwicklung in einem Geschiebedecksand hin. Die Basis des Cv-Horizontes ist dagegen an keine Sedimentgrenze mehr gebunden. Die Braunbänder des Bbt-Horizontes weisen dann nur noch eine Ton-, aber keine Schluffanreicherung mehr auf (*Abb. 120*).

Der Braunhorizont bildet mit seiner deutlichen Verlehmung gleichzeitig die Hauptverwitterungszone im Profil, deren Intensität über den Cv-Horizont zum Schmelzwassersand im Liegenden abnimmt. Der Kronberg-Nesbitt-Index weist den Bv-Horizont eindeutig als Hauptverwitterungszone aus (*Tab. 60*). Die pedogenen Oxide Eisen und Aluminium lassen mit Maxima im Oberboden Tiefenfunktionen erkennen, welche für Braunerden charakteristisch sind (*Tab. 61*). Die Aktivitätsgrade des Eisens entsprechen ebenfalls dieser Tendenz. Die pH-Werte liegen im stark sauren Bereich und steigen zum Ausgangsgestein hin kontinuierlich an. Die Basensättigungswerte verhalten sich gleichartig, wobei ihre Werte schon im Bv-Horizont über 50% liegen und damit auf das Vorliegen einer Eubraunerde nach AG BODEN (1994) hinweisen (*Tab. 61*).

Tab. 60: Parameter der Hauptelementgehalte in Profil Telezker See 1

Horizont	SiO2/R2O3 (Molverh.)	SiO2/Al2O3 (Molverh.)	Index Kronberg-Nesbitt	
			Abszisse	Ordinate
Ah	26,75	30,41	0,97	0,44
Bv	19,85	23,47	0,96	0,41
II Cv	23,55	26,91	0,97	0,45
C	22,74	24,70	0,96	0,46

Tab. 61: Bodenchemische Parameter von Profil Telezker See 1

Horizont	Fed	Feo	Ald	All	Mnd	Feo/Fed	All/Fed	Fed/Fet
	mg/g	mg/g	mg/g	mg/g	mg/g		mg/g	
Ah	4,80	1,54	1,39	6,34	0,11	0,32	1,32	0,65
Bv	4,47	1,40	1,51	6,07	0,10	0,31	1,36	0,36
II Cv	3,90	1,00	1,44	5,90	0,14	0,26	1,51	0,45
Bbt	2,35	0,68	0,33	4,39	0,12	0,29	1,87	0,41
C	3,39	0,57	0,30	2,93	0,15	0,17	0,86	

Horizont	pH	H-Wert	S-Wert	KAK	BS	C	N	C/N
	CaCl2	mmol/kg			%	mg/g	mg/g	
Ah	4,5	46	60	106	57	11,2	0,6	19
Bv	4,6	42	54	96	56	7,6	0,5	15
II Cv	4,6	16	64	80	80			
Bbt	4,8	9	68	77	88			
C	5,1	10	84	94	89			

Aus tonmineralogischer Sicht werden Ah- und Bv-Horizont besonders durch Kaolinit und pedogenen Chlorit, schwächer durch Illit geprägt (vgl. *Abb. 121*). Der Tonmineralbestand des Braunhorizontes ist weitgehend identisch mit seinem Liegenden. In einem einzeln analysierten Tonanreicherungsband konnten zusätzlich Wechsellagerungsminerale (10-14ML) identifiziert werden.

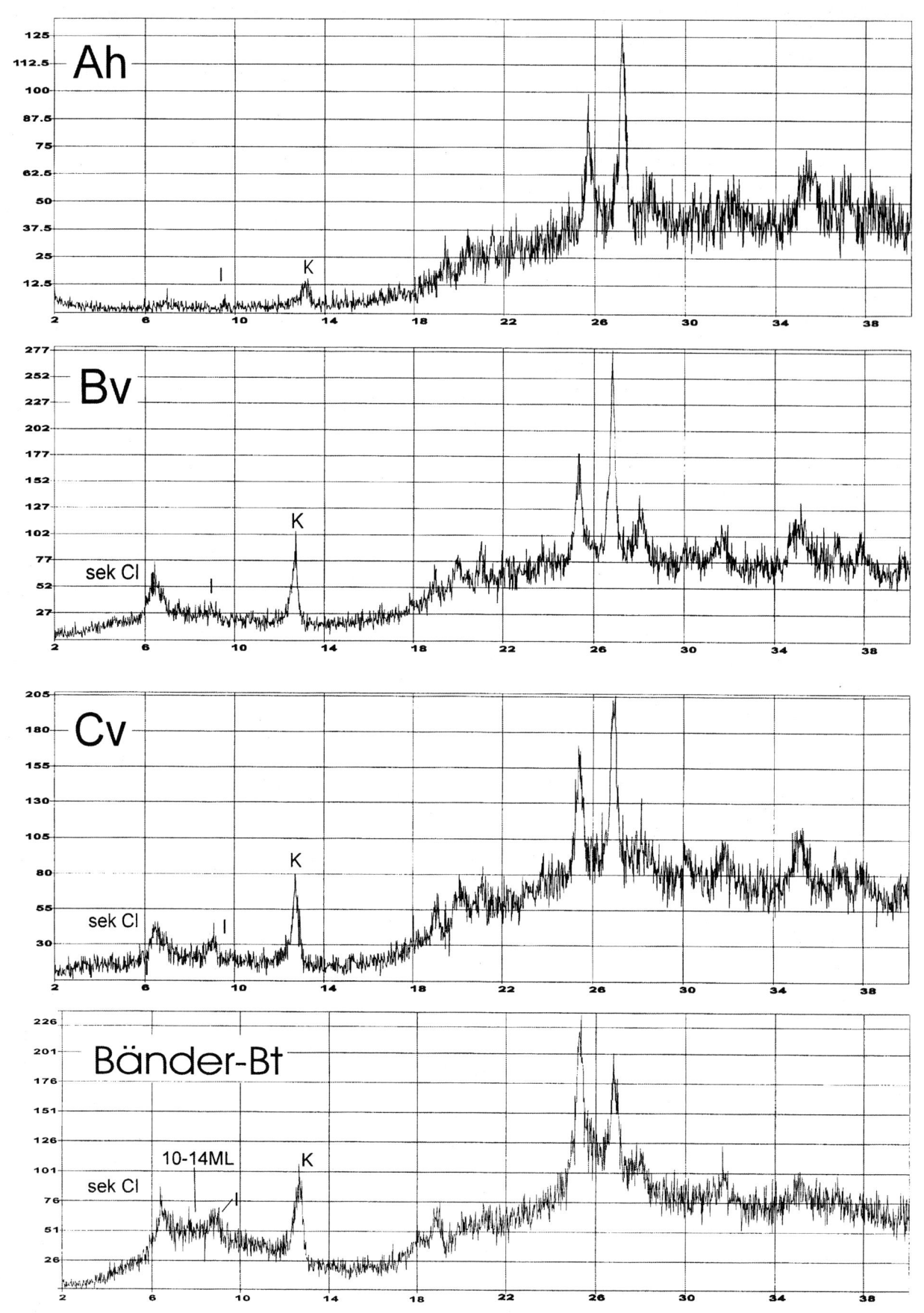

Abb. 121: Röntgendiffraktogramme der Tonfraktion in Profil Telezker See 1

7.2.2 Testareal 2 in der oberen montanen Stufe (Plateau nördlich von Aktash)

7.2.2.1 Naturräumliche Beschreibung und Profilauswahl

Das Kartiergebiet Aktash liegt am Weg von Aktash nach Ust-Ulagan im Bereich der Seen Usunkel und Balyktukel (vgl. *Abb. 122*). Am Fuß des rezent vergletscherten Kurajrückens erstreckt sich hier auf Verebnungen des Grundgebirges aus Gneis und Diorit zwischen 1800 und 2200m NN eine jungpleistozäne Glaziallandschaft (detaillierte Beschreibung in BUSSEMER et al. 1998). Permafrost tritt in dieser Region bei Jahresmitteltemperaturen von -2 bis -4°C fleckenhaft auf und besitzt dann eine tiefgelegene Obergrenze. Makroskopisch horizontprägend tritt er nicht in Erscheinung. Vegetationsgeographisch handelt es sich bei dem Plateau um einen repräsentativen Ausschnitt der oberen montanen Stufe. Es können sowohl Wälder mit reinem Pinus sibirica bzw. Larix sibirica-Bestand als auch deren Mischgesellschaften (*Abb. 123*) vorkommen. In den flachen Senken dominieren Birkenwälder (*betula humilis*).

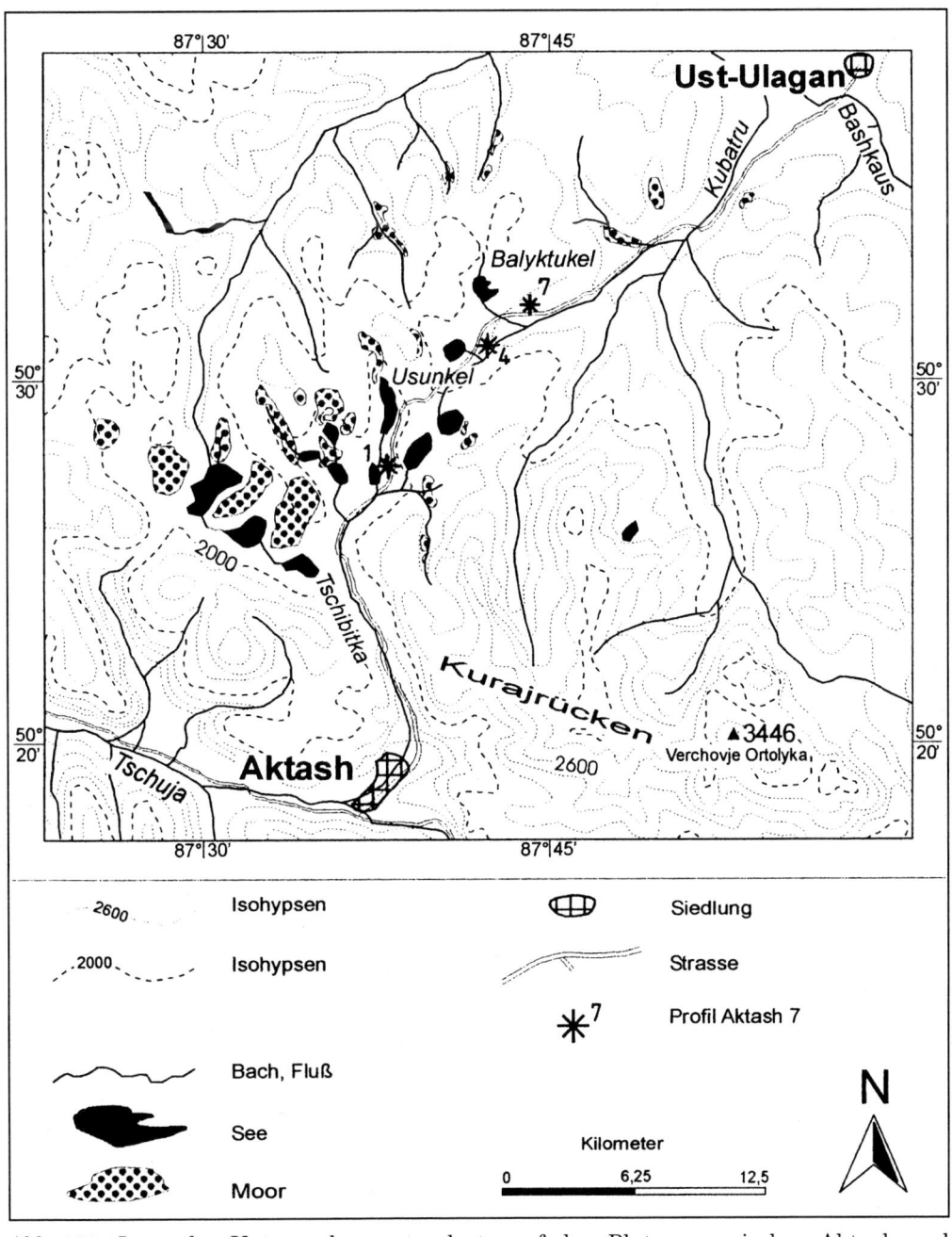

Abb. 122: Lage der Untersuchungsstandorte auf den Plateaus zwischen Aktash und Ust-Ulagan

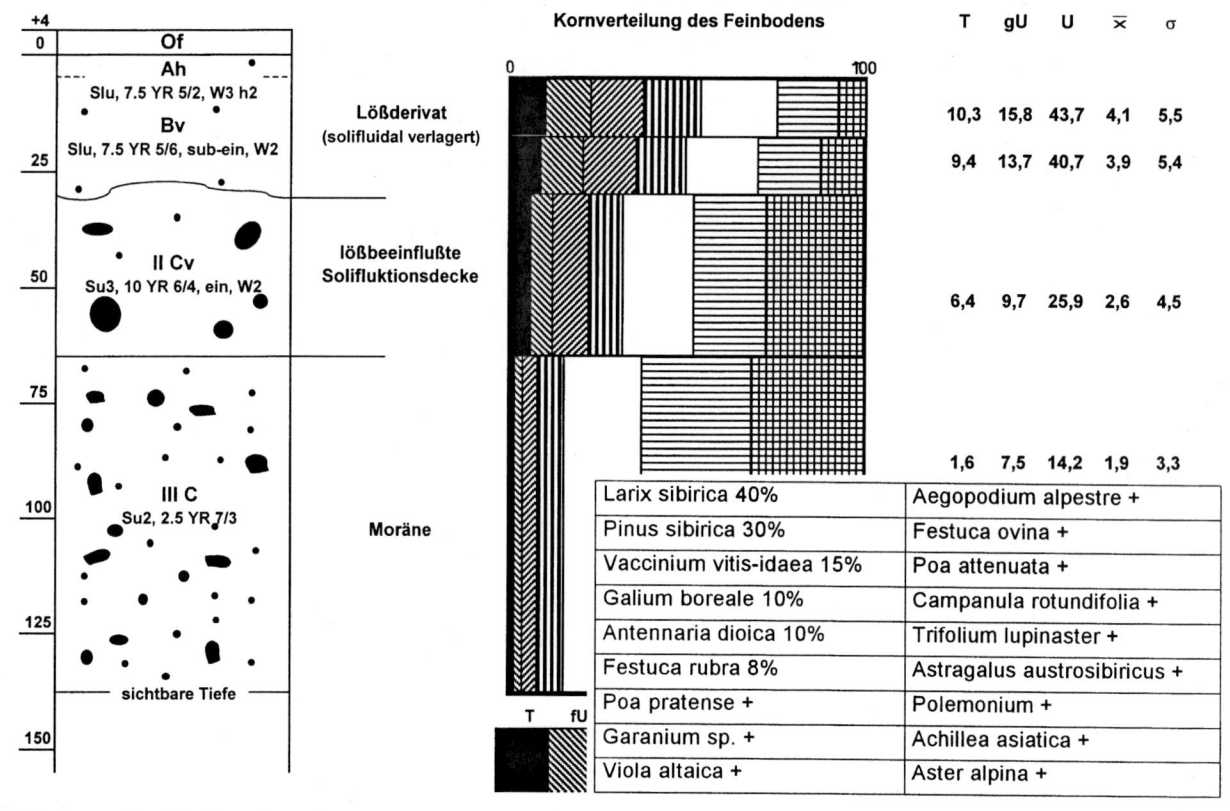

Abb. 123: Profil Aktash 7 (Braunerde) mit Vegetationsaufnahme

Unabhängig von der Fazies des glazialen Untergrundes und der Exposition wurden unter Wald ausschließlich Braunerden in makroskopisch sehr einheitlicher pedologischer Ausbildung vorgefunden. Bei der Feldaufnahme wies die Verteilung des Bodenskeletts häufig schon auf Solifluktionsdecken mit Einregelungserscheinungen hin. Teilweise traten auch Steinsohlen an der Basis von Bv-Horizonten auf. Die prinzipielle Mehrschichtigkeit dieser Profile konnte analytisch sowohl über die Schluffgehalte als auch über die Korngrößenparameter bestätigt werden. Neben skelettreichen Solifluktionsdecken in den reliefstärkeren Toteisgürteln sind es vor allem lößbeeinflußte Lagen mit flächenhaftem Charakter, welche das Substrat für die Bodenbildung darstellen.

7.2.2.2 Profil Aktash 7 (Braunerde)

Das in einem Moränenwall von mehr als 7m mächtigen Glazialsedimenten angelegte Profil Aktash 7 (vgl. *Abb. 122*) wurde als Typusprofil für die Braunerden auf dem Plateau nördlich von Aktash besonders intensiv beprobt und untersucht. Die unterlagernde Moräne wird von einer zweigliedrigen Periglazialserie abgeschlossen, deren skelettreicher unterer Teil eine Solifluktionsdecke darstellt (*Abb. 123*). Die erhöhten Schluffgehalte in der Solifluktionsdecke weisen schon auf beginnende Lößbeeinflussung hin, welche sich in der weiteren Sedimententwicklung noch verstärkte. Der obere Teil der periglaziären Deckschicht wird von einem schluffreichen Lößderivat mit schlechter Sortierung gebildet, dessen vereinzelte Stein- und Kiesanteile auf eine solifluidale Verlagerung hinweisen.

Eine Bindung der intensiven Verbraunungshorizonte (*Farbtafel 17-3*) an die reliktischen periglaziären Deckschichten ließ sich schon bei der Geländeaufnahme nachweisen. Die Verlehmung ist markant und einen von unten nach oben kontinuierlich zunehmenden Charakter (*Abb. 123*).

Schwermineralogische Untersuchungen an Profil Aktash 7 ergaben eine sehr gleichmäßige Tiefenfunktion der Spektren, jedoch nimmt der absolute Schwermineralgehalt zum Hangenden hin deutlich ab (vgl. *Abb. 124*). Diese Ausdünnung des Schwermineralgehaltes läßt sich nur durch äolische Umlagerung erklären.

Schwermineralgehalt in %:

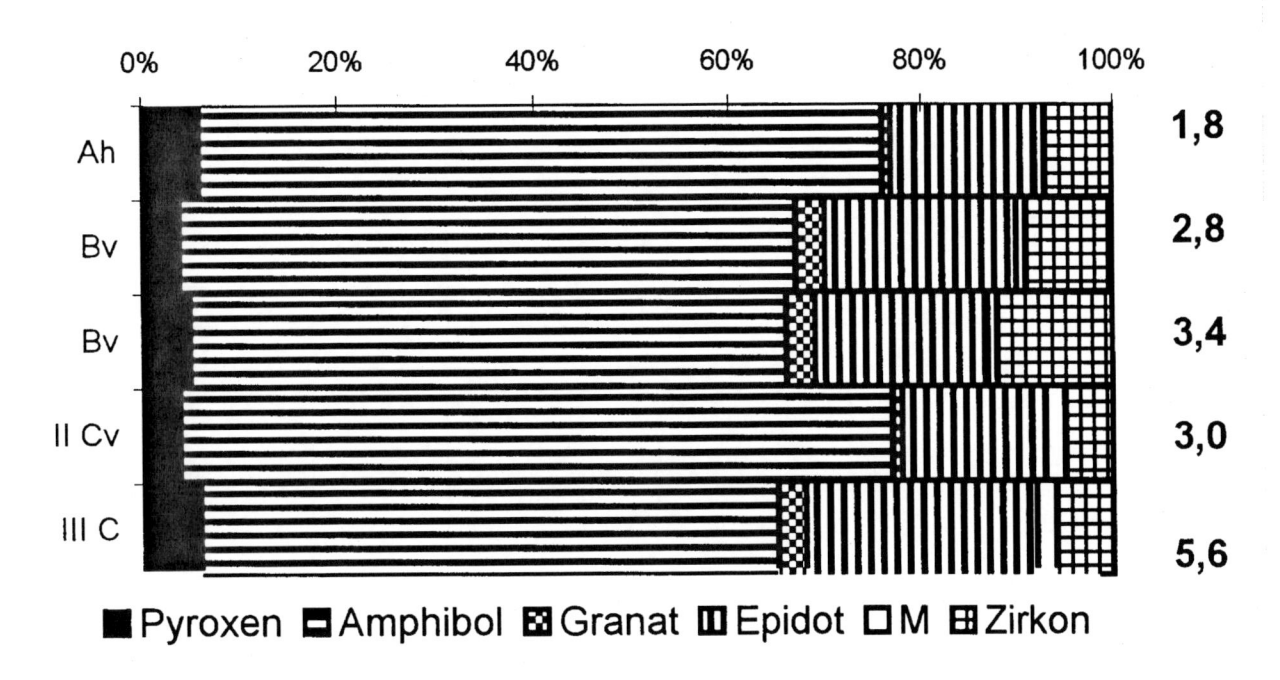

Horizont	Werte
Ah	1,8
Bv	2,8
Bv	3,4
II Cv	3,0
III C	5,6

■ Pyroxen ▭ Amphibol ⊠ Granat Ⅲ Epidot ☐ M ⊞ Zirkon

M - Mischgruppe aus Andalusit, Topas, Apatit, Turmalin, Rutil, Disthen, Sillimanit.

Abb. 124: Schwermineraluntersuchungen von Profil Aktash 7

Tab. 62: Parameter der Hauptelementgehalte in Profil Aktash 7

Horizont	SiO_2/R_2O_3 (Molverhält.)	SiO_2/Al_2O_3 (Molverhält.)	Index Kronberg-Nesbitt	
			Abszisse	Ordinate
Ah	7,0	8,6	0,90	0,45
Bv 1	6,7	8,2	0,90	0,43
Bv 2	6,7	8,2	0,90	0,44
II Cv	6,8	8,2	0,90	0,46
III C	7,9	9,4	0,91	0,50

Die Kieselsäure/Sesquioxidverhältnisse weisen mit ihrer vertikalen Konstanz auf eine typische Braunerde hin, deren Kronberg-Nesbitt-Koeffizienten im Bv-Horizont ein deutliches Verwitterungsmaximum anzeigen (Tab. 62). Die löslichen Eisenfraktionen (Feo, Fed) nehmen dagegen zum Ausgangsgestein hin ab und weisen im Bv-Horizont mit Werten über 0,4 hohe Aktivitätsgrade des Eisens auf (Tab. 63). Die Tiefenfunktion der pedogenen Oxide ist damit braunerdetypisch. Sie deutet eventuell über die zwischen Ah- und Bv-Horizont sehr deutlich werdende Differenz des laugelöslichen Aluminiums (All) eine versteckte Podsolierung an. Das Fed/Fet-Verhältnis liegt bis auf den Ah-Horizont unter einem Wert von 0,2 und nimmt ebenfalls von oben nach unten kontinuierlich ab. Basensättigung und pH-Wert weisen im Ah-Horizont einen gegenüber dem Liegenden erhöhten Wert auf (Tab. 63). Ihre normale, zum Ausgangsgestein hin ansteigende Tiefenfunktion setzt erst im Bv-Horizont ein.

Tonmineralogisch wird das Profil mit Illit, Kaolinit und Bodenchlorit von einem typischen Waldbodenspektrum geprägt (Abb. 125). Die Verwitterungshorizonte weisen gegenüber den Ausgangsgesteinen keine signifikante Erhöhung der Peaks auf. Pedogene Tonmineralneubildungen konnten nicht beobachtet werden.

Tab. 63: Bodenchemische Parameter von Profil Aktash 7

Horizont	Fed mg/g	Feo mg/g	Ald mg/g	All mg/g	Feo/Fed	Fed/Fet	Mnd mg/g	All/Fed
Ah	6,4	3,2	1,3	2,79	0,50	0,22	0,31	0,44
Bv 1	5,6	3,4	1,7	6,10	0,62	0,17	0,03	1,09
Bv 2	6,2	2,6	1,5	6,37	0,42	0,18	0,03	1,03
II Cv	4,4	2,0	1,4	6,00	0,45	0,14	0,01	1,36
III C	2,2	0,5	0,6	3,48	0,24	0,08	0,03	1,58

Horizont	pH $CaCl_2$	C mg/g	N mg/g	C/N	H-Wert	S-Wert mmol/kg	KAK	BS (%)
Ah	5,3	42	3	14	86	120	206	58
Bv 1	4,2	12	1	17	71	5	76	7
Bv 2	4,2	6	0	12	57	4	61	7
II Cv	4,2				44	7	51	14
III C	4,5				18	12	30	40

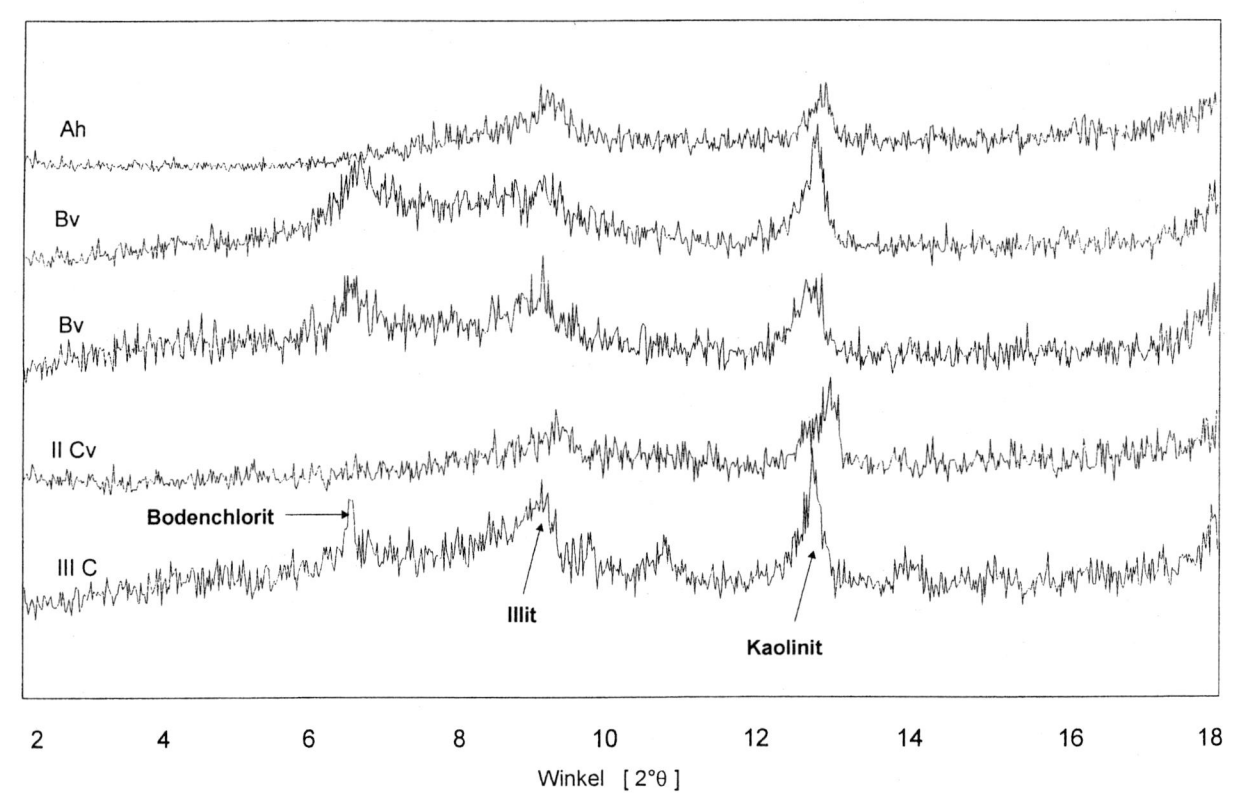

Abb. 125: Röntgendiffaktogramme der Tonfraktion in Profil Aktash 7

7.2.2.3 Profil Aktash 4 (Braunerde)

Profil Aktash 4 wurde auf einer dünnen Ablationsmoräne über glazifluviatilen Sanden dokumentiert. Diese glaziale Sedimentfolge ist mit Sandlöß überweht worden, in welchem sich der Bv-Horizont entwickelte (*Abb. 126*). Seine Verwitterung wird über beide Kronberg-Nesbittkoeffizienten sichtbar (T*ab. 64*). Aufgrund des lehmigen Charakters der unterlagernden Moräne läßt sich im Bv- Horizont der Sandlößschicht nur eine schwache Anreicherung von Ton und freiem Eisen feststellen (vgl. *Tab. 65*). Der hier zu beobachtende deutliche Sprung im pH-Wert von 4,2 auf 4,7 weist auf den Horizontübergang vom Bv- zum IICv-Horizont hin, welcher von der Tiefenfunktion der Basensättigung bestätigt wird.

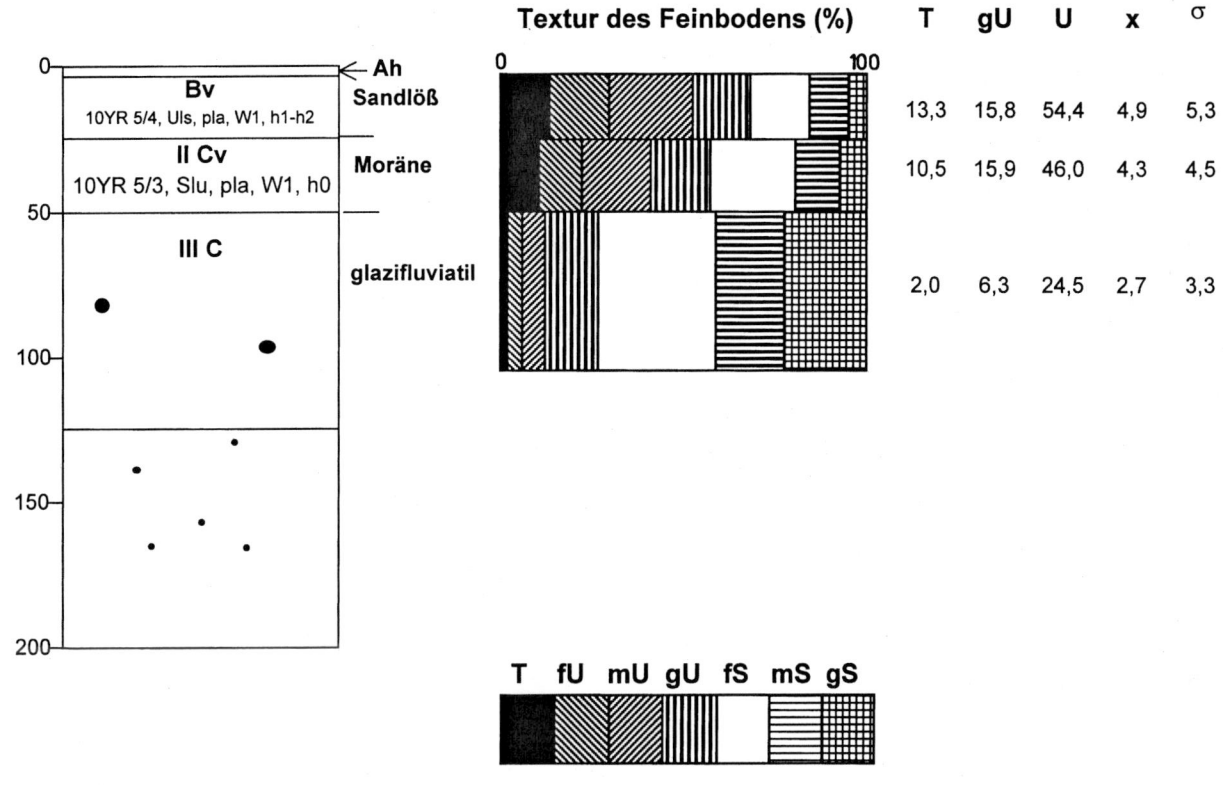

Abb. 126: Profil Aktash 4 - Braunerde

Tab. 64: Parameter der Hauptelementgehalte in Profil Aktash 4

Horizont	SiO_2/R_2O_3 (Molverhält.)	SiO_2/Al_2O_3 (Molverhält.)	Index Kronberg-Nesbitt	
			Abszisse	Ordinate
Bv	6,2	7,7	0,89	0,43
II Cv	6,3	7,7	0,90	0,45
III C	7,1	8,7	0,91	0,50
IV C	7,2	8,9	0,91	0,51

Tab. 65: Bodenchemische Parameter von Profil Aktash 4

Horizont	Fed mg/g	Feo mg/g	Ald mg/g	Feo/Fed (%)	Fed/Fet (%)	Mnd mg/g	Ald/Fed %	pH $CaCl_2$
Bv	4,82	1,49	0,90	0,31	0,13	0,06	0,19	4,2
II Cv	4,97	1,05	0,72	0,21	0,13	0,06	0,14	4,7
III C	2,89	0,65	0,27	0,22	0,09	0,08	0,09	5,1

7.2.2.4 Profil Aktash 1 (Humose Braunerde)

Auf Lichtungen, welche nach 1950 beim Straßenbau entlang des Weges Aktash-Ust Ulagan geschlagen wurden, sind die Verwitterungshorizonte teilweise humoser ausgebildet als unter Wald. Möglicherweise handelt es sich dabei um eine Folge der nach der Rodung sofort einsetzenden Versteppung, welche im Vegetationsbestand nachgewiesen werden konnte (vgl. *Abb. 127*). Die resultierenden Böden wie Profil Aktash 1 sind zwar im Unterboden stärker humos als die (Norm-)braunerden des Plateaus, können als Humose Braunerde mit Ah/(Ah)-Bv/C-Horizontfolge aber bodensystematisch noch in den Bodentyp Braunerde nach AG BODEN (1994) eingeordnet werden (*Abb. 127*). Möglicherweise handelt es sich bei den von PETROV (1946) diskutierten „Dunklen Waldböden" des Altai um ähnliche Bildungen.

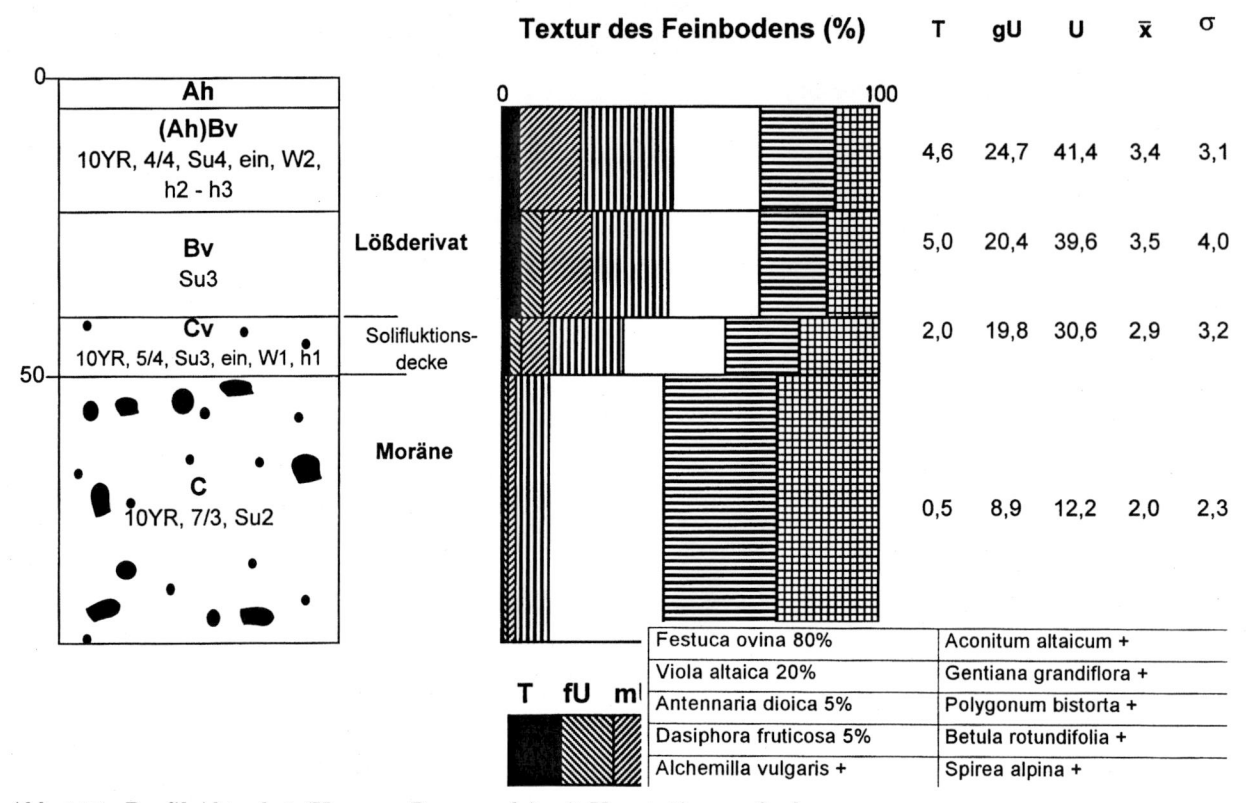

Abb. 127: Profil Aktash 1 (Humose Braunerde) mit Vegetationsaufnahme

Der lithologische Aufbau von Profil Aktash 1 entspricht mit seinen periglaziären Deckschichten dem der (Norm-)braunerden. Die Kronberg-Nesbitt-Koeffizienten und die pedogenen Oxide weisen den (Ah)Bv-Horizont als Hauptverwitterungszone aus (*Tab. 66*). Die stark sauren pH-Werte liegen im Bereich des repräsentativen Profils Aktash 7. Die Basensättigung mit ihrer ebenfalls zum Ausgangsgestein hin zunehmenden Tendenz in der Tiefenfunktion weist auf eine Mesobraunerde hin (*Tab. 67*). Die Kohlenstoffgehalte von Profil Aktash 1 erreichen mit fast 2% im Verwitterungshorizont wesentlich höhere Anteile als in den anderen Braunhorizonten des Gebirgsaltai. Noch deutlicher erhöht ist in diesem Horizont der Stickstoffanteil, so daß das C/N-Verhältnis auf einen Wert unter 5 absinkt.

Tab. 66: Parameter der Hauptelementgehalte in Profil Aktash 1

Horizont	SiO_2/R_2O_3	SiO_2/Al_2O_3	Index Kronberg-Nesbitt	
	(Molverhält.)	(Molverhält.)	Abszisse	Ordinate
(Ah)Bv	6,3	7,9	0,90	0,43
Bv	6,4	8,0	0,90	0,44
II Cv	7,0	8,6	0,90	0,48
III C	7,6	9,2	0,91	0,50

Tab. 67: Bodenchemische Parameter von Profil Aktash 1

	Fed	Feo	Ald	All	Feo/Fed	Fed/Fet	Ald/Fed	All/Fed
	mg/g	mg/g	mg/g	mg/g				
(Ah)Bv	7,39	3,11	5,10	7,88	0,42	0,21	0,69	1,07
Bv	4,83	2,55	5,35	7,15	0,53	0,13	1,11	1,48
II Cv	2,47	0,87	4,72	4,12	0,35	0,07	1,91	1,67
III C	2,14	0,23	4,46	2,80	0,11	0,07	2,08	1,31

Horizont	H-Wert	S-Wert	KAK	BS	C	N	C/N	pH
	mmol/kg	mmol/kg		(%)	mg/g	mg/g		CaCl2
(Ah)Bv	130	80	210	38	19,5	4,6	4,2	4,4
II Cv	32	84	116	73				4,4
III C	6	64	70	91				4,6

7.2.3 Testareal 3 an der oberen Waldgrenze (Bugusungebiet)

7.2.3.1 Naturräumliche Beschreibung und Profilauswahl

In den östlichen Ausläufern des Kurajrückens erreicht die obere Waldgrenze mit fast 2.400m für den Altai ihre größten Höhen. Im Gegensatz zu dieser etwas trockeneren nordmongolischen Pseudotaiga (vgl. PACYNA 1986; TRETER 1996) dominieren in der Krautschicht der Bugusunwälder aber noch keine Steppenelemente (*Abb. 128*). Die untersuchten Lärchenwälder stehen bei geschätzten Jahresmitteltemperaturen von -5 bis -7°C auf (diskontinuierlichem) Permafrost. Das Bugusuntal selbst ist von jungpleistozänen Moränen mit ortsfremden Graniten ausgekleidet, welche bis auf die Zwischenebenen und Kuppen hinaufreichen. Auf derartigen Verebnungen mit stabiler Oberfläche unter Wald wurden die Profile angelegt.

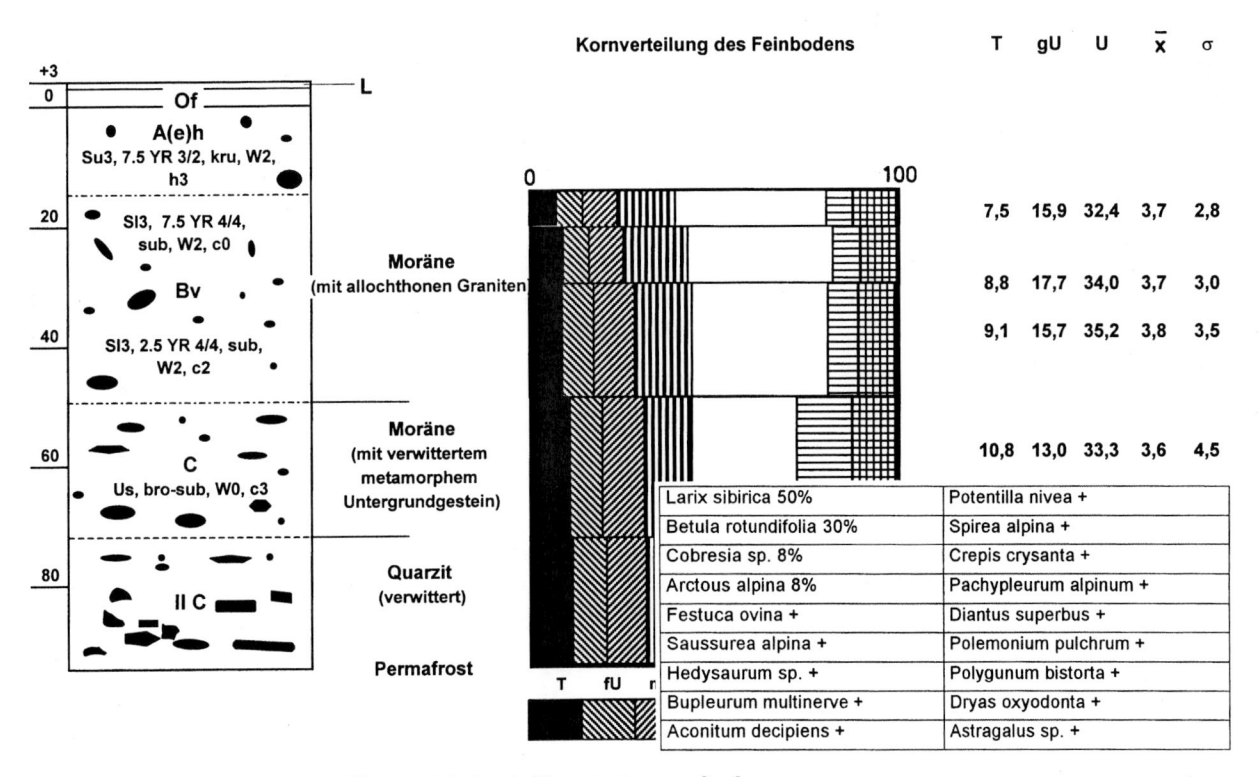

Abb. 128: Profil Bugusun 1 (Braunerde) mit Vegetationsaufnahme

7.2.3.2 Profil Bugusun 1 (Braunerde)

Bugusun 1 kann als Prototyp der Waldböden im Bugusungebiet gelten (*Abb. 128*). Unterhalb von 150cm Tiefe war der Untergrund gefroren, was angesichts der Aufnahmezeit Mitte August Permafrost anzeigt, jedoch hatte sich kein echtes Bodeneis gebildet.

Das Bodenprofil ist direkt in der Moräne entwickelt, ohne daß eine äolische Beeinflussung sichtbar wird. Die Mittelwerte der Kornverteilungen bleiben im Vertikalprofil konstant, die Sortierung des Bv-Horizontes ist im Gegensatz zu den Profilen mit Deckschicht sogar besser als im Ausgangssubstrat. Gleichzeitig treten in diesem Profil erstmals makroskopisch erkennbare Podsolierungsanzeichen in Form eines A(e)h-Horizontes auf. Auch die Kieselsäure/Sesquioxidverhältnisse weisen auf ein einheitliches Ausgangssubstrat der Bodenbildung hin, während die Kronberg-Nesbitt-Koeffizienten über den Ordinatenwert deutliche Verwitterung im Bv-Horizont anzeigen (*Tab. 68*). Die pedogenen Oxide stellen in diesem Profil mit ihrem durchgehenden kontinuierlichen Abfall zum Ausgangsgestein hin geradezu einen Idealfall der Braunerdeentwicklung dar und lassen auch die im Gelände angesprochene Podsolierung nicht erkennen. Das Fed/Fet-Verhältnis liegt durchgehend unter 0,2 (*Tab. 69*).

Tab. 68: Parameter der Hauptelementgehalte in Profil Bugusun 1

Horizont	SiO_2/R_2O_3 (Molverhält.)	SiO_2/Al_2O_3 (Molverhält.)	Index Kronberg-Nesbitt Abszisse	Index Kronberg-Nesbitt Ordinate
Ah	6,2	7,9	0,90	0,39
Bv 1	6,6	8,4	0,90	0,38
Bv 2	6,7	8,6	0,90	0,43
C	6,7	8,4	0,90	0,51
II C	6,6	8,3	0,91	0,56

Tab. 69: Bodenchemische Parameter von Profil Bugusun 1

Horizont	Fed mg/g	Feo mg/g	Ald mg/g	All mg/g	Mnd mg/g	Feo/Fed	Fed/Fet	All/Fed mg/g
Ah	7,0	3,5	0,9	2,45	0,28	0,51	0,19	0,69
Bv 1	4,8	1,3	0,5	2,67	0,22	0,28	0,12	2,04
Bv 2	5,2	1,2	0,3	1,78	0,24	0,23	0,14	1,51
C	3,6	0,9	0,3	2,15	0,16	0,24	0,10	2,53
II C	3,3	0,8	0,3	1,65	0,15	0,25	0,10	2,01

Horizont	pH $CaCl_2$	C mg/g	N mg/g	C/N
Ah	5,4	27	5	6
Bv 1	6,1	11	1	13
Bv 2	7,1	11	1	16
C	7,3			

Profil Bugusun 1 weist in der Tonfraktion durchgehend Illit und Kaolinit auf (vgl. *Abb. 129*). Wechsellagerungsminerale (10-14 ML) sind nicht sicher nachzuweisen, kommen aber vermutlich im C-Horizont und im unteren Teil des Bv-Horizontes vor. Vermikulit tritt auch erst im unteren Profilbereich auf.

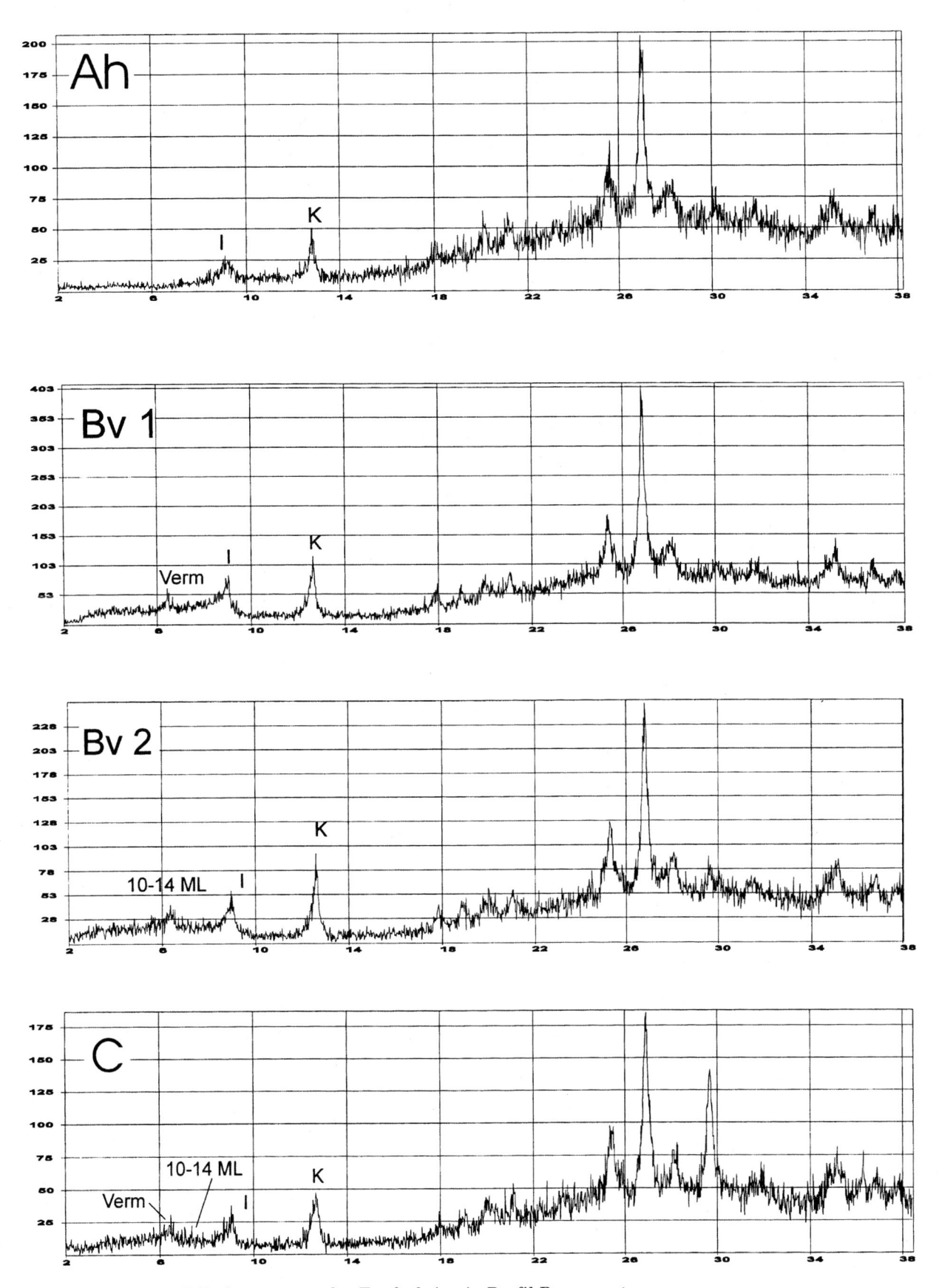

Abb. 129: Röntgendiffraktogramme der Tonfraktion in Profil Bugusun 1

7.2.4 Testareal 4 auf den Dschulukulplateau mit (ehemaligen) Waldlandschaften

7.2.4.1 Naturräumliche Beschreibung und Profilauswahl

Im Grenzland zu Tuwa dominieren im Bereich der Dschulukulseen weitflächige Plateaus mit vielfältigen jungen Vergletscherungsspuren (vgl. BUTVYLOVSKIJ 1993). Bei Grabungen am Oberlauf des Mogen-Burenflusses wurden erratische Blöcke gefunden, welche diese These unterstützen. Heute herrscht hier eine Offenlandschaft vor, jedoch berichteten russische Botaniker über weitflächige Wälder, welche bis in das 20. Jahrhundert hinein wuchsen und erst der Landnutzung durch Nomaden zum Opfer fielen (SCHMAKOW mdl. Mitt.). Deren Reste (Baumstümpfe, Krautschicht) konnten noch flächenhaft auf den Hochplateaus beobachtet werden. Diese Beobachtung lässt sich zwanglos mit neueren geobotanischen Modellen zur großflächigen anthropogenen Zurückdrängung der mongolischen Wälder (zuletzt HILBIG 2000) vereinbaren. Im Bereich der natürlichen Wuchsgrenze wie am Mogen-Buren führen derartige Eingriffe häufig zu irreversiblen Veränderungen im Ökosystem (HILBIG 1987, S. 2).

Auf diesen ehemaligen Waldflächen wurde im Rahmen eines Geländepraktikums am Mogen Buren ein eisrandnahes Glazialrelief mit Moränen und Kamesterrassen kartiert, dessen Standorte durchgehend reliktische periglaziale Deckserien mit Braunerden aufwiesen (vgl. nachfolgendes repräsentatives Profil Mogen Buren 3).

7.2.4.2 Profil Mogen-Buren 3 (Braunerde)

Die bodengeologische Situation des Standorts ähnelt offenbar der von Bugusun 1, da die mächtige Schluffanreicherung im oberen Profilteil fehlt (*Abb. 130*). Nur im Ah-Horizont wird eine deutliche Grobschluffakkumulation erkennbar. Der Übergang von der trotzdem 50cm mächtigen Deckserie zum glazigenen Untergrund lässt sich über den deutlichen und scharfen Sprung im Skelettgehalt dokumentieren. Wie Profil Bugusun 1 weist auch Profil Mogen-Buren 3 rezenten Permafrost auf, welcher in Form großer Klumpen von Bodeneis dokumentiert wurde (*Farbtafel 17-4*). Im Gegensatz zu den westlicher gelegenen Bugusunprofilen wurde der Permafrost hier nun auch über eine größere Fläche geschlossen in Grabungen sichtbar.

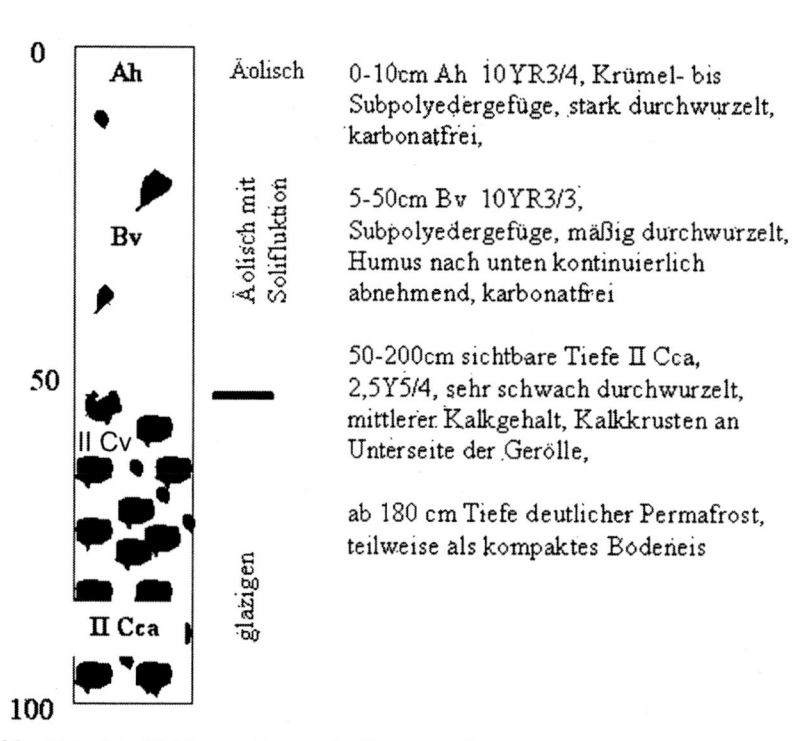

Abb. 130: Profil Mogen Buren 3 - Braunerde

Der geschichtete Profilaufbau weist auf ein noch internsiveres vorzeitliches Permafrostregime mit offenbar äolischen Anteilen in der Deckschicht hin (*Tab. 70*). Die Verwitterungsintensität nimmt braunerdetypisch von unten nach oben kontinuierlich zu (Verlehmungsgrad, Eisenfraktionen, pH/Kalk). Allerdings liegt der Aktivitätsgrad des Eisens ungewöhnlich niedrig, was durch die Kristallisationswirkung des niemals unterbrochenen Bodenfrostes hervorgerufen sein könnte (vgl. KOWALKOWSKI 1989). Der hohe Humusgehalt des A-Horizontes könnte auf eine durch den Permafrost bedingte längere Durchfeuchtung des Oberbodens zurückzuführen sein. Die optische Dichte liegt selbst im A-Horizont deutlich unter Werten, welche für Podsolierungsprozesse relevant wären (*Tab. 70*).

Tab. 70: Bodenchemische Parameter von Profil Mogen Buren 3

Horizont	Körnung	Ton	Feo	Fed	Feo/Fed	ODOE	pH	Kalk	C
		%	%	%				%	%
Ah	mittel schluffiger Sand	2,3	0,17	1,12	0,15	0,15		0,0	9,6
Bv	mittel schluffiger Sand	5,9	0,18	1,04	0,17	0.11	4,49	0,0	2,8
II Cv	reiner Sand	3,3	0,06	0,68	0,08	0,04	6,24	0,0	
II Cca	reiner Sand	1,0		0,23		0,01	6,88	1,4	

7.2.5 Diskussion der Ergebnisse im östlichen Gebirgsaltai

Eine Inventur der reliktischen Periglazialformen auf den Jungmoränen des östlichen Altai ergab neben äolisch und solifluidal entstandenen Schichten auch Geschiebedecksande im Sinne der in Norddeutschland genutzten Nomenklatur (vgl. LEMBKE 1972). Der Geschiebedecksand bildet hier jedoch nicht wie im norddeutschen Glazialgebiet einen durchgehend verbreiteten Leithorizont. Als terrestrischer Typusboden der von Taiga bedeckten Jungmoränengebiete im Gebirgsaltai kann die Braunerde gelten, welche allen diagnostischen Kriterien für diesen Bodentyp entspricht. Sie tritt in allen Höhenstufen des Waldgürtels bis in die Taiga über diskontinuierlichem Permafrost hinein vor. Die Verwitterungsparameter lassen in allen Braunerdeprofilen eine deutliche in situ- Verwitterung der Bv- und Cv-Horizonte erkennen, jedoch waren keine Anzeichen für Tonmineralneubildungen zu finden. Die pH-Werte der untersuchten Profile bewegen sich im mittel bis stark stark sauren Bereich nach AG BODEN (1994), wobei in den A-Horizonten die größten Unterschiede zwischen den Profilen auftreten. In stärker äolisch beeinflußten Oberböden liegen sie im mittel sauren Bereich und sinken dann auf stark saure Werte im Unterboden ab. In den äolisch schwächer beeinflußten Profilen zeigen die pH-Werte dagegen einen braunerdetypischen kontinuierlichen Anstieg vom Oberboden zum Ausgangsgestein hin an. Die organische Substanz der Mineralbodenhorizonte ist sehr gleichartig ausgebildet. Sie läßt im Gegensatz zu den Beschreibungen von KOVALJOV (1973) ein relativ enges C/N-Verhältnis mit Werten unter 15 erkennen.

Die eigenen Bodenaufnahmen stehen insgesamt im Widerspruch zu älteren russischen Beschreibungen des Altai mit ihrer deutlichen pedologischen Höhenstufung. Sein weit hinabreichender Waldgürtel wird zumindest in den Jungmoränenarealen von intensiv verwitterten Braunerden bestimmt. Podbure im Sinne von TARGULJAN (1971) konnten trotz ihrer Verzeichnung in der BODENKARTE RUSSLANDS (1995) nicht identifiziert werden, Podsole spielen ebenfalls keine Rolle.

7.3 Untersuchungen im kasachischen Tien Shan (Transili-Alatau)

7.3.1 Physisch-geographische Einführung und Profilauswahl

In der naturräumlichen Differenzierung der steilen Nordabdachung des Tien Shan treten die Höhenstufen wesentlich deutlicher hervor als im russischen Altai. Eigene Studien konzentrierten sich auf das Rückland von Almaty (*Farbtafel 21-1*) mit den Einzugsgebieten der Kleinen und Großen Almatinka. Die ackerbaulich intensiv genutzten Hügelländer am Gebirgsfuß („Prilavki" - Profil 1 südlich von Kalinino) gehen hier in die ursprünglichen Wildobstbestände über, deren Struktur durch Obstgärten und dichte Besiedlung überprägt wurde. Angesichts der starken anthropogenen Überformung von unterer Waldgrenze und anschließender Laubwaldareale beschränkte sich die weitere Profilbearbeitung weitgehend auf die Ansprache und Analytik von Straßenanschnitten im Kleinen Almatinkatal (Profile 2-6 in *Farbtafel 21-1*). Als Untersuchungsziel sollte ein für Vergleichszwecke hinreichendes Transsekt des unteren Waldgürtels und seines Übergangs in die Nadelwaldstufe beschrieben werden, welches eine Einordnung in die vorliegende Literatur ermöglicht (zul. EIDAM 2004). Der Untergrund wird in dieser Stufe von einem Schleier aus Lössen und Lößderivaten gebildet, welche hangaufwärts immer dünner werden.

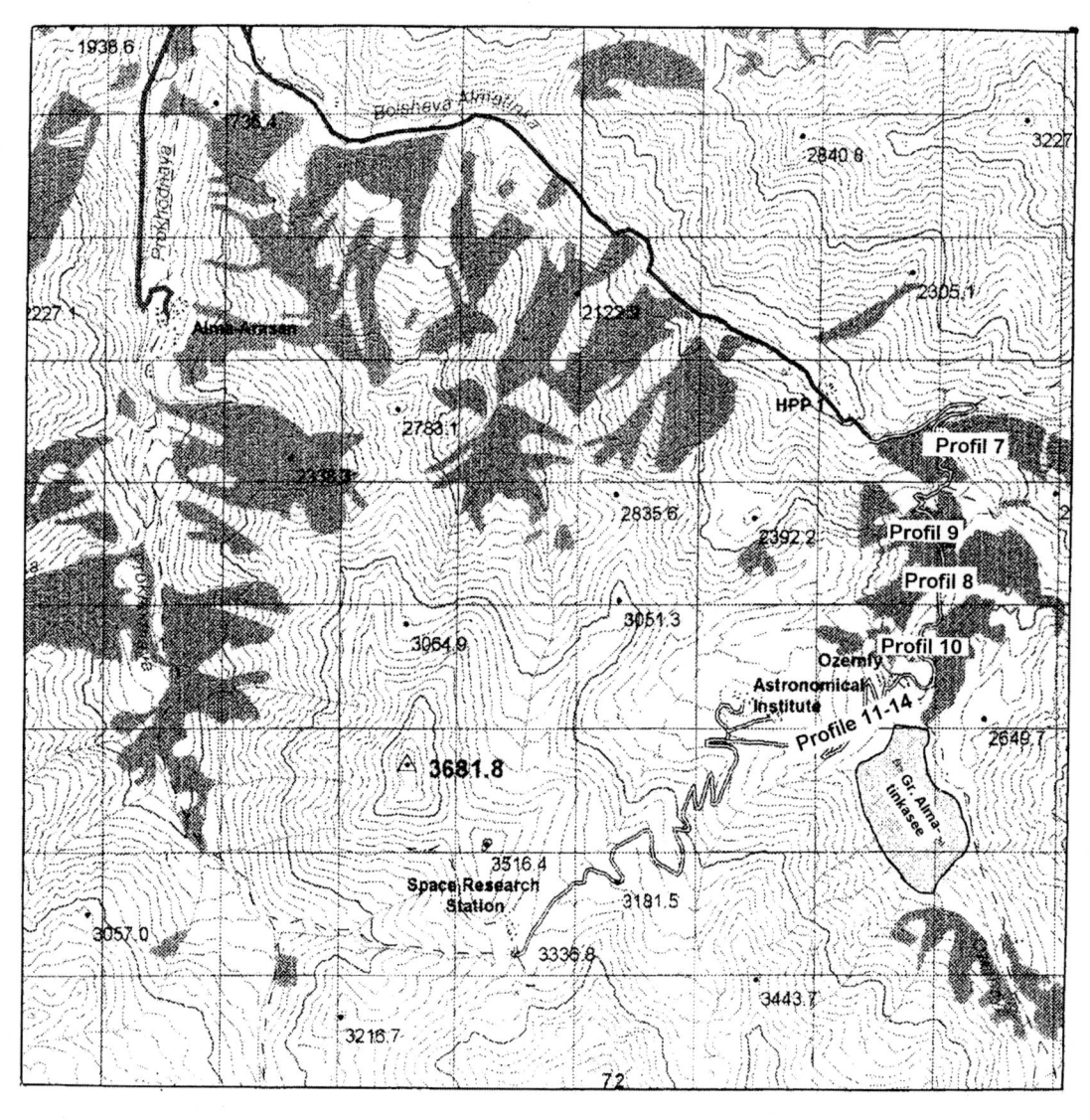

Abb. 131: Waldflächen und Lage der Profile Almatinka 7-14 um den Großen Almatinkasee (zur Lage des Ausschnitts vgl. *Farbtafel 21-1*)

Als eigentliches Untersuchungsobjekt wurden die Nadelwälder in den Moränenlandschaften um den Großen Almatinkasee (ca. 2.500m NN) detailliert bearbeitet (*Abb. 131*). Der Untergrund wird hier von glazigenen und glazifluviatilen Sedimenten der Würmvergletscherung gebildet, welche mindestens bis 2.040m NN hinabreichen (SCHRÖDER, MUNACK und NEUBARTH 2004, S. 147). Die wichtigsten der nachfolgend beschriebenen eigenen Jungmoränenprofile befinden sich angesichts einer oberen Baumgrenze von über 2.700m mitten in der oberen montanen Stufe. Diese wird von der Schrenksfichte dominiert, wobei in der Strauchschicht häufig Ebereschen, Hagebutten und Espen hinzukommen. Nach Angaben der meteorologischen Station am Almatinkasee befindet sich diese mit Jahresmitteltemperaturen von 1,1°C (SCHRÖDER und EIDAM 2001, S. 233) aktuell deutlich außerhalb des Permafrostbereichs. Die periglaziale Formungsregion setzt dann erst bei knapp 3.000m ein, obwohl vereinzelte Permafrostkerne auf 2.700m herunter reichen können (SCHRÖDER, GUNJA und FICKERT 1996, S. 282). Als Hauptform des reliktischen Periglazials kann der Löß gelten, welcher im Großen Almatinkatal jedoch nur bis auf 2.100m hinauf reicht (SCHRÖDER und EIDAM 2001) und damit unterhalb des Testareals Almatinkasee ausstreicht.

7.3.2 Offenland- und Laubwaldstandorte im Tal der Kleinen Almatinka

Die pedologische Kennzeichnung der mittleren Gebirgslagen mit Laubwaldanteilen erfolgte vor allem unter dem Aspekt einer besseren Vergleichbarkeit mit den Taigaböden aufgrund einheitlicher Laboranalytik. Die Ansprache des erwartungsgemäß recht breiten Profilspektrums erfolgte sowohl nach der deutschen als auch nach der russischen Klassifikation (reduzierte Dokumentation in *Tab. 71*).

In den unteren Lagen bestimmt ein äolisch geprägtes, kalkhaltiges Substrat den Untergrund, wobei die Karbonatgehalte des Ausgangsgesteins nach oben hin kontinuierlich abnehmen (vgl. *Tab. 71*). Das Lößhügelprofil Nr. 1 bleibt als einziges im Bodenbereich relativ ungeschichtet, alle höheren weisen dann schon Deckschichtencharakter auf. Während sich in den mittleren Lagen (Profile 2-4) noch verschiedene reliktische Periglazialfazies miteinander verzahnen, reichen in den Hochlagen (Profile 5+6) schon skeletthaltige Glazialsedimente in den Bodenbereich hinein. Von unten beginnend mit sekundären Karbonatanreicherungen (Konkretionen in Profil 1), werden die Profile parallel dazu nach oben hin immer stärker entkalkt bzw. ausgewaschen. Das ist einerseits sicherlich auf die höheren Kalkgehalte in den mächtigen Lössen der Tieflagen zurückzuführen, andererseits aber auch auf die höheren Niederschläge an den oberen Standorten. Damit lässt sich auch hangaufwärts eine prinzipielle Tendenz zur Abnahme der pH-Werte und der Basensättigungen beobachten. Die Anwendung der Verwitterungsindizes nach Kronberg-Nesbitt ist nur am humiden oberen Ende des Transsektes möglich, zeigt hier aber die charakteristischen Minima zwischen Humushorizonten und Ausgangsgestein an.

Auch die organische Substanz ändert ihre Gehalte und Tiefenfunktion mit der Höhenstufung. Die C-gehalte in den mächtigen A-Horizonten der tieferen Standorte (1-3) sind relativ niedrig, aber ohne starken Vertikalgradienten. In der oberen Hälfte ist eine deutliche Anreicherung zu beobachten, wobei der schnelle profilinterne Abfall vor allem in den beiden obersten Profilen sichtbar wird. Die C/N-Verhältnisse der Oberböden bleiben mit Ausnahme von Profil 5 über das gesamte Transsekt relativ eng.

Profil 1 stellt dabei eine gewöhnliche Schwarzerde im Sinne der russischen Bodenkunde dar, welche mit Steppenverhältnissen verbunden wird. Die niedrigen C- und N-Gehalte sowie die in den Basisbereich des Wurmhumushorizontes hineinreichenden Karbonate sind für deren kontinentale Varianten charakteristisch (KAURICHEV et al. 1989, S. 438/439). Dieser Axh-Horizont ist nicht sehr mächtig entwickelt, weist aber ein intensives Krümelgefüge auf. Das Profil passt insgesamt gut zu den bodenbildenden Bedingungen des Lößhügellandes, in dem SCHRÖDER und EIDAM (2001) einen kompakten Tschernosemgürtel kartierten.

Tab. 71: Bodenansprache und Analytik der Profile Almatinka 1-6 (Einordnung nach russ. Klassifikationen bzw. AG Boden 1994)

Profil	Lithol./Skelett	Horizont	Proben	Farbe (trocken)	Körnung	Kalk (%)	Kron. Absz.	Nesb. Ord.	Fed %	pH	BS %	C %	N %	C/N	RFA- SiO_2/R_2O_3	Ton SiO_2/Al_2O_3
1 (ca. 1.400m)																
Gewöhnliche Schwarzerde	ganzes Profil	00-50 Axh	Axh	2,5 Y 4/1	Sandiger Schluff				1,0		100	4,9	0,4	12		
	skelettfrei	50- Cc	Axh	2,5 Y 4/2	Sandiger Schluff	0,3			1,0		100	3,4	0,3	11		
	Lößderivat		Axh	2,5 Y 5/2	Sandiger Schluff	0,4			1,4		100	2,7	0,2	13		
Tschernosem	Konkret. im Cc		Cc	2,5 Y 7/3	Sandiger Schluff	22,2			0,2		100					
2 (ca. 1.600m)																
Bergschwarzerde	ganzes Profil	00-45 Ah	Ah	10YR6/3	Schwach toniger Schluff				0,9	6,4	100	3,3	0,3	11		
	skelettfrei	45-55 II Cv	Ah	10YR7/3	Sandig-lehmiger Schluff				1,4	6,4	100	3,3	0,2	16		
Mull-Pararendzina		55- C	Ah	10YR5/3	Sandig-lehmiger Schluff				1,0	6,9	100	3,2	0,2	16		
	Lößlehm über		II Cv	10YR6/3	Schluffig-lehmiger Sand	19,3			0,8	7,2	100					
	Lößderivat		C	10YR5/3	Schluffig-lehmiger Sand				0,7	7,1	100					
3 (ca. 1.700m)																
Grauer Waldboden	ganzes Profil	00-35 Axh	Axh	10YR4/2	Sandiger Schluff				1,0	5,4	100	4,0	0,4	10		
	skelettfrei	35-40 Al	Axh	10YR4/2	Sandiger Schluff				0,9	5,4	98	3,1	0,3	10		
		40-63 Bt	Al	10YR5/4	Sandiger Schluff				0,9	5,5	100	0,2				
Parabraunerde-	Lößderivat	63- II C	Bt	10YR5/4	Reiner Schluff	16,3			1,3	6,	100	0,3				
Tschernosem	über Löß		II C	10YR5/4	Reiner Schluff				0,8	6,7	100					
4 (ca. 1.800m)																
Grauer Waldboden	ganzes Profil	00-55 Ah	Ah	10YR4/2	Sandiger Schluff				1,5	6,2	98	5,9	0,5	12		
	skelettfrei	55-82 Al	Ah	10YR4/3	Sandiger Schluff				1,7	4,4	94	2,2	0,2	11		
		82-95 Bt	Al	10YR6/4	Sandiger Schluff				1,4	4,	95	0,3				
Tschernosem-	Lößderivat	95- II C	Bt	10YR7/2	Sandiger Schluff				1,6	6,7	100					
Parabraunerde	über Löß		II C	10YR7/4	Reiner Schluff	14,8			1,1	7,1	100					
5 (ca. 2.100m)																
Brauner Waldboden	skelettfrei	00-07 Ah	Ah	10YR4/3			0,89	0,42	1,0	6,1	96	11,4	0,6	19		
	(Sandlöß mit	07-40 Bv	Bv	10YR4/6	Sandiger Schluff		0,88	0,36	1,3	4,8	95	2,0				
	Solifluktion?)	40-52 Bt-Bv	Bt-Bv	10YR5/4	Sandiger Schluff		0,88	0,35	1,1	4,7	97					
Parabraunerde-	Kiese (glaziflu.)	52-85 II C	II C	10YR7/3	Sandig-lehmiger Schluff		0,90	0,39	0,7	7,2	100					
Parabraunerde	Steine (Moräne)	85- III C	III C		Schwach toniger Schluff	12,1										
6 (ca. 2.500m)																
?	Lößderivat	00-10 Ah	Ah	10YR4/3			0,88	0,33	2,6	3,4	36	6,4	0,6	11	5,0	6,3
	über Moräne	10-35 Bv	Bv	10YR5/4	Mittel toniger Schluff		0,88	0,30	2,3	3,8	25	1,0			3,9	4,9
		35-50 II Cv	Bv	10YR5/4	Mittel toniger Schluff		0,88	0,31	2,4	4,0	37				2,6	3,3
	Stein- und	50- C	II Cv	10YR6/4	Stark toniger Schluff		0,88	0,32	1,7	4,0	28				2,7	3,4
Braunerde	Kiesgehalt		C	10YR7/3	Stark toniger Schluff	0,0	0,89	0,34	1,6	4,0	40				2,9	3,7

Profil 2 weist einen etwas schwächer entwickelten Humushorizont auf, welcher mit seiner geringeren Mächtigkeit, Farbintensität und Gefügebildung nicht das Stadium von Profil 1 erreicht. Bei höheren Niederschlägen führt intensivere Auswaschung zur Bildung eines initialen Verwitterungshorizontes an seiner Basis (Cv). Nach der kasachischen Bodengliederung handelt es sich bei der beschriebenen Horizontmächtigkeit und -ausbildung um schwachpodsolierte Bergschwarzerden (SOKOLOV 1978, S. 154). Derartig abgeschwächte Gebirgsvarianten der echten Schwarzerden sind charakteristisch für das kontinentale Hochasien (vgl. KOWALKOWSKI 1980). In der deutschsprachigen Bodengeographie werden diese Bildungen als Gebirgsschwarzerden geführt (GANSSEN 1972), wobei sie nach AG BODEN (1994) am ehesten zu den Mull-Pararendzinen gehören.

Profil 3 wird nun schon von Tonverlagerung mit Anreicherungshorizont gekennzeichnet, wobei der Auswaschungshorizont makroskopisch noch kaum erkennbar ist. Der gut entwickelte Humushorizont (Axh) bleibt hier trotzdem erhalten, so dass das Profil den Grauen Waldböden entspricht. GLASOVSKAJA und GENADIJEV (1995, S. 277) beschreiben ihn als Typusboden der gemischten Wald-Wiesen-Steppenlandschaften. In Profil 4 ist die Auswaschungstendenz schon deutlich stärker entwickelt, angesichts seines außergewöhnlich mächtigen Humushorizontes ist der Boden jedoch noch den Grauen Waldböden zuzuordnen (vgl. KAURICHEV et al. 1989).

Profil 5 im unteren Abschnitt der Gebirgstaiga markiert aufgrund des Vorhandenseins von schwachen Tonhäutchen im unteren Verwitterungsbereich einen braunen Waldboden im Sinne von FRIDLAND (1953). Diese Zone wird auch durch den niedrigsten Ordinatenwert im Kronberg-Nesbittindex markiert. Die über die Eisenwerte erkennbare schwache Intensität der Verlagerungsprozesse bedeutet nach AG BODEN (1994) einen Übergangstyp (Parabraunerde-Braunerde). Die Mächtigkeit des Humushorizontes ist gegenüber den vorangehenden Profilen deutlich geschrumpft.

Profil 6 im oberen Teil der Gebirgstaiga stellt hingegen schon eine eindeutige Braunerde im Sinne der AG BODEN (1994) dar. Die hohe Eisenfreisetzung korreliert mit Minima im Kronberg-Nesbittindex. Die weiten Werte der Ton-RFA im Ah-Horizont könnten jedoch auf eine makroskopisch nicht erkennbarePodsolierungstendenz hinweisen.

7.3.3 Nadelwaldstandorte am Großen Almatinkasee

Eine Detailbearbeitung der Jungmoränenlandschaft um den Großen Almatinkasee sollte deren Normbodentyp präzisieren und eventuelle Kopplungen mit reliktischen Periglazialphänomenen prüfen. Zu diesem Zweck wurden 8 Aufschlüsse kartiert, von denen eine Hälfte oberhalb des Sees liegt und hier nur zusammenfassend referiert werden soll (Profile 11-14, makroskopisch angesprochen durch Peter Kühn, Institut für Geographie Tübingen). Es handelt sich dabei um ein Parabraunerde- und drei Braunerdeprofile (vgl. *Abb. 131*).

Die andere Hälfte (Profile 7-10) befindet sich in den relativ dichten Waldbeständen entlang des Weges im Tal der Großen (Bolshaya) Almatinka (vgl. *Abb. 131*). Die würmzeitlichen Glazialablagerungen werden hier zwar teilweise von jüngeren Muren und Bergstürzen durchzogen, eine Standortauswahl war jedoch anhand des deutlichen eiszeitlichen Formenschatzes möglich. Dabei wurden ausschließlich Braunerden angetroffen, welche jedoch Unterschiede in Horizontmächtigkeit und Habitus aufweisen.

Profil 7 auf einer Mittelmoräne oberhalb der Bergschänke Alpenrose in 2.200m NN weist eine Braunerde in dreiteiliger Deckserie auf (*Abb. 132*). Seine geringe Entwicklungstiefe steht im Widerspruch zu den markant entwickelten Tiefenfunktionen der ökologischen und Verwitterungsparameter (*Tab. 72*). Auffällig wird außerdem ein zweites deutliches Maximum von pH-Wert und Basensättigung im Oberboden, welches vereinzelt auch im Altai und Kaukasus vermerkt wurde.

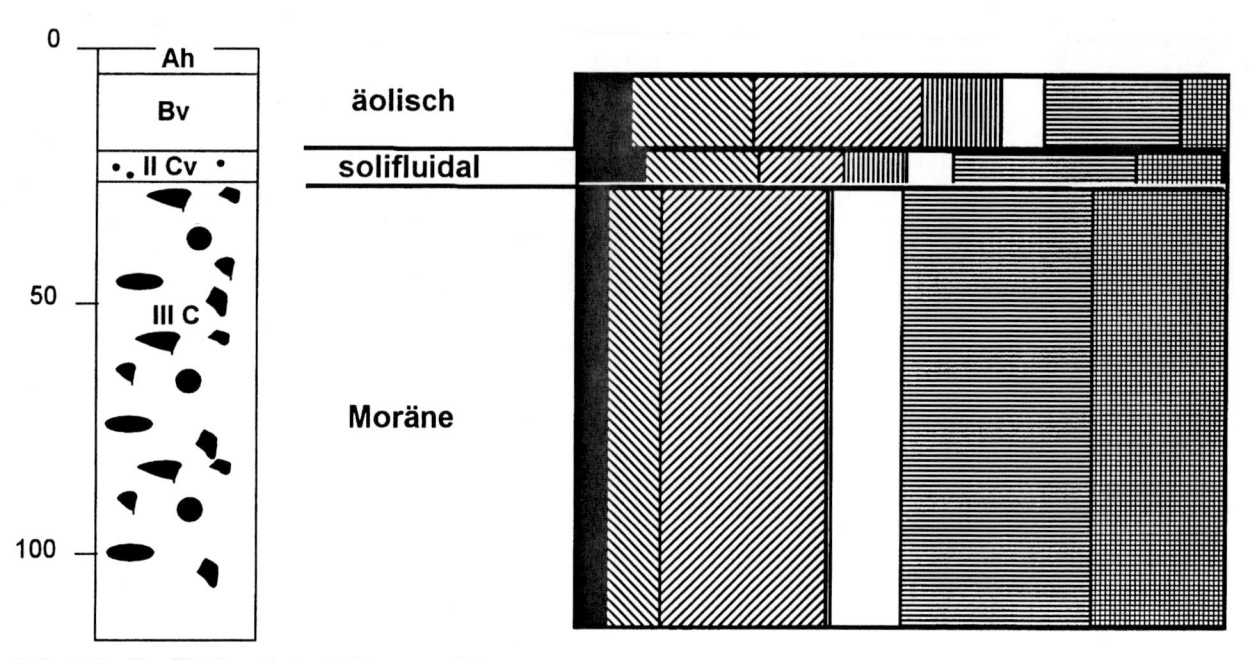

Abb. 132: Profil Almatinka 7 (Braunerde)

Tab. 72: Analytik von Profil Almatinka 7

Horizont	SiO_2/R_2O_3	Index Kron-Abszisse	berg - Nesbitt Ordinate	Feo %	Fed %	Feo/Fed
Ah	5,13	0,88	0,44	0,134	0,234	0,573
Bv	5,52	0,88	0,36	0,231	0,436	0,530
II Cv	5,12	0,88	0,36	0,191	0,278	0,687
III C	4,41	0,87	0,49	0,041	0,183	0,222
Horizont	C %	N %	C/N	KAK mmol/kg	BS %	pH $CaCl_2$
Ah	3,4	0,2	17	40,4	67,3	4,94
Bv	0,7			42,4	67,0	4,43
II Cv	1,1			36,8	59,8	4,09
III C				25,0	84,0	4,62

Auf einem hangaufwärts gelegenen Endmoränenkomplex wurden zwei Profile aufgenommen, deren mehrgliedriger Substrataufbau ebenfalls klar erkennbar wird. Deutlichen Einblick in die Lagerungsverhältnisse gewährte das tief aufgeschlossene Profil 8 auf 2.380m mit wechselhaft gelagerten glazigenen und glazifluviatilen Materialien im Untergrund (*Farbtafel 21-2*). Die Periglazialfolge teilt sich makroskopisch in eine liegende feinkieshaltige Sandpartie und eine hangende skelettfreie Schlufflage, die von einer Steingirlande getrennt werden (*Abb. 133*). Besonders zwischen beiden letzteren besteht ein deutlicher Körnungssprung im Feinboden. Hier wird der am Almatinkasee gewöhnlich zu beobachtende Wechsel von einer älteren solifluidalen zu einer jüngeren äolischen Fazies besonders deutlich. Zusammen mit der zwischengeschalteten Steingirlande weist das Profil makroskopische Ähnlichkeit mit den norddeutschen Geschiebedecksanden auf. Die Fernkomponente in der obersten Lage wird auch durch die Tiefenfunktion der Kieselsäure/Sesquioxidverhältnisse unterstrichen (Tab. 73). Die bodenchemischen Parameter unterstreichen die intensive Verwitterung des Bv-Horizontes. Wie in den meisten Profilen am Almatinkasee besitzt der Oberboden ein weites C/N-verhältnis. Ein ähnliches Bild vermittelt Profil 9 aus dem gleichen Moränenkomplex (2.350m NN), welches ebenfalls eine Braunerde in periglazialer Deckserie darstellt (*Tab. 74*).

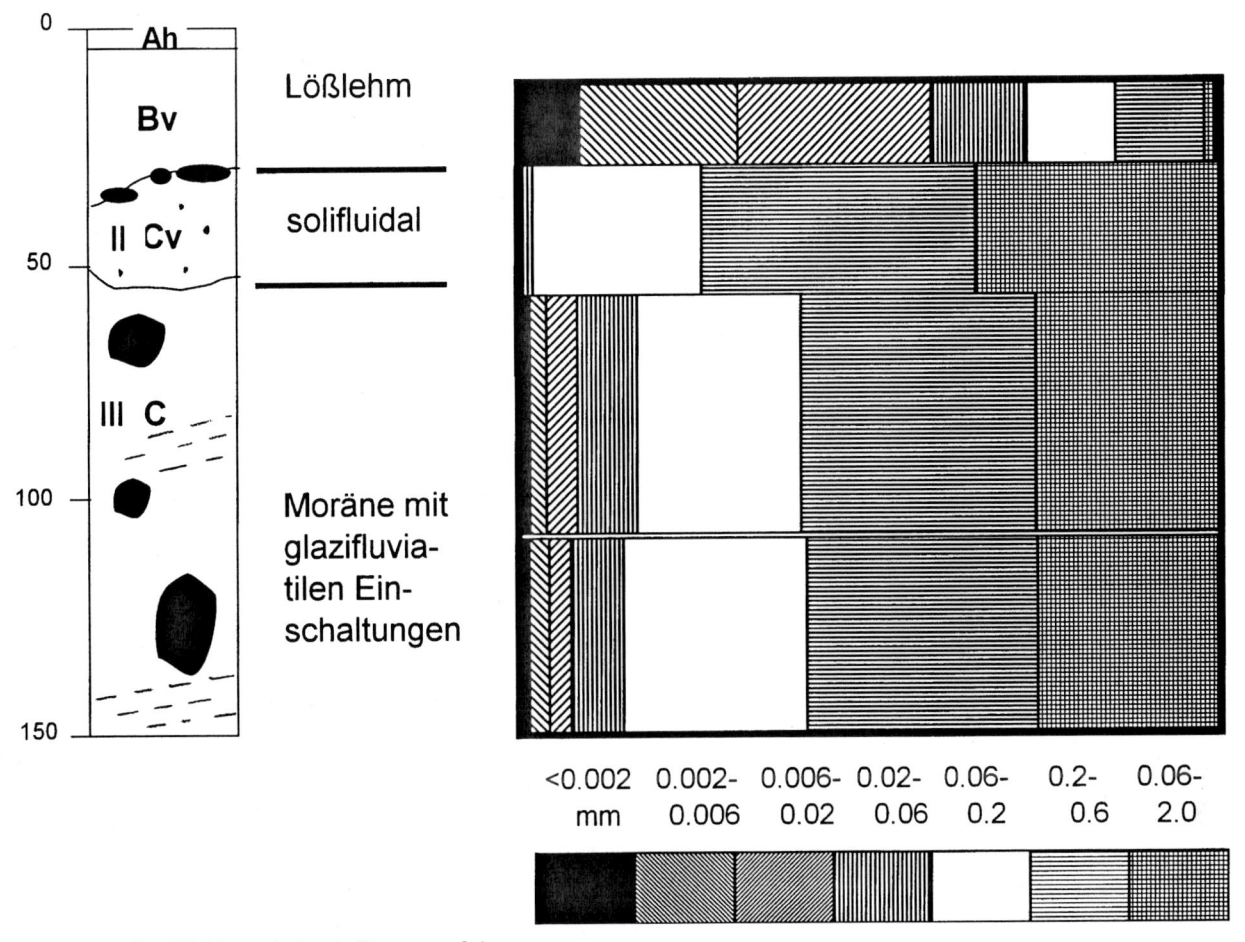

Abb. 133: Profil Almatinka 8 (Braunerde)

Tab. 73: Analytik von Profil Almatinka 8

Horizont	SiO$_2$/R$_2$O$_3$	Index Kron-Abszisse	berg - Nesbitt Ordinate	Fed mg/g	Feo mg/g	Feo/Fed
Ah	5,15	0,88	0,44	3,49	1,84	0,53
Bv	5,05	0,88	0,38	4,55	2,28	0,50
II Cv	5,63	0,90	0,53	1,59	0,33	0,20
III C	5,79	0,89	0,52	1,28	0,38	0,30
Horizont	C mg/g	N mg/g	C/N	KAK mmol/kg	BS %	pH CaCl$_2$
Ah	10,8	0,41	26,2	60,8	78,3	5,56
Bv	3,7			43,6	77,1	5,14
II Cv	0,30			20,8	80,8	5,33
III C	0,20			34,2	91,8	5,34

Profil 10 wurde auf einer Seitenmoräne des Almatinkagletschers in 2.450m Höhe angelegt (*Farbtafel 21-3*). Der Profilaufbau weist ähnlich wie in Profil 7 eine Feinbodenverwandtschaft von Solifluktionsdecke und äolischem Hangendem auf (*Abb. 134*). Beide unterscheiden sich praktisch nur durch ihren Skelettgehalt. Die oberen Horizonte (Ah, Bv) weisen Maxima der Verwitterungsparameter Tongehalt, Kronberg-Nesbitt und Eisenfraktionen auf, welche dann nach unten kontinuierlich abnehmen (*Tab. 75*). Im Gegensatz dazu haben Basensättigung und pH-Wert im Oberboden ein zweites Maximum.

Tab. 74: Analytik von Profil Almatinka 9

Horizont	SiO$_2$/R$_2$O$_3$	Index Kron-Abszisse	berg – Nesbitt Ordinate	Feo %	Fed %	Feo/Fed
Ah	5,15	0,88	0,41	0,22	1,01	0,22
Bv	5,03	0,88	0,47	0,08	0,24	0,32
II Cv	5,22	0,88	0,47	0,06	0,18	0,35
C	5,03	0,89	0,52	0,02	0,09	0,19
Horizont	C mg/g	N mg/g	C / N	BS %	pH CaCl$_2$	Körnung
Ah	7,6	0,4	17	75,5	5,55	Sl3
Bv	1,5			61,5	4,45	Su2
II Cv	1,9			58,5	4,41	Ss
C	0,3			95,5	5,53	Ss

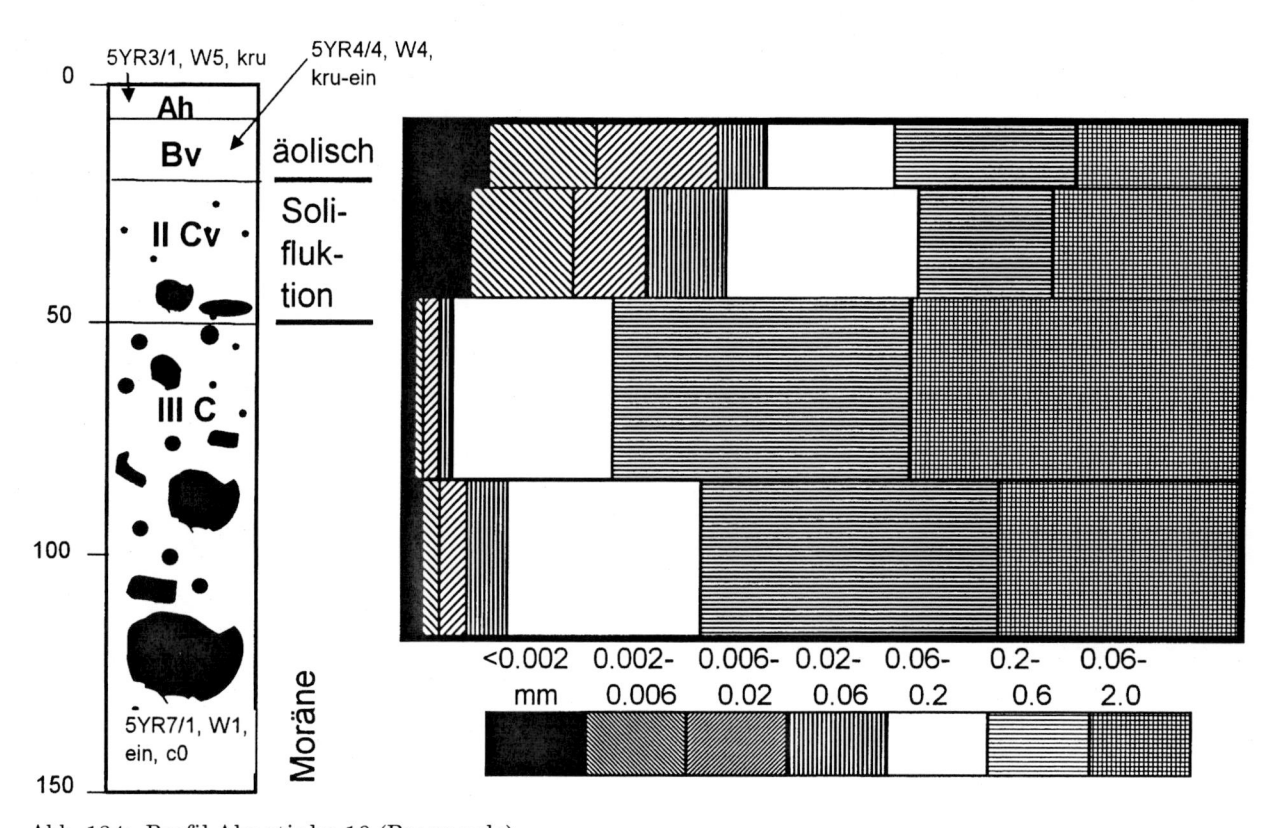

Abb. 134: Profil Almatinka 10 (Braunerde)

Tab. 75: Analytik von Profil Almatinka 10

Horizont	SiO$_2$/R$_2$O$_3$	Index Kron-Abszisse	berg - Nesbitt Ordinate	Fed mg/g	Feo mg/g	Feo/Fed
Ah	4,90	0,88	0,43	3,36	2,11	0,63
Bv	4,38	0,87	0,47	3,01	1,24	0,41
II Cv	4,37	0,88	0,50	2,44	0,84	0,35
III C 80 cm	4,16	0,88	0,55	1,85	0,47	0,25
C 100 cm	4,08	0,88	0,57	1,51	0,34	0,22
Horizont	C mg/g	N mg/g	C / N	KAK mmol/kg	BS %	pH CaCl$_2$
Ah	12,2	0,6	21	77,6	78,4	5,23
Bv	1,1			36,0	75,6	4,84
II Cv	0,7			32,2	80,1	4,55
III C 80 cm	0,4			34,2	86,0	4,86

7.3.4 Diskussion der Ergebnisse im kasachischen Tien Shan

Die pedologische Gliederung der Waldlandschaften auf der Nordabdachung des Transili Alatau erscheint vielfältiger als im östlichen Gebirgsaltai. Die unterhalb der Jungmoränen gelegenen Bereiche mit Laubwaldanteil weisen Profile mit mächtigen Humushorizonten auf, welche von Grauen Waldböden bis hin zu schwarzerdeähnlichen Böden reichen.

Die hochmontanen Jungmoränenstandorte unter Fichtenwald sind durch periglaziale Deckserien mit Braunerdedominanz gekennzeichnet, welche in Vergesellschaftung mit der Parabraunerde vorkommen. In den reliktischen Periglazialablagerungen ist der hangende äolische Schleier flächendeckend verbreitet, in seinem Liegenden lässt sich häufig eine skeletthaltige Solifluktionsdecke antreffen.

Wie im Altaiprofil Aktash 7 konnte bei den Tienshanbraunerden ein zweites Maximum von pH und Basensättigung im Oberboden beobachtet werden. Angesichts der sonstigen typischen Braunerdeigenschaften fallen bodeninterne Erklärungen dieses Phänomens aus. Möglicherweise gab es in diesem sensiblen Randbereich des nordeurasischen Waldgürtels jüngere Lößeinwehungen, die zu einem Baseneintrag führten.

7.4 Zusammenfassung der Kartierung in Altai und Tien Shan

Die relativ humiden Nordabdachungen beider Gebirge weisen jeweils intensiv verwitterte Waldböden auf, welche in den Bodensequenzen des inneren Hochasiens fehlen (vgl. KOWALKOWSKI 1980 zum mongolischen Changaigebirge). Die Taigastandorte über Jungmoräne weisen regelhaft reliktische periglaziäre Deckserien auf, welche in Hochlagen des Gebirgsaltais auch noch rezenten Permafrost beinhalten. Im Vergleich zum Kaukasus und den Alpen ist die obere lößbeeinflußte Lage hier fast immer skelettfrei ausgebildet, was auf eine Verstärkung der äolischen Komponente hinweist. Zwischen Deckschichtengliedern und Bodenhorizonten konnte eine weitgehende Koinzidenz beobachtet werden. Im Gegensatz zu älteren Hypothesen (KOVALJOV 1973, S. 150) stehen die resultierenden Braunerden ihren alpinen und kaukasischen Pendants in Entwicklungstiefe und Verwitterungsintensität nicht nach. Als Besonderheit kann ihr teilweises zweites Maximum von pH und Basensättigung im Oberboden gelten, welches möglicherweise auf einen jüngeren äolischen Eintrag zurückzuführen ist.

8. Böden der Permafrost-Taiga am Unteren Jenissej (Nordsibirien)

8.1 Problemstellung

8.1.1 Einführung

Die riesigen sibirischen Nadelwälder über Permafrost stellen den Prototyp des hochkontinentalen Boreal-Periglaziärs im Sinne von KARTE (1979, S. 141) sowie aus bodengenetischer Sicht den großflächigen Überlagerungsbereich von rezentem und reliktischem Periglazial dar. In mehreren Gemeinschaftsprojekten wurde versucht, die Normböden der verschiedenen Taigasubzonen entlang eines Nord-Südgradienten im unteren Jenissejgebiet zu erfassen. Nachfolgend sollen die wichtigsten Ergebnisse im Überblick referiert werden (zu Details vgl. BUSSEMER und GUGGENBERGER 1998; BUSSEMER und MAYER 2004, 2005; MAYER 2004). Ein erstes Transsekt zur Bodenentwicklung (BUSSEMER und GUGGENBERGER 1999), welches auf eine deutliche Zunahme der Verwitterungsböden in südlicher Richtung hinweist, konnte im Verlauf der weiteren Untersuchungen präzisiert und zu einem allgemeinen Modell der zonalen Bodenbildung erweitert werden.

8.1.2 Allgemeine naturräumliche Charakteristik des weiteren Untersuchungsgebietes

Das Arbeitsgebiet am Unteren Jenissej erstreckt sich von etwa 65° bis 69°N (*Abb. 135*). Die Jahresmitteltemperatur sinkt entlang dieses Transsektes von etwa -6°C auf über -10°C ab. Diese niedrigen Temperaturen verursachen im gesamten Untersuchungsgebiet Permafrost, welcher im nördlichen Teil kontinuierlichen Charakter aufweist. Die zonalen Sommertemperaturdifferenzen verursachen unterschiedliche Auftautiefen des Permafrostes, welche von großer bodenkundlicher Bedeutung sind. Nach Angaben von KARPOV und BARANOVSKIJ (1996) erreicht die maximale sommerliche Auftautiefe nördlich von Igarka 0,8m, während südlich von Turuchansk 2,0m als charakteristisch gelten. Mit Werten von 150-200mm sind die hydrologisch wichtigen Sommerniederschläge im Gesamtgebiet recht einheitlich. Am Unteren Jenissej als vegetationsgeographischem Übergangsraum kommt sowohl dunkle westsibirische Pinus-Picea-Abies-Taiga als auch helle ostsibirische Larix-Taiga vor (TRETER 1993). Die russische Forstbotanik unterscheidet hier beiderseits des Jenissej eine prinzipielle zonale Abfolge der großen Vegetationsgesellschaften, welche dann in weitere meridionale Provinzen gegliedert werden (STAKANOW 2002). Die Waldtundra wurde mit den eigenen Arbeiten nur randlich im Auflichtungsbereich der dichten Nadelwälder erfasst (vgl. BUSSEMER und GUGGENBERGER 1998). Der Bereich der tundrennahen Wälder, welche südlich davon vor allem entlang der Flüsse relativ dichte Bestände bilden, ist im Testareal Igarka untersucht worden (BUSSEMER und MAYER 2004). Das eigene Transsekt setzt sich dann über die nördliche Taiga (TESTAREAL TURUCHANSK vgl. MAYER 2004, BUSSEMER und MAYER 2005) bis in die mittlere Taiga (Profilkomplex Tatarsk) fort, wobei sich deren geschlossener Waldgürtel vor allem über eine nach Süden zunehmende Bestandsdichte differenzieren läßt.

8.1.3 Bodengeographischer Kenntnisstand zur Permafrost - Taiga

An der international dominierenden Auffassung von der Podsolierung als Haupttendenz der borealen Pedogenese (BUNTING 1969, S. 148: BIRKELAND 1974, S. 217; OLLIER 1976, S. 142) halten auch neuere Zusammenfassungen fest (TRETER 1993, S. 64; EITEL 1999; BRAMER und LIEDTKE 1997, S. 783). Die meisten Beschreibungen permafrostbeeinflußter Böden stammen jedoch aus Tundrenlandschaften, welche ursprünglich über die geomorphologischen Prozesse in der Auftauzone charakterisiert wurden (MEINARDUS 1930; KUBIENA 1953, S. 171-177). Seit der Beschreibung von *Arctic Brown soils* durch TEDROW und HILL (1955) wurden auch jenseits der polaren

Waldgrenze intensive Verwitterungshorizonte kartiert (vgl. auch STÄBLEIN 1979). Dieser neuen Befundlage wurde letztendlich durch Erweiterungen bestehender Bodenklassifikationen Rechnung getragen (Cryosole nach WRB 1998, Gelisole nach SOIL SURVEY STAFF 1998). Allerdings werden sowohl die Gelisols als auch die Cryosole weiterhin vor allem über den Charakter des Permafrostes am jeweiligen Standort definiert.

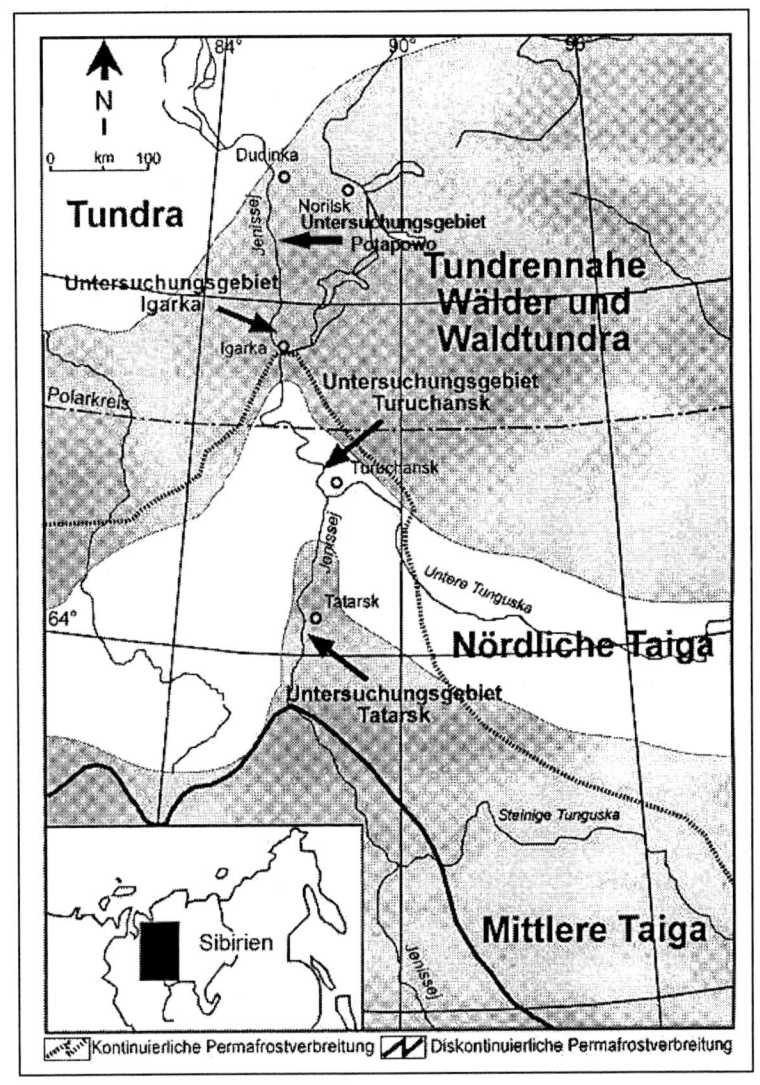

Abb. 135: Lage der nordsibirischen Untersuchungsgebiete in den Landschaftszonen am Unteren Jenissej nach STAKANOW (2002)

Eine auf Grundlage der BODENKARTE RUSSLANDS (1995) vorgenommene Generalisierung des Bodenmosaiks im mittleren und unteren Jenissejgebiet weist dem Fluß die Funktion einer scharfen bodengeographischen Grenze zu (*Abb. 136*). Die Bodenmosaike in den Taigagebieten westlich des Jenissej entsprechen mit Podsolen, Gleyen und Moorböden in erster Annäherung jenen der Weltbodenkarte (FAO-UNESCO 1978). Die Verbreitung von Podsolen ist auf die permafrostfreien Gebiete beschränkt.

Östlich des Jenissej fehlen Podsole und verwandte Böden vollkommen. Die gegenüber der Weltbodenkarte wesentlich detailliertere BODENKARTE RUSSLANDS (1995) dokumentiert in Mittelsibirien vorwiegend Kryotaigaböden, Podbure und Braune Taigaböden. Podbure und Kryotaigaböden lassen weder ein zonal noch ein hypsometrisch bedingtes Verteilungsmuster erkennen. Beide reichen im Norden über 70° N hinaus und gleichzeitig im Süden an die Verbreitungsgrenze des Permafrostes heran. Podbure treten bevorzugt in Hangbereichen von Flußtälern auf, die Kryotaigaböden auch vielfach auf den weitgeschwungenen Wasserscheidengebieten. GLASOVSKAJA und GENNADIJEV (1995, S. 236) führen die Podbure als zonale Böden der russischen Waldtundra auf, was auch weitgehend den in der BODENKARTE RUSSLANDS (1995) kartierten Verhältnissen am Übergang zur nordsibirischen Tiefebene entspricht.

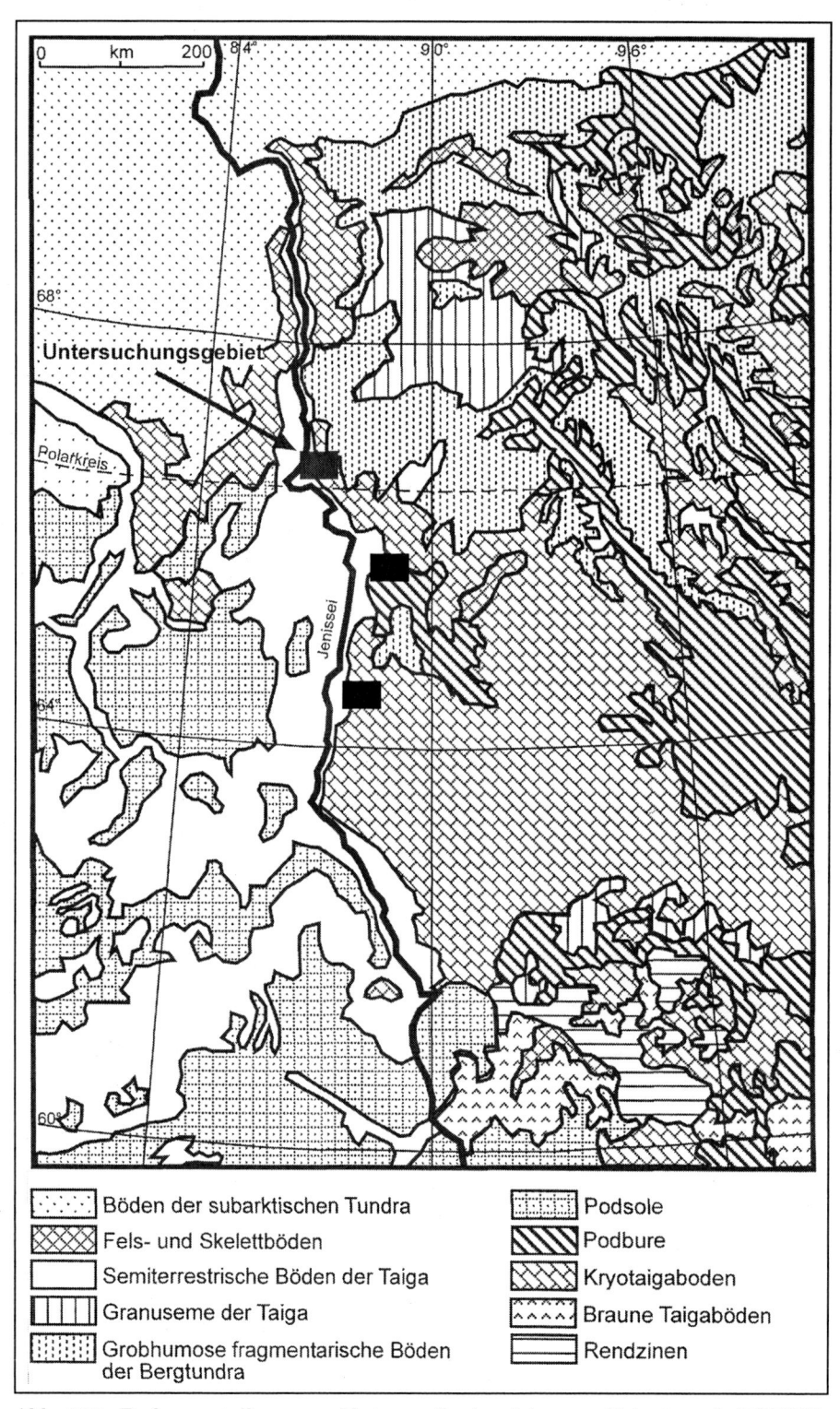

Abb. 136: Bodenverteilung am Unteren Jenissej (generalisiert nach BODENKARTE RUSSLANDS 1995)

8.1.4 Spezifik der Untersuchungskonstellation im Jenissejtal

Die jüngere geomorphologische Entwicklung im Jenissejtal wurde von den nordsibirischen Vergletscherungen gesteuert, deren großflächiger Charakter in modernen Bearbeitungen nicht mehr angezweifelt wird (GROSSWALD 1980; CHERBAKOVA 1981; ARCHIPOV et al. 1986). Demnach sind die mittelpleistozänen Gletscher der Samarov- und Tasovzeit bis an den 60. Breitengrad vorgestoßen, die erste jungpleistozäne Syrjanskvereisung aber nur noch bis zum Polarkreis. Die zweite jungpleistozäne Vereisung (Sartansk) beschränkte sich weitgehend auf Talgletscher des Putoranaplateaus, welche stellenweise den Jenissej erreichten. Die quartären Ablagerungen des Jenissejtals vom Polarmeer bis Igarka besitzen Mächtigkeiten von 100-400m, weiter südlich bis Turuchansk sind sie dann jedoch eher lückenhaft ausgebildet (TUMEL 1988). Ein Querprofil durch die geologisch-morphologischen Einheiten des engeren Untersuchungsgebietes (vgl. auch *Abb. 137*) läßt sich vor dem Hintergrund der eigenen Bodenuntersuchungen folgendermaßen gliedern:

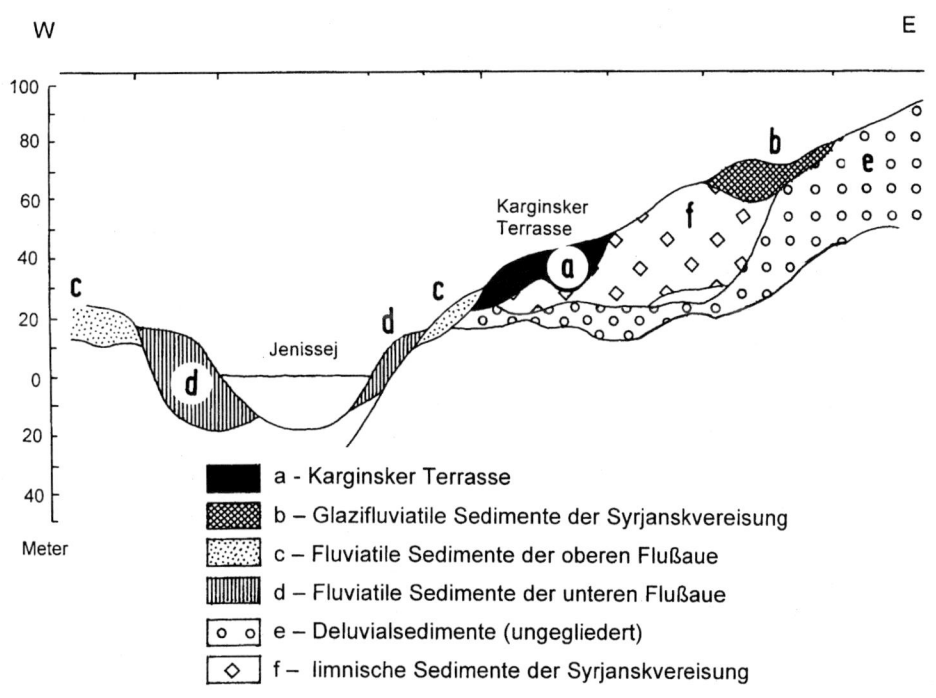

Abb. 137: Quartäre Lagerungsverhältnisse am Ostufer des Jenissej bei Igarka (generalisiert nach SACHS 1948)

Sedimente der Syrjanskvereisung nehmen auf der steileren Ostseite des unteren Jenissejtals gewöhnlich die Wasserscheidengebiete über 50m üNN ein (TUMEL 1988). Es dominieren Geschiebelehme, häufig treten aber auch skelettfreie Sande (glazifluviatil, glazilimnisch) oder reine Blockpackungen auf. Diese hypsometrisch über der Karginsker Terrasse liegenden Oberflächen sind jedoch teilweise schon stark zerschnitten und vor allem südlich von Igarka nur noch inselhaft vorhanden.

Das am deutlichsten ausgebildete jungquartäre Reliefelement ist die von SACHS (1948) erstmals beschriebene "Karginsker Terrasse" mit einer Breite bis zu 6km. Ihre Oberfläche sinkt im Längsprofil von 50m bei Turuchansk auf 20m im unmittelbaren Flußmündungsgebiet ab (KARPOV und BARANOVSKIJ 1996). Nördlich von Igarka sieht TUMEL (1988, S. 15) sie als alluvial-marine, südlich davon als zweite Flußterrasse über der Aue an. KARPOV und BARANOVSKIJ (1996) vertreten jedoch nach detaillierten Profilaufnahmen zwischen Turuchansk und Dudinka die Ansicht, daß Moränen ein weit verbreitetes Oberflächensediment dieser Terrasse darstellen. Unabhängig von dieser Kontroverse werden die Terrassensedimente übereinstimmend als skelettarme Fein- und Mittelsande beschrieben (vgl. Korngrößenanalysen in *Abb. 142*). Aufgrund von Radiokarbondatierungen an eingelagerten Hölzern wurde sie von allen Bearbeitern (erstmals KIND 1974) in die Phase vor der zweiten jungpleistozänen Vergletscherung Sibiriens (Sartansk) gestellt und ihr Alter auf 30.000-40.000 Jahre geschätzt. Alle hypsometrisch unterhalb der Karginsker Terrasse gelegenen Niveaus (Sartanskvereisung und Holozän) werden von den aktuellen Jenissejhochwässern erfaßt und schieden als Untersuchungsflächen für anhydromorphe Bodenbildungen aus.

Allgemein wird kontrovers diskutiert, ob der Permafrost aus der Sicht bodenbildender Faktoren als zonales Phänomen anzusehen ist (vgl. TRETER 1990). Für die eigene pedogenetische Fragestellung mit ihrem bioklimatischen Ansatz stellt die Beobachtung von Profilen mit Sickerwasserregime ein zentrales Element dar. Da die großen sibirischen Ströme aufgrund ihrer großen Wassermassen regelhaft einen Talik (Auftaubereich) im Untergrund und an den Rändern verursachen, kann für die flußnahen Bereiche der eigenen Untersuchungsgebiete das Fehlen von Permafrost erwartet werden. Derartige Bodenbildungsbedingungen stellen zwar besonders im nördlichen Teil des Transsektes die Ausnahme dar, sollen aber als Normtyp des jeweiligen zonalen „terrestrischen" Standorts gelten.

Aus physisch-geographischer Sicht bietet sich die Karginsker Terrasse im betrachteten Querprofil des Jenissejtals somit als günstigstes Testareal für detaillierte Bodenuntersuchungen an. Durch ihren senkrechten Verlauf zu den oben genannten Subzonen der Vegetation, ihre gleichartigen Untergrundverhältnisse und den Jenissej-Talik stellt sie eine unikale Untersuchungsanordnung für die Ansprache von Normböden dar.

8.2 Referenzprofile in der Waldtundra (Potapowo)

Die beiden Referenzprofile für die Waldtundra wurden nahe des Dorfes Potapowo südlich von Dudinka (Jahresmitteltemperatur -10,7°C) gegraben. Hier lichtet sich der jenissejbegleitende dichte Wald auf, welcher in der Baumschicht fast ausschließlich von Lärchen gebildet wird. Eine deutliche Talikwirkung des Flusses war an diesem nördlichsten Beobachtungspunkt bei den Grabungen in der Karginsker Terrasse nicht zu erkennen. Der intensive Permafrost verursacht oberflächig Frostspalten und Ansätze von Strukturböden, welche in den südlicher gelegenen Profilkomplexen fehlen.

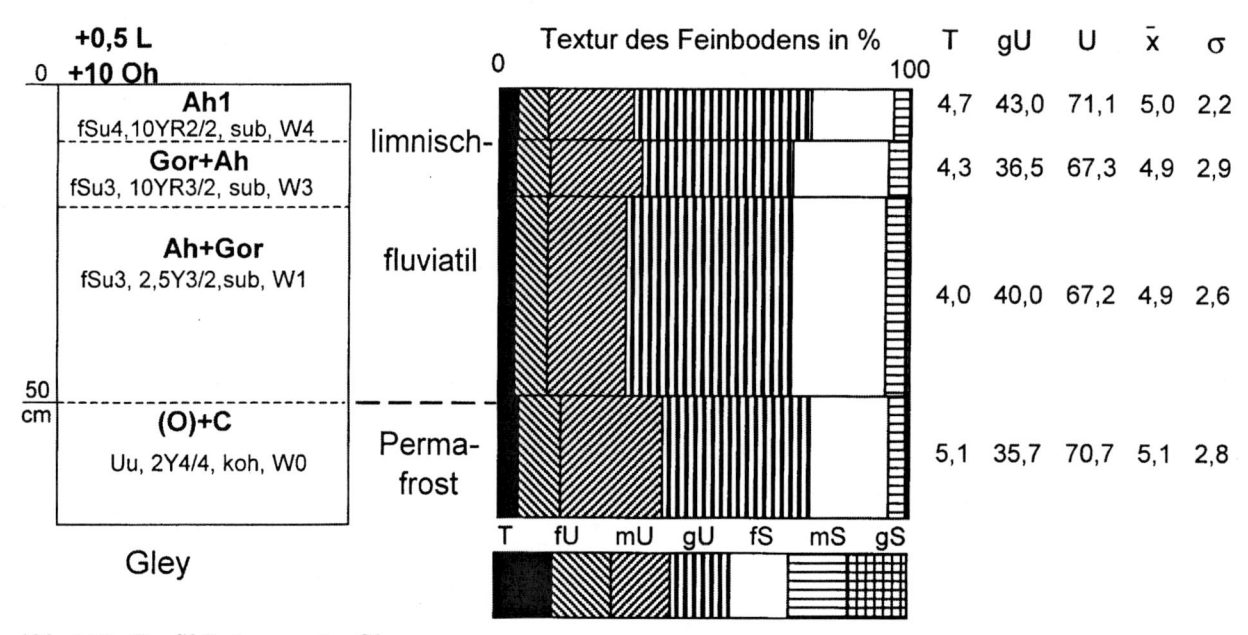

Abb. 138: Profil Potapowo 1 - Gley

Der (Norm)-Gley von Profil Potapowo 1 wies deutliche Kryoturbationserscheinungen bei gleichzeitiger Einmischung der schwach abgebauten organischen Substanz bis in den massiven Permafrost bei 50cm Tiefe auf (*Abb. 138*). Es war im Untersuchungsgebiet zugleich die einzige Stelle mit einem Frostmusterboden in Form von Polygonnetzen. Das Profil stellt deshalb einen Gelisol im Sinne der Soil Taxonomy dar. Der Boden entwickelte sich in homogenen sandigen Schluffen, welche nach Beobachtungen an benachbarten Flußanschnitten eine limnisch-fluviatile Übergangsfazies darstellen. Das Profil läßt keine Verlehmung erkennen, während die Kronberg-Nesbitt-Koeffizienten eine schwache Verwitterung anzeigen (*Tab. 76*). Die Anteile pedogener Oxide steigen zum Oberboden hin deutlich an (*Tab. 77*).

Tab. 76: Parameter der Hauptelementgehalte in Profil Potapowo 1

Horizont	SiO_2/R_2O_3 (Molverhält.)	SiO_2/Al_2O_3 (Molverhält.)	Index Kronberg-Nesbitt	
			Abszisse	Ordinate
Ah	5,18	6,86	0,88	0,40
Gor+Ah	5,40	7,22	0,89	0,42
Ah+Gor	5,30	7,07	0,89	0,43
(O)+C	5,50	7,26	0,89	0,43

Tab. 77: Bodenchemische Parameter von Profil Potapowo 1

Horizont	Fed mg/g	Ald mg/g	Mnd mg/g	pH $CaCl_2$
Ah	4,4	1,1	0,2	6,4
Gor+Ah	3,73	0,5	0,3	6,4
Ah+Gor	2,51	0,4	0,3	6,6
(O)+C	1,66	0,3	0,2	6,5

Horizont	C mg/g	N mg/g	C/N	KAK mmol/kg	BS %
Ah	43	3	15	476	86
Gor+Ah	16	1	13	412	93
Ah+Gor	16	1	13	406	95
(O)+C	5	1	10	381	97

Die pH-Werte liegen mit Werten über 6 durchgehend im sehr schwach sauren bis schwach sauren Bereich, während die Basensättigung fast durchgehend 90% überschreitet (*Tab. 77*). Die C/N-Verhältnisse besitzen mit Werten zwischen 10 und 15 für Waldtundrenböden enge Spannen.

Im Profil Potapowo 2 fehlten bis zur sichtbaren Tiefe von 100cm sowohl Permafrost als auch andere Gelisolmerkmale (*Abb. 139*). Im Gegensatz zum vorhergehend beschriebenen Standort ist der Baumbestand hier nur spärlich entwickelt (einige Lärchen mit Krüppelwuchs).

Die Kornverteilungen liefern keine Hinweise auf periglaziäre Deckschichten, einzelne Grobsandlinsen im Unterboden legen eine Zugehörigkeit des Gesamtprofils zum fluviatil-limnischen Komplex der Karginsker Terrasse nahe. Die Korngrößenparameter des Profils sind mit Ausnahme des Humushorizontes im Vertikalverlauf stabil. Eine Tonanreicherung wird vom Liegenden zum Hangenden hin erkennbar. Der hochliegende Gleyhorizont führte zur Ansprache als Regosol-Gley nach AG BODEN (1994). Im Humushorizont ist der pH-Wert stark abgesenkt, während er in allen weiteren Horizonten lediglich schwach saure Werte annimmt (*Tab. 78*). Ebenso erreichen alle Horizonte unterhalb des Ah-Horizontes eine fast vollständige Basensättigung.

Nach den in AG BODEN (1994) vorgeschlagenen Kriterien lassen sich in den Profilen der Waldtundra demnach keine echten Verwitterungshorizonte identifizieren. Die Entbasung des Oberbodens ist als minimal einzuschätzen, allerdings läßt sich dort schon eine Sesquioxidanreicherung feststellen. Erstaunlich sind die großen Unterschiede in der Auftautiefe des Permafrostes zwischen den einzelnen Waldtundraprofilen. Da die isolierende Wirkung der organischen Auflage infolge gleicher Mächtigkeit ähnlich ist, ist die mächtigere Auftauzone im Profil Potapowo 2 wahrscheinlich auf die intensivere Sonneneinstrahlung infolge fehlender Beschattung durch die Bäume zurückzuführen.

Als markantes Merkmal dieser Profile läßt sich ihre hohe Basensättigung unterhalb des Ah-Horizontes anführen (über 90%).

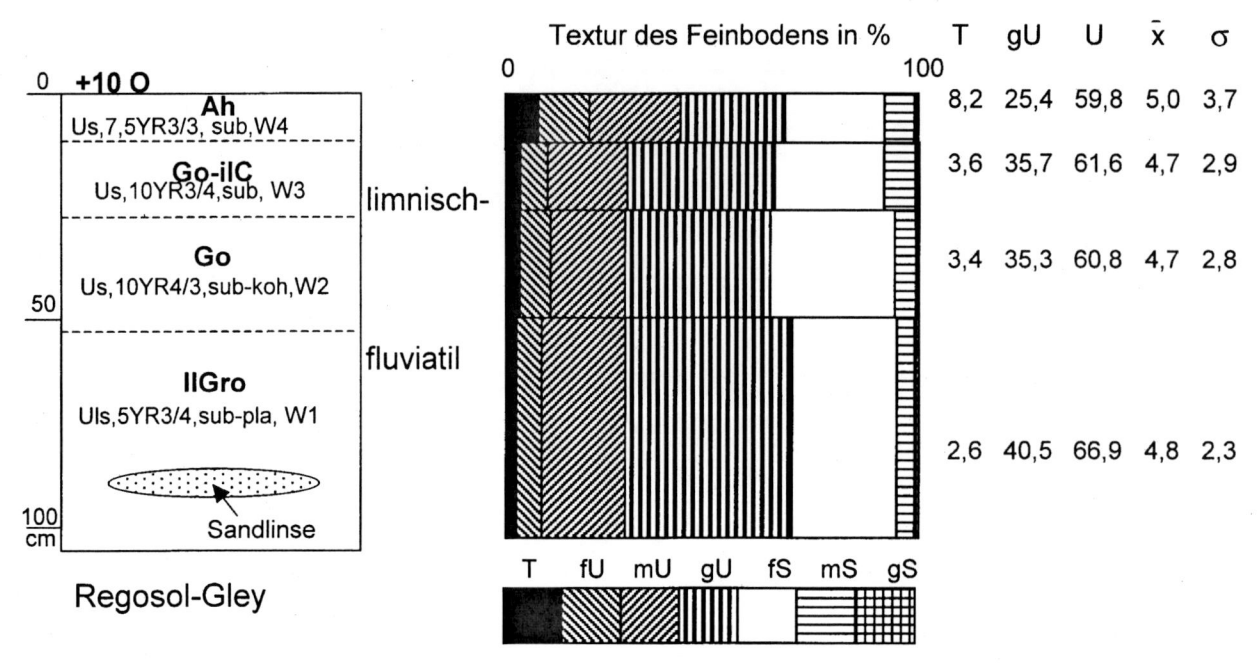

Abb. 139: Profil Potapowo 2 - Regosol-Gley

Tab. 78: Bodenchemische Parameter von Profil Potapowo 2

Horizont	Fed	Ald	Mnd	pH
	mg/g	mg/g	mg/g	CaCl$_2$
Ah	5,90	1,60	0,23	5,02
Go-ilC	4,83	0,47	0,15	6,16
Go	4,18	0,28	0,20	6,53
II Gro	2,70	0,17	0,11	6,42

Horizont	C	N	C/N	KAK	BS
	mg/g	mg/g		mmol/kg	%
Ah	16,6	1,2	14	322	73
Go-ilC	6,6	0,5	12	342	91
Go	3,8	0,4	11	307	94
II Gro	4,3	0,4	10	312	94

8.3 Tundrennahe Wälder (Testareal Igarka)

8.3.1 Spezifik des Testareals

Die tundrennahen Wälder mit dem Untersuchungsgebiet Igarka werden vor allem von Larix sibirica, Picea obovata und Pinus sibirica dominiert. Die Zwischenniveaus am Fluß mit entsprechender Talikwirkung werden noch dicht davon bestanden, während sie sich auf dem rückwärtigen Plateau letztendlich in eine vermoorte Offenlandschaft über hochliegendem kontinuierlichem Permafrost verwandeln. Im Einzugsgebiet eines dem Jenissej von Osten zufließenden Bachs wurde ein dichtes Raster mit Rammkernsondierungen und Bodenprofilen angelegt (MAYER 2004, S. 35).

Im Ergebnis konnte eine Catena vorgelegt werden, deren Zentralabschnitt auf den Zwischenebenen intensiv verwitterte Waldböden aufweist (*Abb. 140*). Dieser noch vom Talik erfaßte Bereich mit Sickerwasserregime markiert gleichzeitig den fundamentalen Unterschied zum nördlichen Waldtundrenareal. Von den etwa 20 dafür analysierten Profilen sollen nachfolgend drei repräsentative Waldböden aus BUSSEMER und MAYER (2004) diskutiert werden (vgl. *Abb. 141*).

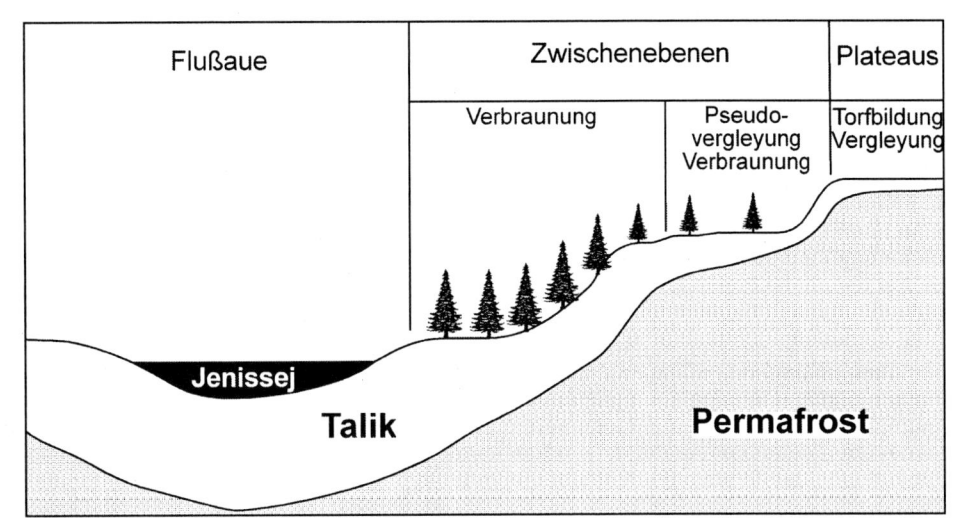

Abb. 140: Wechselwirkung von Permafrost und Bodenbildung in den tundrennahen Wäldern bei Igarka (nach BUSSEMER und MAYER 2005)

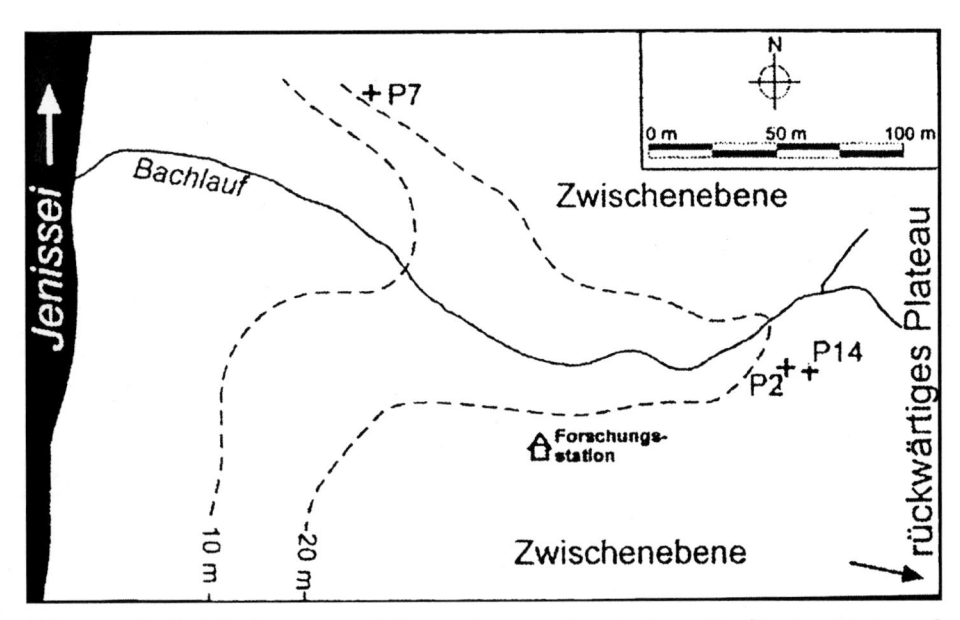

Abb. 141: Reliefgliederung und Lage der repräsentativen Profile im Testareal Igarka

8.3.2 Repräsentative Waldböden im Testareal Igarka

In Profil Igarka 2 wurde der Permafrost in einer bis auf 6 m abgeteuften Bohrung nicht erreicht. Hier ist das reliktische periglaziale Decksediment mit Sandlöß und Solifluktionsdecke zweigliedrig ausgebildet, wobei die solifluidale Fazies über den Kies- und Steingehalt sowie der skelettfreie Sandlöß über die hohen Schluffgehalte eindeutig anzusprechen waren (*Abb. 142*). Die Basis des Braunhorizontes ist mit der Basis des Sandlösses koinzident. Die Entkalkungstiefe stimmt ungefähr mit dem Einsetzen des geschichteten glazifluviatilen Untergrundes überein. Vom Ausgangsgestein lässt sich eine deutliche Verlehmungstendenz in den Boden hinein verfolgen. Das freie

Eisen sinkt vom Oberboden ins Ausgangsgestein hinein ab. Der Verwitterungsindex weist Minima im oberen Bv-Horizont auf, ebenso wie Basensättigung und pH-Wert (*Tab. 79*). Hier befindet sich eindeutig die Hauptverwitterungszone. Der relativ hohe Aktivitätsgrad des Eisens in 20cm Tiefe könnte einen initialen Podsolierungstrend andeuten. Andererseits liegen die meisten Aktivitätsgrade sehr niedrig und die optische Dichte des Verwitterungshorizontes unter 0,2. Die C/N-Werte weisen im Oberboden relativ weite Verhältnisse auf, welche die makroskopische Ansprache von Rohhumus im Oberboden unterstreichen. Das Profil ist als Braunerde in einer mehrgliedrigen periglazialen Deckserie anzusprechen, welche von einer deutlichen Koinzidenz ihres Horizont- und Substratprofils geprägt wird.

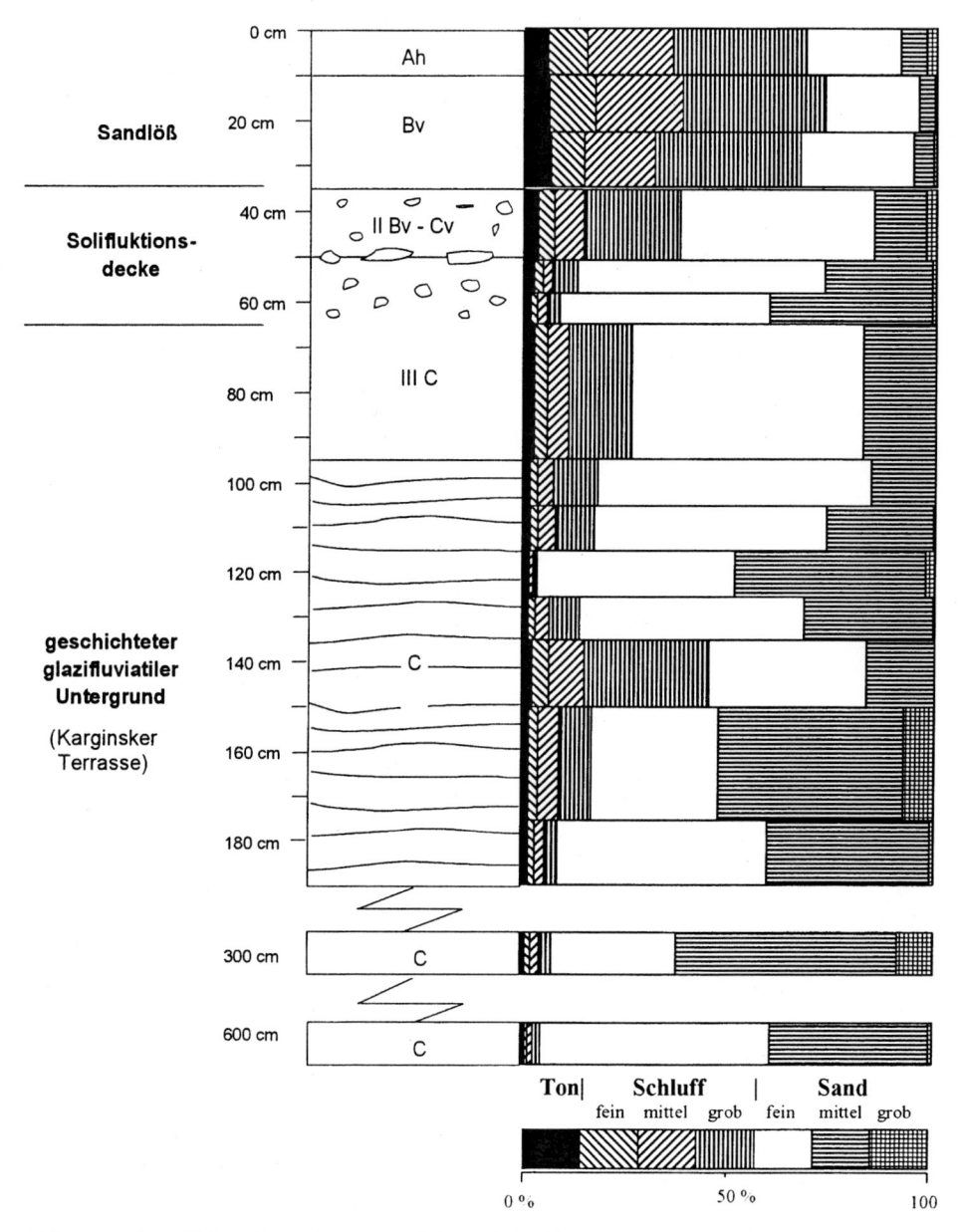

Abb. 142: Profil Igarka 2 (Braunerde) nach BUSSEMER umd MAYER (2004)

Profil Igarka 7 befindet sich in einer flachen Oberhangposition und ist makroskopisch ebenfalls als (Norm)Braunerde im Sinne des AK BODENSYSTEMATIK (1998) anzusprechen (*Abb. 143*). Bis zur aufgegrabenen Profiltiefe von ungefähr 3m wurde kein rezenter Permafrost angetroffen. Die Koinzidenz der eingliedrig ausgebildeten reliktischen periglazialen Decke mit dem Braunhorizont wird sehr deutlich sichtbar. Die schlecht sortierte Moräne mit hohen Kalkgehalten wird als Ausgangsgestein der Bodenbildung von skelett- und kalkfreiem Sandlöß mit hohen Grobschluffgehalten überlagert.

Tab. 79: Analytik von Profil Igarka 2

Horizont	Tiefe (cm)	CaCO$_3$ (%)	pH (CaCl$_2$)	Farbe	Fed (%)	Feo (%)	Feo/Fed	KAK (mmol/kg)	BS (%)	C (%)	N (%)	C/N	Index Kronberg-Nesbitt Abszisse	Index Kronberg-Nesbitt Ordinate	ODOE
Ah	10	0	5,2	10 YR 3/4	1,11	0,11	0,10	48,4	79,3	1,84	0,07	25	0,90	0,45	0,34
Bv	20	0	4,7	10 YR 3/3	1,10	0,23	0,20	50,0	60,0	0,97	0,05	20	0,90	0,44	0,19
Bv	30	0	5,5	10 YR 3/3	1,10	0,10	0,09	51,8	79,9	0,63	0,04	16	0,90	0,46	0,18
II Bv - Cv	40	0	5,6	7,5 YR 4/3	1,10	0,11	0,10	50,8	81,1	0,49	0,02	20	0,90	0,48	0,09
II C	55	0	6,8	10 YR 4/6	1,01	0,07	0,07	42,6	86,9	-	-	-	0,92	0,54	0,07
II C	60	0	6,3	10 YR 3/4	0,78	0,11	0,14	40,0	86,0	-	-	-	0,92	0,53	0,06
II C	80	0	6,8	10 YR 3/3	0,69	0,08	0,12	38,8	84,5	-	-	-	0,93	0,53	0,02
III C	90	0	6,4	7,5 YR 4/3	0,84	0,09	0,10	46,0	87,0	-	-	-	0,91	0,52	
III C	100	0	6,8	10 YR 3/4	0,36	0,09	0,25	46,0	87,8	-	-	-	0,92	0,52	
III C	110	0	6,7	10 YR 3/3	0,44	0,09	0,21	44,0	87,3	-	-	-	0,92	0,52	
III C	120	5,2	7,3	10 YR 3/4	0,44	0,06	0,12	-	-	-	-	-	0,93	0,56	
III C	130	6,3	6,5	7,5 YR 5/3	0,43	0,07	0,17	-	-	-	-	-	0,93	0,55	
III C	140	6,4	7,0	10 YR 3/3	0,76	0,28	0,37	-	-	-	-	-	0,90	0,51	
III C	170	5,9	6,9	10 YR 3/2	0,68	0,28	0,41	-	-	-	-	-	0,93	0,58	
III C	180	8,0	6,8	7,5 YR 3/2	0,41	0,28	0,68	-	-	-	-	-	0,94	0,61	
III C	300	4,4	6,9	2,5 Y 3/3	0,50	0,28	0,55	-	-	-	-	-	0,93	0,59	
III C	600	11,5	7,2	2,5 Y 3/1	-	-	-	-	-	-	-	-	0,93	0,57	

Die Schicht- und Horizontgrenze markiert gleichzeitig die Entkalkungstiefe. Der Braunhorizont geht als Hauptverwitterungszone eindeutig aus den Minima des Kronberg-Nesbitt-Index hervor. Eine Verlehmung dieses Bereiches wird jedoch nicht erkennbar. Die löslichen Eisenfraktionen lassen die braunerdetypische Abnahme vom Hangenden zum Liegenden erkennen. Basensättigung und pH-Wert steigen nach unten kontinuierlich an, während die organische Substanz im Oberboden ein weites C/N-Verhältnis aufweist. Die hohe Basensättigung im Bv-Horizont weist auf eine Eubraunerde im Sinne der AG BODEN (1994) hin.

Trotz der Existenz von Wechsellagerungsmineralen in der Tonfraktion der liegenden Moräne fallen diese im Verwitterungshorizont völlig aus, auch andere Tonminerale sind praktisch kaum nachweisbar (vgl. *Abb. 143*).

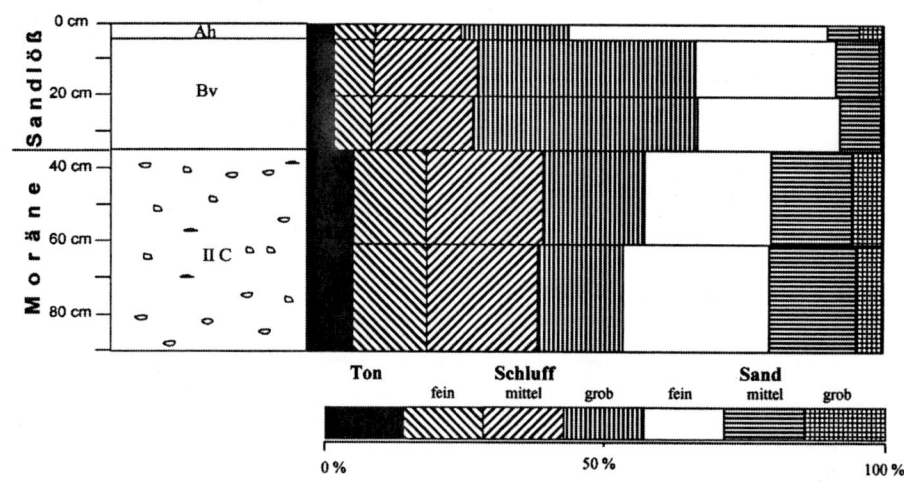

Bezeichnung	Tiefe (cm)	Horizont	CaCO$_3$ (%)	pH-Wert (CaCl$_2$)	Farbe	Index Kronberg-Nebitt	
						Abszisse	Ordinate
P 7/5	5	Ah	0	5,4	7,5 YR 3/2	0,90	0,48
P 7/4	10	Bv	0	5,1	10 YR 3/4	0,89	0,44
P 7/3	30	Bv	0	5,6	2,5 Y 4/3	0,89	0,44
P 7/2	40	II C	13,6	7,2	7,5 YR 4/2	0,90	0,54
P 7/1	90	II C	21,4	7,1	2,5 y 4/2	0,91	0,64

Bezeichnung	Fed (%)	Feo (%)	Feo/Fed	KAK (mmol/z/kg)	BS (%)	C (%)	N (%)	C/N
P 7/5	0,79	0,25	0,32	54,4	80,1	6,43	0,25	25
P 7/4	0,83	0,24	0,29	43,6	85,3	1,00	0,08	12
P 7/3	0,58	0,23	0,39	45,8	87,3	0,79	0,04	19
P 7/2	0,41	0,20	0,49	-	-	-	-	-
P 7/1	0,53	0,18	0,33	-	-	-	-	-

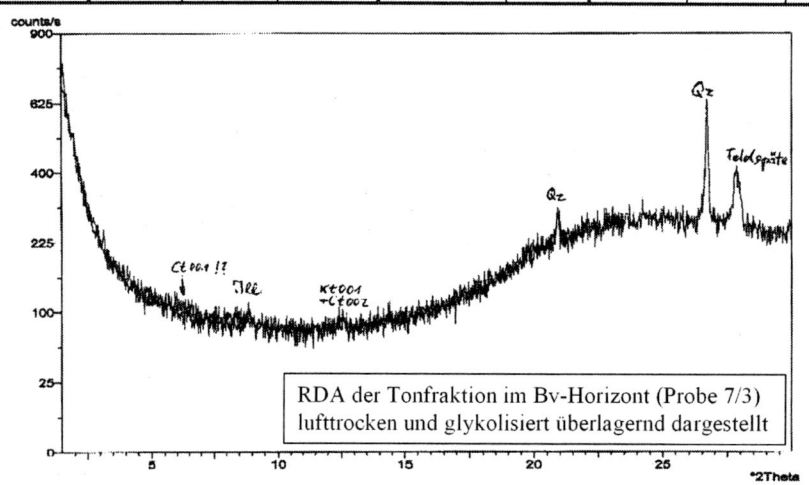

Abb. 143: Profil Igarka 7 (Braunerde) nach BUSSEMER und MAYER (2004)

In Profil Igarka 14 (*Abb. 144*) konnte die Auswirkung von relativ flachliegendem Permafrost bei derzeit 2m unter Flur auf die Bodenentwicklung beobachtet werden, wobei kleinere Eislinsen auch höher vorkamen (vgl. *Farbtafel 22-1*). Während der Verwitterungshorizont braunerdetypisch ausgebildet ist, ließen sich darunter deutliche Hydromorphiemerkmale erkennen. Als resultierender Bodentyp wurde die Varietät einer tiefpseudovergleyten Braunerde nach AK BODENSYSTEMATIK (1998, S. 63) angesprochen. Die Verwitterungshorizonte inklusive des IICv lassen sich jedoch auch hier analytisch deutlich über die löslichen Eisenfraktionen wie auch pH-Wert und Basensättigung vom hydromorph beeinflussten Untergrund unterscheiden. Vom Bv-Horizont lässt sich über den Cv-Horizont ins Ausgangsgestein hinein eine schwache Verlehmung erkennen. Die Pseudovergleyung ist offenbar auf den stauenden Einfluß des Permafrostes zurückzuführen. Dieses Profil stellt den (selteneren) Fall einer Mesobraunerde im Sinne der AG BODEN (1994, S. 191) dar.

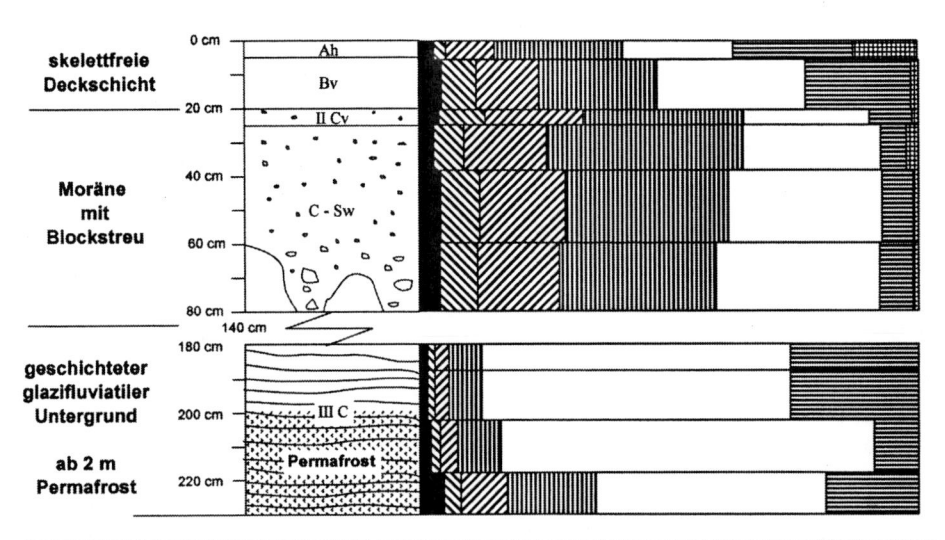

Bezeichnung	Tiefe (cm)	Horizont	CaCO₃ (%)	pH-Wert (CaCl₂)	Farbe
P 14/1	3	Ah	0	3,5	10 YR 2/2
P 14/2	10	Bv	0	4,0	10 YR 3/3
P 14/3	22	II Cv	0	4,7	10 YR 3/4
P 14/4	35	II C-Sw	0	6,1	10 YR 4/2
P 14/5	50	II C-Sw	0	6,6	10 YR 4/2
P 14/6	70	II C-Sw	0	7,0	10 YR 4/4
B 14/1	190	III C	12,2	7,2	10 YR 3/3
B 14/2	200	Permafrost	7,7	6,7	10 YR 3/3
B 14/3	210	Permafrost	2,8	7,2	10 YR 4/2
B 14/4	230	Permafrost	2,1	6,7	10 YR 4/2

Bezeichnung	Fed (%)	Feo (%)	Feo/Fed	KAK (mmol/z/kg)	BS (%)	C (%)	N (%)	C/N
P 14/1	0,94	0,22	0,23	48,4	28,9	11,38	0,33	34
P 14/2	1,33	0,23	0,17	32,0	46,3	2,59	0,09	28
P 14/3	1,11	0,22	0,20	33,2	69,9	1,20	0,06	20
P 14/4	0,78	0,14	0,18	32,8	90,2	-	-	-
P 14/5	0,81	0,14	0,17	35,0	93,1	-	-	-
P 14/6	0,79	0,13	0,16	49,0	95,9	-	-	-
B 14/1	0,58	0,18	0,31	-	-	-	-	-
B 14/2	0,58	0,17	0,30	-	-	-	-	-
B 14/3	-	-	-	-	-	-	-	-
B 14/4	-	-	-	-	-	-	-	-

Abb. 144: Profil Igarka 14 (pseudovergleyte Braunerde) nach BUSSEMER und MAYER (2004)

8.4 Böden der Nördlichen Taiga (Testareal Turuchansk)

8.4.1 Charakteristik des Testgebietes in der nördlichen Taiga

Das Untersuchungsgebiet Turuchansk unterscheidet sich äußerlich von den tundrennahen Wäldern durch seine geschlossene Waldbedeckung bis auf die rückwärtigen Wasserscheidenbereiche hinauf. Sein Baumbestand ähnelt dem vorangehend beschriebenen Testareal, wobei die einzelnen Exemplare eine größere Wuchshöhe aufweisen. Nach seinen allgemeinen klimatischen Bedingungen befindet sich Turuchansk mit -7,6°C schon außerhalb der kontinuierlichen Permafrostverbreitung.

Für die eigene Detailbearbeitung der Nördlichen Taiga wurde wiederum ein kleines Bacheinzugsgebiet gewählt, welches in die Karginsker Terrasse eingebettet ist. Die eigenen Bohrungen ergaben im gesamten Untersuchungsgebiet bis in 6m Tiefe keinen Permafrost, was nicht allein auf den Talik zurückzuführen sein kann und auf ein diskontinuierliches Verteilungsmuster hinweist. Insofern ist eine rezente Dauerfrostbeeinflussung der Bodenprofile weitgehend auszuschließen.

Die reliktischen periglazialen Deckserien weisen hingegen auf der Karginsker Terrasse beträchtliche Mächtigkeiten von bis zu einem Meter auf. In ebenen Positionen tendieren diese eher zu Lößlehmen, welche jedoch in Hangpositionen von Solifluktionsdecken unterlagert sein können. Die Bachaue und ihre unterste Terrasse werden von einem Auenlehm ausgekleidet (MAYER 2004).

Die Grabungen im Untersuchungsgebiet ergaben eine sehr homogene Bodenverteilung, welche mit Ausnahme der Bachaue nur Braunerden aufweist. Nachfolgend sollen drei intensiv untersuchte Typusprofile diskutiert werden.

8.4.2 Braunerde als Normboden der nördlichen Taiga bei Turuchansk

8.4.2.1 Profil Turu 1 (Braunerde)

Das gesamte Profil ist wie die nachfolgend beschriebenen Aufschlüsse der Testareale Turuchansk und Tatarsk völlig kalkfrei ausgebildet. Der Standort Turu 1 weist dabei eine einteilige und relativ dünne Deckschicht auf, deren Basis von einer schwachen Steinanreicherung geprägt wird (*Abb. 145*). Das Bodenprofil ist trotzdem stark verwittert (vgl. *Farbtafel 22-2*) und greift in die liegenden Sande der Karginsker Terrasse hinein. Alle analytischen Parameter trennen den Bv-Horizont als intensive Verwitterungszone von den tieferen Horizonten ab (*Tab. 80*).

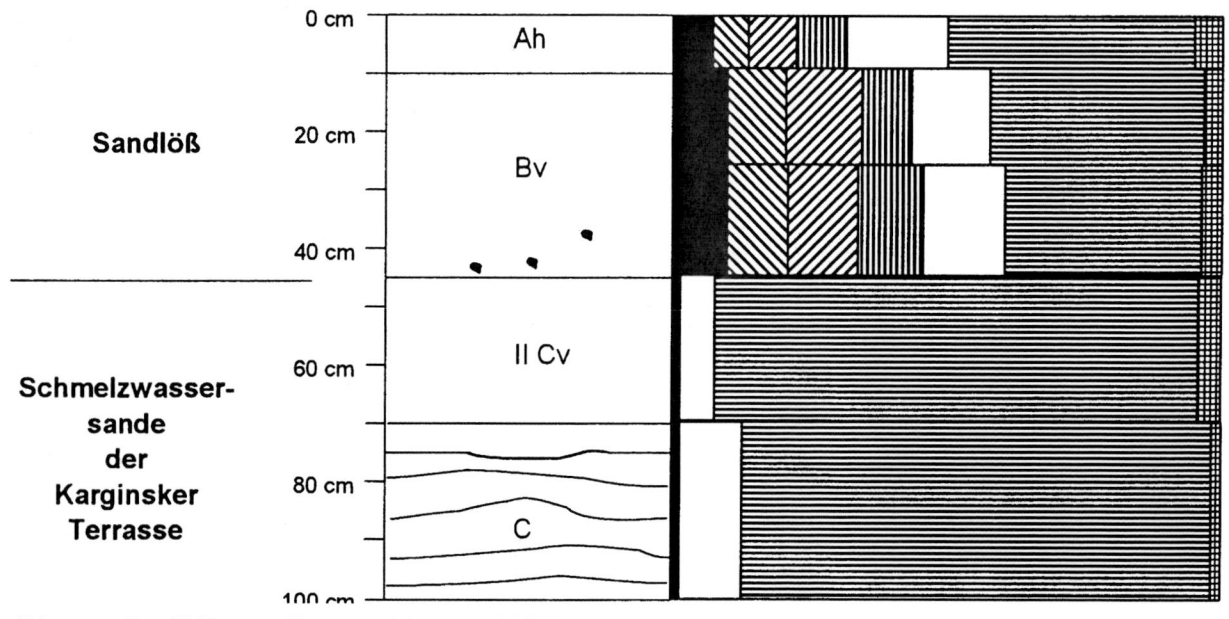

Abb. 145: Profil Turu 1 (Braunerde) nach MAYER (2004)

Tab. 80: Analytik von Profil Turu 1 (ergänzt nach MAYER 2004)

Horizont	Tiefe (cm)	CaCO$_3$ (%)	pH (CaCl$_2$)	Farbe	Fed (%)	Feo (%)	Feo/Fed	KAK (mmol/z/kg)	BS (%)	C (%)	N (%)	C/N	Index Kronberg-Nesbitt Abszisse	Index Kronberg-Nesbitt Ordinate	ODOE
Ah	5	0	5,4	7,5 YR 2,5/2	-	-	-	39,6	64,6	4,57	0,23	20	0,88	0,50	
Bv	15	0	5,4	7,5 YR 2,5/2	1,71	0,47	0,27	37,2	76,3	1,81	0,09	20	0,87	0,48	0,12
Bv	35	0	5,5	7,5 YR 2,5/3	1,55	0,47	0,31	37,2	80,6	1,23	0,07	19	0,87	0,47	0,07
II Cv	55	0	5,5	7,5 YR 2,5/2	0,40	0,08	0,19	23,2	75,9	0,55	0,05	12	0,88	0,58	0,04
C	90	0	5,3	10 YR 2/2	0,26	0,03	0,12	16,8	83,3	-	-	-	0,90	0,66	0,02

8.4.2.2 Profil Turu 2 (schwach podsolierte Braunerde)

Standort Turu 2 weist eine ebenfalls einteilige, im Vergleich zu Turu 1 aber schon deutlich mächtigere Deckschicht mit einem tiefen Verwitterungsprofil auf (*Farbtafel 22.3*). Tongehalte und freies Eisen nehmen von der Oberkante nach unten hin kontinuierlich ab, was auf eine braunerdetypische Verringerung der Verwitterung hindeutet (*Abb. 146*). Die durchgehend niedrige optische Dichte stimmt mit dieser Beobachtung überein (*Tab. 81*). Die Werte der Ton-RFA besitzen jedoch von ihrem Minimum im Zentrum der Hauptverwitterungszone einen leichten Anstieg in Richtung des A-Horizontes, was schwache Podsolierungstendenzen andeuten könnte. Damit würde das leicht nach unten verschobene Maximum des oxalatlöslichen Eisens übereinstimmen. Aufgrund der letztgenannten Besonderheiten ist das Profil als schwach podsolierte Braunerde einzuordnen.

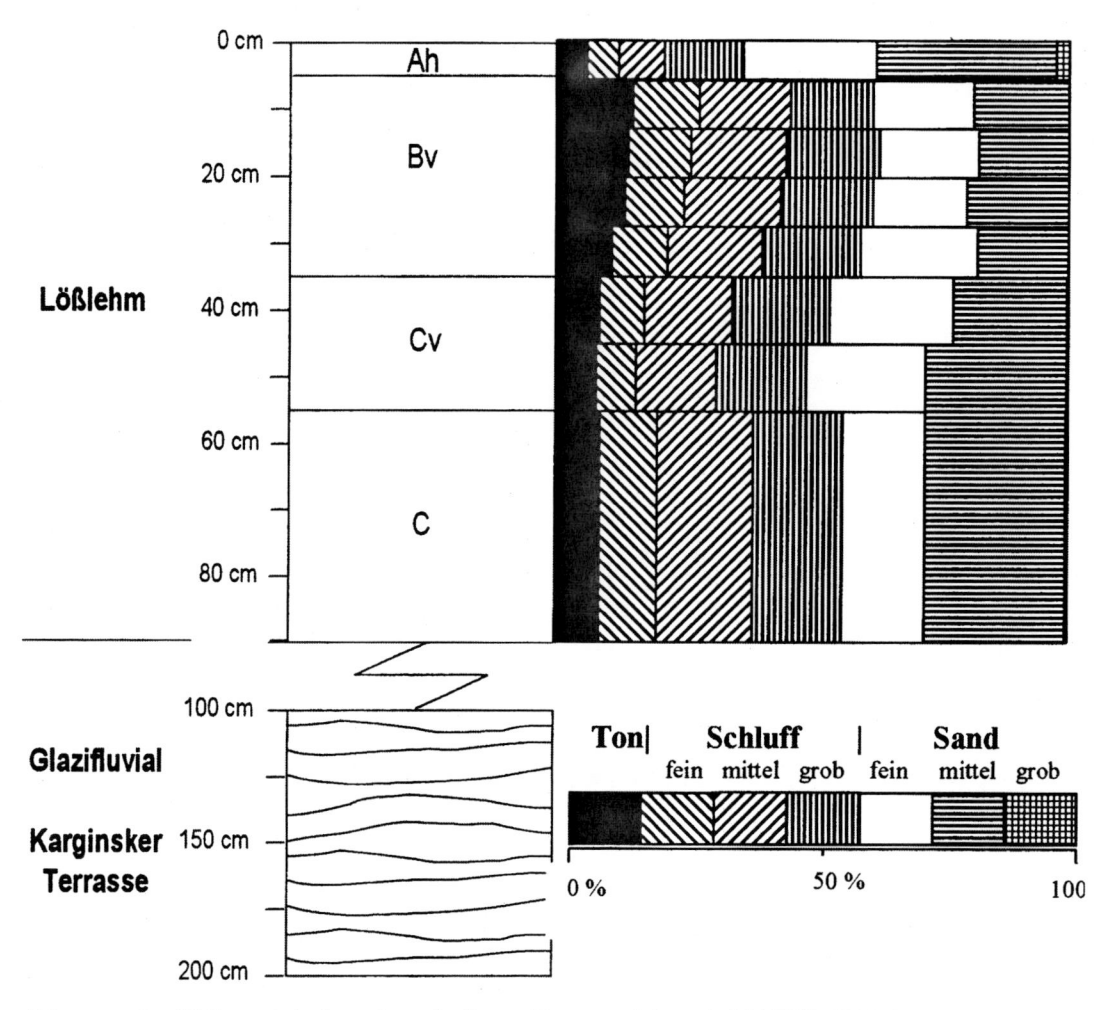

Abb. 146: Profil Turu 2 (schwach podsolierte Braunerde) nach MAYER (2004)

8.4.2.3 Profil Turu 5 (Braunerde)

Der Standort Turu 5 befindet sich in unmittelbarer Wasserscheidensituation am südlichen Rand des kleinen Einzugsgebietes. Für diese Situation sind die etwa 1m mächtigen Lößlehme und Lößderivate charakteristisch (*Abb. 147*). Die allgemeinen Verwitterungsparameter verhalten sich braunerdetypisch. Gegen Podsolierungstendenzen spricht auch die konstante Ton-RFA im Oberboden, sie steigt dann nach unten hin sogar noch an (*Tab. 82*). Die optischen Dichten im Verwitterungsbereich (<0,2) stützen diese Einschätzung. Basensättigung und pH-Wert des Oberbodens sinken im Vergleich zu den meisten Profilen der nördlicheren Testareale deutlich ab, während das C/N-verhältnis noch über 20 liegt.

Tab. 81: Analytik von Profil Turu 2 (ergänzt nach MAYER 2004)

Horizont	Tiefe (cm)	CaCO$_3$ (%)	pH (CaCl$_2$)	Farbe	Fed (%)	Feo (%)	Feo/Fed	KAK (mmol/z/kg)	BS (%)	C (%)	N (%)	C/N	Kronbg-Nesbitt Abszisse	Kronbg-Nesbitt Ordinate	ODOE	Ton- SiO$_2$/R$_2$O$_3$	RFA SiO$_2$/Al$_2$O$_3$
Ah	5	0	4,9	10 YR 2/1	1,22	0,32	0,26	51,4	71,6	5,22	0,26	20	-	-		4,57	6,04
Bv	15	0	5,3	10 YR 3/3	1,57	0,33	0,21	36,8	83,7	1,19	0,06	20	0,88	0,45	0,13	4,25	5,60
Bv	20	0	5,3	10 YR 3/3	1,66	0,51	0,31	39,6	84,8	0,99	0,05	18	0,88	0,44	0,12	3,81	4,94
Bv	25	0	5,4	10 YR 3/3	1,53	0,58	0,38	37,8	84,7	0,89	0,05	19	0,88	0,43	0,11	4,19	5,50
Bv	30	0	6,0	10 YR 3/3	1,61	0,47	0,29	37,6	87,8	0,84	0,05	18	0,88	0,44	0,11	4,36	5,67
Cv	40	0	5,8	10 YR 3/4	1,31	0,37	0,28	35,2	88,6	0,51	0,03	15	0,88	0,46	0,13	4,47	5,69
Cv	50	0	5,9	10 YR 3/4	1,01	0,38	0,38	37,6	91,5	0,43	0,02	19	0,88	0,49	0,11	4,97	6,54
C	70	0	6,1	2,5 YR 3/3	0,93	0,31	0,33	38,0	92,6	0,52	0,03	16	0,89	0,50	0,08		

Tab. 82: Analytik von Profil Turu 5 (ergänzt nach MAYER 2004)

Horizont	Tiefe (cm)	CaCO$_3$ (%)	pH (CaCl$_2$)	Farbe	Fed (%)	Feo (%)	Feo/Fed	KAK (mmol/z/kg)	BS (%)	C (%)	N (%)	C/N	Kronbg-Nesbitt Abszisse	Kronbg-Nesbitt Ordinate	ODOE	Ton- SiO$_2$/R$_2$O$_3$	RFA SiO$_2$/Al$_2$O$_3$
Ah	7	0	4,3	10 YR 3/2	1,59	0,21	0,13	40,8	58,8	4,01	0,20	21	0,89	0,47	0,37	2,72	3,72
Bv	25	0	5,5	10 YR 3/3	1,68	0,24	0,15	35,0	84,0	1,07	0,05	22	0,89	0,46	0,19	2,72	3,66
II Cv	50	0	6,0	10 YR 3/3	1,33	0,23	0,17	37,0	89,2	0,85	0,05	17	0,89	0,49	0,16	3,06	4,25
II C	70	0	6,0	10 YR 3/4	1,02	0,38	0,37	33,8	91,1	0,47	0,03	16	0,89	0,51	0,12	3,38	4,67

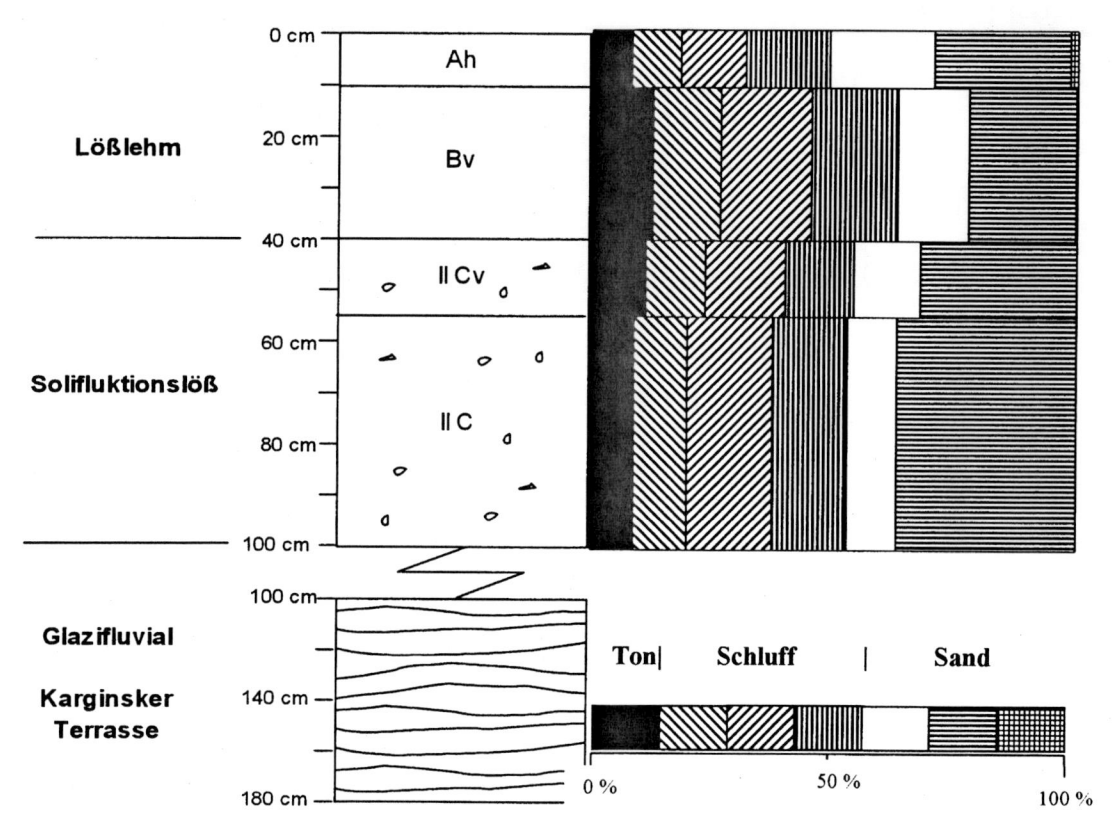

Abb. 147: Profil Turu 5 (Braunerde) nach MAYER (2004)

8.5 Böden der Mittleren Taiga (Profilkomplex Tatarsk)

8.5.1 Naturräumliche Einführung und Bodenmosaik

Die Wälder nahe Tatarsk am Südende des eigenen Transsektes unterscheiden sich von den vorangehend beschriebenen durch viele kleinblättrige Laubbäume im Unterwuchs sowie eine üppigere Gras- und Krautschicht. Nach den eigenen Beobachtungen am Jenissejufer weist die Permafrostverbreitung hier höchstens noch sporadischen Charakter auf. Seitens des reliktischen Periglazials prägen mächtige Lösslehme und Lößderivate als flächenhafte Decksedimente den Untergrund. Ihre feine Ausprägung ohne erkennbare Skelettanteile verursacht vermutlich auch die häufig beobachtete schwache Hydromorphierung im Ausgangsgestein (*Abb. 148*).

Das Bodenmosaik ist im terrestrischen Bereich vielfältiger als in der nördlichen Taiga bei Turuchansk ausgebildet. Es wechseln sich Braunerden und Parabraunerden mit intensiven Verwitterungszonen ab (vgl. MAYER 2004), wobei Verteilungsmuster und Flächenanteile aufgrund der eigenen Stichproben nicht abschließend beurteilt werden können. Nachfolgend soll der Prototyp einer Braunerde in der mittleren Taiga (Profil Tatarsk 4) diskutiert werden.

8.5.2 Typusprofil einer Braunerde der Mittleren Taiga (Tatarsk 4)

Die Verwitterungsparameter weisen auf ein deutliches Zentrum von Verlehmung und Verbraunung im ausgewiesenen Bv-Horizont hin. Die Aktivitätsgrade des freien Eisens liegen höher als in den vorangehend beschriebenen Profilen und damit wieder im Bereich der meisten im Rahmen der Untersuchungen erfassten Braunerden (*Tab. 83*). Die niedrigen Werte der optischen Dichte schließen auch versteckte Podsolierungsprozesse aus, was mit den gleichmäßigen Werten der Ton-RFA in Ober- und Unterboden übereinstimmt.

Tab. 83: Analytik von Profil Tatarsk 4 (ergänzt nach MAYER 2004)

Horizont	Tiefe (cm)	CaCO₃ (%)	pH (CaCl₂)	Farbe	Fed (%)	Feo (%)	Feo/Fed	KAK (mmol/z/kg)	BS (%)	C (%)	N (%)	C/N	Kronbg-Nesbitt Abszisse	Kronbg-Nesbitt Ordinate	ODOE	Ton- SiO₂/R₂O₃	RFA SiO₂/Al₂O₃
Ah	5	0	3,9	10 YR 3/3	0,79	0,34	0,43	26,0	56,9	3,67	0,20	19	0,91	0,45	0,21	3,01	4,14
Bv	20	0	4,2	10 YR 3/3	0,82	0,31	0,38	22,0	60,0	2,14	0,13	16	0,91	0,44	0,13	2,99	4,07
Bv	40	0	4,2	10 YR 4/3	0,81	0,26	0,32	20,0	76,0	1,37	0,10	14	0,91	0,42	0,05	3,02	4,06
II C	70	0	5,6	10 YR 4/4	0,72	0,23	0,33	19,6	87,8	0,89	0,07	14	0,91	0,46	0,05	3,24	4,38
C	110	0	5,4	10 YR 4/4	0,66	0,16	0,24	20,8	92,3	0,94	0,07	14	0,92	0,47			

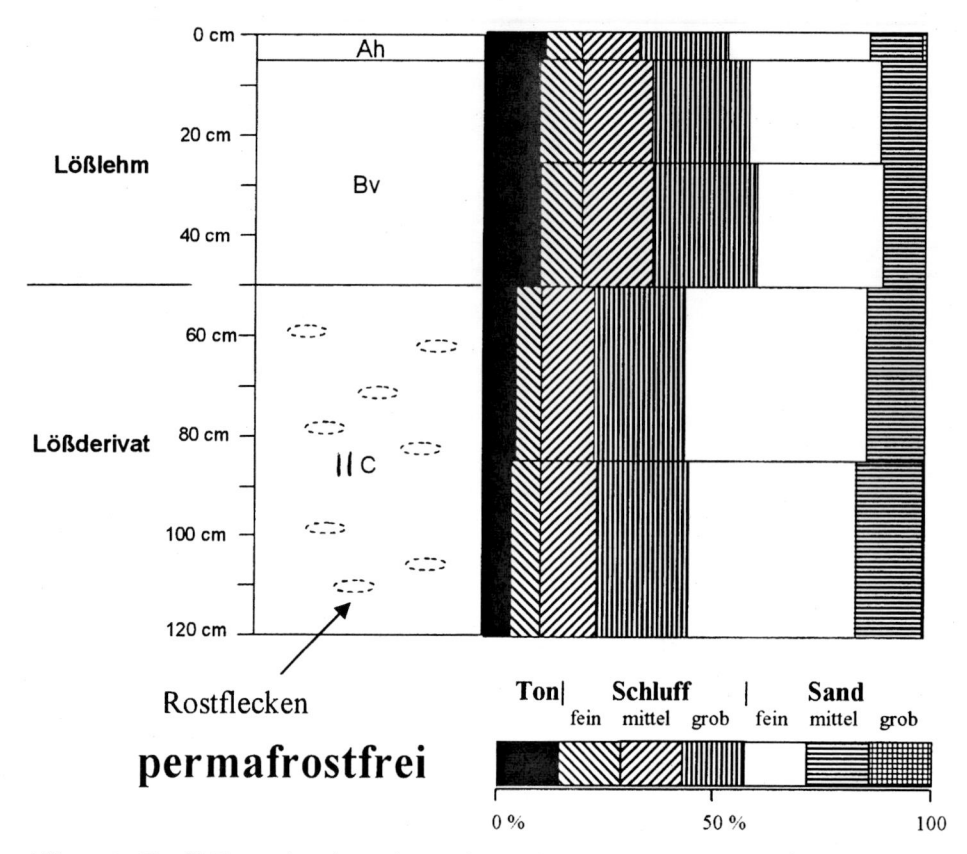

Abb. 148: Profil Tatarsk 4 (pseudovergleyte Braunerde) nach MAYER (2004)

Die C/N-Verhältnisse des Oberbodens sind im Vergleich zu den nördlicheren Regionen schon unter 20 abgesunken, was mit der Ansprache von Moder als Humusform korreliert.

8.6 Diskussion der nordsibirischen Kartierungen

Das generelle Bodenmosaik im nordsibirischen Untersuchungsgebiet wird erwartungsgemäß stark vom Permafrost gesteuert. Dieser bildet am Übergang zur Waldtundra echte Gelisols mit Strukturbodenphänomenen, welche bis dicht an den Jenissej heranreichen. Südlich davon setzen flußbegleitende Taliks ohne oberflächennahen Permafrost ein, welche quasizonale Standorte für die terrestrische Pedogenese darstellen. Die Taigaböden an diesen gut drainierten Standorten weisen in allen borealen Subzonen vorwiegend Braunerdecharakter auf. Mit Anhebung der Permafrostobergrenze kommen in diesen Profilen hydromorphe Einflüsse hinzu, während die Verwitterungsmerkmale zurücktreten.

Eine subzonale Differenzierung in Bodenmuster und Habitus der Einzelprofile wird bei einem Vergleich der jeweiligen terrestrischen Ausschnitte sichtbar. In den tundrennahen Wäldern fehlt eine durchgehende Verlehmung bei allgemein starker Verbraunung der Verwitterungszonen. Die nördliche Taiga weist noch besser entwickelte Braunerden mit intensiver Verlehmung und Verbraunung auf. In der mittleren Taiga wurden neben den ubiquitären Braunerden auch erste Parabraunerden beobachtet.

Aus der Sicht einzelner analytischer Parameter lassen sich ebenfalls regelhafte Nord-Südgradienten ableiten. In den Verwitterungshorizonten der nördlichen Testareale liegen die Aktivitätsgrade des Eisens sehr niedrig. Möglicherweise beruht dieses Phänomen auf der von KOWALKOWSKI et al. (1986) vermuteten erhöhten Kristallisationswirkung in sehr kalten Böden. In den Humusformen tritt wie zu erwarten ein Nord-Südgradient vom Rohhumus hin zum Moder auf. Entsprechend betragen die C/N-verhältnisse der A-Horizonte im Norden deutlich über 20, in der Mitte knapp über 20 und liegen im Süden darunter. Makroskopische Podsolierungsanzeichen wurden nicht erkennbar, jedoch deutet die Analytik in Profil Turu 2 auf beginnende Auswaschung hin.

Angesichts der Braunerde als über mehrere Subzonen verbreitetem Normtyp der terrestrischen Bodenbildung in der Taiga des nördlichen Mittelsibiriens ist zu vermuten, dass die einführend diskutierten Podbure, braunen Taigaböden und Kryotaigaböden in die gleiche pedogenetische Grundrichtung tendieren. Im Gegensatz zu den vorangehend beschriebenen Braunerdegebieten mit ihrem fundamentalen Milieuwechsel am Übergang vom Pleistozän zum Holozän hat die Region des Unteren Jenissej seit ihrer Anlage im Würmglazial niemals das Stadium eines Laub- und Mischwaldes erreicht. Insofern ist hier eine zwischenzeitliche warm-gemäßigte Braunerdebildung auszuschließen, die gesamte Verwitterung musste unter den Bedingungen der hochkontinentalen Permafrost-Taiga erfolgen.

9. Diskussion der eigenen Untersuchungsergebnisse

9.1 Auswertung des quartärstratigraphisch-paläopedologischen Ansatzes in der nordbrandenburgischen Braunerde-Typusregion

Periglazialmorphologische und paläopedologische Untersuchungen auf dem Barnim und in benachbarten Regionen ergaben ein allgemeines Modell der Milieu-, Relief- und Bodenentwicklung mit Gültigkeit für die sandigen Standorte in der nordbrandenburgischen Moränenlandschaft, deren typischen Oberflächenboden die Braunerde darstellt.

Mit Hilfe der Thermolumineszenz wurde ein Datierungsgerüst für die Ausgangsgesteine der Bodenbildung erreicht, welches in Verbindung mit weiteren geochronologischen, geomorphologischen und archäologischen Methoden stratigraphisch konsistente Altersabfolgen in den brandenburgischen Schlüsselprofilen ergab. Diese ermöglichen gleichzeitig eine umfassende Rekonstruktion der periglazialen Deckschichtenentwicklung auf den Hochflächen und Zwischenebenen im Jungmoränengebiet. Darauf aufbauend konnte mit Hilfe von sedimentologischen und bodenchemischen Analysen eine Generationenfolge der Bodenentwicklung auf brandenburgischen Sandstandorten ausgewiesen werden (vgl. *Abb. 149*).

Gen.	Boden / Bodensediment	Entstehungsmilieu	Profilkennzeichnung
5c	**Podsol auf jungholozänem Flugsand** (Bs-Horizont)	Subboreal-temperat mit saisonalem Bodenfrost	Intensive Podsolierung
5b	**Braunkolluvium** (parautochthoner Boden)	Subboreal-temperat mit saisonalem Bodenfrost	Verdeckte Podsolierung
5a	**Braunerde-Podsol im Kolluvium** (Bsv-Horizont)	Subboreal-temperat mit saisonalem Bodenfrost	Intensive Podsolierung
4	**Braunerde in periglaziären Deckserien (autochthoner Oberflächenboden)** Bv-Horizont	Boreal-periglaziär bis boreal-temperat	Fe-oxidanreicherung, Verlehmung in situ, Basenauswaschung, beginnende Versauerung, Humusanreicherung.
3	**Begrabener „Finowboden"** f Bv-Horizont im Geschiebedecksand	Boreal-periglaziär bis Xeroperiglaziär; Permafrostauflösung	Fe-oxidanreicherung, Verlehmung in situ, Humusanreicherung, Basenauswaschung.
2	**begrabener brauerdeähnlicher Boden** mit f Cv-Bv-Horizont	Xeroperiglaziär bis Boreoperiglaziär (Permafrostauflösung?)	Fe-oxidanreicherung, Humusanreicherung, beginnende Verlehmung, beg. Basenauswaschung.
1	**Begrabene ungeschichtete Verwitterungszone** mit f Bv-Cv-Horizont	Xeroperiglaziär mit kontinuierlichem Permafrost	frostmechanische Prozesse, Fe-oxidanreicherung, Basenauswaschung.

Abb. 149: Bodengenerationen auf nordbrandenburgischen Sandstandorten

Für die Phase des ausgehenden Hochglazials muß auf den Hochflächen und Zwischenebenen eine geomorphologisch stabile Landschaft mit hochliegender Permafrostobergrenze angenommen werden. Von verschiedenen Bearbeitern kartierte und mit dem vorangehend diskutierten Profil Beiersdorf 1 vergleichbare Eiskeilpseudomorphosen in den liegenden Glazialsedimenten bestätigen dies eindrucksvoll (SCHLAAK 1993; GÄRTNER 1993). Deren parautochthone nichtäolische Keilfüllungen weisen auf kurze Transportentfernungen hin. Die Befundlage ähnelt hierin Beschreibungen aus dem ausgehenden Hochglazial der niederländischen Moränenlandschaften (KASSE und VANDENBERGHE 1998).

Der Charakter dieser pleniperiglaziären Phase im Sinne von KOPP et al. (1969, S. 19) war auf den Hochflächen und Zwischenebenen der Jungmoränenlandschaft weniger durch laterale Verlagerungsprozesse geprägt als bisher angenommen (vgl. LIEDTKE 1993, S. 74). Auf den Hochflächen repräsentieren häufig Steinsohlen diesen Abschnitt, während auf den Zwischenebenen stellenweise periglaziär-limnische Sedimente in geringer vertikaler und horizontaler Ausdehnung auftreten. Nur in den zentralen Abflußbahnen setzte sich die Talbildung vom Typ eines *braided river* fort (GÄRTNER 1993; KASSE 1997). Bodenbildungen aus jener ersten geomorphologischen Entwicklungsetappe nach der Weichselmaximalvereisung zwischen 20.000 und 14.000 BP blieben nicht erhalten.

Diese geomorphologische Ruhephase ist nach den eigenen Untersuchungen nicht wie von KOPP et al. (1969) postuliert durch das boreoperiglaziäre Milieu, sondern vom xeroperiglaziären Milieu abgelöst worden. Dessen Hauptwirkungszeit lag am Übergang zum Weichselspätglazial und in dessen erstem Abschnitt. Diese Trockenphase war mit starken äolischen Umlagerungen verbunden (vermutlich Ferntransport). Ihre Flugdecksandentwicklung läßt mit dem parallelen Beginn der brandenburgischen und holländisch-niedersächsischen *sand-sheet phase* vor knapp 14.000 Jahren ein überregionales Muster erkennen (vgl. auch KASSE 1997, S. 306).

Im Hochflächenperiglazial setzen die Deckserien meist über einem Hiatus mit Steinsohle ein. Auf den Zwischenebenen beginnt die periglaziäre Abfolge auf Abtragungsstandorten mit einem Hiatus ohne Steinanreicherung, in Akkumulationspositionen hingegen teilweise mit einer dünnen periglaziär-limnischen Schicht (Profile Golßen, Friedrichshagen, Beiersdorf). Diese weist in Profil Golßen ein subarktisches Pollenspektrum auf, dessen Vegetation in das Böllinginterstadial zu stellen ist. Danach setzte hier die Entwicklung der Flugsandschleier ein. Ein im Vergleich zum Hochglazial intensiveres und vielfältigeres spätglaziales Prozeßgeschehen erscheint auch vor dem Hintergrund der starken Klimaschwankungen in dieser Zeit plausibel. Die eigene Befundlage stimmt hier mit neueren Modellierungen des Paläoklimas von BOHNCKE (1993) und ISARIN et al. (1997) überein. Die äolischen Prozesse wurden durch das generelle Absinken der Permafrostobergrenze im Weichselspätglazial sicherlich begünstigt. Wie die Profile Werneuchen 1 und Beiersdorf 1 zeigen, konnte es trotz dieser Grundtendenz spätglazialer Permafrostauflösung in der Jüngeren Dryas zu lokalen Sandkeilbildungen mit äolischer Füllung kommen (übereinstimmende Befunde in WALTHER 1990).

Die erste Paläobodengeneration, welche im Typusprofil Werneuchen von einem Sandkeil durchzogen wird, entstand im xeroperiglaziären Milieu. Ein deutlicher Deckschichtencharakter lässt sich in ihrem Ausgangssubstrat noch nicht erkennen. Die Bodenentwicklung kam vermutlich aufgrund der strengen Permafrostverhältnisse (Sandkeilpseudomorphose) und der schnellen Flugsandüberdeckung nicht über ein initiales Stadium hinaus. Neben frostmechanischen Prozessen sind vor allem beginnende Entbasung und Anreicherungen pedogener Oxide zu registrieren.

In den Verwitterungshorizonten der nächsten Bodengenerationen konnten keine Permafrostindikatoren mehr gefunden werden. Jedoch sind ihre verbraunten Horizonte mit periglaziären Deckschichten koinzident.

Die Profilgruppe mit jungpaläolithischen Artefakten (zweite Generation) weist zwar prinzipiellen Deckschichtencharakter auf, jedoch lässt sich noch keine eindeutige Geschiebedecksandentwicklung nachweisen. Das Sediment ihrer Hauptverwitterungszone wurde stark äolisch beeinflußt und konnte in zwei Profilen auf das frühe bis mittlere Weichselspätglazial datiert werden. Es ist somit offenbar älter als die typischen Geschiebedecksande. Die Flugsandüberdeckung dieser Verwitterungszonen von Generation 2 ist ebenfalls noch in das Spätglazial einzuordnen. Sie konservierte einen schwächeren Grad der Bodenentwicklung, als er in den darauffolgenden Generationen erreicht wurde. Resultierend läßt sich im Profil weder ein klassischer Geschiebedecksand nachweisen noch sind die Verwitterungshorizonte als echte Bv-Horizonte zu bezeichnen. Ebenso fehlt die texturelle Homogenität dieses Verwitterungsbereiches, welche charakteristisch für den Geschiebedecksand ist. Im Vergleich zur ersten Generation sind die begrabenen Böden zwar deutlich humusangereichert und von Basenauswaschung betroffen, jedoch konnte keine Verlehmung festgestellt werden. Die Hauptverwitterungszone wurde deshalb als fCv-Bv-Horizont angesprochen, deren Ausbildung in einem xero-boreoperiglaziären Übergangsmilieu erfolgte.

In das boreoperiglaziäre Milieu wird die dritte Bodengeneration (Finowboden) eingestuft, welche gleichzeitig die letzte Paläobodengeneration darstellt. Das Ausgangssubstrat der Bodenbildung weist beim Finowboden schon deutliche Geschiebedecksandmerkmale auf. Bei Detailuntersuchungen an Fundpunkten mit einer mächtigeren Ausbildung des Finowbodens konnte Schlaak (1997: 53) noch eine interne vertikale Differenzierung belegen. Somit stellt der Finowboden ebenfalls noch keinen vollkommenen Geschiebedecksand dar. Ursache kann seine schnelle Flugsandüberdeckung gewesen sein, welche das Eindringen kryogener Perstruktion verhinderte. Der Verwitterungshorizont ist in Generation 3 jedoch erstmals als echter Braunhorizont (fBv) ausgebildet.

Die Geschiebedecksandbildung als flächenhaft nachweisbare geomorphologische Aktivitätsphase hat nach den eigenen Befunden erst am Ende des Spätglazials eingesetzt (vgl. auch BUSSEMER 2002). Die Erklärung des Geschiebedecksandes als wichtigstes Ausgangsgestein der Bodenbildung muß in den thermisch und hygrisch stark wechselnden klimatischen Bedingungen am Ende des Weichselspätglazials gesucht werden (vgl. auch BUSSEMER 1994). Möglicherweise kam es in dieser Phase zu einem kurzzeitigen flächenhaften Wiederaufbau des Permafrostes, welcher solifluktionsähnliche Prozesse auslöste. So wies die thermisch hochkontinentale Jüngere Tundrenzeit einen relativ feuchten Abschnitt auf, welcher später in eine trockene Flugsandphase überging (VANDENBERGHE 1993). An der Wende Pleistozän/Holozän dominierte ein boreoperiglaziäres Milieu mit zunehmender Waldverbreitung, obwohl es offenbar auch noch kurzzeitige Rückfälle zu xeroperiglaziären Verhältnissen gab (Jüngste Tundrenzeit nach BEHRE 1978).

Neue Befunde zur Lithofazies des Geschiebedecksandes auf sandigen Oberflächen des Jungmoränengebietes ergaben sich vor allem aus den Subfraktionierungen des Sandes und aus den Titangehalten von Sandfraktionen. Neben dem schon früher angeführten Argument einer schlechteren Sortierung des Geschiebedecksandes gegenüber seinem Liegenden (KOPP 1965, S. 741; BUSSEMER 1995c, S. 223) sprechen auch diese speziellen lithologischen Parameter eindeutig gegen seine äolische Genese. Der Geschiebedecksand bildet jedoch in jedem Fall eine stratigraphisch eigenständige Einheit mit einer im ganzen Jungmoränenland einheitlichen Fazies. Bei seiner Entstehung dominierten laterale Verlagerungen. Angesichts der relativ homogenen Schwermineralspektren des Geschiebedecksandes und seines jeweiligen Liegenden können es jedoch nur kurze Transportentfernungen gewesen sein. Ein großer Teil der Deckserien weist im unmittelbaren Liegenden des Geschiebedecksandes äolische Schichtglieder mit Feinsand- oder Grobschluffanreicherung auf. Diese äolischen „Depots" müssen bei der Geschiebedecksandbildung lateral verlagert, damit auch ausgedünnt und mit gröberen Sedimenten vermischt worden sein (Profilkomplex Sternebeck).

Die Textur der Geschiebedecksande, in welchen sich die Oberflächenböden der vierten Generation entwickelten, besitzt eine homogene Tiefenfunktion. Dieser Befund spricht für eine postsedimentäre Überprägung dieses Profilbereichs durch kryogene Perstruktion im Sinne von Kopp. Die scharfe Schichtgrenze an der Geschiebedecksandbasis muß dabei deren Eindringtiefe reguliert haben. Geschiebedecksand und Deltazone nach Kopp sind somit in ihrer Vertikalausdehnung identisch, stellen aber zwei regelhaft aufeinander folgende Entwicklungsstadien einer periglaziären Deckserie dar. Die Ausdehnung der Perstruktionswirkung muß damit prinzipiell auf die oberste Perstruktionszone begrenzt werden (Deltazone nach KOPP 1970). Diese Homogenisierung vollzog sich schon unter stabilen Reliefverhältnissen, welche bis in das frühe Holozän erhalten blieben (BORK et al. 1998, S. 215). Die im Geschiebedecksand entwickelten Oberflächenbraunerden sind somit die einzige Bodengeneration, deren Ausgangssubstrat der kryogenen Perstruktion in vollem Umfang unterworfen war.

Die quasinatürlichen Umlagerungsprozesse in den anthropogen beeinflußten Landschaften des Mittel- und Jungholozäns führten dann zur Verlagerung von Braunerdesedimenten und damit teilweise zur Bildung von parautochthonen Böden. Diese wurden neben erhaltenen braunerdetypischen Eigenschaften wie Verlehmung und Eisenoxidanreicherung durch die Umlagerung und spätere Weiterentwicklung modifiziert. Makroskopisch lässt sich die Verlagerung im Extremfall an einer Horizontumkehr eindeutig erkennen, während aus bodenchemischer Sicht Podsolierung in diesem Bodensediment dominiert (Generation 5a+b).

Holozäne Neubildungen von Böden auf sandigen Standorten erreichten grundsätzlich nicht mehr das Braunerdestadium. Bei intensiveren Verwitterungsprozessen entwickelten sich Podsole, häufig konnten aber auch nur Regosole beobachtet werden. Wie an den gut datierten Profilen Schöbendorf und Melchow zu erkennen ist, können diese Böden der Generation 5c auch über ihre chemischen Parameter von den älteren Generationen abgegrenzt werden.

Resultierend lassen sich die Bodengenerationen 1-3 als echte Paläoböden im Sinne von FELIX-HENNINGSEN und BLEICH (1996) einstufen, während die holozän überprägten Generationen 5a, 5b und 5c prinzipiell als rezente Bildungen anzusehen sind. Problematisch bleibt die Genese der vierten und flächenhaft wichtigsten Generation (Braunerde als Oberflächenboden). Jedoch muß ein reliktischer Charakter ihrer Verwitterungshorizonte mit großer Wahrscheinlichkeit angenommen werden, worauf folgende neue Befunde hinweisen:

- Koinzidenz von Geschiebedecksanden und Braunhorizonten besteht nicht nur im Hochflächenperiglazial, sondern auch auf den Reliefeinheiten der Zwischenebenen. Damit steht diese profilprägende Übereinstimmung jetzt für alle periglaziären Oberflächen des Jungmoränenlandes fest. Lokal waren Froststrukturen bis in den Bv-Horizont hinein zu beobachten.

- In einer toteisblockierten glazialen Rinne (Teufelsgründe) konnten sich auf dem Schatthang, welcher erst im Übergangszeitraum Weichselspätglazial/Frühholozän austaute, keine Braunerden mehr entwickeln. Da der noch periglaziär überprägte Gegenhang regelhaft Braunerden aufweist, wird mit diesem Extrembeispiel offenbar ein Milieu- und Altersunterschied auch im Bodenmuster dokumentiert.

- Zwischen den Oberflächenbraunerden der vierten Generation und den Paläoböden besteht ein abgestufter Verwandtschaftsgrad. Zumindest die dritte Paläobodengeneration hat eindeutige Braunhorizonte entwickelt, welche alle einschlägigen Kriterien der Kartieranleitungen (AG BODEN 1994) wie auch der mitteleuropäischen Bodengenetik erfüllen. Die Paläoböden sind noch im Spätglazial oder spätestens im Präboreal wieder sedimentbedeckt worden. Damit kann hier der Nachweis eines in sehr kurzer Zeit entwickelten intensiven Verwitterungsbodens geführt werden.

- Die sedimentologischen und chemischen Parameter der Braunerde-Fahlerden sprechen für einen Bv-Horizont, welcher unabhängig vom lessivierten Profilabschnitt entstand und somit kein sekundär verbraunter Al-Horizont im Sinne von ROESCHMANN (1994, S. 233) ist. Damit entfallen die Argumente für Braunerde-Lessive-Interferenzen (LAATSCH 1954; REUTER 1962b) als Bildungsmodell von Braunerden.

- In den Tonfraktionen aller Bodengenerationen konnten nur geringe Anteile von Kaolinit, Illit und Vermikulit festgestellt werden. Ihr Tonmineralbestand entspricht damit weitgehend einem Spektrum, welches von STREMME (1954) als typisch für braune Waldböden angegeben wurde. Weder in den Oberflächenbraunerden noch in den begrabenen Böden waren in größerem Umfang pedogene Tonmineralneubildungen zu beobachten. Die allgemeine Verlehmungstendenz der Braunerden ist damit vermutlich weitgehend auf kryoklastische Verwitterung zurückzuführen.

- Gleichzeitig ergaben Röntgenuntersuchungen der Tonsubfraktionen von Braunhorizonten deutliche Unterschiede zwischen Grob- und Feinton. Die Bv-Horizonte weisen praktisch nur im Grobton Tonminerale auf, was stärker auf eine kryoklastische Anreicherung hindeutet (SCHEFFER, MEYER und GEBHARDT 1966). Dagegen sind die Tonfraktionen der Bt-Horizonte vor allem von Feinton bestimmt, der als Resultat einer pedochemischen Neubildung interpretiert werden muß. Insofern deutet sich ein Milieuunterschied zwischen der Bildung von Bv- und Bt-Horizonten an.

In diesem Sinn besitzen die brandenburgischen Braunerden einen hohen Anteil reliktischer Bodenmerkmale. Die eigene Interpretation ist somit in die Gruppe der kaltzeitlichen Entstehungstheorien von mitteleuropäischen Braunerden einzuordnen. Mit Hilfe neuer methodischer Ansätze bestätigt und ergänzt sie die Auffassungen von KOPP und KOWALKOWSKI (zul. 1990) zur präholozänen Anlage von mitteleuropäischen Oberflächenböden.

9.2 Diskussion des bodengeographisch- aktualistischen Untersuchungsansatzes

9.2.1 Lithofazielle Aspekte

Periglaziäre Deckschichten besitzen in den kontinental geprägten Jungmoränengebieten Osteuropas und Nordasiens den gleichen flächenhaften Charakter wie in Mitteleuropa. Die eigenen Ergebnisse zur Lithogenese von Braunerdestandorten der Mittelbreiten widersprechen zwar dem in der russischen Systematik (vgl. GLASOVSKAJA 1972) verbreiteten Konzept der autochthonen „Eluvial"- (Verwitterungs-)standorte von Polynov (1934), stimmen aber weitgehend mit den mitteleuropäischen Entwicklungsmodellen überein (vgl. u.a. KLEBER 1997; SEMMEL 1993). Reliktische Deckschichten und Braunerden sind darin regelhaft gekoppelt.

Die periglaziär überformten Abschnitte von Jungmoränenprofilen sind eigenständige stratigraphische Einheiten, welche durch laterale Prozesse mit relativ kurzen Transportentfernungen angelegt wurden. Die kryogene Perstruktion tritt in ihrer Profilwirksamkeit demgegenüber zurück und ist offenbar auf einen kurzen Zeitraum am Übergang vom Spätglazial zum Holozän zu reduzieren.

Die Deckserienprofile der Jungmoränengebiete des nördlichen Eurasiens konnten zu zwei überregional verbreiteten Deckserientypen zusammengefaßt werden, deren Verteilungsmuster lithofaziell begründet ist.

Die sandigen Profilfolgen des Deckserientyps mit Geschiebedecksand kommen flächenhaft vor allem auf den weitflächigen Schmelzwasserebenen des riesigen nordischen Eisschilds vor (Testareale Brandenburg, Waldaihöhen, ansatzweise Nordsibirien). Sie werden im Hangenden von einem Geschiebedecksand im Sinne der norddeutschen Periglazialnomenklatur abgeschlossen. Erstmals konnten auch auf den skelettfreien Sandebenen der nordischen Vereisungen Geschiebedecksande mit Hilfe sedimentologischer und mineralogischer Untersuchungen des Feinbodens identifiziert werden. In diesem Deckserientyp liegt das Maximum der äolischen Beeinflussung direkt unterhalb der Geschiebedecksandbasis, welche gleichzeitig die markanteste Schichtgrenze im Gesamtprofil darstellt. Der Geschiebedecksand wird als Ergebnis eines weitflächig auftretenden, aber nur kurze Transportentfernungen erreichenden Prozesses angesehen (Gelisolifluktion).

Deckserien ohne Vorkommen von Geschiebedecksand ließen sich vor allem über groben Glazialsedimenten wie Moränen von Talgletschern, Schottern oder Schottermoränen beobachten (Untersuchungsgebiete Kaukasus, Tien Shan, Altai, teilweise Alpen, Nordsibirien). Sie stellen gewöhnlich eine Vertikalabfolge von liegenden Solifluktionsdecken und hangenden Sandlössen mit verschiedenen zwischengeschalteten Übergangsfazies dar (Gebirgslöß, Lößderivate, lößbeeinflußte Solifluktionsdecke).

In der Dimension des eurasischen Kontinentes weisen die Deckserien von Jungmoränengebieten Richtung Nordwesten eine stärker sandige Ausprägung auf, während Richtung Südosten eher feinere Komponenten (Verlössung?) zum Tragen kommen.

9.2.2 Allgemeine bodengeographische Aspekte

Am Beispiel der Jungmoränengebiete konnte exemplarisch belegt werden, dass die Braunerde im Sinne der mitteleuropäischen Bodenklassifikationen ein in den gesamten Waldlandschaften Eurasiens verbreiteter Boden ist. In allen untersuchten Testarealen stellt sie den dominanten terrestrischen Bodentyp dar. Somit können die bisher bekannten mitteleuropäischen Braunerdeareale auf weite Gebiete der borealen Nadelwälder, unabhängig von deren Bodenfrostregime, ausgedehnt werden. Es besteht eine enge Verwandtschaft zwischen ihrem Habitus in den ozeanisch geprägten Laubwäldern und in der kontinentalen Taiga. Diese Beobachtung steht im Gegensatz zu traditionellen Lehrmeinungen, welche diesen Bodentyp seit RAMANN (1905) und PRASOLOW (1929) ausschließlich als Produkt eines temperaten Milieus mit Laub- und Mischwäldern betrachten. Neben dem Podsol kann damit auch die Braunerde als zonaler Boden der borealen Nadelwälder gelten.

Vor dem Hintergrund der vorangehenden pedostratigraphischen Diskussion (Kap. 9.1) muß eine großflächige temperate Braunerdegenese sogar in Frage gestellt werden, was sich mit EITELS (1999, S. 82) Postulat der Luvisols als rezentem terrestrischen Typusboden Mitteleuropas deckt. Vielmehr werden bisherige paläopedologische Beobachtungen aus dem nördlichen Mitteleuropa über eine Braunerdegenese in einer borealen Landschaft bestätigt (JÄGER und KOPP 1969; KOWALKOWSKI 1990).

9.2.3 Regionale bodengeographische Aspekte der borealen Untersuchungsgebiete im mittleren und östlichen Eurasien

9.2.3.1 Waldaihöhen

Zwischen der nördlichen Podsolzone und der südlichen Rasenpodsolzone befindet sich in der Russischen Tiefebene offenbar ein bisher nicht kartiertes Braunerdeareal, welches schon SAIDELMAN (1974) aufgrund theoretischer Überlegungen vermutete. Es ist weiterhin anzunehmen, daß die von der russischen Bodenkunde als *sandy cryptopodzolic soils, sandy superficially podzolic soils* u.ä. bezeichneten Bildungen zumindest teilweise Braunerden im Sinne der mitteleuropäischen Klassifikationen darstellen. Ihre Koinzidenz von Horizont- und Deckschichtenprofil gleicht dem Modell in den Jungmoränenlandschaften des nördlichen Mitteleuropas.

9.2.3.2 Zentraler Kaukasus

Zwischen den im eigenen Testareal beschriebenen Braunerden der oberen montanen Stufe und den klassischen braunen Waldböden der unteren montanen Stufe besteht offenbar ein deutlicher qualitativer Unterschied. Ein Vergleich der eigenen Bodenaufnahmen mit älteren Literaturdaten weist im Nordkaukasus auf eine obere Braunerdestufe und eine untere Parabraunerdestufe im Sinne der europäischen Klassifikationen hin.

9.2.3.3 Nördlicher Tien Shan

Die Höhenstufung der Böden im nördlichen Tien Shan entspricht der traditionellen Vorstellung von stark verwitterten Waldböden in der hochmontanen Stufe über stark humosen *Greyzems/ Chernozems* im wechselhaften Landschaftsmosaik darunter. Die Böden der Fichtenwälder stellen jedoch keine endemischen Bildungen des Tiens Shans dar, sondern lassen sich mit den Braunerden von Kaukasus und Altai korrelieren.

9.2.3.4 Gebirgsaltai

Die Aufnahme im östlichen Gebirgsaltai ergibt gemeinsam mit den Arbeiten von HAASE (1983) und KOWALKOWSKI (1989) ein zusammenhängendes Bild über die Waldböden in den Gebirgen der Nordumrahmung Hochasiens. Deren teilweise permafrostgeprägte obere montane Stufe wird von intensiv verwitterten Braunerden bestimmt. In Gebieten mit weiter hinabreichendem Waldgürtel wird auch dieser von Braunerden dominiert. Podbure im Sinne von TARGULJAN (1971) konnten trotz ihrer Verzeichnung in der BODENKARTE RUSSLANDS (1995) nicht identifiziert werden.

9.2.3.5 Unterer Jenissej

Im hochkontinentalen Untersuchungsgebiet am Unteren Jenissej bestätigte sich die Abschwächung der Podsolierung als wichtiger bodenbildender Prozeß der westlicher gelegenen Bereiche der Tieflandstaiga. Über mehrere boreale Subzonen hinweg ist hier eine einheitliche terrestrische Bodenentwicklung mit Braunerden zu beobachten, was den großräumigen Modellen von HAASE (1978) und TRETER (1993) widerspricht. Eine genetische Verwandtschaft mit den braunen Taigaböden, Kryotaigaböden und Podburen des russischen Schrifttums liegt nahe.

9.2.4 Bodensystematische Aspekte

9.2.4.1 Differenzierung der Braunerden in den eigenen Untersuchungsgebieten

In der südlichen Gebirgstraverse lässt sich eine makroskopische Differenzierung zwischen den Alpen mit ihren zur Podsolierung neigenden Braunerdeprofilen sowie den asiatischen Gebirgen (Kaukasus, Tien Shan, Altai) mit weitgehenden Normbraunerden erkennen. Diese Differenzierung wird durch das Ausgangssubstrat unterlegt, welches in den östlichen Gebirgen stärker durch (Sand)lösse und Lößderivate geprägt ist. Aus analytischer Sicht passen alle Testareale prinzipiell in das allgemeine Braunerdemodell mit seinen Tiefenfunktionen nach oben kontinuierlich zunehmender Verlehmung, Verbraunung, Basenauswaschung und Versauerung (*Tab. 84*).

Tab. 84: Mittelwerte bodenchemischer Parameter in hochmontanen Braunerden der südlichen Gebirgs-Testareale

Ostalpen

Horizont	T (%)	Fed (mg/g)	Fed/Fet	All/Fed	FQ	BS (%)	pH	C (mg/g)	C/N
Bv	3,5	7,3			2,08	53,1	4,2	21,0	16,9
Cv	2,9	3,4			1,17	54,2	4,4		
C	2,2	1,1				71,5	4,6		

Zentraler Kaukasus

Horizont	T (%)	Fed (mg/g)	Fed/Fet	All/Fed	FQ	BS (%)	pH	C (mg/g)	C/N
Bv	4,4	3,5	0,2	1,4	0,79	47,2	4,5	31,5	18,3
Cv	2,2	2,1	0,1	1,5	0,95	52,8	4,6		
C	0,5	1,1	0,1	1,2		72,7	5,0		

Gebirgsaltai

Horizont	T (%)	Fed (mg/g)	Fed/Fet	All/Fed	FQ	BS (%)	pH	C (mg/g)	C/N
Bv	8,6	5,2	0,2	1,4	0,60	33,0	4,6	10,2	15,0
Cv	7,4	3,9	0,1	1,6	0,53	64,0	5,2		
C	3,9	2,6	0,1	1,5		75,7	5,4		

Nördlicher Tien Shan

Horizont	T (%)	Fed (mg/g)	Fed/Fet	All/Fed	FQ	BS (%)	pH	C (mg/g)	C/N
Bv	6,0	3,6	0,1		0,60	70,3	4,7		15,6
Cv	5,7	2,2	0,1		0,38	69,8	4,6		
C	1,4	1,4	0,1			90,3	5,1		

Tendenziell unterscheiden sich die Alpenprofile durch eine schwächere Verlehmung und stärkere Verbraunung gegenüber den Profilen der östlichen Gebirge, welche einen eher einheitlichen Block bilden. Diese Tendenz wird vom hohen Wert des Franzmeierkoeffizienten (FQ) unterstrichen.

Die braunerdetypischen Grundtendenzen in den Tiefenfunktionen werden auch in der zusammengefassten Analytik der nördlichen Tieflandstraverse deutlich (*Tab. 85*). Eine schwache interne Differenzierung lässt sich zwischen den beiden zur skandinavischen Vergletscherung gehörenden Arealen Nordbrandenburg und Waldai einerseits sowie dem Unteren Jenissej andererseits erkennen. Die ersten beiden zeichnen sich durch eine schwache Verlehmungstendenz und dafür aber durch eine deutliche Verbraunung aus, was auch in den relativ hohen FQ-Werten sowie Fed/Fet-Quotienten der Braunhorizonte sichtbar wird. Die nordsibirischen Profile besitzen zwar ebenfalls einen relativ hohen FQ-wert, ähneln in ihrer Fed/Fet-Tiefenfunktion jedoch eher den asiatischen Hochgebirgsprofilen. Diese Differenzierung ist vermutlich ebenfalls lithofaziell vorgeprägt, da sowohl das westliche als auch das mittlere Testgebiet von sandigen Deckserien bestimmt werden, während das östliche deutlicher lößbeeinflußt ist.

Tab. 85: Mittelwerte bodenchemischer Parameter in Braunerden der untersuchten nördlichen Tieflandsareale

Nordbrandenburg

Horizont	T (%)	Fed (mg/g)	Fed/Fet	All/Fed	FQ	BS (%)	pH	C (mg/g)	C/N
Bv	1,9	2,2	0,3	2,5	1,16	50	4,6	4,7	16,9
Cv	1,0	0,6	0,2	1,9	0,60	49	4,8		
C	0,6	0,6	0,1	1,6		64	4,8		

Waldaihöhen

Horizont	T (%)	Fed (mg/g)	Fed/Fet	All/Fed	FQ	BS (%)	pH	C (mg/g)	C/N
Bv	1,8	3,9	0,4		2,17	61	4,8	2,3	14,6
Cv	0,6	2,4	0,2		4,00	72	4,9		
C	0,7	1,4	0,2			85	5,0		

Unterer Jenissej

Horizont	T (%)	Fed (mg/g)	Fed/Fet	All/Fed	FQ	BS (%)	pH	C (mg/g)	C/N
Bv	9,8	14,8	0,2		1,5	70	5,5	9,2	18,5
Cv	5,8	9,3	0,2		1,6	81	5,7		
C	3,3	5,2	0,1			90	5,8		

9.2.4.2 Rostbraunerde und Typische Braunerde

Die vorangehend ermittelte Differenzierung der Braunerdeprofile in Jungmoränengebieten läßt es sinnvoll erscheinen, einen älteren nomenklatorischen Ansatz von STREMME (1930) und KUBIENA (1953) zu verfolgen. Danach weist die traditionelle Mitteleuropäische Braunerde teilweise tonarme, aber eisenreiche Formen auf (Rostbraunerden nach Kubiena 1953 bzw. rostfarbene Waldböden nach STREMME 1930, vgl. Kap. 1.2.1). Als Rostbraunerde könnten dementsprechend alle Varianten gelten, bei denen der Franzmeyer-Quotient (>1) und der Fed/Fet-Wert (>0,3) entsprechend höher liegen. Der Verwitterungsindex nach KRONBERG und NESBITT (1981) erreicht hier höhere Abszissenwerte als (*Abb. 150*). Als Beispielregionen im Rahmen der eigenen Untersuchungen können Nordbrandenburg, die Waldaihöhen oder die Hochalpen gelten, welche auch relativ sandige Deckserien als Ausgangsgestein besitzen. Sie sind offensichtlich mit den polnischen Rusty soils zu korrelieren (KOWALKOWSKI et al. 1986). Möglicherweise entspricht ihnen auch die humusarme Variante der russischen Podbure nach TARGULJAN (1971).

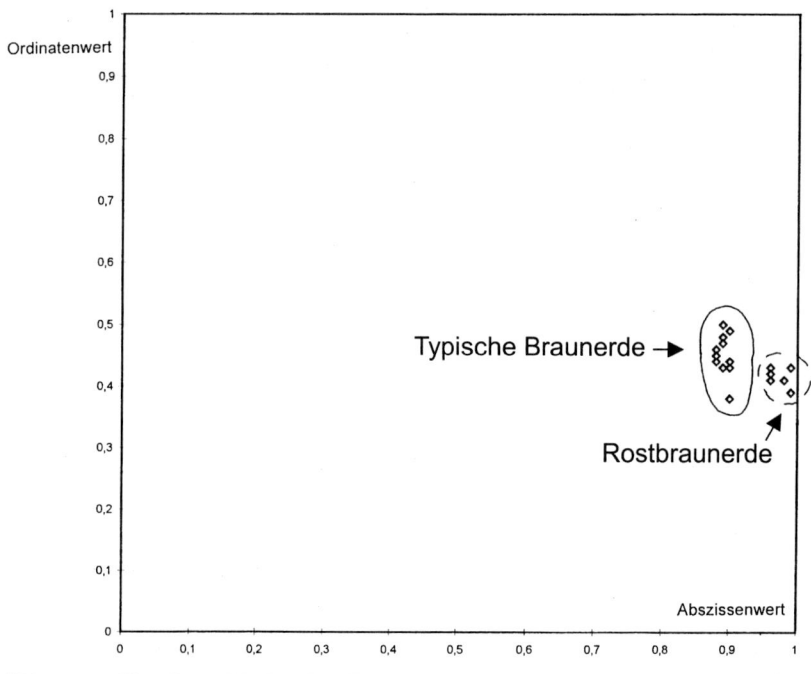

Abb. 150: Kronberg-Nesbittkoeffizienten in ausgewählten Verwitterungshorizonten der Braunerden verschiedener Untersuchungsgebiete

Als Typische Braunerde könnten weiterhin die Bildungen bezeichnet werden, deren Bodendynamik vor allem von Verlehmung bestimmt wird. Die Bezeichnung „Typisch" würde gleichzeitig darauf hinweisen, daß Böden mit diesem Habitus in den meisten mitteleuropäischen Bodenklassifikationen als Braunerde anerkannt werden. Nach den eigenen bodenchemischen Untersuchungen in Jungmoränenlandschaften zeichnen sie sich durch niedrige Franzmeyer-Quotienten und Fed/ Fet-Werte im Braunhorizont aus. Im Verwitterungsindex nach KRONBERG und NESBITT (1981) liegen ihre Abszissenwerte regelhaft niedriger als bei den Rostbraunerden (vgl. *Abb. 150*). Beispielregionen dafür sind aus der vorliegenden Untersuchung die obere montane Stufe von Kaukasus, Tien Shan und Altai, deren Deckserien von feineren Lößkomponenten dominiert werden.

Die grobe räumliche Übereinstimmung von Deckserientypen und Verbreitung von typischen bzw. Rostbraunerden weist darauf hin, dass auch diese pedologische Differenzierung lithofaziell angelegt wurde.

9.2.5 Einordnung in nationale und internationale Bodenklassifikationen

Die eigenen Profile in diversen Jungmoränenlandschaften Eurasiens entsprechen neben den klassischen Merkmalen für mitteleuropäische Braunerden auch den Definitionskriterien der deutschen Bodenklassifikation (AG BODEN 1994, 2005). Ihr Verwitterungsbereich unterscheidet sich makroskopisch durch eine stärkere Farbintensität (rötlichere Munsell-Farbtöne) und pedogene Strukturbildung (Krümel- bis Subpolyedergefüge) vom Ausgangsgestein. Die Verwitterungshorizonte besitzen in ungekappten Profilen die geforderte Mindestmächtigkeit von 15cm und weisen aufgrund ihrer höheren Ton- und Schluffgehalte eine feinere Textur als das Ausgangssubstrat der Bodenbildung auf. Dieses wird aufgrund seiner glazialen bzw. periglazialen Genese durchgehend von Lockergestein gebildet. Der Anteil verwitterbarer Minerale im B-Horizont liegt gewöhnlich deutlich über 3% (vgl. exemplarische Untersuchung in *Tab. 86*). Die Kationenaustauschkapazitäten dieser Horizonte überschreiten den Wert von 35mval/100g nicht. Gleichzeitig weisen die Verwitterungshorizonte eine deutliche in situ-Anreicherung von pedogenen Oxiden auf. Die geforderte Entkalkungstendenz wird nicht nur sichtbar, sie ist im Verwitterungsbereich meist sogar schon abgeschlossen. Die pH-Werte sind deshalb häufig auch schon gegenüber dem Ausgangssubstrat um eine Stufe abgesunken. Die der deutschen Bv-Definition eigene Ausnahmeregelung für Mehrschichtprofile erscheint diskussionsbedürftig, da praktisch alle untersuchten Braunerden in Deckschichtenprofilen auftraten und der besprochene Kriterienkatalog damit streng genommen wirkungslos wird.

Tab. 86: Quantitative Röntgenphasenanalyse von ausgewählten Bv- Horizonten aus den Braunerden der verschiedenen Untersuchungsgebiete in Masse-% (schrftl. Mitt. J. LUCKERT LGRB KLEINMACHNOW)

Profil	Quarz	K-Fsp.	Plagio.	Kalzit	Dolomit	Amphibol	Chlorit	Illit/ml/ Muskovit	Amorphe Phase
Prötzel	94	3	3	-	-	-	-	-	-
Schiffmühle 2	94	3	3	-	-	-	-	-	-
Seliger 2	80	9	8	-	-	-	-	3	-
Rachertsf. 1	70	3	9	-	-	-	5	13	-
Aktash 7	39	5	24*	-	-	5	4	11	12
Turu 1	23	2	18*	5	3	2	2	15	30+
Asau 6	8	1	41*	-	-	-	-	3	47

ml : Wechsellagerung (mixed layer) zwischen Illit und Smektit;
+ : hoher Anteil von 14A-Tonmineralen (Smektite, Vermikulite, ml);
* : bei hohen Plagioklasgehalten können mögliche Anteile an Pyroxen (z.T. auch Granat) infolge von Koinzidenzen (Peaküberlagerungen) nicht ausgeschlossen werden und sind anteilig in der amorphen Phase enthalten.

Aus Sicht der internationalen sowie der US-amerikanischen Bodenklassifikation (FAO-UNESCO 1997; SOIL SURVEY STAFF 1998) ist die Ausweisung von *cambic horizons* bei den Rostbraunerden auf Grund ihres sandigen Habitus problematisch, da hier prinzipiell eine feine Körnung gefordert wird (vgl. BUSSEMER 2005). Die neueste Ausgabe der WRB (2006) hat dieses Problem jedoch durch Erweiterung des texturellen Spielraums für *cambic horizons* abgemildert. Insofern gehört die überwiegende Mehrheit der beschriebenen Profile zu den *Cambisols* der internationalen Bodenklassifikation. Aus Sicht der Soil Taxonomy (SOIL SURVEY STAFF 1998) ergibt sich entlang dieser Korngrößengrenze eine deutliche Trennung in die typischen Braunerden, welche zu den *Inceptisols* gehören, und den deren Ansprüchen nicht genügenden Rostbraunerden.

10. Zusammenfassung

In den gesamten Mittelbreiten Eurasiens wurde die würmzeitliche Glaziallandschaft regelhaft durch ein periglaziäres Bodenausgangssubstrat überformt, welches die weitere Pedogenese steuerte. Braunerden treten ausschließlich in derartigen periglaziären Deckserien auf, wobei ihre Hauptverwitterungszone gewöhnlich mit der obersten Deckschicht koinzident verläuft. Als dominanter terrestrischer Bodentyp auf sandigen Standorten prägen die Braunerden nicht nur Mitteleuropa, sondern auch große Areale der kontinental getönten borealen Nadelwälder im mittleren und östlichen Eurasien. Diese bodengeographische Beobachtung stimmt mit ihrer pedostratigraphischen Stellung als Paläoboden in der jungquartären Landschaftsgeschichte Brandenburgs überein. Die Braunerden der mitteleuropäischen Jungmoränenlandschaften sind somit nicht unter rezenten Bedingungen, sondern in einem kälteren Milieu des Weichselspätglazials bis Frühholozäns entstanden. Die Braunerde ist insofern kein zonaler Boden des Laub- und Mischwaldgürtels bzw. der unteren montanen Stufe, sondern vielmehr der Tieflandstaiga bzw. der oberen montanen Stufe.

11. Literatur

AARNIO, B. (1925): Braunerde in Fennoskandia.- Mitt. Internat. Bodenkdl. Ges. 1: S. 77-84.

AG BODEN (1982): Bodenkundliche Kartieranleitung, 3. Aufl.: 331 S.; Hannover.

AG BODEN (1994): Bodenkundliche Kartieranleitung, 4. Aufl.: 392 S.; Hannover.

AG BODEN (2005): Bodenkundliche Kartieranleitung, 5. Aufl.: 438 S.; Hannover.

AGSTEN, K. et al. (1982): Inventur der Paläoböden in der Bundesrepublik Deutschland. - Geol. Jb. F 14: S. 1-363; Hannover.

AHNERT, F. (1996): Einführung in die Geomorphologie. 440 S.; Stuttgart.

AK BODENSYSTEMATIK (1998): Systematik der Böden und der bodenbildenden Substrate Deutschlands.- Mitt. Dtsch. Bodenkdl. Ges. 86: 180 S.; Oldenburg.

ALAILY, F. (1984): Heterogene Ausgangsgesteine von Böden. - Landschaftsentwicklung und Landschaftsforschung 25: 207 S.; Berlin.

ALAILY, F., FACKLAM-MONIAK, M., HOFFMANN, C., RENGER, M. und SCHLENTHER, L. (1995): Typical soils of Berlin. - In: SCHIRMER, W. (Hrsg.): Quaternary field trips in Central Europe, Vol. 3: S. 1158-1162; München.

ALTERMANN, M. (1970): Periglaziäre Decksedimente. - In: Periglazial - Löß - Paläolithikum im Jungpleistozän der DDR. Ergänzungsheft 274 zu Petermanns Geogr. Mitt.: S. 232-250; Gotha/Leipzig.

ALTERMANN, M. und KÜHN, D. (1994): Vergleich der bodensystematischen Einheiten der ehemaligen DDR mit denen der Bundesrepublik Deutschland. - Ztschr. Angew. Geol. 40: S. 1-11; Berlin.

ALTERMANN, M. und MANIA, D. (1968): Zur Datierung von Böden im mitteldeutschen Trockengebiet mit Hilfe quartärgeologischer und urgeschichtlicher Befunde. - Albrecht-Thaer-Archiv 12.

ANONYMUS (1959): Die Böden des Altaigebietes; Moskau (russ.).

ANONYMUS (1977): Klassifikation und Diagnostik der Böden der UdSSR. Moskau: 105 S.; (russ.).

ANONYMUS (1978): Altaigebiet (Atlas); 222 S.; Moskau-Barnaul (russ.).

ANONYMUS (1991): Atlas des Altaigebietes; S. 1-35; Moskau (russ.).

ANONYMUS (1993): Tourist map Elbrus and Environs 1:50.000. A.C.C. und Co. LTD Moskau.

ARCHIPOV, S.A., BESPALY, V.G., FAUSTOVA, M.A., GLUSCHKOVA, O.J., ISAEVA, L.L. und VELICHKO, A.A. (1986): Ice-sheet reconstructions. - Quaternary Sci. Reviews 5: S. 475-483.

ATLAS MIRA (1964): Atlas der Erde. Die Böden der Sowjetunion: S. 106-107; Moskau (russ.).

ATLAS SSSR (1986): Enzyklopädisch-geographischer Atlas der UdSSR. KUTUSOV, I.A. (Hrsg. u.a.): 295 S.; Moskau (russ.).

AUBERT, G. und DUCHAUFOUR, PH. (1956): Projet de classification des sols. Rapp. 6. Congr. Intern. Soil Sci., Vol. E: S. 597-604.

AVERY, B.W. (1980): Soil classification for England and Wales (Higher categories). - Soil Survey, Technical Monographs 14: 97 S.; Harpenden.

BÄUMLER, R., KEMP-OBERHETTINGER, M. und ZECH, W. (1996): Bodengenetische Untersuchungen zur Moränenstratigraphie im Langtang-Tal (Zentralnepal) und im Solu/ Khumbu (Ostnepal). - Bayreuther Bodenk. Ber. Nr. 51: 91 S.; Bayreuth.

BARGON, E., FICKEL, W., PLASS, W., REICHMANN, H., SEMMEL, A. und ZAKOSEK, H. (1971): Zur Genese und Nomenklatur braunerde- und parabraunerdeähnlicher Böden in Hessen. - Notizbl. hess. L.-Amt Bodenforsch. 99: S. 361-372; Wiesbaden.

BARSCH, H., BILLWITZ, K. und SCHOLZ, E. (1984): Labormethoden in der Physischen Geographie: S. 1-160; Gotha.

BARYSHNIKOV, G.J. (1989): Alte Einebnungsflächen und Verwitterungskrusten im Gebiet des Bergaltais. - Geomorphologie 2/1989: S. 57-61; Moskau (russ.).

BARYSHNIKOV, G.J. (1992): Entwicklung des Reliefs im Mittelgebirgsgürtel von Hochgebirgen im Känozoikum: 181 S.; Tomsk (russ.).

BASCOMB, C.L. (1968): Distribution of pyrophosphate-extractable iron and organic carbon in soils of various groups. - Journal of soil science 19: S. 250-268.

BAUME, O. (2002): Spätglaziale bis holozäne Gletscherschwankungen ausgewählter Gebiete im Kaukasus, Tienshan und Altai. - Münchener Geogr. Abh. A52: S. 45-79; München.

BAUME, O. und MARCINEK, J. (1998) (Hrsg.): Gletscher und Landschaften des Elbrusgebietes. (= Petermanns Geogr. Mitt. Erg.-heft 288): 190 S.; Gotha.

BAUME, O. und WOLODITSCHEWA, N. (2007): Das Erbe der Eiszeit: Gletscherdynamik im Kaukasus, Tienschan und Altai. - In: GLASER, R. und KREMB, K. (Hrsg.): Asien. S. 54-66; Darmstadt.

BEHRE, K.-E. (1978): Die Klimaschwankungen im europäischen Präboreal. - Peterm. Geogr. Mitt., 122: S. 97-102; Gotha/Leipzig.

BERENDT, G. und GAGEL, C. (1908) Geologische Specialkarte von Preußen und den Thüringischen Staaten. Blatt 3250 (Freienwalde).

BERENDT, G. und SCHRÖDER, H. (1899): Geologische Specialkarte von Preußen und den Thüringischen Staaten. Blatt 3150 (Oderberg).

BIBUS, E. (1974): Abtragungs- und Bodenbildungsphasen im Rißlöß. - Eiszeitalter und Gegenwart 25: S. 166-182; Öhringen.

BILLWITZ, K., DIEMANN, R., und SLOBODDA, S. (1984): Methodik der Bodenprofilaufnahme und Vegetationsanalyse: 105 S.; Berlin.

BIRKELAND, P.W. (1974): Pedology, Weathering and Geomorphological Research: 285 S.; Oxford.

BLASER, P. (1973): Die Bodenbildung auf Silikatgestein im südlichen Tessin.- Schweiz. Anst. F. d. forstl. Versuchswesen 49: S. 251-340; Bern.

BLEICH, K.E. (1998): Zur Deutung und Bedeutung von Paläoböden im (süddeutschen) Löß.- Eiszeitalter und Gegenwart 48: S. 1-18; Hannover.

BLUDAU, W. und FELDMANN, L. (1994): Geologische, geomorphologische und pollenanalytische Untersuchungen zum Toteisproblem im Bereich der Osterseen südlich von Seeshaupt (Starnberger See). - Eiszeitalter und Gegenwart 44: S. 114-128; Hannover.

BLUME, H.P., HOFFMANN, R. und PACHUR, H.-J. (1979): Periglaziäre Steinring- und Frostkeilbildungen norddeutscher Parabraunerden. - Z. f. Geomorph., N.F., Suppl. Bd., 33: S. 265-275; Berlin/Stuttgart.

BLUME, H.P. und SCHWERTMANN, U. (1969): Genetic Evaluation of Profile Distribution of Aluminium, Iron and Manganese Oxides. - Soil science Society of America 33: S. 438-444; Madison.

BOCKHEIM, J.G., PING, C.L., MOORE, J.P. und KIMBLE, J.M. (1994): Gelisols: A new proposed order for permafrost-affected soils. In: KIMBLE, J.M. und AHRENS, R. (Hrsg.). Proceedings of the Meeting on Classification, Correlation, and Management of Permafrost-Affected Soils, July 18-30, 1993. Alaska, US and Yukon and Northwest Territories, Canada. USDA-SCS, Washington, DC, S. 25-45.

BOCKHEIM, J.G., WALKER, D.A., EVERETT, L.R., NELSON, F.E. und SHIKLOMANOV, N.I. (1998): Soils and cryoturbation in moist nonacidic and acidic tundra in the Kuparuk River basin, Arctic Alaska, USA. Arctic Alpine Res. 30: S. 166-174.

BODECHTEL, J. (1965): Die südlichen Osterseen bei Iffeldorf in Oberbayern. - Erdkunde 19: S. 150-155; Bonn.

BODENKARTE RUßLANDS (1995): Bodenkarte der Russischen Föderation und benachbarter Staaten 1:4.000.000. Bearbeitet von GAVRILOVA, I.P., GERASIMOVA, M.I., BOGDANOVA, M.D. und GLASOVSKAJA, M.A.; Moskau (russ.).

BOER, W.M. de (1995): Äolische Prozesse und Landschaftsformen im mittleren Baruther Urstromtal seit dem Hochglazial der Weichselkaltzeit.- Berliner Geogr. Arb. 84: 215 S.; Berlin.

BOHNKE, S.J. (1993): Lateglacial environmental changes in the Netherlands. - Quaternary Science Reviews 12: S. 707-712.

BÖSE, M. (1991): A palaeoclimatic interpretation of frost-wedge casts and aeolian sand deposits in the lowlands between Rhine and Vistula in the Upper Pleniglacial and Late Glacial.- Z. Geomorph. N.F., Suppl.-Bd. 90: S. 15-28; Berlin-Stuttgart.

BÖSE, M. (1992): Late Pleistocene sand wedge formation in the hinterland of the Brandenburg stade. - Sveriges Geologiska Undersökning 81: S. 59-63; Stockholm.

BÖSE, M. (1995): Quartärforschung im Berliner Raum. - Geowissenschaften 13: S. 286-290; Berlin.

BÖSE, M., BRANDE, A. und ROWINSKY, V. (1993): Zur Beckenentwicklung und Paläoökologie eines Kesselmoores am Rande des Beelitzer Sanders. - Berliner Geogr. Arb. 78: S. 35-53; Berlin.

BOGACHKIN, B.M. (1981): Tektonische Entwicklung des Bergaltais im Känozoikum: 131 S.; Moskau (russ.).

BOR, J. (1984): Untersuchungen zur Pedogenese und zum Chemismus von Sandböden in Rheinland-Pfalz. - Geologisches Jahrbuch Reihe F, Heft 18: 141 S.; Hannover.

BORK, H.-R., BORK, H., DALCHOW, C., FAUST, B., PIORR, H.-P. und SCHATZ, T. (1998): Landschaftsentwicklung in Mitteleuropa: 328 S.; Gotha.

BRAMER, H. et al. (1991): Physische Geographie von Mecklenburg-Vorpommern, Brandenburg, Sachsen-Anhalt, Sachsen und Thüringen: 627 S.; Gotha.

BRAMER, H. und LIEDTKE, H. (1997): Geographische Zonen der Erde. - In: HENDL, M. und LIEDTKE, H. (Hrsg.): Lehrbuch der Allgemeinen Physischen Geographie: S. 721-844; Gotha.

BRAUN-BLANQUET, J. (1964): Pflanzensoziologie: 865 S.; Wien.

BREBURDA, J. (1987): Bodengeographie der borealen und kontinentalen Gebiete Eurasiens.- Giessener Abh. zur Agrar- und Wirtschaftsforschung des europäischen Ostens 148; Giessen.

BRONGER, A. (1976): Zur quartären Klima- und Landschaftsentwicklung des Karpatenbeckens auf (paläo)pedologischer und bodengeographischer Grundlage. - Kieler Geographische Schriften 45; Kiel.

BROSE, F. (1988): Weichselspätglaziale und holozäne Flußgenese im Bereich der norddeutschen Vereisung und ihre Wechselbeziehungen zur Entwicklung der menschlichen Gesellschaft unter besonderer Berücksichtigung der Aue der Unteren Oder. - Unveröff. Habilschr. E.-M.-A.-Univ. Greifswald.

BROSE, F. (1995): Erscheinungen des weichselzeitlichen Eisrückzuges in Ostbrandenburg. - Brandenburgische Geowiss. Beitr. 2: S. 3-12; Kleinmachnow.

BRÜCKNER, J., REHFUESS, K.E. und MAKESCHIN, F. (1987): Braunerden auf Schotterterrassen im Alpenvorland unter Grünland, Fichten-Erstaufforstung, Laubbaum-Folgebestand und altem Wald. - Mitt. Ver. Forstl. Standortskunde u. Forstpflanzenzüchtung 33: S. 49-61.

BRUNNACKER, K. (1959): Zur Kenntnis des Spät- und Postglazials in Bayern. - Geologica Bavarica 43: S. 74-150; München.

BÜLOW, K. von (1927): Die Rolle der Toteisbildung beim letzten Eisrückzug in Norddeutschland.- Ztschr. d. dt. geol. Ges., 79; Berlin.

BUNTING, B.T. (1969): The Geography of Soil: 213 S.; Hutchinson London.

BURAKOV, D.A. et al. (1987): Die Aktrugletscher (Altai): 118 S.; St. Petersburg (russ.).

BURGER, R. (1972): Die Böden der Pasterzenlandschaft im Glocknergebiet. - Mitt. Österr. Bodenkdl. Ges. 16: S. 23-92; Mariabrunn.

BUSSEMER, S. (1993): Besonderheiten der Substrat- und Pedogenese in glazialen Rinnen auf dem Barnim - eine Fallstudie am Beispiel der Teufelsgründe. Berliner Geogr. Arb., 78: S. 54-67; Berlin.

BUSSEMER, S. (1994): Geomorphologische und bodenkundliche Untersuchungen an periglaziären Deckserien des Mittleren und Östlichen Barnim. In: Berl. Geogr. Arb., 80: 150 S.; Berlin.

BUSSEMER, S. (1995a): Soils and landforms of the Barnim and adjacent areas. - In: SCHIRMER, W. (Hrsg.): Quaternary field trips in Central Europe, vol.3: S. 1154-1157; München.

BUSSEMER, S. (1995b): Der Barnim mit Frankfurter Eisrandlage. - In: Berichte zur deutschen Landeskunde 69: S. 244-248; Trier.

BUSSEMER, S. (1995c): Relief, Pleistozänsedimente und Böden des Barnims zwischen Berlin und Bad Freienwalde. - Berliner Geogr. Studien 40: S. 221-230; Berlin.

BUSSEMER, S. (1998): Bodengenetische Untersuchungen an Braunerde- und Lessiveprofilen auf Sandstandorten des brandenburgischen Jungmoränengebiets. - Münchener Geographische Abh., Reihe A 49, S. S. 27-93; München.

BUSSEMER, S. (2001): Jungquartäre Vergletscherung im Bergaltai und in angrenzenden Gebirgen - Analyse des Forschungsstandes. - Mitt. der Geographischen Gesellschaft München 85: S. 45-64; München.

BUSSEMER, S. (2002): Periglacial cover-beds in the young moraine landscapes of northern Eurasia. - Z. Geomorph. N.F., Suppl.-bd. 127: S. 81-105; Berlin/Stuttgart.

BUSSEMER, S. (2002/2003): Periglaziale Deckschichten und Bodenmosaike der Jungmoränenlandschaften von Oberbayern und Nordtirol. - Mitt. Geogr. Ges. München 86: S. 17-58; München.

BUSSEMER, S. (2003): Ziele auf der Barnimhochfläche. - In SCHROEDER, J.H. (Hrsg.): Führer zur Geologie von Berlin und Brandenburg Nr. 9 (Oderbruch-Märkische Schweiz-Östlicher Barnim): S. 300-309; Berlin.

BUSSEMER, S. (2005): Die Braunerde in ihrer nordbrandenburgischen Typusregion. - Brandenburg. geowiss. Beitr. 12: S. 3-12; Kleinmachnow.

BUSSEMER, S., GÄRTNER, P., NAß, A., SCHLAAK, N. und WALTHER, M. (1992a): Beiträge zur Landschaftsgeschichte der Barnim-Hochfläche und benachbarter Gebiete in den letzten 20000 Jahren. Exkursion E2 der 18. Tagung des Deutschen Arbeitskreises für Geomorphologie in Berlin vom 5.10. bis 8.10. 1992.

BUSSEMER, S., GÄRTNER, P., NITZ, B., SCHIRRMEISTER, L. und KLEßEN, R. (1992b): Karbonatische Sedimentation auf der Barnim-Hochfläche vom Weichsel-Hochglazial bis zur Gegenwart.- Exkursionsführer zum 3. Frühjahrstreffen der Physischen Geographen Berlin-Brandenburgs am 03.04.1992 in Berlin.

BUSSEMER, S., GÄRTNER, P. und SCHLAAK, N. (1993): Neue Erkenntnisse zur Beziehung von Relief und geologischem Bau der südlichen baltischen Endmoräne nach Untersuchungen auf der Neuenhagener Oderinsel. Petermanns Geogr. Mitt. 137: S. 227-239; Gotha.

BUSSEMER, S., GÄRTNER, P. und SCHLAAK, N. (1994): Der Großaufschluß von Schiffmühle. - In: SCHROEDER, J.H. (Hrsg.): Führer zur Geologie von Berlin und Brandenburg. Nr. 2 (Bad Freienwalde - Parsteiner See): S. 82-92; Berlin.

BUSSEMER, S., GÄRTNER, P. und SCHLAAK, N. (1996): Stratigraphie, Stoffbestand und Reliefwirksamkeit der Flugsande im brandenburgischen Jungmoränenland. - Posterpräsentation und Abstract auf dem 11. Sedimentologentreffen „Sediment`96" in Wien vom 9.05.-15.05.1996.

BUSSEMER, S., GÄRTNER, P. und SCHLAAK, N. (1998): Stratigraphie, Stoffbestand und Reliefwirksamkeit der Flugsande im brandenburgischen Jungmoränenland.- Petermanns Geographische Mitt. 142: S. 115-125; Gotha.

BUSSEMER, S., GARBE, B. und MÜLLER, K. (1997): Studien zur Bodengenese im Bereich der Tertiärscholle von Sternebeck. - Arbeitsberichte aus dem Geographischen Institut der Humboldt-Universität zu Berlin 12: 80 S.; Berlin.

BUSSEMER, S. und GUGGENBERGER, G. (1998): Permafrostbeeinflußte Böden am Unteren Jenissej.- Mitt. der Geogr. Ges. München 84: S. 137-155; München.

BUSSEMER, S. und GUGGENBERGER, G. (1999): Genese, Systematik und Ökologie permafrost-geprägter Böden in einem Transekt von der mittleren Taiga zur Waldtundra, Sibirien. - Mitt. der Deutschen Bodenkundl. Ges. 91: S. 945-948; Oldenburg.

BUSSEMER, S. und MARCINEK, J. (1995): Periglacial covers of the Weichselian glaciation in Eastern Brandenburg.- Terra Nostra 2: S. 40; Bonn.

BUSSEMER, S. und MAYER, T. (2004) : Zur Bodenentwicklung am Nordrand der mittelsibirischen Taiga.- Berliner Geographische Arb. 96: S. 123-135; Berlin.

BUSSEMER, S. und MAYER, T. (2005): Permafrost und Bodenentwicklung in der Taiga am Unteren Jenissej (Nordsibirien).- Mitt. Deutsche Bodenkdl. Ges. 107: S. 305-306; Oldenburg.

BUSSEMER, S. und MICHEL, J. (2006): Die Hirschfelder Heide als typische Niedertaulandschaft des nordöstlichen Barnims. - Brandenburgische Geowiss. Beitr. 13: S. 27-34; Kleinmachnow.

BUSSEMER, S., PESCHKE, W., SCHMAKOV, A. und STALINA, K. (1998): Die Braunerden des Altai unter dem besonderen Aspekt zonale Bodenbildungen. - Mitt. der Geogr. Ges. München 84: S. 101-136; München

BUTVYLOVSKIJ (1993): Paläogeographie der letzten Vereisung und des Holozäns im Altai; Tomsk (russ.).

CATT, J.A. (1990): Paleopedology manual.- Quaternary International 6: 95 S..

CEPEK, A.G. (1965): Geologische Ergebnisse der ersten Radiokarbondatierung von Interstadialen im Lausitzer Urstromtal. - Geologie 14: S. 648-651; Berlin.

CEPEK, A.G. (1980): Analyse des Geschiebebestandes quartärer Grundmoränen. TGL 25232, Fachbereichsstandard des Staatssekretariats Geologie: S. 1-7; Berlin.

CEPEK, A.G. (1981, Red.): Stratigraphische Skala der DDR - Quartär (TGL 25234/07).- Zentrales Geologisches Institut Berlin.

CEPEK, A.G., HELLWIG, D., und LOHDE, H. (1973): Lithofazieskarte Quartär. Blatt 2268 (Lübben), Horizontkarte W-Ho; Berlin.

CHAGINA, J.G. (1960): Besonderheiten der Bodenbildung in den Hügelländern des nördlichen Altais. - Pocvovedenje Jg. 1960; Moskau (russ.).

CHERBAKOVA, E.M. (1981): Geologie und Paläogeographie des Pleistozäns in der UdSSR: 236 S.; Moskau (russ.).

CHRISTENSEN, S. (1982): Merkmale von interglazialen und interstadialen Podsolen. - Geologisches Jahrbuch F14: S. 346-349; Hannover.

CHROBOK, S.M. und NITZ, B. (1987): Die Entwicklung des Gewässernetzes der oberen Finow vom Blankenberg-Interstadial bis heute. - Wiss. Z. Ernst-Moritz-Arndt-Univ. Greifswald, Math.-nat.wiss. Reihe, 36: S. 20-27; Greifswald.

CHUKINA, J.N. (1956): Die alte Verwitterungskruste des Altaigebietes und ihre Bedeutung für die Bestimmung von Reliefalter und -genese. - Verwitterungskruste Nr. 2, S. 259-268; Moskau (russ.).

CLAYTON, J.S., EHRLICH, W.A., CANN, D.B., CLAY, J.H. und MARSHALL, I.B. (1977): Soils of Canada. Soil report. 243 S.; Ottawa.

DIEMANN, R. (1977): Genese und Ausbildung periglaziärer Decken im Jungmoränengebiet der DDR.- Wiss. Z. Martin- Luther-Univ. Halle, math. - nat. Reihe, 26: S. 105-114; Halle.

DIETZ, C. und KAUNHOVEN, F. (1937): Geologische Specialkarte von Preußen und den Thüringischen Staaten. Blatt 3547 (Cöpenick).

DIEZ, TH. (1968): Die würm- und postwürmglazialen Terrassen des Lech und ihre Bodenbildungen. - Eiszeitalter und Gegenwart 19: S. 102-128; Öhringen.

DIN 19683 (1973): Physikalische Laboruntersuchungen - Bestimmung der Korngrößenzusammensetzung. - Berlin und Köln.

DOKUTSCHAJEV, V.V. (1881): Über die Gesetzmäßigkeiten der geographischen Verbreitung von Böden im Europäischen Teil Rußlands. - Arbeiten der St. Petersburger naturwissenschaftlichen Gesellschaft 12: S. 65-66; St. Petersburg (russ.).

DOKUTSCHAJEV, V.V. (1883): Die russische Schwarzerde. 376 S.; St. Petersburg (russ.).

DOKUTSCHAJEV, V.V. (1899): Zur Lehre über die natürlichen Zonen. Moskau (russ.).

DUCHAUFOUR, P. und SOUCHIER, B. (1978): Roles of iron and clay in genesis of acid soils under a humid, temperate climate.- Geoderma 20: S. 15-26; Amsterdam.

DUCHAUFOUR, P. (1977): Pedogenese et classification. Paris. Engl. Ausgabe 1982.

DÜCKER, A. und MAARLEVELD, G.C. (1957): Hoch- und spätglaziale äolische Sande in Norddeutschland und den Niederlanden. - Geol. Jb. 73: S. 215-234; Hannover.

EBERLE, J. und BLÜMEL, W.D. (1996): Frostbodenformen und autochthone Bodenbildung: Versuch einer systematischen und räumlichen Abgrenzung in Nordwestspitzbergen. - Heidelberger Geogr. Arb. 104: S. 110-119; Heidelberg.

EHLERS, J. (1994): Allgemeine und historische Quartärgeologie: 358 S.; Stuttgart.

EHWALD, E. (1966): Leitende Gesichtspunkte einer Systematik der Böden der Deutschen Demokratischen Republik als Grundlage der land- und forstwirtschaftlichen Standortskartierung. - Sitz.-ber. Der Dt. Akad. Landwirtschaftswiss. Berlin XV: S. 35-55; Berlin.

EHWALD, E. (1970): Zur Systematik der Böden der DDR unter Berücksichtigung rezenter und reliktischer Merkmale. - Tag.-Ber. Dt. Akad. Landwirtsch.-Wiss. Berlin 102: S. 9-32; Berlin.

EHWALD, E. (1978): Bodengenetische Prozesse. - Wiss. Zeitschr. der Humboldt-Universität zu Berlin, Math.-Nat. Reihe 27: S. 563-569; Berlin.

EHWALD, E. (1987): Zur Problematik der Bodenentwicklung im Gebiet der Weichselvereisung in der Deutschen Demokratischen Republik. - Wiss. Z. Ernst-Moritz-Arndt-Univ. Greifswald, Math.-nat.wiss.Reihe, 36, H.2-3: S. 55-58; Greifswald.

EHWALD, E. (1991): Bodenhorizonte und bodensystematische Einheiten Mitteleuropas im internationalen Vergleich. - Petermanns Geogr. Mitt., Nr. 135: S. 61-62; Gotha.

EIDAM, U. (2004): Die rezente Bodenbildung in Lössen und Lössderivaten bei Almaty (Republik Kasachstan). - Brandenburgische Geowiss. Beitr. 11: S. 137-147; Kleinmachnow.

EITEL, B. (1999): Bodengeographie: 244 S.; Braunschweig.

ERD, K. (1997): Auswertungsprotokoll zum Pollenspektrum der Gesamtprobe Golßen. Schrftl. Mitteilung. Kleinmachnow, März 1997.

FAO-UNESCO (1978): Soil Map of the World (North Asia), 1:5 000 000. FAO, Rome.

FAO-UNESCO (1981): Soil Map of the World (Europe), 1:5 000 000. FAO, Rome.

FAO-UNESCO (1988): FAO/UNESCO Soil map of the World, revised legend, with corrections and updates. (World Soil Resources Report 60): 140 S.; Wageningen.

FAO-UNESCO (1997): Soil map of the world (Revised legend): 140 S.; Wageningen.

FEDINA, A.E. (1971): Landschaftliche Struktur des Elbrusgebietes: 92 S.; Moskau (russ.).

FEDINA, A.E. (1984): Spezielles Landschaftspraktikum im Elbrusgebiet: 95 S.; Moskau (russ.).

FELDMANN, L. (1998): Der würmzeitliche Isar-Loisachgletscher. - GeoArchaeoRhein 2: S. 103-120; Münster.

FELIX-HENNINGSEN, P. und BLEICH, K. (1996): Böden und Bodenmerkmale unterschiedlichen Alters. - In: BLUME, H.-P. et al. (Hrsg.): Handbuch der Bodenkunde: S. 1-8; Landsberg.

FINK, J. (1969): Nomenklatur und Systematik der Bodentypen Österreichs. - Mitt. d. Österr. Bodenk. Ges. 13: 94 S.; Wien.

FINK, J., HAASE, G. und RUSKE, R. (1977): Bemerkungen zur Lößkarte von Europa 1:2,5 Mio.- Petermanns Geogr. Mitt. 121: S. 81-94; Gotha.

FITZE, P. (1980): Zur Bodenentwicklung auf Moränen in den Alpen. - Geographica Helvetica 35: S. 97-106; Bern.

FITZE, P. (1982): Zur Relativdatierung von Moränen aus der Sicht der Bodenentwicklung in den kristallinen Zentralalpen. - Catena, Nr. 9: S. 265-306; Braunschweig.

FRANZ, H.-J. (1973): Physische Geographie der Sowjetunion: 535 S.; Gotha.

FRANZ, H.-J. und. SCHOLZ, E (1970): Die Blätter „Potsdam" und „Berlin-Süd" der geomorphologischen Übersichtskarte der DDR 1:200.000. - Geogr. Berichte 1: S. 17-30; Berlin.

FRANZ, H.-J. und WEISSE, R. (1965): Das Brandenburger Stadium. - In: GELLERT, J.F. (Hrsg.): Die Weichsel-Eiszeit im Gebiet der Deutschen Demokratischen Republik: S. 68-81; Berlin.

FRANZMEIER, D.P., HAJEK, B.F. und SIMONSON, C.H. (1965): Use of amorphous material to identify Spodic horizons. - Soil science Soc. Amer. Proc. 29: S. 737-743.

FRENZEL, B. (1968): Grundzüge der pleistozänen Vegetationsgeschichte Nord-Eurasiens.- Erdwiss. Forsch. 1: 326 S.; Wiesbaden.

FRENZEL., B. und LIU, S. (2001): Über die jungpleistozäne Vergletscherung des Tibetischen Plateaus. - In: BUSSEMER, S. (Hrsg.): Das Erbe der Eiszeit (Marcinekfestschrift): S. 71-91; Langenweißbach.

FRIDLAND, V.M. (1951): Versuch einer bodengeographischen Gliederung der Gebirgssysteme der UdSSR. - Pocvovedenie Jg. 1951: S. 521-535; Moskau (russ.).

FRIDLAND, V.M. (1953): Braune Waldböden im Kaukasus. - Pocvovedenje Jg. 1953/12: S. 1-17; Moskau.

FRIDLAND, V.M. (1957): Erfahrungen der bodengeographischen Gliederung des Kaukasus. - In: Fragen der Bodengenese und Bodengeographie (Prasolovfestschrift): S. 319-351; Moskau (russ.).

FRIDLAND, V.M. (1978): Über die Veränderung alter Verwitterungskrusten unter dem Einfluß der rezenten Bodenbildung. - Verwitterungsrinde 16: S. 12-55; Moskau (russ.).

FRIDLAND, V.M. (1984): Bodenmosaike der Welt: 235 S.; Moskau (russ.).

FRIDLAND, V.M. (1986a): Grundprinipien und Elemente einer Bodenklassifikation sowie ein Arbeitsprogramm zu ihrer Erstellung. - In: FRIDLAND, V.M.: Probleme der Bodengeographie, Bodengenese und Bodenklassifikation: S. 5-34; Moskau (russ.).

FRIDLAND, V.M. (1986b): Braune Waldböden im Kaukasus. - In: FRIDLAND, V.M.: Probleme der Bodengeographie, Bodengenese und Bodenklassifikation: S. 5-34; Moskau (russ.).

FRIDLAND, V.M. (1986c): Zur Frage über die Faktoren der Bodenzonalität. - In: FRIDLAND, V.M.: Probleme der Bodengeographie, Bodengenese und Bodenklassifikation: 243 S.; Moskau (russ.).

FRÜHAUF, M. (1990): Neue Befunde zur Lithologie, Gliederung und Genese der periglazialen Lockersedimentdecken im Harz: Fremdmaterialnachweis und Decksedimenterfassung. - Petermanns Geogr. Mitt. 135: S. 249-256; Gotha.

GÄRTNER,P. (1993): Beiträge zur Landschaftsgenese des Westlichen Barnim. - Berliner Geogr. Arb. 77: 89 S.; Berlin.

GÄRTNER, P. (1998): Neue Erkenntnisse zur jungquartären Landschaftsentwicklung in Nordwestbrandenburg. - Münchener Geogr. Abh. A49: S. 95-116; München.

GALON, R. (1971): Über den Vorgang der zweiphasigen Enteisung im mitteleuropäischen Vereisungsgebiet. - Gött. Geogr. Abh., 60 (Poser-Festschrift): S. 141-144; Göttingen.

GANSS, O. (1977): Erläuterungen zur Geologischen Karte von Bayern 1:25.000. Blatt 8140/8141 (Prien a. Chiemsee/Traunstein): 344 S.; München.

GANSS, O. (1983): Geologische Karte von Bayern. Erläuterungen zum Blatt No. 8040 (Eggstätt). - 141 S.; München.

GANSSEN, R. (1957): Bodengeographie; Stuttgart.

GANSSEN, R. (1961): Bodenbenennung, Bodenklassifikation und Bodenverteilung aus geographischer Sicht. - Die Erde 92: S. 281-295; Berlin.

GANSSEN, R. (1972): Bodengeographie mit besonderer Berücksichtigung der Böden Mitteleuropas: 325 S.; Stuttgart.

GANSSEN, R. und HÄDRICH, F. (1965): Atlas zur Bodenkunde; Mannheim.

GENNADIJEV, A.N. (1990): Böden und Zeit - Entwicklungsmodelle: 229 S.; Moskau (russ).

GERASSIMOV, I.P. (1948): Über die Bodentypen von Bergländern sowie deren Zonalität. - Pocvovedenje Jg. 1948, Nr. 11: S. 661-669; Moskau (russ.).

GERASSIMOV, I.P. (1959): Braune Waldböden der UdSSR, Europas und der USA.- Pocvovedenje Jg. 1959/7: S. 69-80; Moskau (russ.).

GERASSIMOV, I.P. (1960): Die Böden Mitteleuropas und die damit zusammenhängenden Fragen der Physischen Geographie: 143 S.; Moskau (russ.).

GERASSIMOV, I.P. (1963): Eine neue Bodenkarte der Welt und ihre wissenschaftlichen Probleme. - Die Erde 94: S. 4-47; Berlin.

GERASSIMOV, I.P. (1986): Die Lehre Dokutschajews und die Gegenwart (Wissenschaftliche Grundlagen von Bodenschutz und Ackerbau): 124 S.; Moskau (russ.).

GERASSIMOV, I.P. und ROMASCHKEVITSCH, A.I. (1984): Die Böden im Zentralen Kaukasus. - In: GERASSIMOV, I.P. und GALABOV, I. (Hrsg.): Der Zentrale Kaukasus und Stara Planina (Balkan) im Vergleich: S. 113-115; Moskau (russ.).

GERASSIMOVA, M.I. (1987): Bodengeographie der UdSSR: 223 S.; Moskau (russ.).

GERASIMOWA, M.I., GUBIN, S.V. und SHOBA, S.A. (1996): Soils of Russia and adjacent countries: 204 S.; Moscow/Wageningen.

GEYH, M.A., BENZLER, J.-H. und ROESCHMANN, G. (1971): Problems of dating pleistocene and holocene soils by radiometric methods. - In: Paleopedology - Origin, Nature and Dating of Paleosoils: S. 63-75; Jerusalem.

GLASOVSKAJA, M.A. (1953): Besonderheiten der Verwitterung im Inneren Tien Shan. - In: Geographische Forschungen im Zentralen Tien Shan: S. 12-35; Moskau (russ.).

GLASOWSKAJA, M.A. (1955): Natur der Syrten im Zentralen Tien Shan und Besonderheiten der bodenbildenden Prozesse. - In: Festschrift für L.S. Berg: S. 360-383; Moskau (russ.).

GLASOVSKAJA, M.A. (1972): Soils of the World. Vol. I: Soil Families and Soil Types: 214 S.; Rotterdam.

GLASOVSKAJA, M.A. und GENNADIJEV, A.N. (1995): Bodengeographie mit Grundlagen der Bodenkunde: 400 S.; Moskau (russ.).

GLINKA, K. (1914): Die Typen der Bodenbildung. Berlin.

GORODKOV, B.N. (1913): Die Flora im Flussgebiet der Noska: 23 S.; St. Petersburg (russ.).

GRAMSCH, B. (1957): Neufunde von Feuersteingeräten bei Münchehofe, Kr. Strausberg. - Ausgrabungen und Funde 11: S. 158-162; Berlin.

GRAMSCH, B. (1969): Ein Lagerplatz der Federmesser-Gruppe bei Golßen, Kr. Luckau.- Ausgrabungen und Funde 14: S. 121-128; Berlin.

GRAMSCH, B. (1973): Ein neuer Fundplatz der Ahrensberger Kultur im nördlichen Brandenburg.- Ausgrabungen und Funde 18: S. 109-116; Berlin.

GRATSCHOVA, R.G. und TARGULJAN, V.O. (1978): Makro- und Mesomorphologische Diagnose von Böden der Braunerde- Podburreihe. - In: TARGULJAN, V.O. (Hrsg.): Bodenbildung und Verwitterung in humiden Landschaften: S. 103-121; Moskau (russ.).

GRIMMEL, E. (1973): Bemerkungen zum Geschiebedecksand. - Eiszeitalter und Gegenwart, 24: S. 1-10; Öhringen.

GRIPP, K. (1924): Über die äußerste Grenze der letzten Vereisung in Nordwest-Deutschland.- Mitt. Geogr. Ges. Hamburg 36: S. 159-245; Hamburg.

GROSSWALD, M.G. (1980): Late Weichselian Ice Sheet of Northern Eurasia.- Quaternary research 13: S. 1-32; New York.

GROTTENTHALER, W. (1986): Böden aus Jungmoränen. - In: FETZER, K.D. et al.: Erläuterungen zur Standortkundlichen Bodenkarte von Bayern 1:50.000: S. 194-225; München.

GROTTENTHALER, W. und JERZ, H. (1986): Böden aus Jungmoränen. - In: FETZER, K.D. et al.: Erläuterungen zur Standortkundlichen Bodenkarte von Bayern 1:50.000: S. 56-59; München.

GUGALINSKAJA, L.A. (1997): Morpholithopedogenese im Zentrum der Russischen Tiefebene. - Unveröff. Habilitationsschrift Lomonossov-Universität Moskau: 44 S.; Moskau (russ.).

GVOSDEZKIJ, N.A. und MICHAILOV, N.I. (1987): Physische Geographie der UdSSR; Moskau (russ.).

HAAG, T. (1981): Tal- und flächenformende periglaziale und glaziale Dynamik im Glazialgebiet Süddeutschlands. - Bochumer Geogr. Arb. 40: S. 48-71; Bochum.

HAASE, G. (1978): Struktur und Gliederung der Pedosphäre in der regionischen Dimension. - Beiträge zur Geographie 29/3: 250 S.; Berlin.

HAASE, G. (1983): Beiträge zur Bodengeographie der Mongolischen Volksrepublik. - Studia Geographica, Nr. 34: S. 233-367; Brno.

HAASE, G., LIEBEROTH, I. und RUSKE, R. (1970): Sedimente und Paläoböden im Lößgebiet. - In: HAASE, G. et al. (Hrsg.): Periglazial - Löß - Paläolithikum im Jungpleistozän der DDR: S. 99-212; Gotha.

HAASE, G. und SCHMIDT, R. (1975): Struktur und Gliederung der Bodendecke der DDR. - Peterm. Geogr. Mitt., 119: S. 279-300; Gotha/Leipzig.

HABBE, K.A. et al. (1995): Nordic and Alpine Glacierizations in Germany. - In: W. Schirmer (Hrsg.): Quaternary field trips in Europe.- vol. 2: S. 747-827; München.

HAGEDORN, J. (1964): Geomorphologie des Uelzener Beckens. - Göttinger geogr. Abh., 31; Göttingen.

HANNEMANN, M. (1969): Saale- und weichselzeitliche glazigene Dynamik und Alter der Lagerungsstörungen im Jungmoränengebiet Brandenburgs.- Geologie, 18: S. 168-187; Berlin.

HANNEMANN, M. (1970): Grundzüge der Reliefentwicklung und der Entstehung von Großformen in Jungmoränengebieten Brandenburgs. - Peterm. Geogr. Mitt. 114: S. 103-116; Gotha/Leipzig.

HARROSSOWITZ, H.L.F. (1926): Laterit. - Fortschr. Geol. Paläontol. 14: S. 253-566; Stuttgart.

HARTWICH, R.H. (1981): Ausbildung und Genese der periglaziären Perstruktionszonen im Jungmoränengebiet der DDR. - Ztschr. angew. Geol. 27: S. 326-332; Berlin.

HARTWICH, R.H., BEHRENS, J., ECKELMANN, W., HAASE, G., RICHTER, A., ROESCHMANN G. und SCHMIDT, R. (1995): Bodenübersichtskarte der Bundesrepublik Deutschland 1:1.000.000: 1-43 S.; Hannover.

HARTWICH, R.H., JÄGER, K.-D. und KOPP, D. (1975): Bodenkundliche Untersuchungen zur Datierung des fossilen Tierbaudensystems von Pisede bei Malchin. - Wiss. Ztschr. Humboldt-Univ. zu Berlin, Math.-Nat. XXIV: S. 623-639; Berlin.

HEINE, K. (1993): Warmzeitliche Bodenbildung im Bölling/Alleröd im Mittelrheingebiet. - Decheniana 146: S. 315-324; Bonn.

HEINRICH, W.-D. (1975): Zur Säugetierfauna des „Rixdorfer Horizontes". - In: Exkursionsführer zur Jubiläumstagung „100 Jahre Glazialtheorie im Gebiet der skandinavischen Vereisungen" vom 3.11.-7.11.1975 in Berlin: S. 21-25; Berlin.

HILBIG, W. (1987): Zur Problematik der ursprünglichen Waldverbreitung in der Mongolischen Volksrepublik. - Flora 179: S. 1-15; Jena.

HILBIG, W. (2000): Forest distribution and Retreat in the Forest Steppe Ecotone of Mongolia. - Marburger Geogr. Schriften 135: 1S. 71-187; Marburg.

HÖLLERMANN, P.W. (1964): Rezente Verwitterung, Abtragung und Formenschatz in den Zentralalpen am Beispiel des oberen Suldentales (Ortlergruppe). - Z. Geomorph. Supplement, Nr. 4: 1-257 S.; Berlin.

HORMANN, K. (1974): Ein neues Modell des würmzeitlichen Inn-Chiemseegletschers. - Eiszeitalter und Gegenwart 25: S. 35-47; Öhringen.

HÜTTL, C. (1999): Steuerungsfaktoren und Quantifizierung der chemischen Verwitterung auf dem Zugspitzplatt. - Münchener Geographische Abh. B 30: 171 S.; München.

HYSZELER, G.C.W. (1947): De oudheidkundige opgravingen in Twente in de laatste jaren.- Oudheidkundige Bodemonderzoek in Nederland: S. 327-349; Amsterdam.

ICOMPAS (1996): International Committee on Permafrost-Affected Soils. Circular Letter No. 5, May 4, 1996. c/o J.G. Bockheim, Department of Soil Science, University of Wisconsin, Madison, WI 53706-1299.

INQUA (1982): INQUA-Newsletters No. 4: 1-21; Uppsala.

ISARIN, R.F.B., RENSSEN, H. und KOSTER, E.A. (1997): Surface wind climate during the Younger Dryas. - In: RENSSEN, H. (Hrsg.): The climate during the Younger Dryas Stadial: S. 92-119; Utrecht.

ISATSCHENKO, A.G. (1985): Landschaften der UdSSR: 320 S.; St. Petersburg (russ.).

ISATSCHENKO, A.G. und SCHLJAPNIKOV, A.A. (1989): Landschaften; Moskau (russ.).

IVANOVSKIJ, L.N. (1967): Formen des Eiszeitreliefs und ihre paläogeographische Bedeutung im Altai; St. Petersburg (russ.).

JÄGER, K.-D. (1970): Methodische Probleme der Erkennung und Datierung reliktischer Bodenmerkmale am Beispiel der sandigen Böden im nördlichen Mitteleuropa. - Tag.ber. Dt. Akad. Landw.-wiss. Berlin 102: S. 109-122; Berlin.

JÄGER, K.-D. (1979): Aktuelle Fragen der Fachterminologie in der Periglazialforschung des nördlichen Mitteleuropa.- Acta Universitatis Nicolai Copernici 16, Geografia 46: S. 45-57; Torun.

JÄGER, K.-D. (1987): Tendenzen und Fortschritte praxisrelevanter komplexer Quartärforschung im Jungmoränenland zwischen Spree und Boddenküste. - Wiss. Z. Ernst-Moritz-Arndt-Universität Greifswald, Math.-nat. Reihe 36: S. 144-148; Greifswald.

JÄGER, K.-D. und KOPP, D. (1969): Zur archäologischen Aussage von Profilaufschlüssen norddeutscher Sandböden. - Ausgrabungen und Funde 14: S. 111-120; Berlin.

JÄGER, K.-D., KOWALKOWSKI, A., NOWACZYK, B. und SCHIRMER, W. (Hrsg.) (1998): Dunes and fossil soils of Vistulian and Holocene age between Elbe and Wisla: 103 S.; Poznan.

JAHN, A. (1968): Patterned Ground. - In: FAIRBRIDGE, R.W. (Hrsg.): The Encyclopedia of Geomorphology. New York.

JANETZKO, P. (1996): Bodenregion der Jungmoränenlandschaft Schleswig-Holsteins. - In: BLUME, H.-P. et al. (Hrsg.): Handbuch der Bodenkunde: S. 11-21; Landsberg/ Lech.

JERZ, H. (1967): Geologische Karte von Bayern 1:25.000, Blatt 8134 (Königsdorf). München.

JERZ, H. (1968): Bodenkarte von Bayern 1:25.000, Blatt 8134 (Königsdorf). München.

JERZ, H. (1973): Die Böden der jungquartären Sedimente im Inntal. - In: WOLFF, H.: Geologische Karte von Bayern 1:25.000, Erläuterungen zum Blatt 8238 Neubeuern: S. 307-311; München.

JERZ, H. (1982): Paläoböden in Südbayern. - Geol. Jb. F 14: S. 27-43; Hannover.

JERZ, H. (1993): Das Eiszeitalter in Bayern: 243 S.; Stuttgart.

JOHNSON, G. (1956): Glazialmorphologische Studien in Südschweden.- Meddelanden fran Lunds Universitets Geografiska Institution 36: S. 1-84; Lund (schwed.).

KAINZ, W. (2005): Braunfahlerden, missverstanden, systematisch untergeordnet - aber landschaftsbestimmend. - DBG-Mitt. 107: S. 349-350; Oldenburg.

KAISER, K. (2003): Geoarchäologie und landschaftsgeschichtliche Aussage spätpaläolithischer und frühmesolithischer Fundplätze in Mecklenburg-Vorpommern. Meyniana 55: S. 49-72; Kiel.

KAISER, K. und KÜHN, P. (1999): Eine spätglaziale Braunerde aus der Ueckermünder Heide. Geoarchäologische Untersuchungen in einem Dünengebiet bei Hintersee/Kr. Uecker-Randow, Mecklenburg-Vorpommern. Mitteilungen der Deutschen Bodenkundlichen Gesellschaft 91: S. 1037-1040; Oldenburg.

KAISER, K., ENDTMANN, E., BOGEN, C., CZAKÓ-PAP, S. und KÜHN, P. (2001): Geoarchäologie und Palynologie spätpaläolithischer und mesolithischer Fundplätze in der Ueckermünder Heide, Vorpommern. - Zeitschrift für geologische Wissenschaften 29: S. 233-244; Berlin.

KARPOV, J.G. (1986): Begrabenes Eis im nördlichen Jenissejgebiet: 134 S.; Novosibirsk (russ.).

KARPOV, J.G. und BARANOVSKIJ, E.L. (1996): Paläogeographische Bedingungen der Eisbildung in gleichaltrigen Bändertonen des nördlichen Jenissejgebiets. - Unterlagen der ersten Konferenz russischer Geokryologen. Bd. 1: S. 223-232; Moskau (russ.).

KARPATSCHEVSKIJ, L.O. und STROGANOVA, M.N. (1989): Allgemeine Gesetzmäßigkeiten der Bodenbildung im Waldgürtel. - In: DOBROVOLSKI, G.V. (Hrsg.): Bodenbildung in Waldökosystemen: S. 5-11; Moskau (russ.).

KARTE, J. (1979): Räumliche Abgrenzung und regionale Differenzierung des Periglaziärs. - Bochumer Geogr. Arb., 35: S. 1-211; Bochum.

KARTE, J. (1981): Zur Rekonstruktion des weichselhochglazialen Dauerfrostbodens im westlichen Mitteleuropa. - Bochumer Geogr. Arb., 40: S. 59-71; Bochum.

KASSE, C. (1997): Cold-Climate Aeolian Sand-Sheet Formation in North-Western Europe (c. 14-12,4 ka); a Response to Permafrost Degradation and Increased Aridity. - Permafrost and Periglacial Processes 8: S. 295-311; London.

KASSE, C. und VANDENBERGHE, J. (1998): Topographic and Drainage Control on Weichselian Ice-Wedge and Sand-Wedge Formation, Venebrügge, German-Dutch Border. - Permafrost and Periglacial Processes 9: S. 95-106; London.

KAURITSCHEV, I.S., PANOV, N.P., ROSOV, N.N., STRATONOVITSCH, M.V. und FOKIN, A.D. (1989): Bodenkunde. - 719 S.; Moskau (russ.).

KERSCHNER, H. (1986): Zum Sendersstadium im Spätglazial der nördlichen Stubaier Alpen, Tirol. - Ztschr. Geomorph., Suppl.-Bd. 61: S. 65-76.

KIND, N.V. (1974): Geochronologie des späten Anthropogens nach Isotopendaten: 255 S.; Moskau (russ.).

KINZL, H. (1929): Beiträge zur Geschichte der Gletscherschwankungen in den Ostalpen. - Z. f. Gletscherkunde XVII : S. 66-121.

KLEBER, A. (1990): Upper Quaternary sediments and soils in the Great Salt lake-area, USA. - Z. Geomorph. N.F. 34: S. 271-281; Berlin-Stuttgart.

KLEBER, A. (1991): Die Gliederung der Schuttdecken am Beispiel einiger oberfränkischer Bodenprofile. - Bayreuther Bodenkundliche Ber. 17: S. 83-105; Bayreuth.

KLEBER, A. (1997): Coverbeds as soil parent material in midlatitude regions. - Catena 30: S. 197-213.

KLEBER, A. und GUSEV, V. (1992): On the heavy Mineral-contents of Moraines and soils in the area of Moscow, Russia. - Geoökodynamik 13: S. 79-85; Bensheim.

KLOSS, K. (1997): Pollenanalytisches Auswertungsprotokoll über drei Proben aus dem Profil Golßen. Schrftl. mitt. vom 3.5.1997, Potsdam-Babelsberg.

KÖSEL, M. (1996): Der Einfluß von Relief und periglazialen Deckschichten im mittleren Rheingletschergebiet von Oberschwaben. - Tübinger Geographische Arb. D1: 147 S.; Tübingen.

KOLSTRUP, E., GRÜN, R., MEJDAHL, V., PACKMAN, S.C. und WINTLE, A.G. (1990): Stratigraphy and thermoluminescence dating of Late Glacial cover sands in Denmark. - Journal of Quaternary Science 5: S. 207-224.

KONYSHCHEV, V.N. (1981): Entwicklung des Stoffbestandes disperser Gesteine in der Kryolithosphäre. Moskau (russ.).

KONYSHCHEV, V.N. und FJODOROV, V.M. (1995): Kryolithologische Analyse känozoischer Ablagerungen am Beispiel der Petschoraniederung. Moskau (russ.).

KONYSHCHEV, V.N. und ROGO, V.V. (1993): Investigations of cryogenic weathering in Europe and Asia .- Permafrost and Periglacial Processes, 4: S. 49-64; London.

KONYSHCHEV, V.N. und ROGOV, V.V. (1994): Methodik kryolithologischer Untersuchungen. Arbeitsanleitung: S. 1-135; Moskau (russ.).

KOPP, D. (1965): Die periglaziäre Deckzone (Geschiebedecksand) im nordostdeutschen Tiefland und ihre bodenkundliche Bedeutung. - Ber. geol. Ges. DDR, 10: 739-771; Berlin.

KOPP, D. (1970): Periglaziäre Umlagerungs- (Perstruktions-)zonen im nordmitteleuropäischen Tiefland und ihre bodengenetische Bedeutung. - Tag.-Ber. Dt. Akad. Landwirtsch.-Wiss. Berlin, 102: S. 55-81; Berlin.

KOPP, D. et al. (1969): Ergebnisse der forstlichen Standortserkundung in der Deutschen Demokratischen Republik: 141 S.; Potsdam.

KOPP, D. und JÄGER K.-D. (1972): Das Perstruktions- und Horizontprofil als Trennmerkmal periglaziärer und extraperiglaziärer Oberflächen im nordmitteleuropäischen Tiefland. - Wiss. Ztschr. Univ.Greifswald, math.-nat. Reihe, 21: S. 77-84; Greifswald.

KOPP, D., JÄGER, K.-D. und SUCCOW, M. (1982): Naturräumliche Grundlagen der Landnutzung am Beispiel des Tieflandes der DDR. - Berlin.

KOPP, D. und KOWALKOWSKI, A. (1972): Study on litho- and morphogenesis of mother rocks of soils in Sternebeck exposure.-Folia Quatern. 4: S. 37-56; Krakow.

KOPP, D. und KOWALKOWSKI, A. (1990): Cryogenic and pedogenic perstruction in tertiary and quaternary deposits, as exemplified in the outcrop of Sternebeck. - Quaternary studies in Poland, 9: S. 51-71.

KOPP, D. und LINKE, H. (1976): Karte der Naturraumtypen 1:100.000 für die Blätter Berlin-S., Potsdam, Neuruppin, Berlin-N, Frankfurt, Lübben, Guben, Südwestteil von Blatt Wittenberg und für Ost-Rügen mit Erläuterungen. Forsch.-ber. Inst. Geogr. U. Geoökol. Leipzig. Akad. D. Wiss. DDR, unveröff.

KOPP, D. und SCHWANECKE, W. (1994): Standörtlich-naturräumliche Grundlagen ökologiegerechter Forstwirtschaft: 248 S.; Berlin.

KORONOVSKIJ, N.V. (1968): Geologischer Bau und Entwicklungsgeschichte des Elbrus. - In: TUSCHINSKIJ, G.K. (Hrsg.): Die Vereisung des Elbrus: S. 15-74; Moskau (russ.).

KORSUN, A.V. und. SCHULZ, I (1998): Klima und Hydrologie. - In: BAUME, O. und MARCINEK, J. (Hrsg.): Gletscher und Landschaften des Elbrusgebietes: S. 36-39; Gotha.

KOTLJAKOV, V.M., SEREBRJANNIJ, L.R. und SOLOMINA, O.N. (1991): Climatic change and Glacier fluctuations during the last 1000 Years in the southern mountains of the USSR. - Mountain Research and Development 11: S. 1-12.

KOVALJOV, P.V. (1957): Geomorphologische Untersuchungen im Zentralen Kaukasus (Baksantal): 87 S.; Charkov (russ.).

KOVALJOV, R.V. (1973): Die Böden des Autonomen Bezirks Bergaltai. Novosibirsk (russ.).

KOVALJOV, R.V. (1974): Bodenkundlicher Exkursionsführer Westsibirien. X. Internationaler Bodenkundekongreß: 85 S; Novosibirsk (russ.).

KOVDA, V.A. und SAMOJLOVA, E.M. (1983): Die russische Schwarzerde 100 Jahre nach Dokutschajev. Moskau (russ.).

KOWALKOWSKI, A. (1980): Altitudinal zonation of soils in the southern Khangai Mountains. - Geographical Studies 136: S. 65-76; Wrozlaw.

KOWALKOWSKI, A. (1989): Genese der Braunerden und der Schwarzerden nach Untersuchungen in der Mongolischen VR und in der VR Polen. - Petermanns Geogr. Mitt., Nr. 133, S. 7-22; Gotha/Leipzig.

KOWALKOWSKI, A. (1990): Evolution of holocene soils in Poland. -Quaestiones Geographicae, 11/12: S. 93-120; Poznan.

KOWALKOWSKI, A. (1995): Chronosequence of Holocene podsols on aeolian sands at Troszyn, NW Poland. - Quaternary Studies in Poland 13: S. 31-42; Poznan.

KOWALKOWSKI, A., BROGOWSKI, Z. und KOZON, J. (1986): Properties of cryogenic horizons in the profile of rusty soil. - Quaternary studies in Poland, 7: 25-37; Poznan.

KOZARSKI, S. (1995): Large-clast flow tills in end moraines of southwestern Pomerania, NW Poland. - In: EHLERS, J. KOZARSKI, S. und GIBBARD, P. (Hrsg.): Glazial deposits in North-East Europe: S. 301-307; Rotterdam.

KOZARSKI, S. (1996): The River Warta Gap near Poznan. - In: MÄUSBACHER, R. und SCHULTE, A. (Hrsg.): Beiträge zur Physiogeographie (Festschrift für D. Barsch): S. 320-326; Heidelberg.

KOZARSKI, S. und NOWACZYK, B. (1991): Lithofacies variation and chronostratigraphy of Late Vistulian and Holocene phenomena in northwestern Poland. - Z. Geomorph., Suppl. 90: S. 107-122; Stuttgart.

KRONBERG, B.I. und NESBITT, H.W. (1981): Quantification of weathering, soil geochemistry and soil fertility. - Journal of Soil Science, Nr. 32, S. 453-459; Oxford.

KRUPSKIJ, N.K. und POLUPAN, N.I. (1979): Bodenatlas der Ukraine; Kiev (russ.).

KUBIENA, W. (1948): Entwicklungslehre des Bodens. Wien.

KUBIENA, W. (1953): Bestimmungsbuch und Systematik der Böden Europas. Stuttgart.

KUBIENA, W. (1956): Zur Mikromorphologie, Systematik und Entwicklung der rezenten und fossilen Lößböden. - Eiszeitalter und Gegenwart 7: S. 102-113; Öhringen.

KÜHN, P. (2003): Spätglaziale und holozäne Lessivegenese auf jungweichselzeitlichen Sedimenten Deutschlands. - Greifswalder Geogr. Arb. 28: 1-167; Greifswald.

KUHLE, M. (1998): Neue Ergebnisse zur Eiszeitforschung Hochasiens im Zusammenhang mit den Untersuchungen der letzten 20 Jahre. - Peterm. Geogr. Mitt. 142: S. 219-226; Gotha.

KUHN, R. (1995): Arbeitsbericht zu den TL/OSL-Datierungen für das Teilprojekt „Periglaziäre Milieuentwicklung" im Rahmen des DFG-SPP „Wandel der Geo-Biosphäre während der letzten 15.000 Jahre.". - In: BUSSEMER, S. et al.: Untersuchung der periglaziären Milieuentwicklung auf Hochflächen des Älteren Jungmoränengebietes Norddeutschlands an periglatiär-äolischen und periglatziär-fluviatilen Sequenzen. Zwischenbericht zum DFG-Projekt Ma 1425/6-1: S. 9-10; Berlin.

KUHN, R. (1997): Anlage zu den Lumineszenzdatierungen. - In: BUSSEMER, S et al.: Untersuchung der periglaziären Milieuentwicklung auf Hochflächen des älteren Jungmoränengebietes Norddeutschlands S. Abschlußbericht zum DFG-Projekt Ma 1425/6-1: S. 89-92; München.

KUNDLER, P. (1957): Zur Charakterisierung und Systematik der Braunen Waldböden. - Zeitschr. Pflanzenern., Düng. u. Bodenk. 78: S. 209-233; Weinheim.

KUNDLER, P. (1961): Zur Kenntnis der Rasenpodsole und Grauen Waldböden Mittelrußlands im Vergleich mit den Sols lessives des westlichen Europas. Zeitschr. Pflanzenern., Düng. und Bodenkde., 86: S. 16-36; Weinheim.

KUNDLER, P. (1965): Waldbodentypen der Deutschen Demokratischen Republik. - Radebeul.

KUNTZE, H., ROESCHMANN, G. und SCHWERDTFEGER, G. (1994): Bodenkunde: 424 S.; Stuttgart.

LAATSCH, W. (1954): Dynamik der mitteleuropäischen Mineralböden: 277 S.; Dresden und Leipzig.

LANDESFORSTANSTALT EBERSWALDE (1981): Forstliche Standortskarten des StFB Strausberg 1:10.000; Eberswalde.

LAUFER, F. (1882): Geologische Specialkarte von Preußen und den Thüringischen Staaten. Blatt 3248 (Grünthal).

LEHMKUHL, F. (1989): Geomorphologische Höhenstufen in den Alpen unter besonderer Berücksichtigung des nivalen Formenschatzes. - Göttinger Geogr. Abh. 88: S. 1-113; Göttingen.

LEHMKUHL F. (1997): Der Naturraum Zentral- und Hochasiens. - Geogr. Rundschau 49: S. 300-306; Braunschweig.

LEHMKUHL F. (1999): Rezente und jungpleistozäne Formungs- und Prozeßregionen im Turgen-Kharkhiraa, Mongolischer Altai. - Die Erde 130: S. 151-172; Berlin.

LEHMKUHL, F. (2003): Die eiszeitliche Vergletscherung Hochasiens - lokale Vergletscherungen oder übergeordneter Eisschild? - Geographische Rundschau 55: S. 28-33; Braunschweig.

LEMBKE, H. (1940): Geomorphologische Bearbeitung und Kommentare im Atlas „Deine Deutsche Heimat". - erste Folge, JUNGEERSTE, A. (Hrsg.): Blätter 269,270,294,295.

LEMBKE, H. (1954): Die Periglazialerscheinungen im Jungmoränengebiet westlich des Oderbruches bei Freienwalde. - Göttinger Geogr. Abh. 16: S. 55-95; Göttingen.

LEMBKE, H. (1965): Probleme des Geschiebedecksandes im Jung- und Altmoränengebiet. - Ber. Geol. Ges. DDR: S. 721-726; Berlin.

LEMBKE, H. (1972): Die Periglazialerscheinungen im Jungmoränengebiet der DDR. - Wiss. Ztschr. Univ. Greifswald, Math.-Nat. Reihe,XXI: S. 71-76; Greifswald.

LEMBKE, H., ALTERMANN, M., MARKUSE, G. und NITZ, B. (1970): Die periglaziäre Fazies im Alt- und Jungmoränengebiet nördlich des Lößgürtels. - Petermann Geogr. Mitt. 274 (Ergänzungsheft): S. 213-258; Gotha/Leipzig.

LESER, H. und STÄBLEIN, G. (1980): Legende der Geomorphologischen Karte 1:25000 - 3. Fassung im GMK-Schwerpunktprogramm. - Berliner Geogr. Abh. 31: S. 91-100; Berlin.

LGRB (1998): Digitale Daten für die MMK (Blatt 3449 der TK 25 Strausberg). ARC/INFO-Datei (mmk. E00, mmk.dat, mmk.rel); Erstellt vom Landesamt für Geowissenschaften und Rohstoffe Brandenburg; Kleinmachnow.

LIEBEROTH, I. (1963): Lößsedimentation und Bodenbildung während des Pleistozäns in Sachsen. - Geologie 12; Berlin.

LIEBEROTH, I. (1969): Bodenkunde - Bodenfruchtbarkeit. Berlin.

LIEBEROTH, I. (1982): Bodenkunde. 432 S.; Berlin.

LIEDTKE, H. (1956/57): Beiträge zur geomorphologischen Entwicklung des Thorn-Eberswalder Urstromtals zwischen Oder und Havel. - Wiss. Ztschr. Humboldt-Univ. zu Berlin, Math.-nat. Reihe 6: S. 3-49; Berlin.

LIEDTKE, H. (1957/58): Frostbodenstrukturen aus dem norddeutschen Jungmoränengebiet. - Wiss. Z.d. Humboldt-Univ. zu Berlin, Math.-Nat. R., 7:S. 359-376; Berlin.

LIEDTKE, H. (1960): Geologischer Aufbau und geomorphologische Gestaltung im Fläming. - Berichte zur deutschen Landeskunde 26: S. 45-81; Bad Godesberg.

LIEDTKE, H. (1985): Warthestadium in Westeuropa, Moskau-Eiszeit in Osteuropa. - Z. Geomorph. N.F. 29: S. 113-116; Berlin/Stuttgart.

LIEDTKE, H. (1990): Abluale Abspülung und Sedimentation in Nordwestdeutschland während der Weichsel- (Würm-)Eiszeit. - In: LIEDTKE, H. (Hrsg.): Eiszeitforschung: S. 261-270; Darmstadt.

LIEDTKE, H. (1993): Phasen periglaziär-geomorphologischer Prägung während der Weichseleiszeit im norddeutschen Tiefland. - Z. Geomorph. N.E., Suppl.-Bd. 93: S. 69-94; Berlin/Stuttgart.

LIEDTKE, H. (1996): Die eiszeitliche Gestaltung des Oderbruches. - Heidelberger Geogr. Arb. 104: S. 327-351; Heidelberg.

LIEDTKE, H. und MARCINEK, J. (1994, Hrsg.): Physische Geographie Deutschlands: **S. 1-559**; Gotha.

LITT, T., KOHL, G., GÖRSDORF, J. und JÄGER, K.-D. (1987): Zur Datierung begrabener Böden in holozänen Ablagerungsfolgen. Jschr. Mitteldt. Vorgesch. 70: S. 177-189; Berlin.

LIVEROVSKIJ, JU.A. (1948): Zur Geographie und Genese von braunen Waldböden. - Arb. des Dokutschajevinstitutes für Bodenkunde 27: S. 109-132; Moskau (russ.).

LIVEROVSKIJ, JU.A. (1959): Die Böden der Ebenen Kamtschatkas. 215 S.; Moskau (russ.).

LOBOVA, E.V. (1949): Die neue Bodenkarte von Kasachstan 1:2.500.000. - Arb. Dokutschajew-Institut 30: S. 12-25; Moskau (russ.).

LUCKERT, J. (2005): Kurzbericht-Analysenergebnisse zur Mineralogie von Profil Hirschfelder Heide vom 01.07.2005 aus dem Dezernat Quartärgeologie des LBGR Brandenburgs. - Archivnr. 1007420. Kleinmachnow.

LUKITSCHEVA, A.N. und SOTSCHAVA, V.B. (1964): Vegetation. In: GERASSIMOV, I.P. (Hrsg.): Physisch-geographischer Atlas der Erde (Atlas mira): S. 240-241; Moskau (russ.).

LUNDBLAD, K. (1924): Ein Beitrag zur Kenntnis der Eigenschaften und der Degeneration der Bodenarten vom Braunerdetypus im südlichen Schweden. - Medd. Statens Skogsförsökanst. 21: 48 S.

MAILÄNDER, R.A. und VEIT, H. (2001): Periglacial cover-beds on the Swiss Plateau: Indicators of soil, climate and landscape evolution during the Late Quaternary. - Catena 45: S. 251-272.

MEINARDUS, W. (1930): Arktische Böden. - In: BLANCK, E. (Hrsg.): Handbuch der Bodenlehre. - Dritter Band, S. 27-96, Julius Springer, Berlin.

MALOLETKO, A.M. (1972): Die Paläogeographie des westsibirischen Altaivorlandes in Meso- und Känozoikum; Tomsk (russ.).

MANIKOWSKA, B. (1998): Aeolian deposits and fossil soils in dunes of Central Poland - the dune in Kamion. - In: JÄGER et al. (Hrsg.): Dunes and fossil soils of Vistulian and Holocene age between Elbe and Wisla: S. 92-97; Poznan.

MARCINEK, J. (1961): Über die Entwicklung des Baruther Urstromtales zwischen Neiße und Fiener Bruch. Ein Beitrag zur Urstromtaltheorie. - Wiss. Ztschr. der Humboldt-Universität zu Berlin. Math.-nat. Reihe 10: S. 13-46; Berlin.

MARCINEK, J., GÄRTNER, P., SCHLAAK, N. und BUSSEMER, S. (1994): Vervollständigung des Modells der glaziären Serie unter besonderer Berücksichtigung der zeitlichen und räumlichen Beziehung zwischen Relief- und Substratgenese im nordmitteleuropäischen Tiefland. Abschlußbericht an die DFG: 104 S.; Berlin.

MARCINEK, J. und NITZ, B. (1973): Das Tiefland der Deutschen Demokratischen Republik - Leitlinien seiner Oberflächengestaltung: 288 S.; Gotha.

MARKOV, K.K. (1961): Karte der quartären Ablagerungen im Nordwesten der Russischen Tiefebene 1:2.500.000. Moskau (russ.).

MARKOV, K.K. (1965): Die Gliederung der Waldaivereisung. - In: MARKOV, K.K., LASUKOV, G.I. und NIKOLAEV, V.A. (Hrsg.): Das Quartär. Band 1 (Territorium der UdSSR): S. 92-98; Moskau (russ.).

MARKOV, K.K. (1978): Schema der jüngsten Sedimente im Altai (Stratigraphie und Paläogeographie des Obplateaus, der Vorgebirge und des Gebirgsaltais); Moskau (russ.).

MARKOV, K.K. (1986): Die alten Binnendünen Europas.- In: Markov, K.K.: Paläogeographie und jüngste Sedimente: S. 4-19; Moskau (russ.).

MARKOV, K.K., LASUKOV, G.I. und NIKOLAEV, V.A. (1965): Das Quartär. Band 1 (Territorium der UdSSR). 371 S. Moskau (russ.).

MARKUSE, G. und VESAJOKI, H. (1985): Periglaziale Windkanter in Nordkarelien, Finnland. - Geologi 37: S. 81-84; Vuosikata (finnisch).

MAYER, T. (2004): Periglazialmorphologische und bodenkundliche Studien in der Taiga am Unteren Jenissej (Nordsibirien). - Dissertation der Fakultät für Geowissenschaften an der Ludwig-Maximilians-Universität München. 103 S.; München.

MAXIMOV, J.V., MICHAJLOV, N.N., KOSYRJEVA, M.G. und SVISTUNOV, J.J. (1987): Endmoränen und 14C-Alter von Böden des Tien Shans, Südaltais und Saurs. - Wiss. Ztschr. der Univ. Leningrad 1; St. Petersburg (russ.).

MEINARDUS, W. (1930): Arktische Böden. - In: E. BLANCK (Hrsg.): Handbuch der Bodenlehre. - Dritter Band: S. 27-96; Berlin.

MELLES, M., SIEGERT, C., HAHNE, J. und HUBBERTEN, H.-W. (1996): Klima- und Umweltgeschichte des nördlichen Mittelsibiriens im Spätquartär - erste Ergebnisse. - Geowissenschaften 14: S. 376-380; Berlin.

MEYER, B. und ROESCHMANN, G. (1971): Das Schwarzerdegebiet um Hildesheim. - Mitt. Dt. Bodenkdl. Ges. 13: S. 287-310; Göttingen.

MILKOV, F.N. und GVOSDEZKIJ, N.A. (1986): Physische Geographie der UdSSR. Europäischer Teil und Kaukasus: 376 S.; Moskau (russ.).

MOKMA, D.L. und BUURMAN, P. (1982): Podzols and podzolization in temperate regions. - ISM Monograph 1: 126 S.; Wageningen.

MÜCKENHAUSEN, E. (1955): Entwurf einer Systematik der Böden Deutschlands.

MÜCKENHAUSEN, E. (1959): Die wichtigsten Böden der BRD. 146 S.; Frankfurt.

MÜCKENHAUSEN, E. (1982): Einführung zur Inventur der Paläoböden in der Bundesrepublik Deutschland. - Geologisches Jahrbuch F14: S. 5-13; Hannover.

MÜCKENHAUSEN, E. (1993): Die Bodenkunde: 579 S.; Frankfurt/M.

MÜLLER, G. (1989): Bodenkunde: 380 S.; Berlin.

MÜLLER, K. (1997): Genetische Aspekte von periglaziären Deckserien auf der Tertiärscholle von Sternebeck. - Unveröff. Diplomarbeit am Geographischen Inst. der Humboldt-Universität zu Berlin.

MUNDEL, G. (1976): Frostbodenhorizonte aus dem Rhin- und Havelländischen Luch. - Z. geol. Wiss. 4: S. 1379-1398; Berlin.

MUNSELL SOIL COLOR CHARTS (1994): Revised Edition; New Windsor.

NEMECZ, E. und CSIKOS-HARTYANI, Z. (1995): Processes in Soils and Paleosoils. A new method for the study of weathering. - GeoJournal 36: S. 139-142; Amsterdam.

NEUSTRUEV, S.S. (1910): Zur Frage der „normalen" Böden und die Zonalität des Komplexes der Trockensteppen. - Pocvovedenje 2; Moskau (russ.).

NEUSTRUJEW, S.S. (1915): Über die Bodenkombinationen von Tief- und Bergländern.- Potschvovedenie 1915/1: 62-73; Moskau (russ.).

NIKONOW, W.W. (1987): Bodenbildung an der Nordgrenze von Kieferngesellschafte: 141 S.; Leningrad (russ.).

NITZ, B. (1965): Windgeschliffene Geschiebe und Steinsohlen zwischen Fläming und Pommerscher Eisrandlage. - Geologie 14: S. 686-698; Berlin.

NITZ, B., SCHIRRMEISTER, L. und KLESSEN, R. (1995): Spätglazial-altholozäne Landschaftsgeschichte auf dem nördlichen barnim - zur Beckenentwicklung im nordostdeutschen Tiefland. - Petermanns Geogr. Mitt. 139: S. 143-158; Gotha.

NOGINA, N.A. (1952): Über fahle podsolige Böden in Weißrußland. - Pocvovedenje Jg. 1952, Heft 2: S. 132-144; Moskau (russ.).

NOGINA, N.A. (1964): Die Böden Transbaikaliens: **S. 1-147**; Moskau (russ.).

NOGINA, N.A. und UFIMZEWA, K.A. (1964): Besonderheiten der Böden und Bodenprozesse in Gebieten mit weiter Permafrostverbreitung. - Genese, Klassifikation und Geographie der Böden in der UdSSR, S. 94-103; Moskau (russ.).

NOTOVA, T.V. (1985): Karte der Vegetation des europäischen Teils der UdSSR und des Kaukasus. Moskau.

NOWACZYK, B. und PAZDUR, M. (1990): Problems concerning the 14C Dating of fossil Dune soils.- Quaestiones Geographicae 11/12: S. 135-151; Poznan.

OGUREJEVA, G.N. (1980): Botanische Geographie des Altais; Moskau (russ.).

OLLIER, C. (1976): Weathering: 394 S.; London.

OLLIER, C. (1984): Weathering. London.

OPP, C. (1999): Forschungen in der Mongolei 1998. - Rundbrief Geographie, S. 29-30; Bonn.

PACYNA, A. (1986): Vegetation of the Sant Valley in the Khangai Mountains (Mongolia). - Fragmenta Floristica et Geobotanica 30; Warszawa.

PATZELT, G. (1972): Die spätglazialen Stadien und postglazialen Schwankungen von Ostalpengletschern. - Ber. dt. Bot. Ges. 85: S. 47-57; Stuttgart.

PATZELT, G. (1977): Der zeitliche Ablauf und das Ausmaß postglazialer Klimaschwankungen in den Alpen. - Erdwiss. Forsch. 13: S. 248-259.

PECSI, M. und RICHTER, G. (1996): Löss (Herkunft, Gliederung, Eigenschaften). - Ztschr. Geomorph. Suppl. Bd. 98: 391 S.; Berlin/Stuttgart.

PENCK, A. und BRÜCKNER, E. (1901-1909): Die Alpen im Eiszeitalter. 3 Bde.; Leipzig.

PETERMÜLLER-STROBL, M. und HEUBERGER, H. (1985): Erläuterungen zur Geomorphologischen Karte von Deutschland 1:25.000. Blatt 8133 (Seeshaupt): S. 1-58; Berlin.

PETROV, B.F. (1946): Die Böden des Kusnezker Alataus. - Pocvovedenje Jg. 1946, Nr. 11: S. 641-668; Moskau (russ.).

PETROV, B.F. (1952): Die Böden des Altai-Sajan-Gebietes. - Arbeiten des Dokuchaevinstituts für Bodenkunde, Nr.: 248 S.; Moskau (russ.).

PLASS, W. (1966): Braunerden und Parabraunerden in Nordhessen. - Ztschr. Pflanzenern., Düng. u. Bodenk. 114: S. 12-27; Weinheim.

POJARKOV, V.V. (1936): Die Böden des westlichen Salairgebietes. - In: „Materialien der Barnaul-Kusnezker bodenkundlichen Expedition 1931". Moskau-St. Petersburg (russ.).

POLYNOV, B.B. (1934): Die Verwitterungskruste: 240 S.; St. Petersburg (russ.).

PONOMAREVA, V.V. (1969): Theory of Podzolization: 309 S.; Jerusalem.

POPOVNIN, V.V. (1998): Die Gletscher im Einzugsgebiet des oberen Baksantals. - In: BAUME, O. und MARCINEK, J. (Hrsg.): Gletscher und Landschaften des Elbrusgebietes: S. 71-76; Gotha.

POWERS, M.C. (1953): A new roundness scale for sedimentary particles. - J. Sediment. Petrol. 23: . 117-119.

PRASOLOV, L.I. (1929): Die Braunerden der Krim und des Kaukasus. - Priroda 5: S. 429-438; Moskau (russ.).

RAMANN, E. (1905): Bodenkunde: 431 S.; Berlin.

RAPPE, K. (1976): Mittelmaßstäbige landwirtschaftliche Standortkartierung (MMK) 1:25.000; Blatt 3449 Strausberg; Forschungszentrum für Bodenfruchtbarkeit Müncheberg.

RATHJENS, C. (1982): Geographie des Hochgebirges: 210 S.; Stuttgart.

RATHJENS, C. (1985): Erläuterungen zur Geomorphologischen Karte 1:100.000 der Bundesrepublik Deutschland. Blatt 8338 (Rosenheim). Stuttgart.

REDKIN, A.G. (1995): Rezente und alte Vergletscherung des Tschujabasseins (unveröff. Manuskript): 42 S.; Barnaul (russ.).

REEUWIJK van, L.P. et al. (1992): Procedures for soil analysis. - Technical Paper No. 9., ISRIC Wageningen.

REHFUESS, K.E. (1990): Waldböden: 294 S.; Hamburg/Berlin.

REUTER, B. (1978): Bedeutung spätweichselzeitlicher geomorphologischer Prozesse. - Beiträge zur Geographie 29: S. 230-272; Berlin.

REUTER, G. (1962a): Tendenzen der Bodenentwicklung im Küstenbezirk Mecklenburgs. - Wiss. Abh. Dt. Akad. Landwirtsch.-wiss. 49: S. 12-25; Berlin.

REUTER, G. (1962b): Lessive-Braunerde-Interferenzen auf Geschiebemergel. - Ztschr. Pflanzenern., Düng. u. Bodenk. 98: S. 240-246; Weinheim.

REUTER, G. (1967): Gelände- und Laborpraktikum der Bodenkunde: 126 S., Deutscher Landwirtschaftsverlag Berlin.

RIEK, W. und STÄHR, F. (2004): Eigenschaften typischer Waldböden im Nordostdeutschen Tiefland unter besonderer Berücksichtigung von Brandenburg. Eberswalder Forstliche Schriftenreihe, XIX, 180 S., Eberswalde.

ROCHOW, E. (1960): Die Vegetationsverhältnisse der Forstorte „Stärtchen" und „Freibusch" im Baruther Urstromtal östlich Luckenwalde. - Wiss. Zeitschr. der Päd. Hochschule Potsdam. Math.-Nat. Reihe 6: S. 131-146; Potsdam.

RÖGNER, K. (1992): Das Memminger Trockental - Objekt geoökologischer Studien. - Flensburger Regionale Studien, Sonderheft 2: S. 257-293; Flensburg.

ROESCHMANN, G. (1994): Prozesse der Bodenbildung. - In: KUNTZE, H. et al.: Bodenkunde: S. 226-246; Stuttgart.

ROESCHMANN, G., EHLERS, J., MEYER, B. und ROHDENBURG, H. (1982): Paläoböden in Niedersachsen, Bremen und Hamburg. - Geol. Jb. F14: S. 255-309; Hannover.

ROHDENBURG,H. (1978): Zur Problematik der spätglazialen und holozänen Bodenbildung in Mitteleuropa. - In: NAGL, H. (Hrsg.): Beiträge zur Quartär- und Landschaftsforschung, Festschr. J. Fink: S. 467-471; Wien.

ROMANOVSKIJ, N.N. (1973): Regularities in formation of Frost-fissures and development of Frost-fissure polygons. - Biuletyn Peryglacjalny 23: S. 237-277; Lodz.

ROMASCHKEVITSCH, A.I. (1974): Böden und Verwitterungsrinden der feuchten Subtropen Westgeorgiens: 132 S.; Moskau (russ.).

ROMASCHKEVITSCH, A.I. (1978): Verwitterung und Bodenbildung im Waldgürtel Westgeorgiens. - In: TARGULJAN, V.O. (Hrsg.): Bodenbildung und Verwitterung in humiden Landschaften: S. 66-90; Moskau (russ.).

ROMASCHKEVITSCH, A.I. (1987): Waldwiesenböden - Prozesse, Evolution, Transformation. - In: KOTLJAKOV, V.M. (Hrsg.): Transformation von Bergökosystemen im Zentralen Kaukasus: S. 40-50; Moskau (russ.).

ROTHPLETZ, A. (1917): Die Osterseen und der Isar-Vorlandgletscher. Eine geologische Schilderung der Umgebung der Osterseen und ihrer Beziehungen zur Vorlandvergletscherung. - Landeskundl. Forsch. 24: 199 S.; München.

ROTTER, W. (1972): Bodentypen. - In: LEIDLMAIR, W. (Hrsg.): Tirol-Atlas. Blatt C7, 1:300 000; Innsbruck.

RÜCKERT, G. (1967): Erläuterungen zur Bodenkarte von Bayern 1:25.000. Blatt 7837 (Markt Schwaben): 122 S.; München.

SABASCHVILI, M.N. (1967): Über die braunen Waldböden Transkaukasiens. - In: ANONYMUS; (Hrsg.): Die Besonderheiten der Bodenbildung in der Zone brauner Waldböden: S. 15-27; Vladivostok (russ.).

SACHAROV, S.A (1913): Wichtigste Aspekte der Bodenbildung von Bergländern: 75 S.; Moskau (russ.).

SACHS, V.N. (1948): Das Quartär in der sowjetischen Arktis. - Trudy Arkticheskogo nauchn.-issled. Instituta 201 (russ.).

SAIDELMAN, F.R. (1974): Podsol- und Gleyentstehung: 208 S.; Moskau (russ.).

SARRINA, E.P., KVASOV, D.D. und KRASNOV, I.I. (1965): Schematische Karte der Endmoränen und Gletscherstauseen im Europäischen Teil der UdSSR und dem benachbarten Ausland. Moskau (russ.).

SCHEFFER, F., MEYER, B. und GEBHARDT, H. (1966): Pedochemische und kryoklastische Verlehmung (Tonbildung) in Böden aus kalkreichen Lockersedimenten (Beispiel Löß). - Z. Pflanzenern., Düng., Bodenkde., 114: S. 77-89; Weinheim.

SCHEFFER, F. und SCHACHTSCHABEL, P. (1998): Lehrbuch der Bodenkunde. Stuttgart.

SCHILLING, W. und WIEFEL, H. (1962): Jungpleistozäne Periglazialbildungen und ihre regionale Differenzierung in einigen Teilen Thüringens und des Harzes. - Geologie 11: S. 428-460; Berlin.

SCHLAAK, N. (1993): Studie zur Landschaftsgenese im Raum Nordbarnim und Eberswalder Urstromtal. - Berl. Geogr. Arb., 76: 145 S.; Berlin.

SCHLAAK, N. (1997): Äolische Dynamik im brandenburgischen Tiefland seit dem Weichselspätglazial. - Arbeitsberichte Geogr. Inst. Humboldt-Universität zu Berlin 24: 58 S.; Berlin.

Schlaak, N. (1998): Der Finowboden - Zeugnis einer begrabenen weichselspätglazialen Oberfläche in den Dünengebieten Nordostbrandenburg. - Münchener Geographische Abhandlungen 49: S. 143-148; München.

SCHLICHTING, E. und BLUME, H.-P. (1961): Das grundsätzliche Bodenprofil auf jungpleistozänem Geschiebemergel und seine grundsätzliche Deutung. - Zeitschr. Pflanzenern., Düngung, Bodenk. 95: S. 193-208; Weinheim.

SCHLICHTING, E. und BLUME, H.-P. (1965): Bodenkundliches Praktikum. Hamburg/Berlin.

SCHLICHTING, E., BLUME, H.-P. und STAHR, K. (1995): Bodenkundliches Praktikum: 295 S.; Berlin/Wien.

SCHLÜCHTER, C., MAISCH, M., SUTER, J., FITZE, P., KELLER, W.A., BURGA, C. und WYNISTORF, E. (1987): Das Schieferkohlen-Profil von Gossau (Kanton Zürich) und seine stratigraphische Stellung innerhalb der letzten Eiszeit. - Vierteljahresschrift der Naturforsch. Ges. Zürich 132: S. 135-174; Zürich.

SCHMIDT, R. (1975): Grundlagen der mittelmaßstäbigen landwirtschaftlichen Standortkartierung. - Archiv Acker-Pflanzenbau und Bodenkunde 19: S. 533-543; Berlin.

SCHMIDT, R. (1991): Genese und anthropogene Entwicklung am Beispiel einer typischen Bodencatena des norddeutschen Tieflandes. - Petermanns Geogr. Mitt. 135: S. 29-37; Gotha.

SCHMIDT, R. (1996): Bodenregion der Jungmoränenlandschaften in Mecklenburg-Vorpommern und Brandenburg.- In: BLUME, H.-P. et al. (Hrsg.): Handbuch der Bodenkunde: S. 22-35; Landsberg.

SCHNITNIKOV, A.V. (1957): Humiditätsveränderungen auf den Kontinenten der Nordhalbkugel der Erde. - Mitt. der Geogr. Ges. der UdSSR 16:. 240 S; Moskau (russ.).

SCHOBA, V.N. (1978): Migrationsformen des Eisens, Aluminiums und Siliziums in stark entwickelten Dernopodsolen des Salairs. - Spezifik der Bodenentwicklung Sibiriens, S. 78-85; Novosibirsk (russ.).

SCHÖNHALS, E. und POETSCH, T.J. (1976): Körnung und Schwermineralbestand als Kriterien für eine Deckschicht in der Umgebung von Seefeld und Leutasch (Tirol). - Eiszeitalter und Gegenwart 27: S. 134-142; Öhringen.

SCHRÖDER, D. und SCHNEIDER, R. (1996): Eigenschaften und spätglaziale/holozäne Entwicklung von Böden unterschiedlicher Nutzung aus Decksand über Geschiebemergel in Nord-Ost-Mecklenburg. - In: LANDESAMT FÜR NATUR UND UMWELT DES LANDES SCHLESWIG-HOLSTEIN (Hrsg.): Böden als Zeugen der Landschaftsentwicklung. S. 37-47; Kiel.

SCHRÖDER, H., GUNJA, A. und FICKERT, T. (1996): Vergleichende Periglazialmorphologie im zentralen Teil des nördlichen Tienschan.- Mitt. Fränk. Geogr. Ges. 43: S. 275-300; Erlangen.

SCHRÖDER, H. und EIDAM, U. (2001): Pedological Research on the Loess of Almaty, Kazakhstan. - In: SCHRÖDER, H. und SEVERSKIY, I. (Hrsg.) : Assessment of renewable ground and surface water resource and the impact of economic activity on runoff in the basin of the Ili river (Republic of Kazakhstan). Mid Term Report, Inco-Copernicus, Erlangen, 2001.

SCHRÖDER, H., MUNACK, H. und NEUBARTH, E. (2004): Kasachstan. Die südöstliche Region. Bericht zur Hauptexkursion 2003. (= Arbeitsberichte 96 des Geographischen Instituts der Humboldt-Universität zu Berlin). 186 S.; Berlin.

SCHTCHERBAKOVA, E.M. (1973): Die vorzeitliche Vereisung im Zentralen Kaukasus. 127 S.; Moskau (russ.).

SCHULTE, L. (1899): Geologische Specialkarte von Preußen und den Thüringischen Staaten. Blatt 2844 (Fürstenberg/Havel).

SCHULTZ, J. (1988): Die Ökozonen der Erde. S. 1-488; Stuttgart.

SCHULZ, H. (1956): Der Geschiebedecksand als spätglaziale Wanderschuttdecke im brandenburgischen Alt- und Jungmoränengebiet. - Petermanns Geogr. Mitt. 100: S. 16-28; Gotha/Leipzig.

SCHULZE, E.-D., SCHULZE, W., KELLIHER, F.M., VYGODSKAYA, N.N., ZIEGLER, W., KOBAK, K.I., KOCH, H. ARNETH,, A., KUSNETSOVA, W.A., SOGATCHEV, A., ISSAJEV, A., BAUER, G. und HOLLINGER, D.Y. (1995): Abovegrond biomass and nitrogen nutrition in a chronosequence of pristine Dahurian Larix stands in eastern Siberia. Can. J. For. Res. 25: S. 943-960.

SCHWABEDISSEN, H. (1954): Die Federmesser-Gruppen des nordwesteuropäischen Flachlands. (Zur Ausbreitung des Spätmagdaleniens). Offa - Bücher N.F. 9; Neumünster.

SCHWERTMANN, U. (1959): Die fraktionierte Extraktion der freien Eisenoxide in Böden, ihre mineralogischen Formen und Entstehungsweisen. - Z. Pflanzenern., Düng., Bodenk., 84: S. 194-204; Weinheim.

SEIBERT, P. (1968): Übersichtskarte der natürlichen Vegetationsgebiete von Bayern 1:500.000 mit Erläuterungen.- Schriftenr. für Vegetationskunde 3: 84 S.; Bonn-Bad Godesberg.

SELIVERSTOV, JU.P. et al. (1992): Geoökologie von intramontanen Depressionen: 292 S.; St. Petersburg (russ.).

SEMMEL, A. (1964): Junge Schuttdecken in hessischen Mittelgebirgen.- Notizbl. Hess. L.-amt Bodenforsch. 92: S. 275-285; Wiesbaden.

SEMMEL, A. (1973): Periglaziale Umlagerungszonen auf Moränen und Schotterterrassen der letzten Eiszeit im deutschen Alpenvorland. - Z. Geomorph. N.F., Suppl.Bd., 17: S. 118-132; Berlin/Stuttgart.

SEMMEL, A. (1980): Periglaziale Deckschichten auf weichselzeitlichen Sedimenten in Polen.- Eiszeitalter und Gegenwart, 30: S. 101-108; Hannover.

SEMMEL, A. (1993): Grundzüge der Bodengeographie: 127 S.; Stuttgart.

SEMMEL, A. (1996): Glanz und Elend der deutschen Paläopedologie.- Festschr. H. E. Stremme: S. 7-13; Kiel.

SEREBRJAKOV, A.K. (1957): Die Böden des Teberda-Nationalparks. - Arb. d. Teberda-Nationalparks 1: S. 51-79; Krasnodar (russ.).

SEREBRJANNIJ, L.R. et al. (1984): Gletscherschwankungen und Moränenakkumulation im Zentralen Kaukasus: 215 S.; MOSKAU (RUSS).

SERGEJEW, J.M., V.S. BYKOWA und N.N. KOMISAROWA (1986): Lößgesteine der UdSSR.- 276 S. Moskau (russ.).

SIBIRZEW, N.M. (1898): Kurze Übersicht der wichtigsten Bodentypen von Russland. - Notizen der Institute von Nowo-Alexandria 11; St. Petersburg (russ.).

SIBRAVA, V. (1968): Continental glaciation in Central Europe and their relation to the stratigraphy of extraglacial areas. - In: Means of correlation of quaternary successions 8: S. 547-557.

SIDDIQUI, N. (1999): Geomorphologische Karten und Bodenkarten der Blattgebiete Strausberg und Königsdorf. - Unveröff. Diplomarbeit am Inst. für Geographie der Universität München.

SIMON, W. (1960): Sandige Ackerböden: 601 S.; Deutscher Landwirtschaftsverlag Berlin.

SOIL SURVEY STAFF (1960): Soil Classification. A Comprehensive System. 7th Approximation. Washington D.C.

SOIL SURVEY STAFF (1998): Keys to Soil Taxonomy, 8th ed, United States Department of Agriculture. Internet-Version, http://www.statlab.iastate.edu/soils/keytax/KeystoSoilTaxonomy1998.pdf.

SOKOLOV, I.A. (1973): Vulkanismus und Bodenbildung (am Beispiel Kamchatkas): 320 S.; Moskau (russ.).

SOKOLOV, A.A. (1978): Böden der Hügelländer und Mittelgebirge Ostkasachstans: 221 S.; Alma-Ata (russ.).

SOKOLOV, I.A. und TARGULJAN, V.O. (1970): Statistische Ansätze zur Bodenanalyse am Beispiel der Baikalgebirgswälder. - In: Gesetzmäßigkeiten der räumlichen Varianz von Bodeneigenschaften. Moskau (russ.).

SOKOLOVA, M.V. und SOKOLOV, I.A. (1969): The Mountain-Taiga Soils of Eastern Transbaikalia. - In: IVANOVA, E.N. (Hrsg.): Soils of Eastern Siberia: S. 1-56; Jerusalem.

STÄBLEIN, G. (1979): Böden und Relief in Westgrönland. - Ztschr. Geomorph., N.F., Suppl.-bd. 33: S. 232-245; Berlin-Stuttgart.

STAHR, K. (1979): Die Bedeutung periglazialer Deckschichten für Bodenbildung und Standortseigenschaften im Südschwarzwald.- Freiburger Bodenkundliche Abhandlungen 9: 273 S.; Freiburg.

STAKANOW, V.D. (2002): Charakteristik des Waldbestandes. - In: PLESCHIKOW, F.I. (Hrsg.): Waldökosysteme entlang des Jenissejs: S. 19-24; Novosibirsk (russ.).

STOLBOVOI, V. (2000): Soils of Russia - Correlated with the Revised Legend of the FAO Soil Map of the World and World Reference Base for Soil Resources. - IIASA Research Report RR-00-13.: 112 S.; Laxenburg.

STREMME, H. (1930): Die Braunerden. - Blancks Handbuch der Bodenlehre, Bd. III; Berlin.

STREMME, H.E. (1954): Die charakteristischen Tonminerale einiger Hauptbodentypen. - Z. Pflanzenern., Düng., Bodenkunde 110: S. 1-9; Weinheim.

STREMME, H.E., FELIX-HENNINGSEN, P., WEINHOLD, H. und CHRISTENSEN, S. (1982): Paläoböden in Schleswig-Holstein. - Geol. Jb. F14: S. 311-361; Hannover.

SUCCOW, M. (1982): Topische und chorische Naturraumtypen der Moore. - In: KOPP, D., JÄGER, K.-D. und SUCCOW, M.: Naturräumliche Grundlagen der Landnutzung am Beispiel des Tieflandes der DDR: S. 138-182; Berlin.

TARGULJAN, V.O. (1971): Bodenbildung und Verwitterung unter kalt-humiden Verhältnissen. Moskau (russ.).

TARGULJAN, V.O., SOKOLOVA, T.A., BIRINA, A.G., KULIKOV, A.V. und ZELITSCHEVA, L.K. (1974): Organisation, Zustand und Genese eines Dernopodsols auf Decklehm (analytische Betrachtung): 109 S.; Moskau (russ.).

TAVERNIER, R. und SMITH, G.D. (1957): The concept of Braunerde (Brown forest soil) in Europe and the United States. - Advances in Agronomy 9: S. 217-289; New York.

TEDROW, J.C.F. und HILL, D.E. (1955): Arctic Brown Soil. - Soil science, 80: S. 265-276; Baltimore.

TESCHNER-STEINHARDT, R. und MÜLLER, M. (1994): Zur Genese und dem Alter der Dünen in der Havel-Niederung, Berlin-Tegeler Forst. - Die Erde 125: S. 123-138; Berlin.

THIERE, J. und LAVES, D. (1968): Untersuchungen zur Entstehung der Fahlerden, Braunerden und Staugleye im nordostdeutschen Jungmoränengebiet.- A.-Thaer-Archiv, 12: S. 659-678; Berlin.

TIROL ATLAS (1972): Die Böden. - In: LEIDLMAIR, A. (Hrsg.): Eine Landeskunde in Karten. Innsbruck.

TOEPFER, V. (1970): Stratigraphie und Ökologie des Paläolithikums. - In: RICHTER, H. et al.: Periglazial-Löß-Paläolithikum im Jungpleistozän der DDR: S. 329-414; Gotha/Leipzig.

TOLLNER, H. (1969): Klima, Witterung und Wetter in der Großglocknergruppe.- Wiss. Alpenvereinshefte 21: S. 83-94; München.

TRETER, U. (1990): Die borealen Waldländer. Ein physisch-geographischer Überblick. - Geographische Rundschau 42: S. 372-381; Braunschweig.

TRETER, U. (1993): Die borealen Waldländer. Braunschweig.

TRETER, U. (1996): Gebirgs-Waldsteppe in der Mongolei. - Geogr. Rundschau, Nr. 48: S. 655-661; Braunschweig.

TROLL, K. (1924): Der diliviale Inn-Chiemseegletscher - Das geographische Bild eines typischen Alpenvorlandgletschers. - Forsch. Zur dt. Landes- und Volkskunde 23: 121 S.; Stuttgart.

TROLL, C. und PAFFEN, K.H. (1964): Karte der Jahreszeiten-Klimate der Erde. - Erdkunde 18: S. 5-28; Bonn.

TSCHERBAKOVA, E.M. (1960): Die Rolle periglazialer Prozesse bei der Reliefentwicklung am Nordhang des zentralen Kaukasus. - In: MARKOV, K.K. und POPOV, A.I. (Hrsg.): Periglazialerscheinungen auf dem Territorium der UdSSR: S. 231-248; Moskau (russ.).

TSCHUPACHIN, B.M. (1968): Physische Geographie Kasachstans: 260 S.; Alma Ata (russ.).

TUCKER, M. (1996): Methoden der Sedimentologie: 366 S.; Stuttgart.

TUMEL, N.V. (1988): Kryolithologische Untersuchungen auf der Forschungsstation: S. 1-98: Moskau (russ.).

TUSCHINSKIJ, G.K. (1968): Vereisungsrhythmen des Kaukasus in historischer Zeit. - In: TUSCHINSKIJ, G.K. (Hrsg.): Die Vereisung des Elbrus: S. 256-263; Moskau (russ.).

UGOLINI, F.C. und SLETTEN, R.S. (1988): Genesis of arctic brown soils (Pergelic cryochrept) in Svalbard. - In: SENNESET, K. (Hrsg.): Permafrost. 5. International Conference. Proceedings vol. 1: S. 478-483; Trondheim.

VANDENBERGHE, J. (1991): Changing conditions of aeolian sand deposition during the last deglaciation period. - Z. Geomorph. N.F., Suppl.-bd. 90: S. 193-207; Berlin-Stuttgart.

VANDENBERGHE, J. (1993): Permafrost changes in Europe during the Last Glacial. - Permafrost and Periglacial Processes 4: S. 121-135; London.

VARDANJANZ, L.A. (1932): Geotektonik und Geoseismik des Darjal als Hauptgrund der katastrophalen Eisstürze an den Gletschern des Kasbekmassivs. - Mitt. der Staatlichen Geogr. Gesellschaft 14: S. 12-25; Moskau (russ.).

VEIT, H. (1988): Fluviale und solifluidale Morphodynamik des Spät- und Postglazials in einem zentralalpinen Flußeinzugsgebiet (südliche Hohe Tauern, Osttirol). - Bayreuther Geowiss. Arb., Nr. 13: 167 S.; Bayreuth.

VEIT, H. (2002): Die Alpen - Geoökologie und Landschaftsentwicklung: 352 S.; Stuttgart.

VELICHKO, A.A. (1975): Paragenesis of a cryogenic (periglacial) zone. - Biul. Peryglacjalny 24: S. 89-110; Lodz.

VELICHKO, A.A. (1995): The Pleistocene termination in Northern Eurasia. - Quaternary International 28: S. 105-111; London.

VELICHKO, A.A., MOROSOVA, T.D., NETSCHAJEV, V.P. und POROSCHNJAKOVA, O.M. (1996): Paläokryogenese, Böden und Ackerbau: 150 S.; Moskau (russ.).

VENZKE, J.-F. (1994): Aspekte der Geoökologie semiarid-borealer Landschaften in Zentral-Jakutien, Sibirien. - Essener Geogr. Arb. 25: S. 79-98; Essen.

VILENSKI, D.G. (1967): The Russian school of Soil cartography: 103 S.; Jerusalem.

VLADYTSCHENSKIJ, A.S. (1998): Besonderheiten der Bodenbildung in Gebirgen; 121. S.; Moskau (russ.).

VÖLKEL, J. (1995): Periglaziale Deckschichten und Böden im Bayerischen Wald und Randgebieten. - Z. Geomorph., Suppl.-Bd. 96: 301 S.; Berlin/Stuttgart.

VOLODITSCHEVA, N.A. (1998): Kryogene Phänomene. - In: BAUME, O. und MARCINEK, J. (Hrsg.): Gletscher und Landschaften des Elbrusgebietes: S. 118-120; Gotha.

VOLODITSCHEVA, N.A. und BAUME, O. (1998): Glazialmorphologische Beschreibung der Täler im Elbrusgebiet. - In: BAUME, O. und MARCINEK, J. (Hrsg.): Gletscher und Landschaften des Elbrusgebietes: S. 121-151; Gotha.

VOSSMERBÄUMER, H. (1976): Granulometrie quartärer äolischer Sande in Mitteleuropa. - Z. Geomorph. N.F. 20: S. 78-96; Berlin/Stuttgart.

VYSOTSKIJ, G.N. (1909): Über phytotopologische Karten, die Verfahren ihrer Herstellung und ihre praktische Bedeutung.- Pocvovedenje 1; Moskau (russ.).

WAGENBRETH, O. und STEINER, W. (1985): Geologische Streifzüge: S. 1-204; Leipzig.

WAGNER, G.A. (1995): Altersbestimmung von jungen Gesteinen und Artefakten: 277 S.; Stuttgart.

WAGNER, G.A. und ZÖLLER, L. (1987): Thermolumineszenz - Uhr für Artefakte und Sedimente. - Physik in unserer Zeit. 18: S. 1-9.

WAGNER, G.A. und ZÖLLER, L. (1989): Neuere Datierungsmethoden für geowissenschaftliche Forschungen. Unter besonderer Berücksichtigung der Thermolumineszenz. - Geographische Rundschau 41: S. 507-512; Braunschweig.

WAHNSCHAFFE, F. (1882): Geologische Specialkarte von Preußen und den Thüringischen Staaten. Blatt 3348 (Werneuchen).

WAHNSCHAFFE, F. (1889): Geologische Specialkarte von Preußen und den Thüringischen Staaten. Blatt 3450 (Müncheberg).

WAHNSCHAFFE, F. (1891): Geologische Specialkarte von Preußen und den Thüringischen Staaten. Blatt 3349 (Prötzel).

WAHNSCHAFFE, F. (1895): Geognostisch-agronomische Karte Gradabt. 45, Blatt 28 Strausberg; Königlich Preuss. Geolog. Landesanstalt Berlin.

WALKER, D.A. und WALKER, M.D. (1996): Terrain and vegetation of the Imnavait Creek watershed. In: REYNOLDS, J.F. und TENHUNEN, J.D. (Hrsg.). Landscape Function and Disturbance in Arctic Tundra. Ecological Studies 120: S. 73-108; Berlin.

WALTER, H. (1973): Vegetationszonen und Klima: 253 S.; Stuttgart.

WALTER, H. und BRECKLE, S.-W. (1986): Ökologie der Erde, Band 3: Spezielle Ökologie der Gemäßigten und Arktischen Zonen Euro-Nordasiens. Gustav Fischer Verlag, Stuttgart.

WALTER, H. und LIETH, H. (1967): Klimadiagramm-Weltatlas. Jena.

WALTHER, M. (1990): Untersuchungsergebnisse zur jungpleistozänen Landschaftsentwicklung Schwansens. - Berliner Geogr. Abh. 52: 143 S.

WEBER, L. und BLÜMEL, W.D. (1992): Methodische Probleme bei bodenchemischen Untersuchungen aus dem Liefdefjord/Bockfjordgebiet (NW-Spitzbergen).- Stuttgarter Geogr. Studien 117: S. 207-216; Stuttgart.

WINTLE, A.G. (1993): Luminescence dating of aeolian sands: an overview. - In: PYE, K. (Hrsg.): The dynamic and environmental context of aeolian sedimentary systems. - Geol. Soc. Spec. Publ. 72: S. 49-58.

WRB (1998): World Reference Base for Soil Resources. - World Soil Resources Report 84; Rome.

WRB (2006): World reference base for soil resources 2006. A framework for international classification, correlation and communication. - WORLD SOIL RESOURCES REPORTS 103: 128 S.; Rom

ZECH, W., BÄUMLER, R., SAVOSKUL, O. und SAUER, G. (1996): Zur Problematik der pleistozänen und holozänen Vergletscherung Süd-Kamtschatkas - erste Ergebnisse bodengeographischer Untersuchungen. - Eiszeitalter und Gegenwart 46: S. 1-17; Hannover.

ZECH, W. und WILKE, B.-M. (1977): Vorläufige Ergebnisse einer Bodenchronosequenzstudie im Zillertal. - Mitt. dt. bdkdl. Ges., Nr 25: S. 571-586; Oldenburg.

ZÖLLER, L. (1995): Würm- und Rißlöß-Stratigraphie und Thermolumineszenzdatierung in Süddeutschland und angrenzenden Gebieten. Unveröff. Habil.-schrift Fak. Geowiss. Univ. Heidelberg.

ZOLOTARJOV, E.A., BAUME, O. und MARCINEK, J. (1998): Gletscherschwankungen im Elbrusgebiet seit dem Spätpleistozän. - In: BAUME, O. und MARCINEK, J. (Hrsg.): Gletscher und Landschaften des Elbrusgebietes: S. 77-85; Gotha.

ZONN, S.V. (1950): Bergwaldböden des nordwestlichen Kaukasus: 127 S.; Leningrad (russ.).

ZONN, S.V. (1974): Braunerdebildung und Pseudopodsolierung in Böden der Russischen Tiefebene: 269 S.; Moskau (russ.).

12. Anhang - Farbtafeln

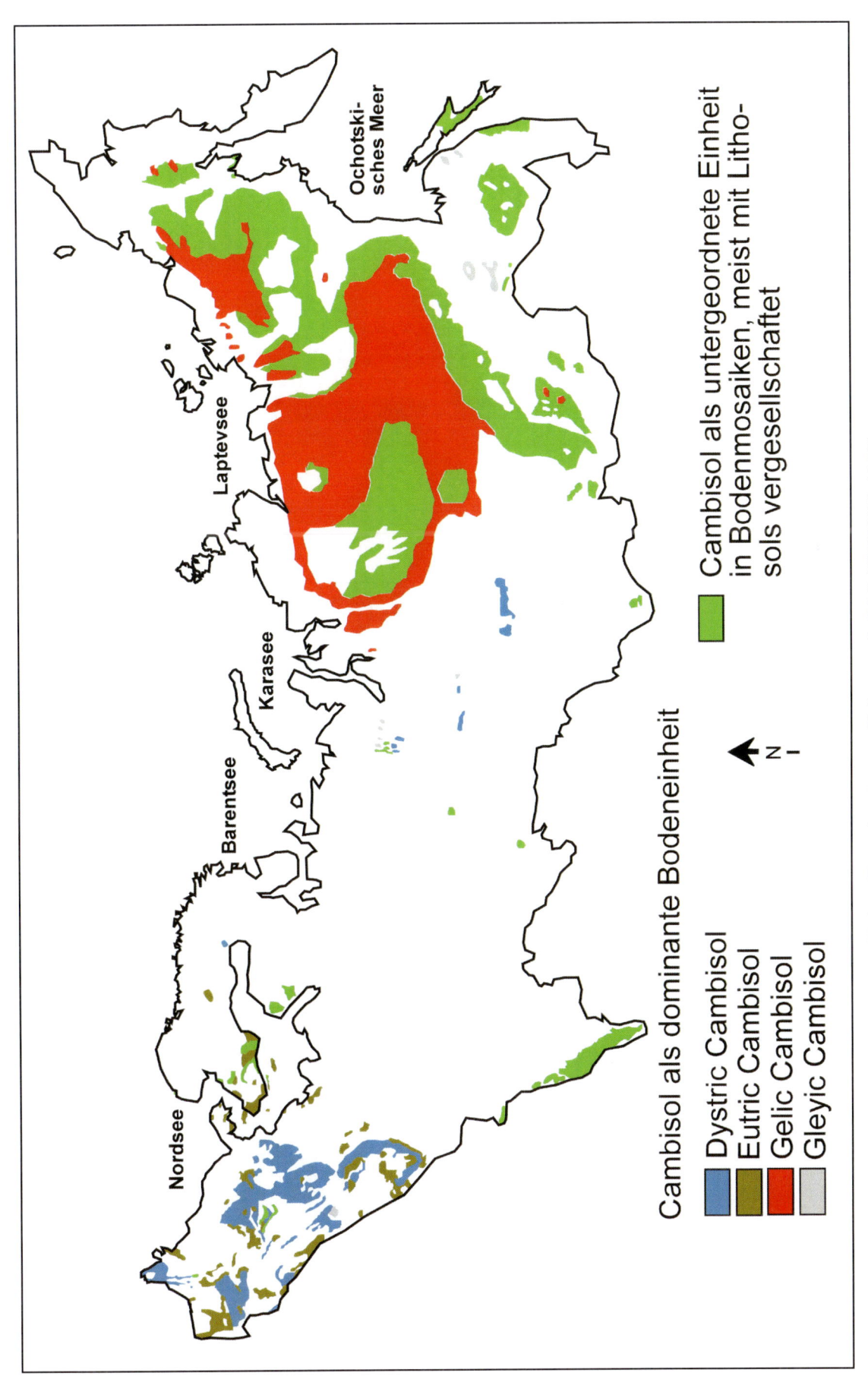

Farbtafel 1: Verbreitung von Cambisols im nördlichen Eurasien (generalisiert nach FAO-UNESCO 1978)

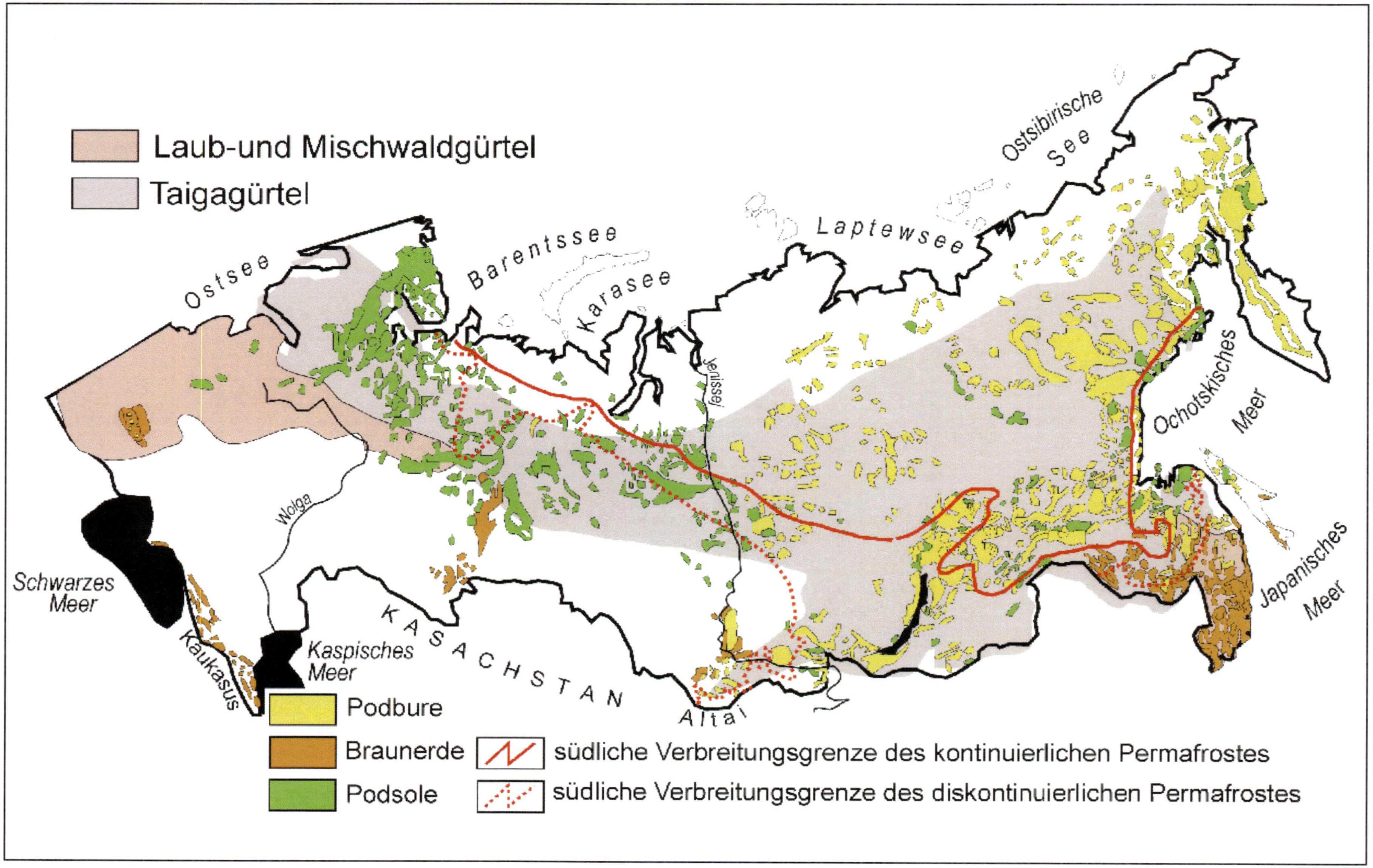

Farbtafel 2: Verbreitung von Braunerden, Podsolen und Podburen im nördlichen Eurasien (generalisiert nach BODENKARTE RUSSLANDS 1995)

Farbtafel 3-1: Profil Werneuchen 1 mit dem Paläoboden in der Profilmitte sowie der Sandkeilpseudomorphose rechts neben dem Geometerstab

Farbtafel 3-2: Begrabener Verwitterungsboden von Profil Golßen mit den liegenden Periglazialsedimenten

Farbtafel 3-3: Profil Burow

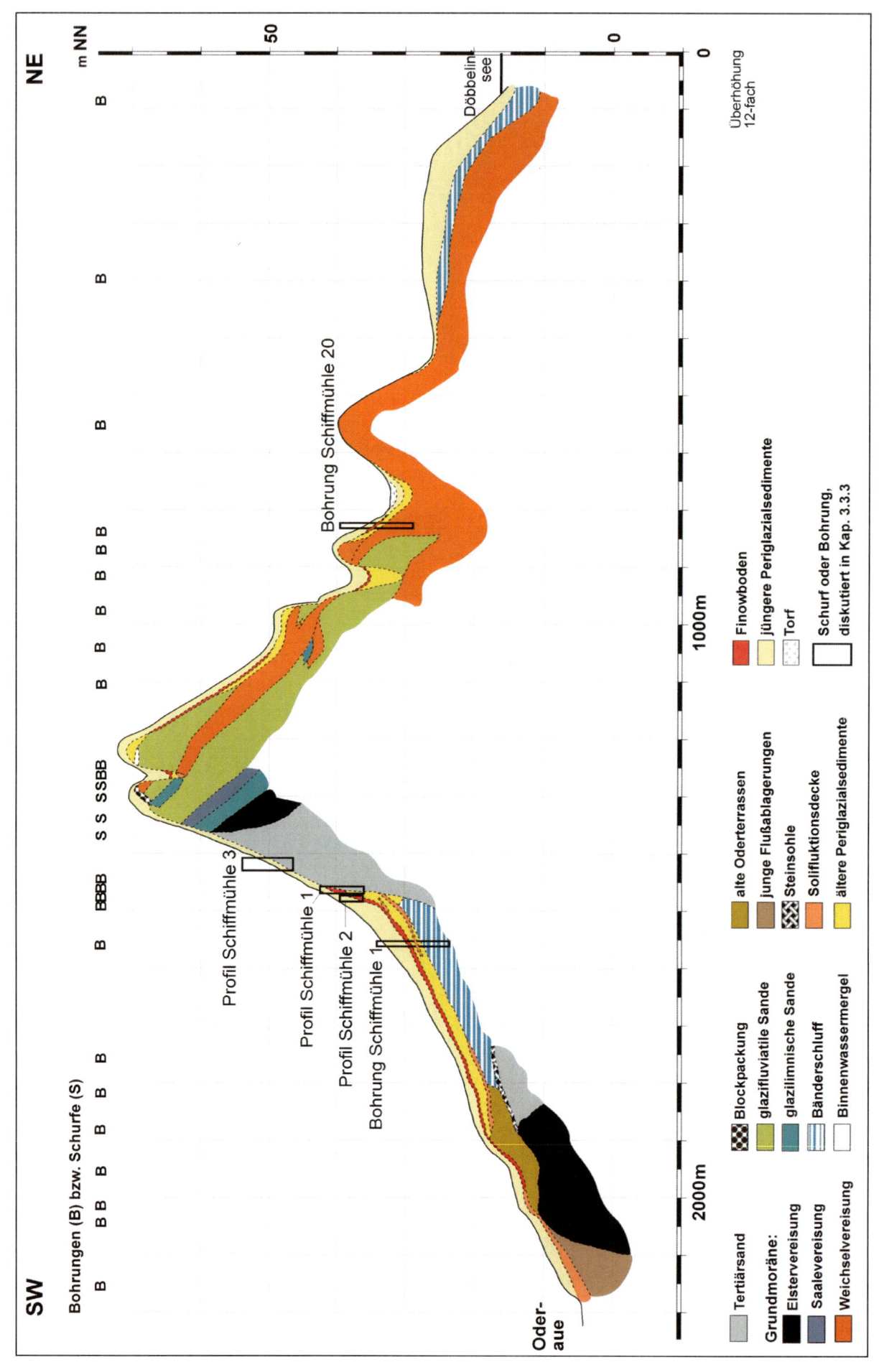

Farbtafel 4: Glazialmorphologisches Profil durch den Endmoränenwall des Pommerschen Stadiums bei Schiffmühle (ergänzt nach BUSSEMER, GÄRTNER und SCHLAAK 1993)

Farbtafel 5-1: Profil Schiffmühle 2 - typisches Vorkommen des Finowbodens mit Flugsanden im Liegenden und im Hangenden

1.180 +/-80 BP
cal AD 770-960

Finowboden

Farbtafel 5-2: Profil Melchow - junger Podsol über Finowboden (Foto Schlaak)

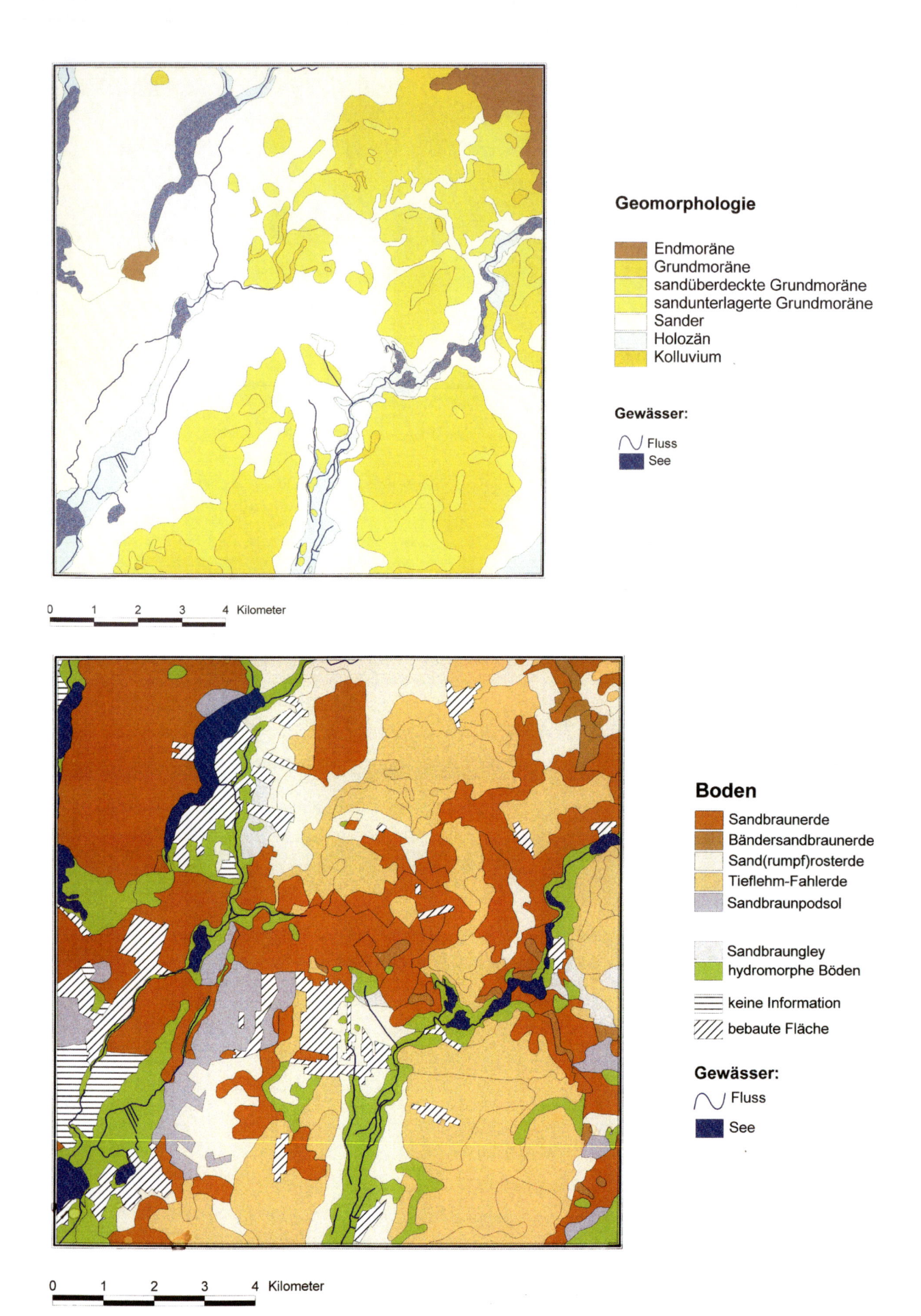

Farbtafel 6: Geomorphologie (oben) und Böden (unten) des Meßtischblattes Strausberg (nach SIDDIQUI 1999, zur Lage des Ausschnitts vgl. *Abb. 12*)

Farbtafel 7-3: Profil Hirschfelder Heide - Prototyp einer Braunerde

Farbtafel 7-2: Periglaziäre Deckserie von Profil Prötzel mit Steinanreicherung (oben) und Übergangszone

Farbtafel 7-1: Profil Sternebeck 2 - Podsol in periglaziärer Deckserie über Tertiärsand

Farbtafel 8-3: Profil Beiersdorf 4 - Braunerde-Fahlerde

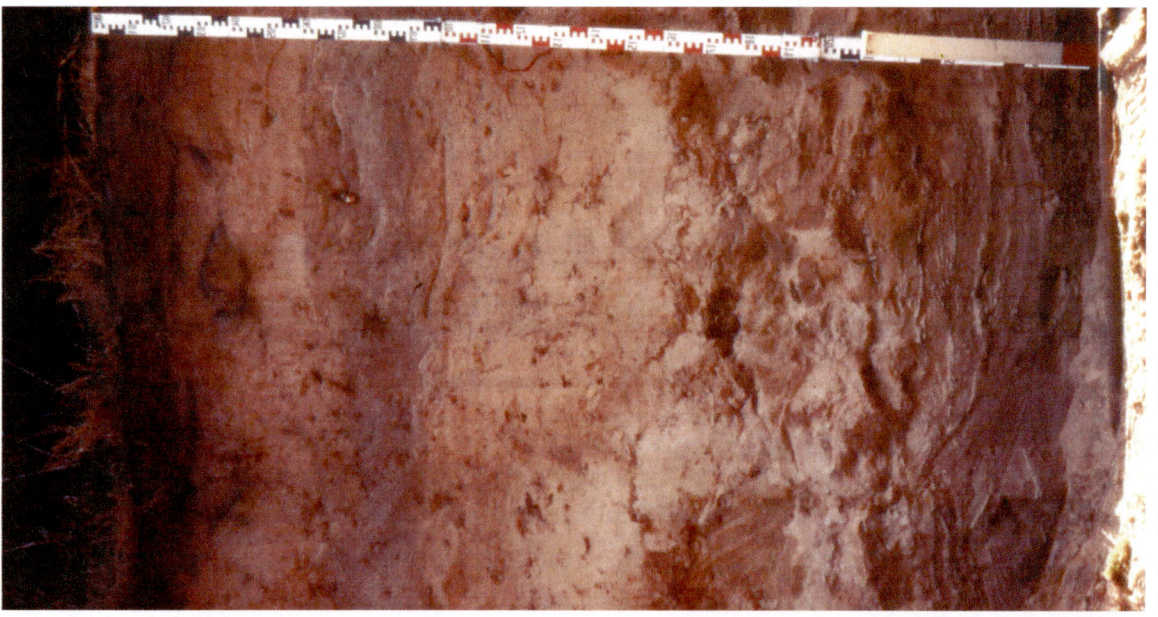

Farbtafel 8-2: Profil Werneuchen 3 - begrabene Braunerde-Fahlerde

Farbtafel 8-1: Frostbodenphänomäne im Profilkomplex Werneuchen (Übergang Al-Bt-Horizont)

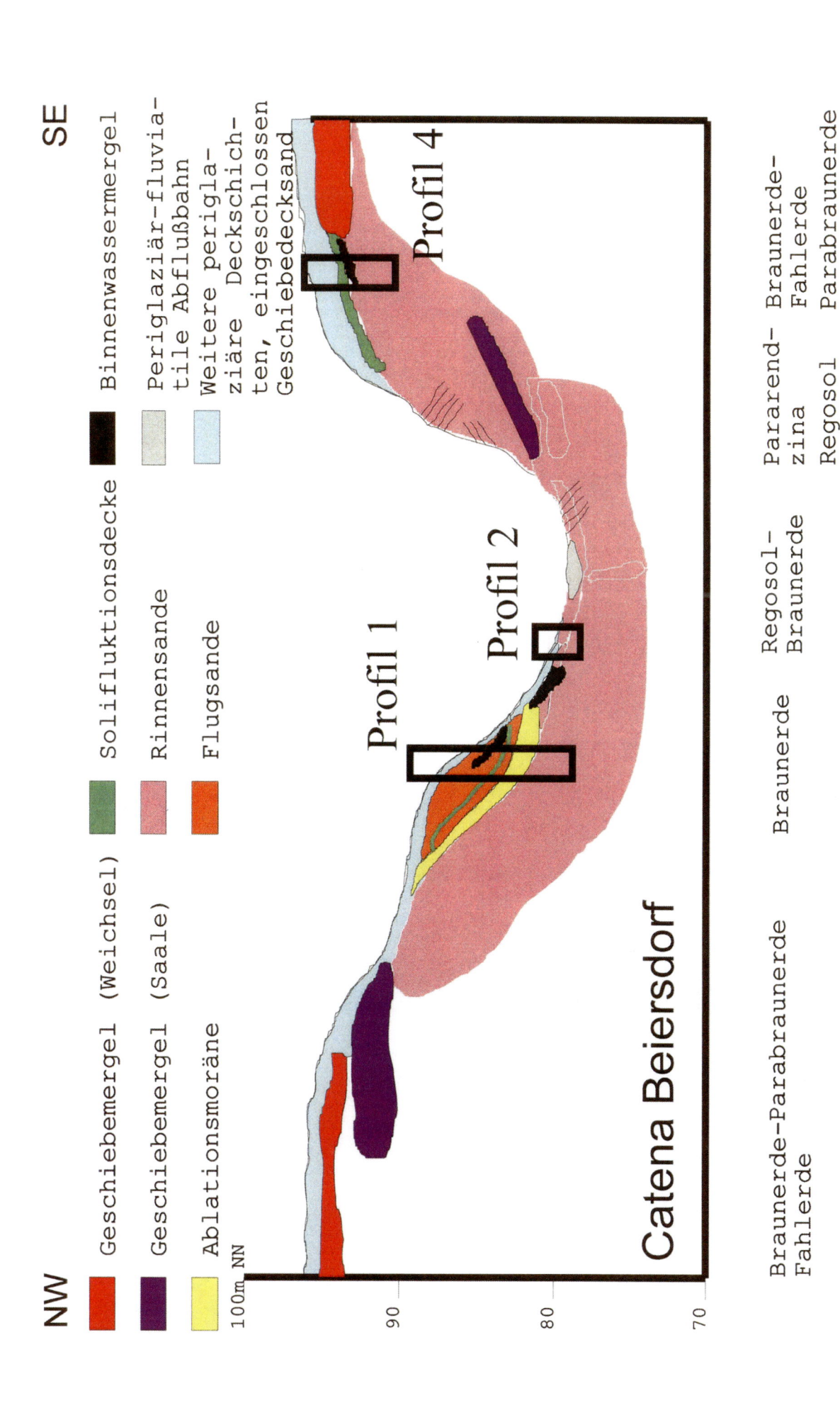

Farbtafel 9: Catena Beiersdorf - Geomorphologisch-bodenkundliches Profil durch die glaziale Rinne der Teufelsgründe

Farbtafel 10-1: Profil Beiersdorf 1 - Braunerde in mächtiger Deckserie

Farbtafel 10-2: Profil Beiersdorf 2 mit Frostspalte im Bv-Horizont

Farbtafel 10-3: Profil Dahnsdorf - parautochthones Bodensediment

Farbtafel 10-4: Profil Schöbendorf - junge Podsole und Regosole in holozänen Flugsanden

Boden

- Parabraunerde
- Pararendzina/Parabraunerde
- Podsol-Parabraunerde
- Ackerparabraunerde
- Kultopararendzina
- Kultopararendzina
- Ackerbraunerde
- Braunerde auf Kolluvium
- Braunerde
- Mullpararendzina
- Braunerde-Pararendzina
- Pseudogley
- hydromorphe Böden
- bebaute Fläche

Gewässer:
- Fluss
- Bach
- Starnberger See

Farbtafel 11: Böden von Meßtischblatt Königsdorf 8134 (generalisiert nach JERZ 1968)

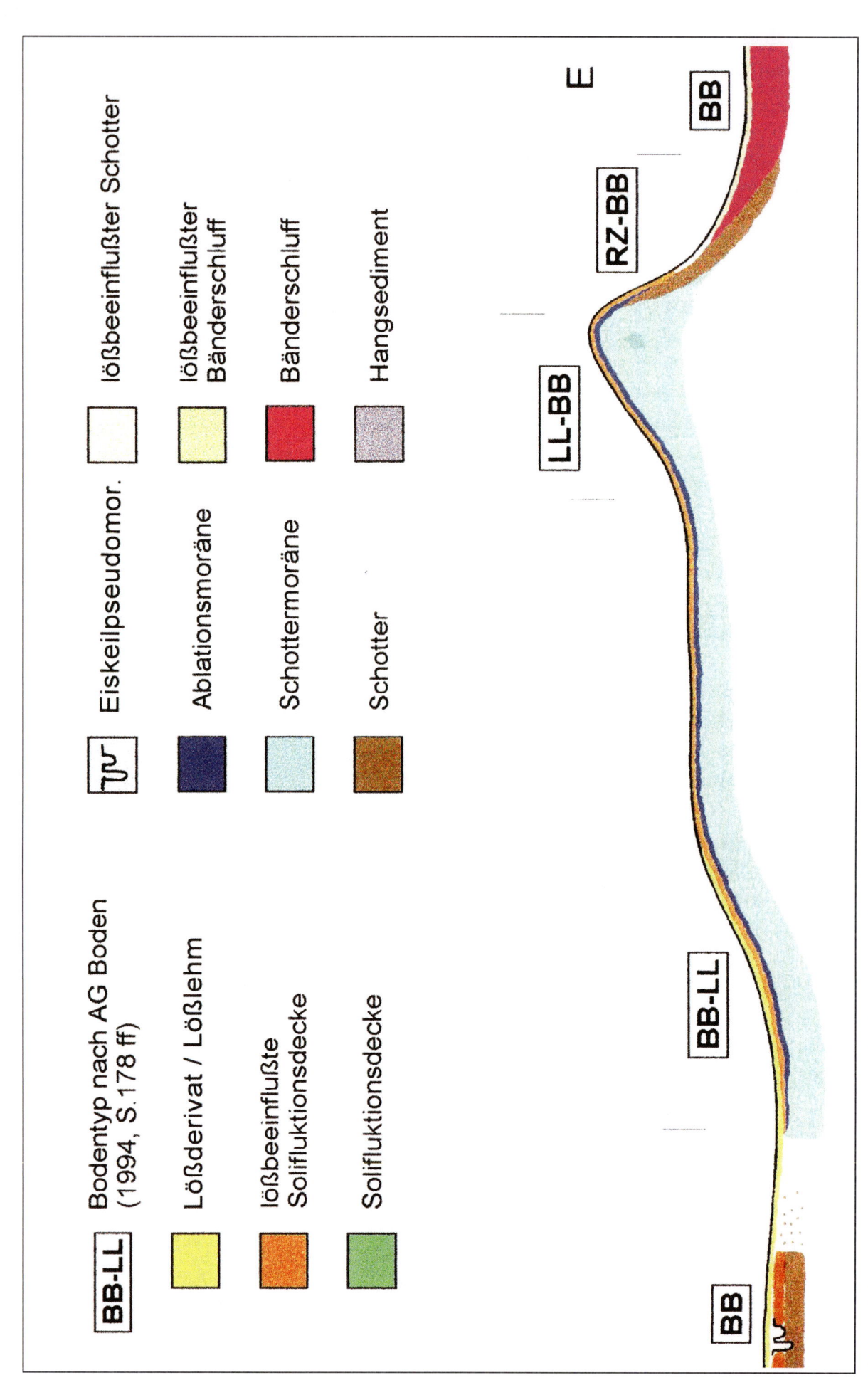

Farbtafel 12: Catena Rachertsfelden - Deckserien und Böden

Farbtafel 13-1: Profil Rachertsfelden 1 mit Eiskeilpseudomorphose

Farbtafel 13-2: Profil Fotschertal 1 - podsolige Braunerde

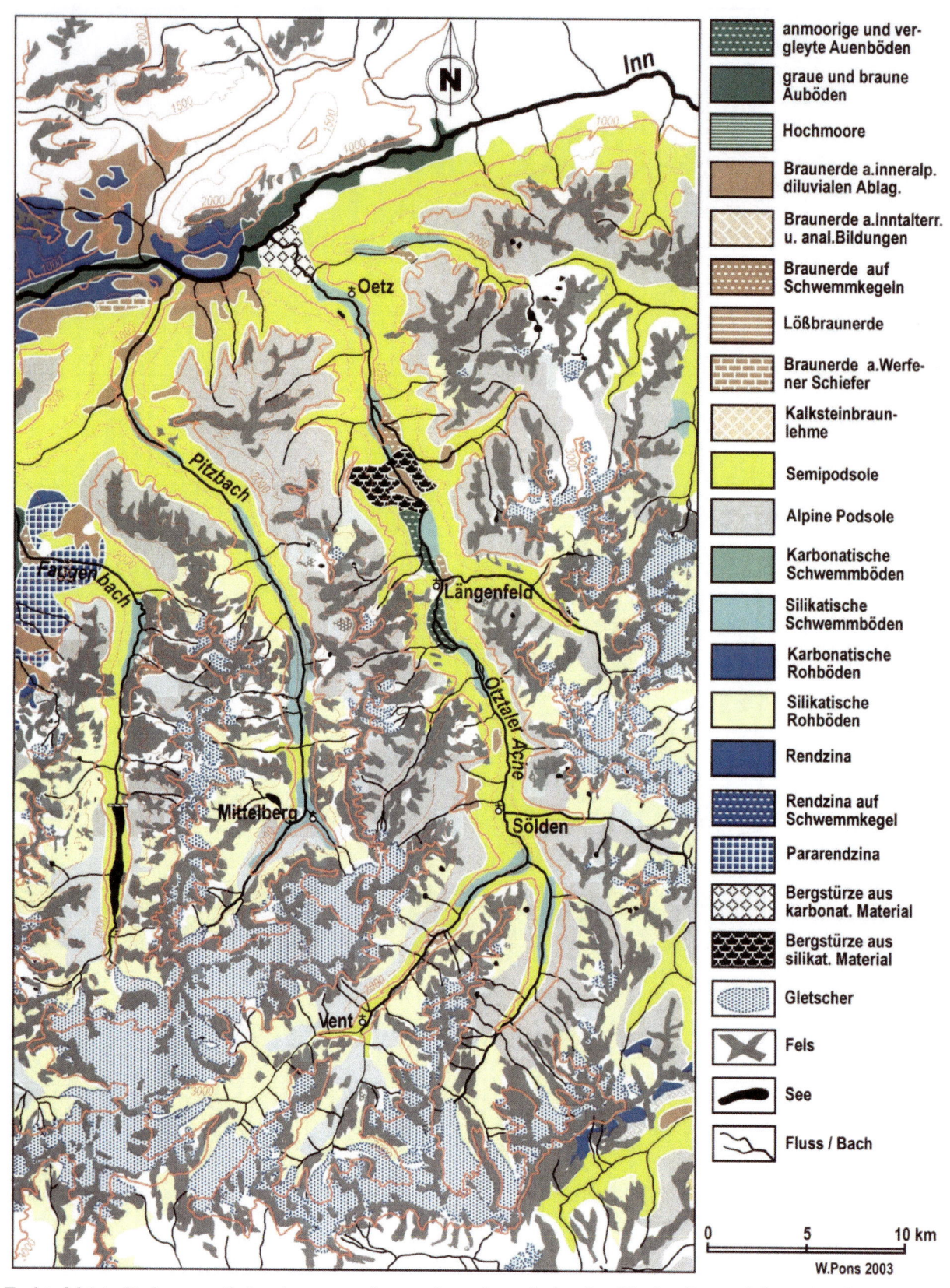

Farbtafel 14: Bodenmosaik in einem repräsentativen Ausschnitt der Tiroler Zentralalpen (nach ROTTER IN TIROL-ATLAS 1972)

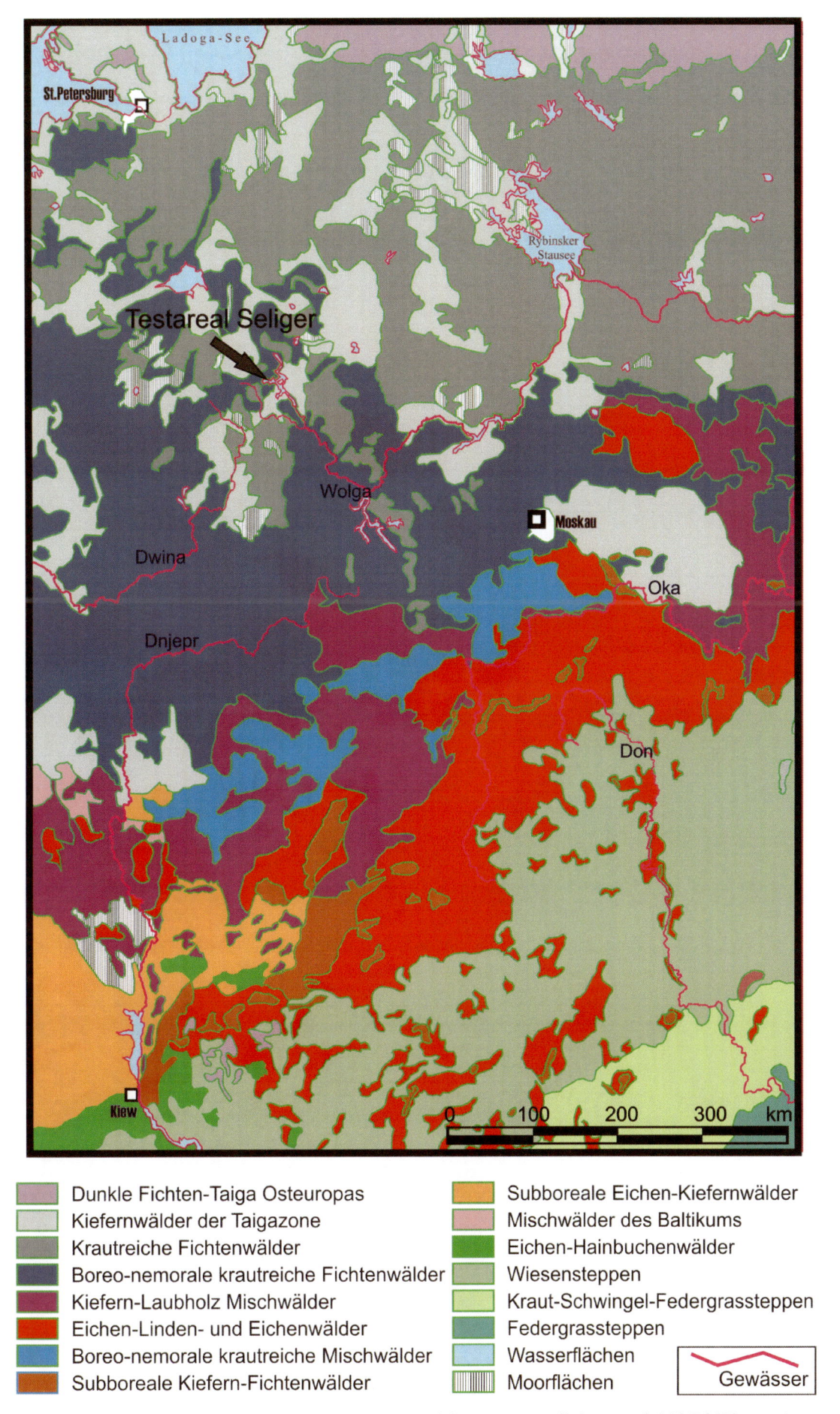

Farbtafel 15: Vegetation der Osteuropäischen Tiefebene (generalisiert nach NOTOVA 1985)

Farbtafel 16-3: Profil Asau 13a - Braunerde

Farbtafel 16-2: Profil Seliger 2 - Braunerde

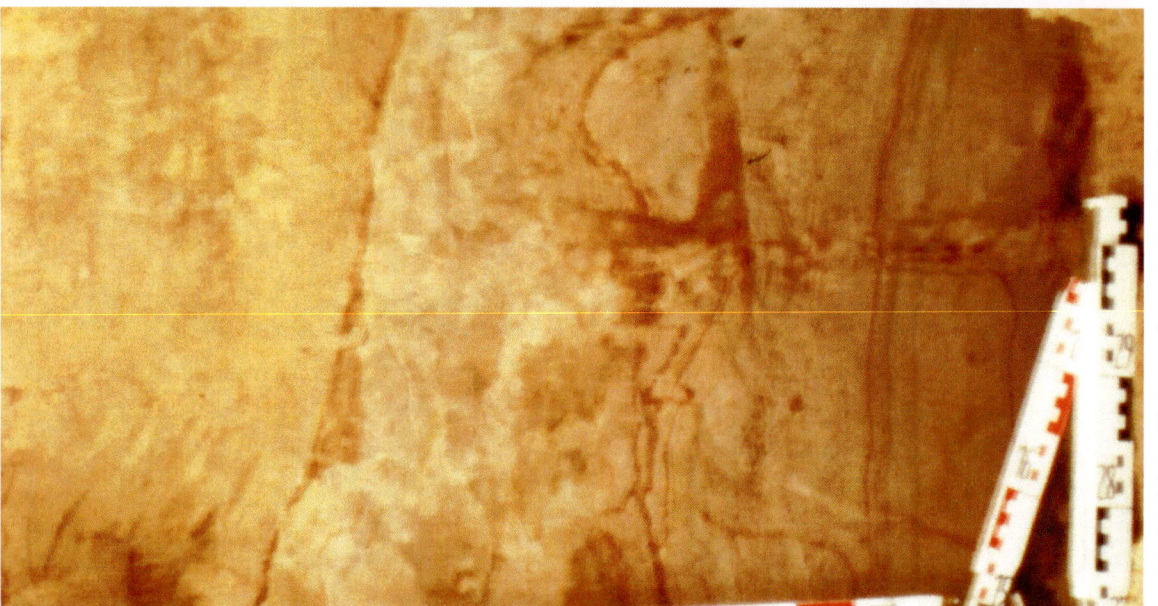

Farbtafel 16-1: Unterer Ausschnitt der Deckserie von Profil Seliger 1

Farbtafel 17-1: Profil Asau 6 - Braunerde

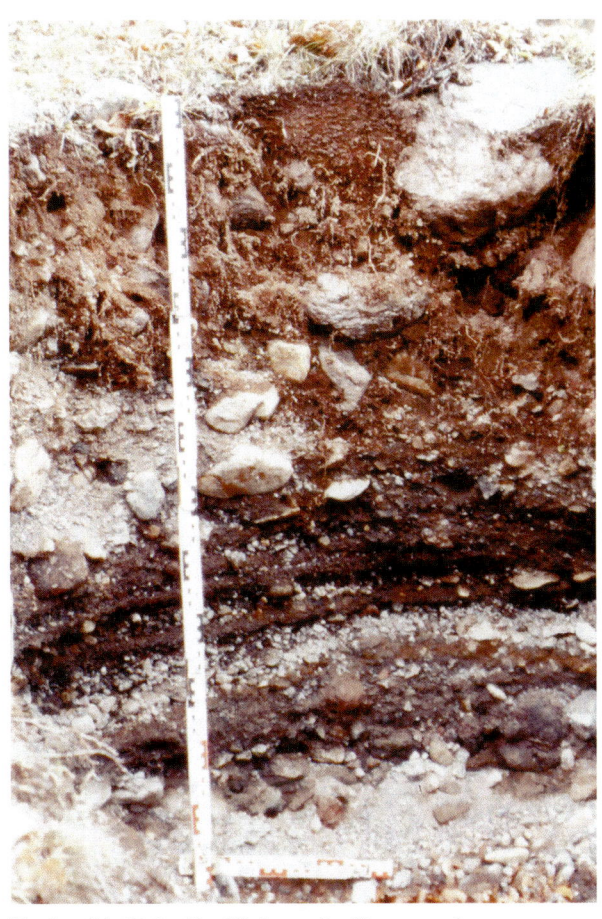

Farbtafel 17-2: Profil Asau 3 - Braunerde

Farbtafel 17-3: Profil Aktash 7 - Braunerde

Farbtafel 17-4: Permafrost in Profil Mogen-Buren

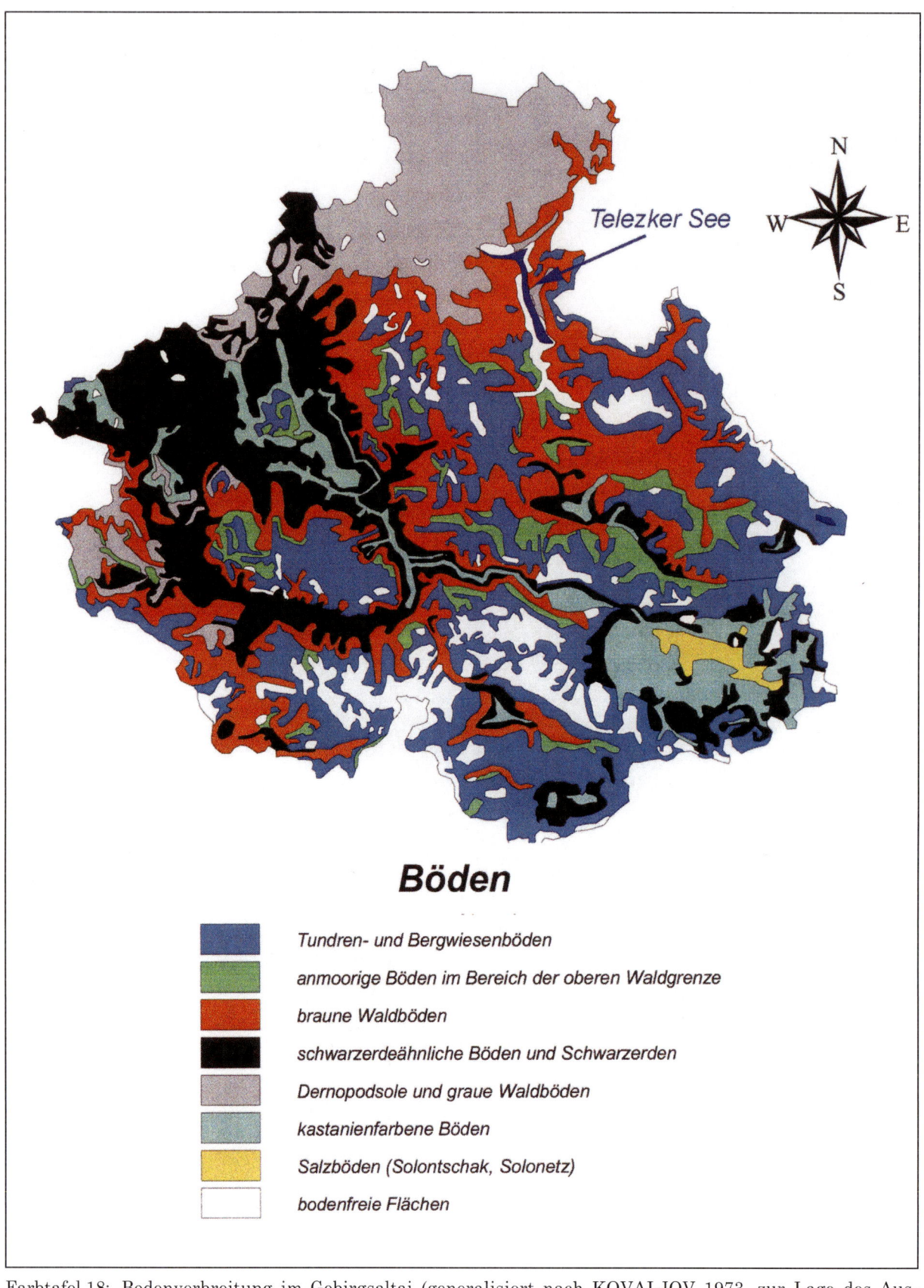

Farbtafel 18: Bodenverbreitung im Gebirgsaltai (generalisiert nach KOVALJOV 1973, zur Lage des Ausschitts vgl. *Abb. 118*)

Böden

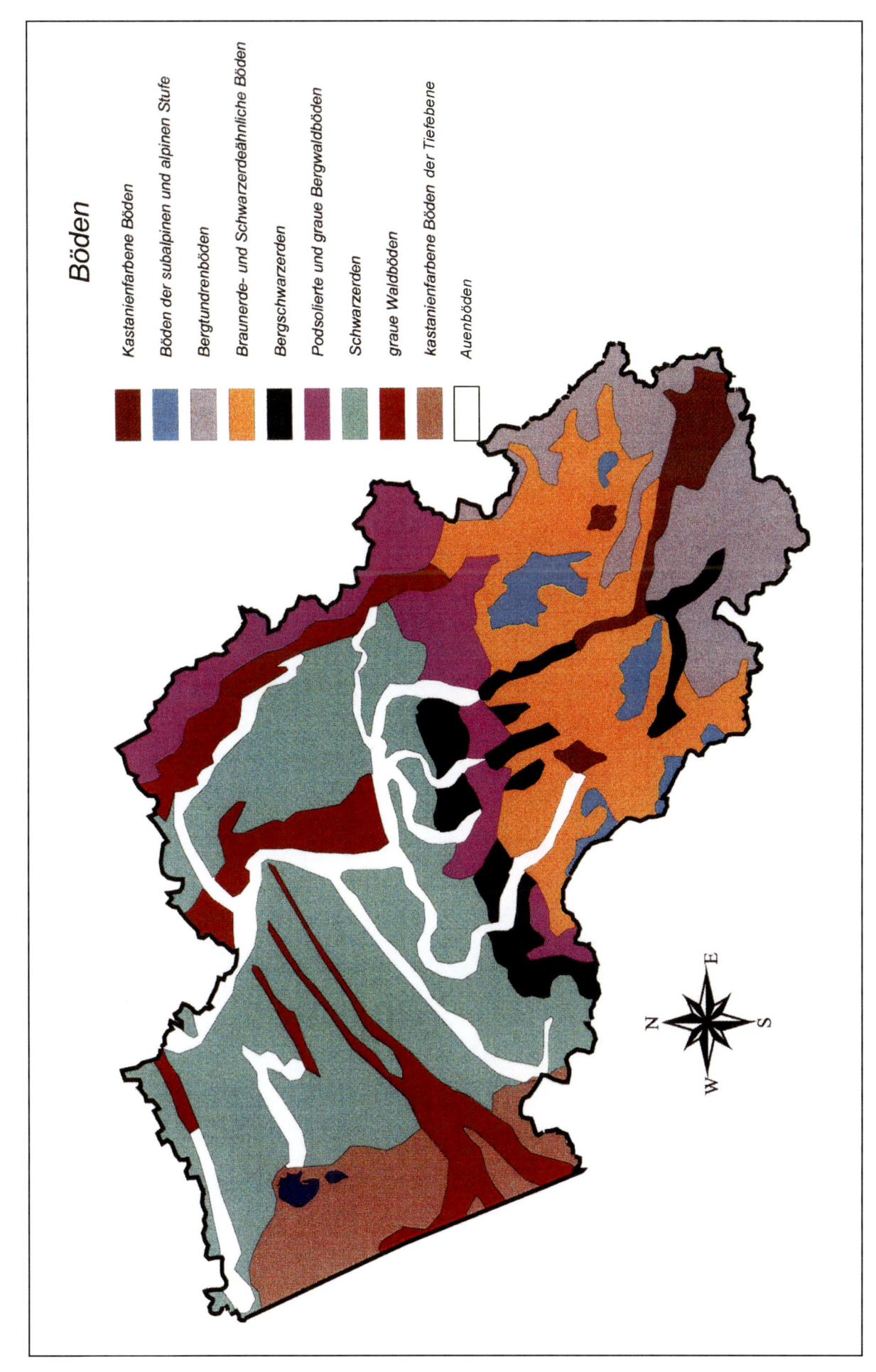

Kastanienfarbene Böden
Böden der subalpinen und alpinen Stufe
Bergtundrenböden
Braunerde- und Schwarzerdeähnliche Böden
Bergschwarzerden
Podsolierte und graue Bergwaldböden
Schwarzerden
graue Waldböden
kastanienfarbene Böden der Tiefebene
Auenböden

Farbtafel 19: Bodenverbreitung im Altaibezirk (generalisiert nach ANONYMUS 1991, der Ausschnitt entspricht *Abb. 118*)

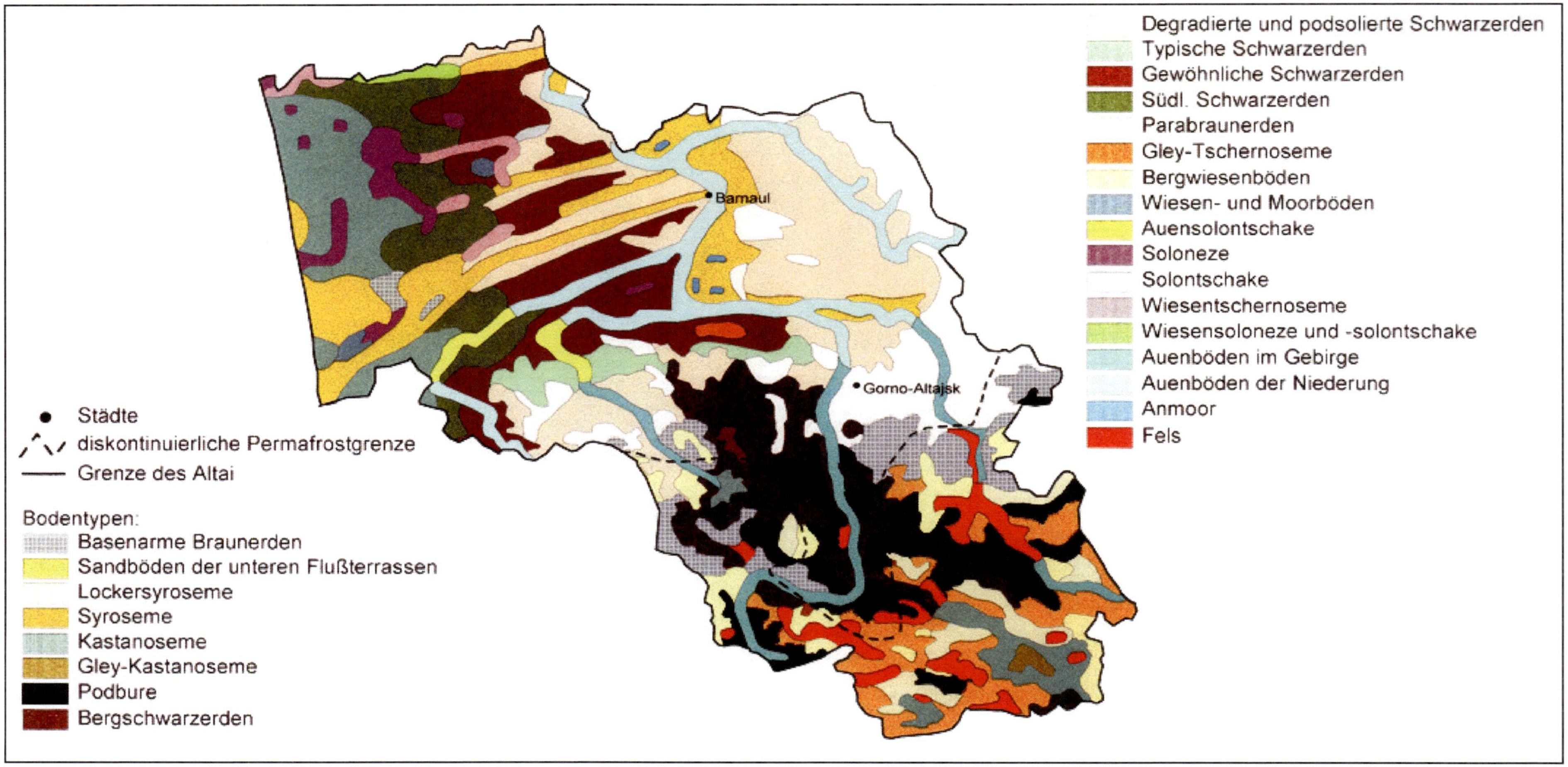

Farbtafel 20: Bodenverbreitung im Altaibezirk (generalisiert nach BODENKARTE RUSSLANDS 1995, der Ausschnitt entspricht *Abb. 118*)

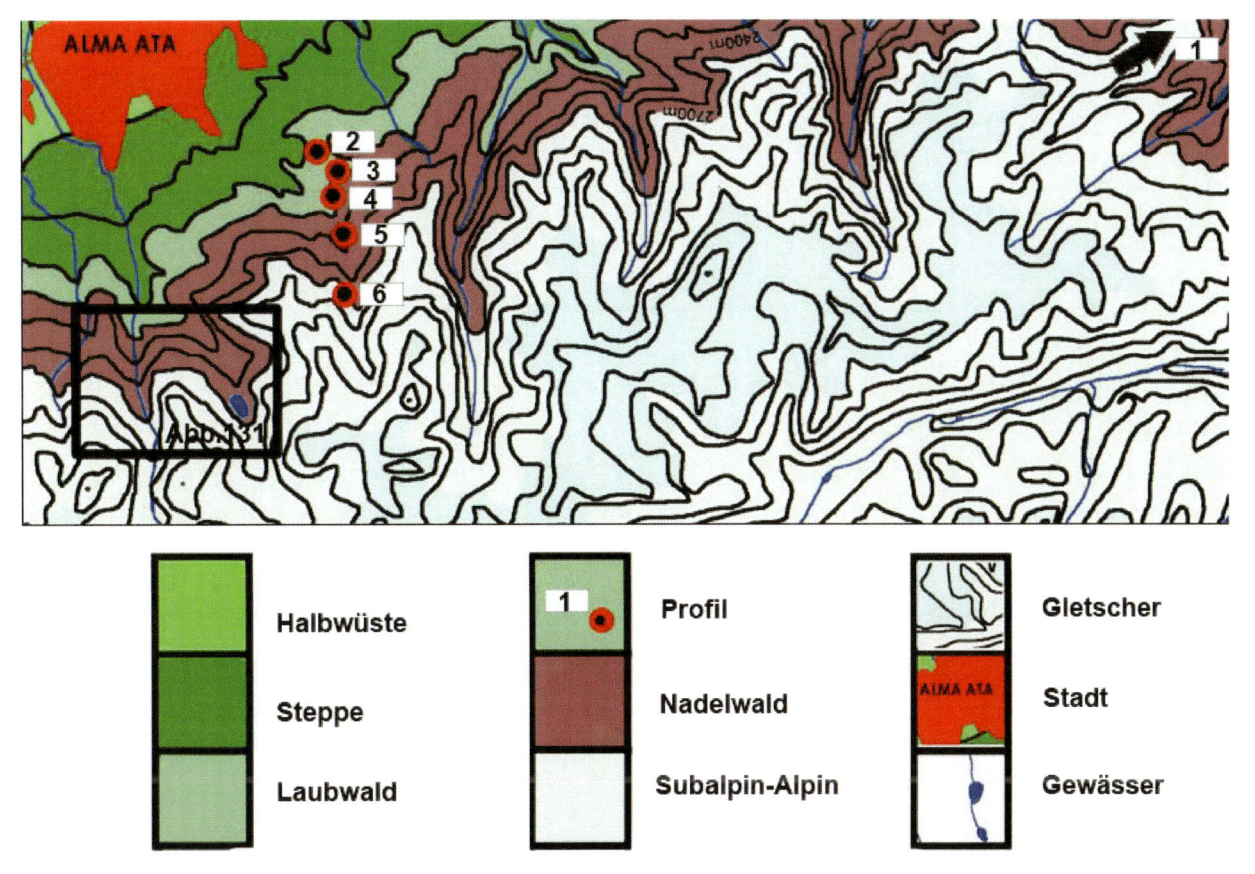

Farbtafel 21-1: Lage der Untersuchungsgebiete in den Höhenstufen des Nördlichen Tien Shan (zusammengestellt nach TSCHUPACHIN 1968; FRANZ 1973; Gvosdetzij und MICHAILOV 1987 sowie ISATSCHENKO 1985)

Farbtafel 21-2: Profil Almatinka 8 - Braunerde

Farbtafel 21-3: Profil Almatinka 10 - Braunerde

Farbtafel 22-3: Profil Turu 2 - schwach podsolige Braunerde

Farbtafel 22-2: Profil Turu 1 - Braunerde

Farbtafel 22-1: Profil Igarka 14 mit Bodenfrostlinse links unten

MÜNCHENER GEOGRAPHISCHE ABHANDLUNGEN

Department für Geo- und Umweltwissenschaften der Universität München
Sektion Geographie
80333 München, Luisenstr. 37

Herausgeber
O. Baume, H.-G. Gierloff-Emden,
W. Mauser, K. Rögner, U. Rust

Schriftleitung: Th. Meyer

Band 1 Das Geographische Institut der Universität München, Fakultät für Geowissenschaften, in Forschung, Lehre und Organisation. 1972, 101 S., 3 Abbildungen, 13 Fotos, 1 Luftbild. ISBN 3 920397 60 6

Band 2 KREMLING, H.: Die Beziehungsgrundlage in thematischen Karten in ihrem Verhältnis zum Kartengegenstand. 1970, 128 S., 7 Abbildungen, 32 Tabellen. ISBN 3 920397 61 4

Band 3 WIENEKE, F.: Kurzfristige Umgestaltungen an der Alentejoküste nördlich Sines am Beispiel der Lagoa de Melides, Portugal (Schwallbedingter Transport an der Küste). 1971, 151 S., 34 Abbildungen, 15 Fotos, 3 Luftbilder, 10 Tabellen. ISBN 3 920397 62 2

Band 4 PONGRATZ, E.: Historische Bauwerke als Indikatoren für küstenmorphologische Veränderungen (Abrasion und Meeresspiegelschwankungen in Latium). 1972, 144 S., 56 Abbildungen, 59 Fotos, 8 Luftbilder, 4 Tabellen, 16 Karten. ISBN 3 920397 63 0

Band 5 GIERLOFF-EMDEN, H.-G. und RUST, U.: Verwertbarkeit von Satellitenbildern für geomorphologische Kartierungen in Trockenräumen (Chihuahua, New Mexico, Baja California) - Bildinformation und Geländetest. 1971, 97 S., 9 Abbildungen, 17 Fotos, 2 Satellitenbilder, 5 Tabellen, 6 Karten. ISBN 3 920397 64 9

Band 6 VORNDRAN, G.: Kryopedologische Untersuchungen mit Hilfe von Bodentemperaturmessungen (an einem zonalen Struturbodenvorkommen in der Silvrettagruppe). 1972, 70 S., 15 Abbildungen, 5 Fotos, 2 Tabellen. ISBN 3 920397 65 7

Band 7 WIECZOREK, U.: Der Einsatz von Äquidensiten in der Luftbildinterpretation und bei der quantitativen Analyse von Texturen. 1972, 195 S., 20 Abbildungen, 27 Tafeln, 10 Tabellen, 2 Karten, 50 Diagramme. ISBN 3 920397 66 5

Band 8 MAHNCKE, K.-J.: Methodische Untersuchungen zur Kartierung von Brandrodungsflächen im Regenwaldgebiet von Liberia mit Hilfe von Luftbildern. 1973, 73 S., 13 Abbildungen, 7 Fotos, 1 Luftbild, 1 Karte, vergriffen. ISBN 3 920397 67 3

Band 9 Arbeiten zur Geographie der Meere. Hans-Günter Gierloff-Emden zum 50. Geburtstag. 1973, 84 S., 27 Abbildungen, 20 Fotos, 3 Luftbilder, 7 Tabellen, 3 Karten. ISBN 3 920397 68 1

Band 10 HERRMANN, A.: Entwicklung der winterlichen Schneedecke in einem nordalpinen Niederschlagsgebiet. Schneedeckenparameter in Abhängigkeit von Höhe über NN, Exposition und Vegetation im Hirschbachtal bei Lenggries im Winter 1970/71. 1973, 84 S., 23 Abbildungen, 18 Tabellen. ISBN 3 920397 69 X

Band 11 GUSTAFSON, G.C.: Quantitative Investigation of the Morphology of Drainage Basins using Orthophotography - Quantitative Untersuchung zur Morphologie von Flußbecken unter Verwendung von Orthophotomaterial. 1973, 155 S., 48 Abbildungen. ISBN 3 920397 70 3

Band 12 MICHLER, G.: Der Wärmehaushalt des Sylvensteinspeichers. 1974, 255 S., 82 + 7 Abbildungen, 7 Photos, 23 Tabellen. ISBN 3 920397 71 1

Band 13 PIEHLER, H.: Die Entwicklung der Nahtstelle von Lech-, Loisach und Ammergletscher vom Hoch- bis Spätglazial der letzten Vereisung. 1974, 105 S., 16 Abbildungen, 13 Fotos, 14 Tabellen, 1 Karte. ISBN 3 920397 72 X

Band 14 SCHLESINGER, B.: Über die Schutteinfüllung im Wimbach-Gries und ihre Veränderung. Studie zur Schuttumlagerung in den östlichen Kalkalpen. 1974, 74 S., 9 Abbildungen, 12 Tabellen, 7 Karten. ISBN 3 920397 73 8

Band 15 WILHELM, F.: Niederschlagsstrukturen im Einzugsgebiet des Lainbaches bei Benediktbeuren, Obb.. 1975, 85 S., 40 Figuren, 19 Tabellen. ISBN 3 920397 74 6

Band 16 GUMTAU, M.: Das Ringbecken Korolev in der Bildanalyse. Untersuchungen zur Morphologie der Mondrückseite unter Benutzung fotografischer Äquidensitometrie und optischer Ortsfrequenzfilterung. 1974, 145 S., 82 Abbildungen, 8 Tabellen. ISBN 3 920397 75 4

Band 17 LOUIS, H.: Abtragungshohlformen mit konvergierend-linearem Abflußsystem. Zur Theorie des fluvialen Abtragungsreliefs. 1975, 45 S., 1 Figur. ISBN 3 920397 76 2

Band 18 OSTHEIDER, M.: Möglichkeiten der Erkennung und Erfassung von Meereis mit Hilfe von Satellitenbildern (NOAA-2, VHRR). 1975, 159 S., 65 Abbildungen, 10 Tabellen. ISBN 3 920397 77 0

Band 19 RUST, U. und WIENEKE, F.: Geomorphologie der küstennahen Zentralen Namib (Südwestafrika). 1976, 74 S., Appendices, 50 Abbildungen, 23 Fotos, 17 Tabellen. ISBN 3 920397 78 9

Band 20 GIERLOFF-EMDEN, H.-G. und WIENEKE, F. (Hrsg.): Anwendung von Satelliten- und Luftbildern zur Geländedarstellung in topographischen Karten und zur bodengeographischen Kartierung. 1978, 69 S., 6 Abbildungen, 6 Luftbilder, 6 Tabellen, 2 Karten, 4 Tafeln. ISBN 3 920397 79 7

Band 21 PIETRUSKY, U.: Raumdifferenzierende bevölkerungs- und sozialgeographische Strukturen und Prozesse im ländlichen Raum Ostniederbayerns seit dem frühen 19. Jahrhundert. 1977, 174 S., 25 Abbildungen, 32 Tabellen, 9 Karten, Kartenband (12 Planbeilagen). ISBN 3 920397 40 1

Band 22 HERRMANN, A.: Schneehydrologische Untersuchungen in einem randalpinen Niederschlagsgebiet (Lainbachtal bei Benediktbeuern/Oberbayern). 1978, 126 S., 68 Abbildungen, 14 Tabellen. ISBN 3 920397 41 X

Band 23 DREXLER, O.: Einfluß von Petrographie und Tektonik auf die Gestaltung des Talnetzes im oberen Rißbachgebiet (Karwendelgebiet, Tirol). 1979, 124 S., 23 Abbildungen, 16 Tabellen, 2 Karten. ISBN 3 920397 47 9

Band 24 GIERLOFF-EMDEN, H.-G.: Geographische Exkursion: Bretagne und Nord-Vendée. 1981, 50 S., 19 Abbildungen, 9 Tabellen, 50 Karten. ISBN 3 88618 090 5

Band 25 DIETZ, K.R.: Grundlagen und Methoden geographischer Luftbildinterpretation. 1981, 110 S., 51 Abbildungen, 9 Tafeln, 9 Karten. ISBN 3 88618 091 3

Band 26 STÖCKLHUBER, K.: Erfassung von Ökotopen und ihren zeitlichen Veränderungen am Beispiel des Tegernseer Tales - Eine Untersuchung mit Hilfe von Luftbildern und terrestrischer Fotografie. 1982, 113 S., 72 Abbildungen, 6 Tabellen, 8 Tafeln. ISBN 3 88618 092 1

Band 27 WIECZOREK, U.: Methodische Untersuchungen zur Analyse der Wattmorphologie aus Luftbildern mit Hilfe eines Verfahrens der digitalen Bildstrukturanalyse. 1982, 208 S., 20 Abbildungen, 6 Tabellen, 4 Tafeln, 3 Karten. ISBN 3 88618 093 X

Band 28 SOMMERHOFF, G.: Untersuchungen zur Geomorphologie des Meeresbodens in der Labrador- und Irmingersee. 1983, 86 S., 39 Abbildungen, 2 Tabellen, 7 Beilagen. ISBN 3 88618 094 8

Band 29 GIERLOFF-EMDEN, H.-G.: Geographische Exkursion: Niederlande. 1982, 36 S., 13 Abbildungen, 2 Tabellen, 44 Karten. ISBN 3 88618 095 6

Band 30 GIERLOFF-EMDEN, H.G. und WILHELM, F. (Hrsg.): Forschung und Lehre am Institut für Geographie der Universität München. 1982, 50 S., 21 Abbildungen, 14 Bilder. ISBN 3 88618 096 4

Band 31 JACKSON, M.: Contributions to the Geology and Hydrology of Southeastern Uruguay Based on Visual Satellite Remote Sensing Interpretation. 1984, 72 S., 36 Abbildungen, 7 Tabellen. ISBN 3 88618 097 2

Band 32 GIERLOFF-EMDEN, H.-G. und DIETZ, K.R.: Auswertung und Verwendung von High Altitude Photography (HAP) (Hochbefliegungen aus Höhen von 12 - 20km). Kleinmaßstäbige Luftbildaufnahmen von 1:125000 bis 1:30000 mit Beispielen von UHAP und NHAP aus den USA. 1983, 106 S., 66 Abbildungen, 23 Tabellen. ISBN 3 88618 098 0

Band 33 GIERLOFF-EMDEN, H.-G., DIETZ, K.R. und HALM, K. (Hrsg.): Geographische Bildanalysen von Metric-Camera-Aufnahmen des Space-Shuttle Fluges STS-9. Beiträge zur Fernerkundungskartographie. 1985, 164 S., 130 Abbildungen. ISBN 3 88618 099 9

Band 34 STRATHMANN, F.-W.: Multitemporale Luftbildinterpretation in der Stadtforschung und Stadtentwicklungsplanung. Methodische Grundlagen und Fallstudie München-Obermenzing. 1985, 132 S., 31 Abbildungen, 8 Tabellen, 39 Luftbilder/Bildtafeln. ISBN 3 88618 100 6

Band 35 HALM, K.: Photographische Weltraumaufnahmen und ihre Eignung zur thematischen und topographischen Kartierung, zur Umweltverträglichkeitsprüfung (UVP) und zur wasserwirtschaftlichen Rahmenplanung (WRP) - dargestellt am Beispiel der Metric Camera Aufnahmen des Rhône-Deltas. 1986, 123 S., 127 Figuren. ISBN 3 88618 101 4

Reihe A

Band A 36 KAMMERER, P.: Computergestützte Reliefanalyse unter Verwendung des Digitalen Geländemodells. 1987, 94 S., 49 Abbildungen, 3 Tabellen. ISBN 3 88618 102 2

Band A 37 VAN DER PIEPEN, H., DOERFFER, R. und GIERLOFF-EMDEN, H.-G. unter Mitarbeit von AMANN, V., BARROT, K.W. und HELBIG, H.: Kartierung von Substanzen im Meer mit Flugzeugen und Satelliten. 1987, 60 S., 32 Abbildungen, 5 Tabellen. ISBN 3 88618 103 0

Band A 38 WIENEKE, F.: Satellitenbildauswertung - Methodische Grundlagen und ausgewählte Beispiele. 1988, 169 S., 132 Abbildungen, 33 Tabellen. ISBN 3 925308 60 1

Band A 39 STOLZ, W.: LFC-Satellitenbilder und ihre Anwendungsmöglichkeiten zur Nachführung und Verbesserung von Küstenkarten, speziell Seekarten - Beispiel Po-Delta, Italien. 1989, 210 S., 85 Abbildungen, 31 Tabellen. ISBN 3 925308 61 X

Band A 40 GIERLOFF-EMDEN, H.-G. und WIENEKE, F. (Hrsg.): Analysen von Satellitenaufnahmen der Large Format Camera. 1988, 179 S., 118 Abbildungen, 25 Tabellen. ISBN 3 925308 62 8

Band A 41 Fernerkundungssymposium aus Anlaß des 65. Geburtstages von Prof. Dr. rer. nat. H.-G. Gierloff-Emden. 1989, 122 S., 47 Abbildungen, 5 Tabellen. ISBN 3 925308 63 6

Band A 42 GIERLOFF-EMDEN, H.-G., WIENEKE, F. und DIETZ, K.R.: Geomorphologic Applications of Remote Sensing. 1990, 66 S., 30 Abbildungen, 17 Tabellen. ISBN 3 925308 64 4

Band A 43 METTE, H.J.: Optimierte Herstellung von photographischen Satellitenbildvergrößerungen - dargelegt am Beispiel der Large Format Camera. 1990, 67 S., 35 Abbildungen, 11 Tabellen ISBN 3 925308 65 2

Band A 44 GIERLOFF-EMDEN, H.-G., KRÜGER, U., PRECHTEL, N., und STRATH-MANN, F.-W.: Auswertung von Hochbefliegungen für Stadtregionen. 1990, 127 S., 69 Abbildungen, 15 Tabellen. ISBN 3 925308 66 0

Band A 45 SACHWEH, M.: Klimatologie winterlicher autochthoner Witterung im nördlichen Alpenvorland. 1992, 118 S., 44 Abbildungen, 15 Tabellen. ISBN 3 925308 67 9

Band A 46 PRECHTEL, N.: Ein Modell des solaren Strahlungsempfanges für Bebauungsmuster in Theorie und Anwendung. 1992, 157 S., 119 Abbildungen, 10 Tabellen, 3 Farbtafeln. ISBN 3 925308 67 7

Band A 47 BECHT, M.: Untersuchungen zur aktuellen Reliefentwicklung in alpinen Einzugsgebieten. 1995, 187 S., 64 Abbildungen, 40 Tabellen, 25 Photos. ISBN 3 925308 69 5

Band A 48 BIRKENHAUER, J.: Morphogenese rheno-danubischer Reliefregionen, zwischen Oberkreide und Jüngsttertiär - ein Versuch zur Deutung des präquartären Reliefs -. 1997, 149 S., 55 Abbildungen, 15 Tabellen, 13 Karten. ISBN 3 925308 70 9

Band A 49 BAUME, O. (Hrsg.): Beiträge zur quartären Relief- und Bodenentwicklung. 1998, 148 S., 61 Abbildungen, 12 Photos, 10 Tabellen und 10 Karten. ISBN 3 925308 71 7

Band A 50 GIERLOFF-EMDEN, H.-G.: Radar- Altimetrie von Satelliten, zur Erforschung des Reliefs des Meeresbodens. Ein Beitrag zur interdisziplinären Forschung der Meereskunde und der Fernerkundung mit Beispielen nach ERS-1/2 Satrllitenaltimetrie nach Validation zu Weltkarten der Gravitationsanomalien von P. Knudsen und O.B. Andersen. 1999, 130 S., 39 Abbildungen, 14 Tabellen und 14 Schwarzweiß- und 9 Farbtafeln. ISBN 3 925308 72 5

Band A 51 RIEGER, D.: Bewertung der naturräumlichen Rahmenbedingungen für die Entstehung von Hangmuren Möglichkeiten zur Modellierung des Murpotentials. 1999, 149 S., 60 Abbildungen, 21 Tabellen und 19 Photos. ISBN 3 925308 73 3

Band A 52	BAUME, O. (Hrsg.): Beiträge zur Physischen Geographie. Festschrift zum 75. Geburtstag von Friedrich Wilhelm. 2002, 285 S., 89 Abbildungen, 32 Tabellen und 22 Photos.	ISBN 3 925308 74 1
Band A 53	HAGG, W.: Auswirkungen von Gletscherschwund auf die Wasserspende hochalpiner Gebiete, Vergleich Alpen - Zentralasien. 2003, 96 S., 31 Abbildungen und 32 Tabellen.	ISBN 3 925308 57 1
Band A 54	VORNDRAN, G.: Reliefenergie und Abtrag. Definition und Anwendung von Reliefmassenenergie und Reliefoberflächenenergie. 2003, 112 S., 8 Abbildungen und 34 Tabellen.	ISBN 3 925308 58 X
Band A 55	VETTER, M.: LAKE - Landschaftsökologie Analysen im Königsseeeinzugsgebiet. 2005, 98 S., 85 Abbildungen und 19 Tabellen.	ISBN 3 925308 59 8
Band A 56	HASDENTEUFEL, P.: Naturschutz und Schutzgebiete auf Kuba - Entwicklung und Management am Beispiel zweier Nationalparks. 2007, 295 S., 37 Abbildungen, 42 Tabellen, 165 Fotos und 1CD.	ISBN 3 925308
Band A 57	AMMERL, T.: Aktuelle stadt- und landschaftsökologische Probleme in Havanna und Lösungsansätze durch staatliche Raumordnung, Umweltpolitik bzw. kommunale Partizipation. 2007, 287 S., 81 Abbildungen, 127 Tabellen, 223 Fotos und 1 CD.	ISBN 3 925308
Band A 58	BUSSEMER, S.: Braunerden in subborealen und borealen Waldlandschaften (Fallstudien aus den Jungmoränengebieten Eurasiens). 2007, 243 S., 150 Abbildungen, 86 Tabellen und 21 Farbtafeln.	ISBN 3 925308

Reihe B

Band B 1	FELIX, R., GRASER, D., VOGT, H., WAGNER, O. und WILHELM, F.: Hydrologische Untersuchungen im Lainbachgebiet bei Benediktbeuern/ Obb. 1985, 116 S., 31 Abbildungen, 24 Tabellen.	ISBN 3 88618 220 7
Band B 2	BECHT, M.: Die Schwebstofführung der Gewässer im Lainbachtal bei Benediktbeuern/Obb.. 1986, 201 S., 110 Abbildungen, 13 Tafeln.	ISBN 3 88618 221 5
Band B 3	WAGNER, O.: Untersuchungen über räumlich-zeitliche Unterschiede im Abflußverhalten von Wildbächen, dargestellt an Teileinzugsgebieten des Lainbachtales bei Benediktbeuern/Oberbayern. 1987, 156 S., 64 Abbildungen, 31 Tabellen.	ISBN 3 88618 222 3
Band B 4	GIERLOFF-EMDEN, H.-G. und WILHELM, F. (Hrsg.): Entwicklung des Instituts für Geographie an der Ludwig-Maximilians-Universität München: Beiträge zur Hydrogeographie und Fernerkundung - Ehrenpromotionen der Fakultät für Geowissenschaften. 1987, 194 S., 96 Abbildungen, 17 Tabellen.	ISBN 3 88618 223 1
Band B 5	ENGELSING, H.: Untersuchungen zur Schwebstoffbilanz des Forggensees. 1988, 242 S., 55 Abbildungen, 27 Tabellen.	ISBN 3 925308 224 X
Band B 6	FELIX, R., PRIESMEIER, K., WAGNER, O., VOGT, H. und WILHELM, F.: Abfluß in Wildbächen, Untersuchungen im Einzugsgebiet des Lainbaches bei Benediktbeuern/Oberbayern. 1988, 549 S., 175 Abbildungen, 102 Tabellen.	ISBN 3 925308 91 1
Band B 7	RUST, U.: (Paläo)-Klima und Relief: Das Reliefgefüge der südwestafrikanischen Namibwüste (Kunene bis 27° s.B.). 1989, 158 S., 56 Abbildungen, 34 Fotos, 5 Tabellen.	ISBN 3 925308 92 X
Band B 8	CASELDINE, C., HÄBERLE, T., KUGELMANN, O., MÜNZER, U., STÖTTER, J. und WILHELM, F.: Gletscher- und landschaftsgeschichtliche Untersuchungen in Nordisland. 1990, 144 S., 15 Abbildungen, 10 Fotos, 1 Tabellen.	ISBN 3 925308 93 8
Band B 9	STÖTTER, J.: Geomorphologische und landschaftsgeschichtliche Untersuchungen im Svarfaxardalur-Skíxadalur, Tröllaskagi, N-Island. 1991, 176 S., 75 Abbildungen, 23 Tabellen.	ISBN 3 925308 94 6
Band B 10	KRÄNZLE, H.: Messung, Berechnung und fraktale Modellierung von Küstenlinien. 1991, 166 S., 78 Abbildungen, 31 Tabellen.	ISBN 3 925308 95 4
Band B 11	BIRKENHAUER, J.: The Great Escarpment of Southern Africa and its Coastal Forelands - a Re-Appraisal. 1991, 419 S., 50 Abbildungen, 19 Tabellen.	ISBN 3 925308 96 2
Band B 12	STÖTTER, J. und WILHELM, F. (Hrsg.): Environmental Change in Iceland. 1994, 308 S., 111 Abbildungen, 18 Fotos, 18 Tabellen.	ISBN 3 925308 970

Band B 13	WIENEKE, F. (Hrsg.): Beiträge zur Geographie der Meere und Küsten - Vorträge der 9. Jahrestagung München 22. bis 24. Mai 1991. 1993, 240 S., 84 Abbildungen, 16 Fotos, 20 Tabellen.	ISBN 3 925 308 98 9
Band B 14	GIERLOFF-EMDEN, H.-G. und METTE, H.J.: Geographische Exkursion: Po-Delta und Po-Ebene. 1992, 178 S., 111 Abbildungen, 13 Tabellen.	ISBN 3 925 308 99 7
Band B 15	HIRTLREITER, G.: Spät- und postglaziale Gletscherschwankungen im Wettersteingebirge und seiner Umgebung. 1992, 176 S., 89 Abbildungen, Faltkarten, 9 Tabellen.	ISBN 3 925 308 75 X
Band B 16	BECHT, M. (Ed.): Contributions to the Excursions During the International Conference "Dynamics and Geomorphology of Mountain Rivers". Benediktbeuern 8.-15.6.1992. 1992, 117 S., 40 Abbildungen, 6 Tabellen.	ISBN 3 925 308 76 8
Band B 17	WETZEL, K.F.: Abtragsprozesse an Hängen und Feststofführung der Gewässer. Dargestellt am Beispiel der pleistozänen Lockergesteine des Lainbachgebietes (Benediktbeuern/Obb.). 1992, 188 S., 83 Abbildungen, 16 Tabellen.	ISBN 3 925 308 77 6
Band B 18	GEGG, G.: Prognose räumlich und zeitlich differenzierter Gefährdungsstufen mit einem Expertensystem unter Integration eines Geo-Informationssystems - am Beispiel von Waldschäden durch Insektenfraß -. 1993, 139 S., 53 Abbildungen, 37 Tabellen.	ISBN 3 925 308 78 4
Band B 19	GIERLOFF-EMDEN, H.-G.: Die erste Entdeckungsreise des Columbus. Nautische und ozeanische Bedingungen. 1994, 258 S., 95 Abbildungen, 3 Farbtafeln, 23 Tabellen.	ISBN 3 925 308 79 2
Band B 20	DEMIRCAN, A.: Die Nutzung fernerkundlich bestimmter Pflanzenparameter zur flächenhaften Modellierung von Ertragsbildung und Verdunstung. 1995, 178 S., 72 Abbildungen, 31 Tabellen.	ISBN 3 925 308 80 6
Band B 21	BACH, H.: Die Bestimmung hydrologischer und landwirtschaftlicher Oberflächenparameter aus hyperspektralen Fernerkundungsdaten. 1995, 175 S., 98 Abbildungen, 14 Tabellen.	ISBN 3 925 308 81 4
Band B 22	MIARA, S.: Gliederung der rißeiszeitlichen Schotter und ihrer Deckschichten beiderseits der unteren Iller nördlich der Würmendmoränen. 1995, 185 S., 33 Abbildungen, 18 Tabellen.	ISBN 3 925 308 82 2
Band B 23	SCHNEIDER, K.: Die Bestimmung zeitlicher und räumlicher Verteilungsmuster von Chlorophyll und Temperatur im Bodensee mit Fernerkundungsdaten. 1996, 225 S., 85 Abbildungen, 10 Tabellen und CD-ROM.	ISBN 3 925 308 83 0
Band B 24	GANGKOFNER, U.: Methodische Untersuchungen zur Vor- und Nachbereitung der Maximum Likelihood Klassifizierung optischer Fernerkundungsdaten. 1996, 190 S., 21 Abbildungen, 39 Tabellen.	ISBN 3 925 308 84 9
Band B 25	HERA, U.: Gletscherschwankungen in den Nördlichen Kalkalpen seit dem 19. Jahrhundert. 1997, 205 S., 80 Abbildungen, 16 Photos, 55 Tabellen.	ISBN 3 925 308 85 7
Band B 26	STOLZ, R.: Die Verwendung der Fuzzy Logic Theorie zur wissensbasierten Klassifikation von Fernerkundungsdaten - Ein methodischer Ansatz zur Verbesserung von Landnutzungsklassifikationen in mesoskaligen heterogenen Räumen, dargestellt am Einzugsgebiet der Ammer. 1998, 204 S., 51 Abbildungen, 32 Tabellen.	ISBN 3 925 308 86 5
Band B 27	SCHÄDLICH, S.: Regionalisierung von aktueller Verdunstung mit Flächenparametern aus Fernerkundungsdaten. 1998, 127 S., 43 Abbildungen, 15 Tabellen.	ISBN 3 925 308 87 3
Band B 28	STRASSER, U.: Regionalisierung des Wasserhaushalts mit einem SVAT-Modell am Beispiel des Weser-Einzugsgebiets. 1998, 146 S., 48 Abbildungen, 20 Tabellen.	ISBN 3 925 308 88 1
Band B 29	SASS, O.: Die Steuerung von Steinschlagmenge und -verteilung durch Mikroklima, Gesteinsfeuchte und Gesteinseigenschaften im westlichen Karwendelgebirge (Bayerische Alpen). 1998, 175 S., 90 Abbildungen, 41 Tabellen.	ISBN 3 925 308 89 X
Band B 30	HÜTTL, C.: Steuerungsfaktoren und Quantifizierung der chemischen Verwitterung auf dem Zugspitzplatt (Wettersteingebirge, Deutschland). 1999, 171 S., 46 Abbildungen, 7 Photos, 2 Karten, 7 Profile, 77 Tabellen.	ISBN 3 925 308 51 2

Band B 31 GEITNER, C.: Sedimentologische und vegetationsgeschichtliche Untersuchungen an fluvialen Sedimenten in den Hochlagen des Horlachtales (Stubaier Alpen/Tirol). Ein Beitrag zur zeitlichen Differenzierung der fluvialen Dynamik im Holozän. 1999, 247 S., 28 Abbildungen, 8 Photos, 20 Tabellen. ISBN 3 925 308 52 0

Band B 32 LUDWIG, R.: Die flächenverteilte Modellierung von Wasserhaushalt und Abflußbildung im Einzugsgebiet der Ammer. 2000, 173 S., 79 Abbildungen, 21 Tabellen. ISBN 3 925 308 53 9